westermann

Herausgegeben von
Bernhard Euler
Martin Zacharias

ELEMENTE
der Mathematik

ELEMENTE
der Mathematik

Herausgegeben von
Bernhard Euler, Martin Zacharias

Bearbeitet von
Florian Ehrmann, Bernhard Euler, Dr. Tatjana Hoenig, Eva Marks, Elke Renwanz, Martin Zacharias

Zum Schülerband erscheinen:
Lösungen: Best.-Nr. 978-3-14-105430-9
Arbeitsheft mit Lösungen: Best.-Nr. 978-3-14-105431-6

Vorbereiten. Organisieren. Durchführen.
BiBox ist das umfassende Digitalpaket zu diesem Lehrwerk mit zahlreichen Materialien und dem digitalen Schulbuch. Für Lehrkräfte und für Schülerinnen und Schüler sind verschiedene Lizenzen verfügbar. Nähere Informationen unter www.bibox.schule

© 2024 Westermann Bildungsmedien Verlag GmbH, Georg-Westermann-Allee 66, 38104 Braunschweig
www.westermann.de

Druck A[1] / Jahr 2024
Alle Drucke der Serie A sind im Unterricht parallel verwendbar.

Redaktion: Björn Deling
Illustrationen: Mario Valentinelli, Rostock
Umschlagentwurf: Lio Designagentur, Braunschweig
Innenlayout: Janssen Kahlert Design & Kommunikation GmbH, Hannover
Druck und Bindung: Westermann Druck GmbH, Georg-Westermann-Allee 66, 38104 Braunschweig

ISBN 978-3-14-**105429**-3

1 Rechnen mit Brüchen

2 Dezimalzahlen

3 Geometrie

7 Zusammenhänge

8 Statistische Daten

✓ Vorbereiten und Wiederholen

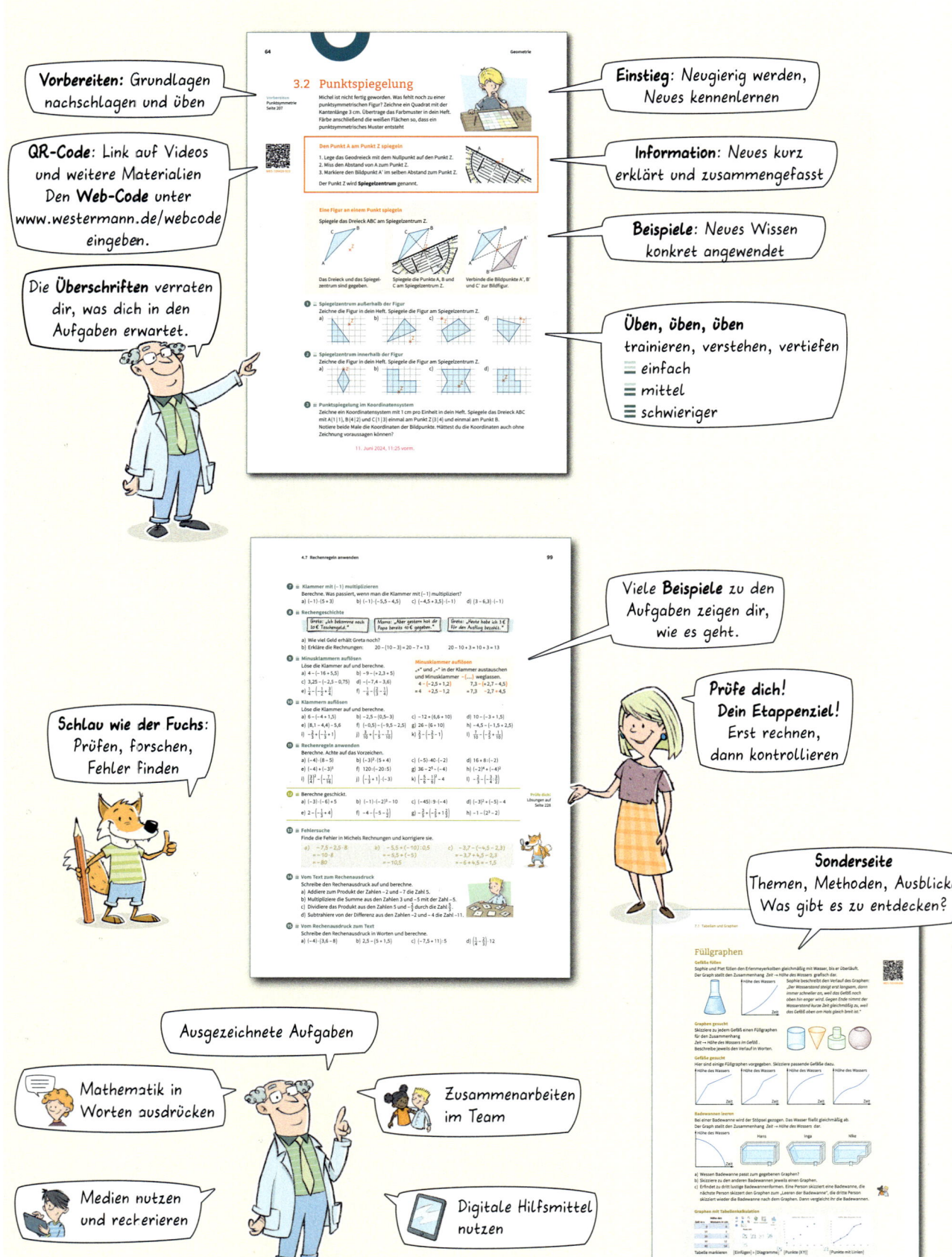

Vorbereiten: Grundlagen nachschlagen und üben

QR-Code: Link auf Videos und weitere Materialien. Den **Web-Code** unter www.westermann.de/webcode eingeben.

Die **Überschriften** verraten dir, was dich in den Aufgaben erwartet.

Einstieg: Neugierig werden, Neues kennenlernen

Information: Neues kurz erklärt und zusammengefasst

Beispiele: Neues Wissen konkret angewendet

Üben, üben, üben
trainieren, verstehen, vertiefen
≡ einfach
≡ mittel
≡ schwieriger

Viele **Beispiele** zu den Aufgaben zeigen dir, wie es geht.

Schlau wie der Fuchs: Prüfen, forschen, Fehler finden

Prüfe dich! Dein Etappenziel! Erst rechnen, dann kontrollieren

Sonderseite Themen, Methoden, Ausblicke. Was gibt es zu entdecken?

Ausgezeichnete Aufgaben

Mathematik in Worten ausdrücken

Zusammenarbeiten im Team

Medien nutzen und recherieren

Digitale Hilfsmittel nutzen

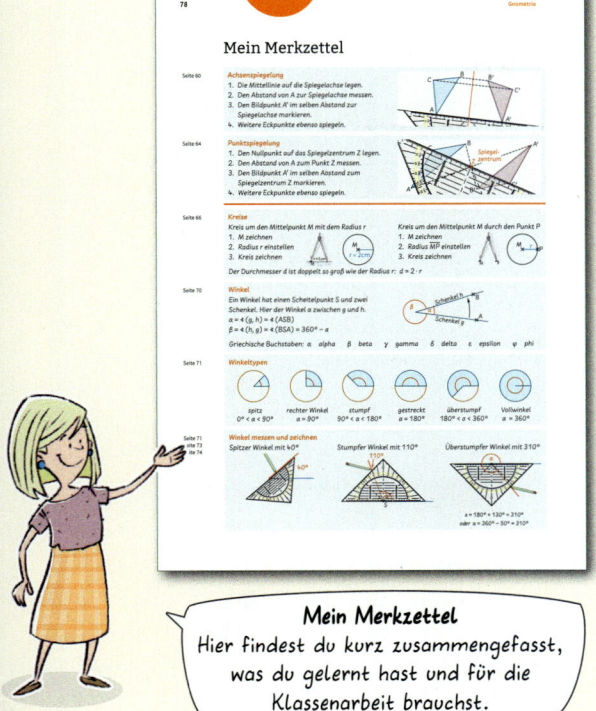

Mein Merkzettel
Hier findest du kurz zusammengefasst, was du gelernt hast und für die Klassenarbeit brauchst.

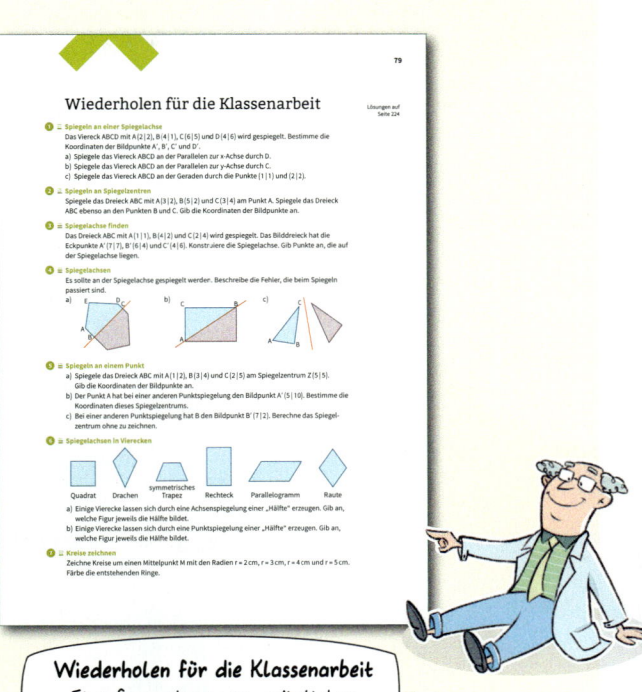

Wiederholen für die Klassenarbeit
Eine Sammlung von möglichen Klassenarbeitsaufgaben.
Nutze deinen Merkzettel, wenn du beim Üben nicht weiterkommst.

3-Minuten-Runden
Grundwissen immer wieder üben und wachhalten.

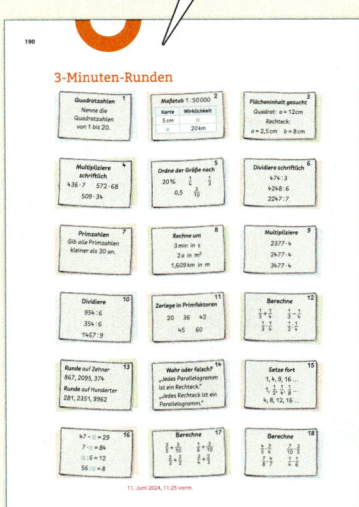

Wissensspeicher mit Aufgaben
Angebot zum Wiederholen und Vorbereiten auf ein neues Thema.

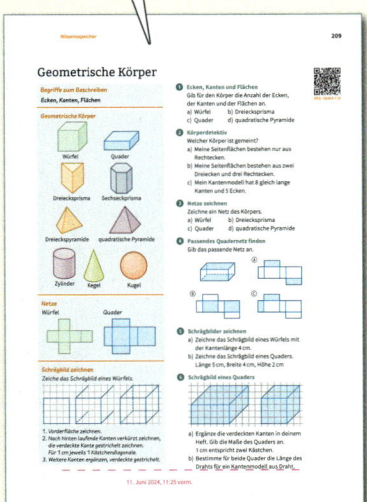

Lösungen
Prüfe dich!
Wiederholen für die Klassenarbeit

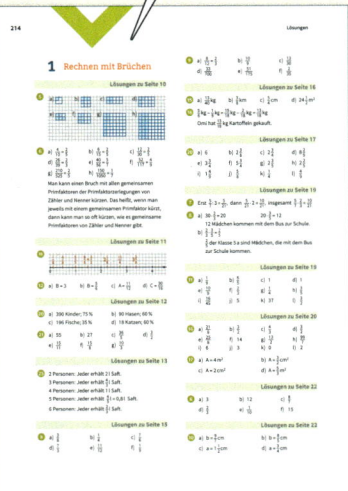

1 Rechnen mit Brüchen

Welcher Teil eines Apfels ist übrig geblieben?

Welchen Anteil aller Äpfel bekommt jeder beim Verteilen?

Solche Fragen kannst du mit Brüchen beantworten.

Und noch viel mehr:
Man kann mit den Brüchen auch rechnen, wie mit anderen Zahlen.

In diesem Kapitel

- Welche Bedeutungen kann der Bruch $\frac{3}{4}$ haben?
- Wie rechnet man mit Brüchen?
- Gelten die Rechengesetze auch beim Rechnen mit Brüchen?

1.1 Grundvorstellungen von Brüchen

Vorbereiten
Brüche
Seite 200, 201

„Heute hat Maja $\frac{1}{4}$ einer Torte gegessen. Es bleiben noch $\frac{3}{4}$ für ihre Geschwister übrig."

- Zu welchem Bild gehört diese Geschichte?
- Erzähle zu jedem Bild ebenso eine Bruchgeschichte.
- Welches Bild passt nicht zu den anderen Bildern?

WES-105429-001

Bruch als Anteil eines Ganzen

$\frac{3}{4}$ eines Ganzen.

Teile den Kreis in **4 gleich große Teile** und nimm **3 davon**.

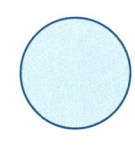

ein Ganzes

1

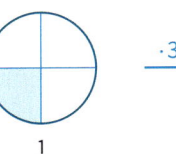

ein Viertel $\qquad$ drei Viertel

:4 $\qquad$ ·3

$\frac{1}{4}$ $\qquad$ $\frac{3}{4}$

---

1 ☰ **Anteile als Brüche angeben**

Gib den blau gefärbten Anteil als Bruch an.

a) $\qquad$ b) $\qquad$ c) $\qquad$ d)

  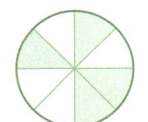 

2 ☰ **Anteile darstellen**

Stelle den Anteil am Rechteck dar.

a) $\frac{3}{10}$ b) $\frac{5}{12}$ c) $\frac{3}{15}$ d) $\frac{11}{20}$ e) $\frac{14}{15}$ f) $\frac{2}{9}$ g) $\frac{5}{10}$ h) $\frac{7}{25}$

3 ☰ **Verfeinern und Vergröbern**

Das Rechteck stellt $\frac{6}{8}$ dar.

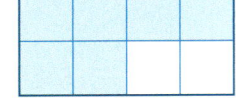

a) Übertrage das Rechteck zweimal in dein Heft und stelle daran $\frac{3}{4}$ und $\frac{12}{16}$ dar. Beschreibe, wie deine Darstellung aus dieser Darstellung für $\frac{6}{8}$ entsteht. Nutze dafür: „verfeinern der Aufteilung", „vergröbern der Aufteilung", „Kürzen", „Erweitern"

b) Erkläre an deinen Bildern, was „gleichwertige Brüche" sind.

4 ☰ **Lücken füllen**

a) $\frac{3}{7} = \frac{18}{\square}$ b) $\frac{\square}{4} = \frac{9}{12}$ c) $\frac{72}{\square} = \frac{9}{10}$ d) $\frac{8}{11} = \frac{32}{\square}$ e) $\frac{\square}{27} = \frac{66}{81}$ f) $\frac{45}{72} = \frac{5}{\square}$ g) $\frac{\square}{28} = \frac{39}{84}$ h) $\frac{52}{65} = \frac{\square}{5}$

Prüfe dich!
Lösungen auf
Seite 214

5 ☰ Stelle den Bruch als Anteil an einem Rechteck dar.

a) $\frac{1}{4}$ b) $\frac{4}{9}$ c) $\frac{4}{10}$ d) $\frac{4}{15}$ e) $\frac{5}{6}$ f) $\frac{6}{12}$ g) $\frac{10}{49}$ h) $\frac{24}{64}$

6 ☰ Kürze den Bruch. Beschreibe in Worten, wie man an der Primfaktorzerlegung von Zähler und Nenner erkennen kann, ob man einen Bruch mehrmals/einmal/keinmal kürzen kann.

a) $\frac{4}{10}$ b) $\frac{6}{15}$ c) $\frac{12}{30}$ d) $\frac{26}{39}$ e) $\frac{40}{56}$ f) $\frac{52}{117}$ g) $\frac{210}{525}$ h) $\frac{150}{1050}$

Brüche ordnen

Sortiere die Brüche der Größe nach, beginne mit dem kleinsten.
Welche Ideen nutzt du beim Größenvergleich? Notiere verschiedene Kriterien, die man zum
Größenvergleich von Brüchen nutzen kann.

Brüche auf dem Zahlenstrahl

Brüche sind Zahlen auf dem Zahlenstrahl.
Mit den Brüchen kann man die Lücken
zwischen den natürlichen Zahlen füllen.

Natürliche Zahlen kann man auch als Bruch
schreiben.

Brüche, die größer sind als 1, nennt man
unechte Brüche. Unechte Brüche schreibt
man auch in der gemischten Schreibweise.

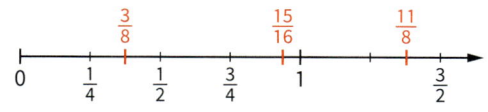

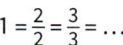

$1 = \frac{2}{2} = \frac{3}{3} = \ldots$ $\qquad$ $2 = \frac{4}{2} = \frac{6}{3} = \ldots$

$\frac{17}{5} = 3\frac{2}{5}$ $\quad$ *„Drei Ganze und zwei Fünftel"* oder
$\qquad$ *„Drei zwei fünftel"*

WES-105429-002

---

7 ≡ **Brüche größer als 1**

Schreibe als unechten Bruch oder in der gemischten Schreibweise.

a) $\frac{13}{5}$ $\qquad$ b) $3\frac{1}{2}$ $\qquad$ c) $\frac{17}{4}$ $\qquad$ d) $5\frac{1}{3}$ $\qquad$ e) $\frac{53}{7}$ $\qquad$ f) $2\frac{4}{9}$ $\qquad$ g) $\frac{90}{45}$ $\qquad$ h) $3\frac{10}{11}$

8 ≡ **Zahlen am Zahlenstrahl ablesen**

Welche Zahlen sind markiert?

a) 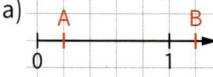 b)  c)  d)

9 ≡ **Brüche auf dem Zahlenstrahl markieren**

Übertrage den Zahlenstrahl in dein Heft (auf Abstände achten!) und markiere die Brüche.

$\frac{10}{5}, \frac{1}{2}, \frac{3}{4}, \frac{1}{3}, 1\frac{1}{4},$
$2\frac{1}{6}, \frac{11}{12}, \frac{1}{6}, \frac{3}{2}, \frac{10}{6}$

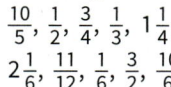 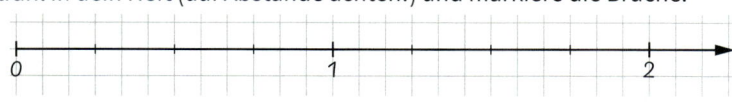

10 ≡ **Brüche dazwischen gesucht**

Gib drei Brüche an, die zwischen den beiden Zahlen liegen.
Welche Zahl liegt genau in der Mitte der beiden Zahlen?

a) 1 und 2 $\qquad$ b) $\frac{5}{10}$ und $\frac{9}{10}$ $\qquad$ c) $\frac{1}{2}$ und $\frac{7}{6}$ $\qquad$ d) 2 und $\frac{5}{2}$

---

11 ≡ Zeichne einen Zahlenstrahl. Wähle 8 Kästchen für die Schrittlänge von 0 bis 1. Markiere die
Brüche $\frac{4}{8}, \frac{9}{6}, 3\frac{3}{8}, 2\frac{1}{4}, \frac{1}{8}, \frac{11}{4}, \frac{5}{5}, \frac{3}{2}$ auf dem Zahlenstrahl.

Prüfe dich!
Lösungen auf
Seite 214

12 ≡ Die Zahl B liegt genau in der Mitte von A und C. Gib die fehlende Zahl an.

a) 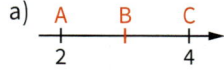 b)  c) 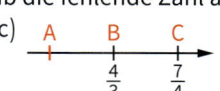 d)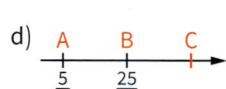

WES-105429-003

Einstig

$\frac{3}{4}$ sind 75%
75% von 8
sind 6.

Anteile beim Sporttag

Das Zeppelingymnasium hat insgesamt 960 Schülerinnen und Schüler. Heute ist Sporttag.
- $\frac{4}{5}$ mögen den Sporttag. $\frac{3}{16}$ spielen gerne Basketball. Bestimme jeweils die Anzahl.
- 240 Schülerinnen und Schüler haben sich für das Fußballturnier angemeldet, 384 möchten keine Ballsportart machen. Gib die Anteile jeweils als Bruch an.

Bruch als Anteil mehrerer Ganzer

$\frac{3}{4}$ von 8 sind 6 Ganze.

Teile die 8 Ganzen in 4 gleich große Teile und nimm 3 davon.

Berechne durch Multiplizieren:

$\frac{3}{4} \cdot 8 = \frac{3 \cdot 8}{4} = \frac{3 \cdot \overset{2}{\cancel{8}}}{\underset{1}{\cancel{4}}} = 6$

acht Ganze   drei Viertel von acht

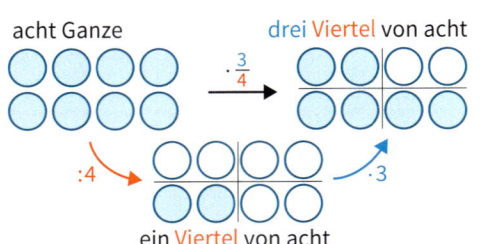

ein Viertel von acht

---

13 ☰ **Anteile bestimmen – Anteil in Prozent**

Bestimme den roten Anteil. Gib den Anteil als Bruch und in Prozent an.

a)  b) 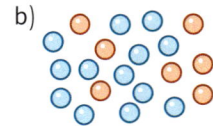 c)  d)

14 ☰ **Mehr, weniger oder gleich?**

Vergleiche – Kannst du sofort erkennen, welcher Anteil größer ist? Begründe.

a) $\frac{1}{4}$ von 20 oder $\frac{1}{5}$ von 20   b) $\frac{5}{6}$ von 120 oder $\frac{5}{6}$ von 150   c) $\frac{1}{2}$ von 210 oder $\frac{3}{6}$ von 210

15 ☰ **Wie viel ist es?**

a) $\frac{2}{5}$ von 20   b) $\frac{3}{8}$ von 32   c) $\frac{5}{7}$ von 56   d) $\frac{8}{9}$ von 189   e) $\frac{4}{5}$ von 380   f) $\frac{3}{16}$ von 96

16 ☰ **Anteile berechnen**

Bei mehreren Ganzen kann ein Anteil auch ein Bruch sein.

a) $\frac{3}{4}$ von 30   b) $\frac{5}{6}$ von 10   c) $\frac{3}{8}$ von 100   d) $\frac{5}{6}$ von 15

e) $\frac{5}{8}$ von 12   f) $\frac{2}{3}$ von 120   g) $\frac{1}{3}$ von 10   h) $\frac{3}{8}$ von 50

$\frac{3}{4}$ von 10 bestimmen

Rechne:

$\frac{3}{4} \cdot 10 = \frac{3 \cdot 10}{4} = \frac{15}{2} = 7\frac{1}{2}$

17 ☰ **Lücken füllen**

a) 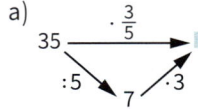 b)  c) 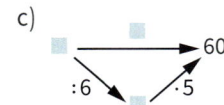 d)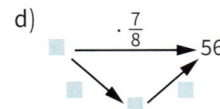

18 ☰ **Wie viel war es?**

a) $\frac{3}{4}$ von ▪ ergibt 60   b) $\frac{2}{5}$ von ▪ ergibt 280   c) $\frac{2}{7}$ von ▪ ergibt 40   d) $\frac{5}{9}$ von ▪ ergibt 135

19 ☰ **Vervielfachen**

Berechne und kürze das Ergebnis, falls möglich.

a) $\frac{3}{5} \cdot 6$ b) $6 \cdot \frac{2}{9}$ c) $15 \cdot \frac{5}{9}$ d) $\frac{5}{9} \cdot 2$ e) $6 \cdot \frac{3}{16}$ f) $\frac{7}{12} \cdot 8$ g) $\frac{10}{121} \cdot 22$ h) $12 \cdot \frac{7}{8}$

Prüfe dich!
Lösungen auf
Seite 214

20 ☰ Bestimme die Anzahl. Gib danach den Anteil in Prozent an.

a) $\frac{3}{4}$ von 520 Kindern   b) $\frac{3}{5}$ von 150 Hasen   c) $\frac{7}{20}$ von 560 Fischen   d) $\frac{9}{15}$ von 30 Katzen

21 ☰ Berechne. a) $\frac{5}{7} \cdot 77$ b) $45 \cdot \frac{3}{5}$ c) $12 \cdot \frac{3}{5}$ d) $\frac{3}{20} \cdot 10$ e) $6 \cdot \frac{5}{22}$ f) $24 \cdot \frac{5}{64}$ g) $\frac{5}{33} \cdot 22$

Pizza verteilen

Heute ist Pizzatag. Vier Geschwister
bestellen 5 Pizzen.

- Wie viel Pizza bekommt jedes Kind?

Einstieg

Brüche beim Verteilen – Bruch als Quotient

8 Pizzen werden an 4 Kinder verteilt.

Rechne: $8 : 4 = \frac{8}{4} = 2$

Jedes Kind erhält zwei Pizzen.

6 Pizzen werden an 12 Kinder verteilt.

Rechne: $6 : 12 = \frac{6}{12} = \frac{1}{2}$

Jedes Kind erhält eine halbe Pizza.

WES-105429-004

---

22 ≡ **Gerecht verteilen**

Bestimme wie viel jedes Kind bekommt, wenn gerecht aufgeteilt wird.

a) 16 Äpfel werden an 12 Kinder verteilt.
b) 4 Kinder teilen 3 Pizzen unter sich auf.
c) 2 Torten stehen für 18 Gäste bereit.
d) 3 Kinder essen 7 Pfannkuchen.

23 ≡ **Manchmal ist Verteilen schwierig**

Drei Geschwister teilen stets alles gerecht untereinander auf.

a) Wie viel bekommt jeder von fünf Pfannkuchen?
b) Für das Rasenmähen bekommen die drei Geschwister zusammen 10 €.
   Warum fällt es den Dreien schwer, die 10 € untereinander aufzuteilen?

24 ≡ **„Besondere Brüche" beim Verteilen**

Wie viel Pizza bekommt jedes Kind? Gib zunächst als Bruch an.

a) Verteile vier Pizzen an ein Kind.
b) Verteile fünf Pizzen an fünf Kinder.
c) Verteile null Pizzen an vier Kinder.
d) Verteile eine Pizza an ein Kind.

---

25 ≡ 4 l Saft werden gerecht an 2 [3; 4; 5; 6] Personen verteilt. Bestimme, wie viel jede Person erhält.

Prüfe dich!
Lösungen auf
Seite 214

---

26 ≡ **Hildas große Geburtstagsparty**

Bei Hildas Filmabend werden 5 Packungen Erdnüsse auf 4 Kinder verteilt. An Hildas großer
Geburtstagsparty nehmen 36 Kinder teil. Wie viele Packungen Erdnüsse sind nötig, damit
jedes Kind gleich viel bekommt wie damals am Filmabend?

27 ≡ **Schokoladentafeln verteilen**

8 Kinder teilen 6 Schokoladentafeln gleichmäßig untereinander auf.
In einer anderen Gruppe erhält jedes Kind ebenso viel Schokolade, dort werden allerdings
9 Tafeln verteilt. Wie viele Kinder sind in der anderen Gruppe?

28 ≡ **Verschiedene Pizzateilungen**

3 Pizzen sollen an 4 Kinder verteilt werden.

Greta: *„3 Kinder bekommen je eine ganze Pizza, dann gibt jedes Kind ein Viertel seiner Pizza
dem vierten Kind ab."*

Leo: *„Ich teile jede Pizza in 3 Teile und jedes Kind nimmt sich einen Teil."*

Havin: *„Ich teile jede Pizza in 4 Teile. Jedes Kind darf sich von jeder Pizza einen Teil nehmen."*

Hannes: *„Ich mag kleine Stücke. Also teile ich jede Pizza in 12 Teile. Dann stelle ich alles auf den
Esstisch und jedes Kind darf sich insgesamt 8 Teile nehmen."*

Felix: *„Ich mag nur Salamipizza, die beiden Pizzen mit den Pilzen dürfen die anderen essen."*

Prüfe, welche Verteilungen gerecht sind.

1.2 Brüche addieren und subtrahieren

Vorbereiten
Erweitern
Seite 200

Der Kuchenverkauf am Hölderlin-Gymnasium ist beendet. Maria hatte ihren Kuchen in 8 Teile geteilt, Paul in 10 Teile, hier siehst du die Reste. *„Das ist ja zusammen fast ein halber Kuchen"*, sagt Maria.

Stimmt das?

Lösung

Kuchenreste: bei Maria $\frac{2}{8} = \frac{1}{4}$; bei Paul $\frac{3}{10}$

Da die Kuchenstücke unterschiedlich groß sind, kann man sie nicht zusammenzählen. Man muss die Aufteilung verfeinern, um gleich große Kuchenstücke zu erhalten.

Um die Brüche zu addieren, erweitert man sie so, dass sie den gleichen Nenner haben. Hier 20: $\quad \frac{1}{4} = \frac{1 \cdot 5}{4 \cdot 5} = \frac{5}{20} \qquad \frac{3}{10} = \frac{3 \cdot 2}{10 \cdot 2} = \frac{6}{20}$

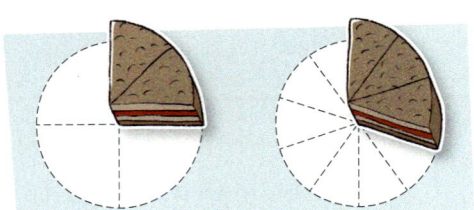

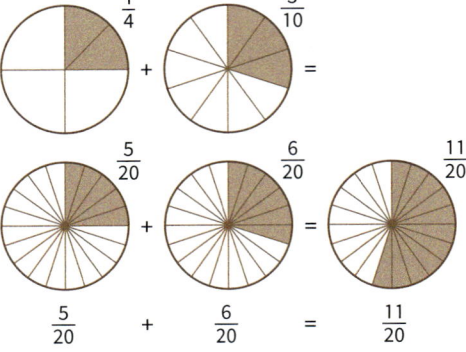

Antwort: Insgesamt sind $\frac{11}{20}$ übriggeblieben, das ist etwas mehr als ein halber Kuchen.

WES-105429-005

Brüche addieren und subtrahieren

Gleiche Nenner
- Zähler addieren
- Nenner beibehalten

$$\frac{2}{9} \quad + \quad \frac{5}{9} \quad = \quad \frac{2+5}{9} \quad = \quad \frac{7}{9}$$

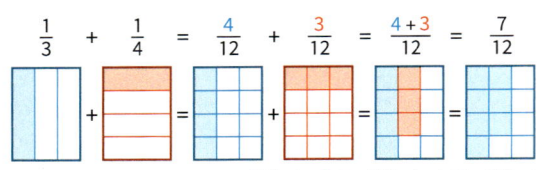

2 Neuntel + 5 Neuntel = 7 Neuntel

Unterschiedliche Nenner
- Brüche gleichnamig machen: gemeinsamen Nenner finden
- Zähler addieren
- Nenner beibehalten

$$\frac{1}{3} \quad + \quad \frac{1}{4} \quad = \quad \frac{4}{12} \quad + \quad \frac{3}{12} \quad = \quad \frac{4+3}{12} \quad = \quad \frac{7}{12}$$

4 Zwölftel + 3 Zwölftel = 7 Zwölftel

Beim Subtrahieren geht man ebenso vor: Die Zähler werden dann subtrahiert.

$$\frac{4}{5} \quad - \quad \frac{7}{10} \quad = \quad \frac{8}{10} \quad - \quad \frac{7}{10} \quad = \quad \frac{8-7}{10} \quad = \quad \frac{1}{10}$$

8 Zehntel – 7 Zehntel = 1 Zehntel

Brüche addieren

$$\frac{1}{9} + \frac{5}{6} = \frac{1 \cdot 2}{9 \cdot 2} + \frac{5 \cdot 3}{6 \cdot 3} = \frac{2}{18} + \frac{15}{18} = \frac{2+15}{18} = \frac{17}{18}$$

- Ein gemeinsamer Nenner ist 18.
- Beide Brüche erweitern
- Zähler addieren

Brüche subtrahieren

$$\frac{2}{3} - \frac{7}{15} = \frac{2 \cdot 5}{3 \cdot 5} - \frac{7}{15} = \frac{10}{15} - \frac{7}{15} = \frac{10-7}{15} = \frac{3}{15} = \frac{1}{5}$$

- Ein gemeinsamer Nenner ist 15.
- Nur den ersten Bruch erweitern
- Zähler subtrahieren
- Ergebnis kürzen

1 ≡ Rechnung in einem Bild

Schreibe eine Rechnung zu „blauer Anteil plus roter Anteil". Gib auch an, welcher Anteil übrig ist (weiß).

a) 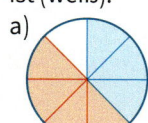 b) 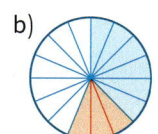 c) 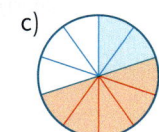 d) 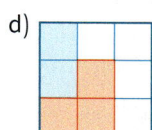 e) 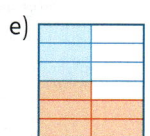 f)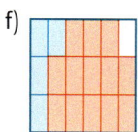

2 ≡ Rechnung mit Bildern

Notiere die passende Rechnung und stelle die Lösung als Bild in deinem Heft dar.

a)  b)  c)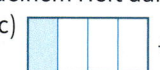

3 ≡ Mit gleichnamigen Brüche rechnen

Berechne und kürze das Ergebnis, wenn möglich.

a) $\frac{4}{9} + \frac{2}{9}$ b) $\frac{9}{17} - \frac{7}{17}$ c) $\frac{13}{8} - \frac{5}{8}$ d) $\frac{3}{20} + \frac{7}{20}$ e) $\frac{8}{9} - \frac{4}{9} + \frac{13}{9} + \frac{1}{9} - \frac{8}{9}$

4 ≡ Ein Nenner muss sich anpassen

Erweitere nur einen Bruch und berechne. Kürze das Ergebnis, wenn möglich.

a) $\frac{1}{5} + \frac{3}{10}$ b) $\frac{7}{8} - \frac{3}{4}$ c) $\frac{8}{15} + \frac{2}{3}$ d) $\frac{11}{12} - \frac{3}{4}$ e) $\frac{48}{56} + \frac{1}{7}$ f) $\frac{14}{65} - \frac{1}{5}$

5 ≡ Kopfrechnen

Berechne im Kopf und notiere das Ergebnis.

a) $\frac{1}{4} + \frac{2}{4}$ b) $\frac{4}{5} - \frac{2}{5}$ c) $\frac{3}{4} + \frac{1}{8}$ d) $\frac{5}{6} - \frac{2}{3}$ e) $\frac{3}{8} + \frac{3}{16}$ f) $\frac{4}{10} - \frac{1}{5}$

6 ≡ Gemeinsamen Nenner finden

Erweitere auf einen gemeinsamen Nenner und berechne. Kürze das Ergebnis, wenn möglich.

a) $\frac{3}{5} + \frac{1}{2}$ b) $\frac{4}{5} - \frac{1}{3}$ c) $\frac{6}{7} + \frac{3}{10}$ d) $\frac{6}{11} - \frac{1}{3}$ e) $\frac{5}{6} - \frac{2}{9}$ f) $\frac{3}{8} + \frac{1}{6}$

g) $\frac{13}{49} + \frac{3}{7}$ h) $\frac{3}{2} - \frac{1}{6}$ i) $\frac{2}{7} + \frac{1}{5}$ j) $\frac{1}{4} - \frac{1}{6}$ k) $\frac{5}{7} - \frac{5}{8}$ l) $\frac{5}{15} + \frac{5}{12}$

Kleinster gemeinsamer Nenner von $\frac{4}{15}$ und $\frac{7}{20}$

Bilde die Vielfachen des größeren Nenners, bis du auf ein Vielfaches des kleineren Nenners triffst.

Den kleinsten gemeinsamen Nenner nennt man auch **Hauptnenner**.

Vielfache von 20: 20, 40, 60, 80 ...
Vielfache von 15: 15, 30, 45, 60, 75 ...
60 ist der kleinste gemeinsame Nenner.

$$\frac{4}{15} + \frac{7}{20} = \frac{4 \cdot 4}{15 \cdot 4} + \frac{7 \cdot 3}{20 \cdot 3} = \frac{16 + 21}{60} = \frac{37}{60}$$

WES-105429-006

7 ≡ Der kleinste gemeinsame Nenner – Hauptnenner

Bestimme den kleinsten gemeinsamen Nenner wie im Beispiel. Berechne.

a) $\frac{4}{30} + \frac{3}{5}$ b) $\frac{6}{14} - \frac{2}{21}$ c) $\frac{11}{20} - \frac{3}{8}$ d) $\frac{11}{12} - \frac{4}{9}$ e) $\frac{3}{42} + \frac{11}{70}$ f) $\frac{3}{18} + \frac{7}{12}$

g) $\frac{7}{18} + \frac{9}{45}$ h) $\frac{2}{5} + \frac{1}{35}$ i) $\frac{3}{14} - \frac{9}{98}$ j) $\frac{7}{56} - \frac{1}{20}$ k) $\frac{11}{21} - \frac{7}{15}$ l) $\frac{150}{150} + \frac{3}{187}$

8 ≡ Berechne.

a) $\frac{1}{2} - \frac{1}{8}$ b) $\frac{3}{4} - \frac{1}{2}$ c) $\frac{5}{6} + \frac{1}{3}$ d) $3 - \frac{2}{3}$ e) $\frac{1}{6} + \frac{3}{4}$ f) $\frac{7}{9} - \frac{2}{3}$

Prüfe dich!
Lösungen auf
Seite 214

9 ≡ Berechne und gib das Ergebnis als vollständig gekürzten Bruch an.

a) $\frac{10}{12} - \frac{1}{6}$ b) $\frac{4}{9} + \frac{2}{3}$ c) $\frac{9}{10} - \frac{7}{15}$ d) $\frac{9}{100} - \frac{3}{70}$ e) $\frac{18}{50} - \frac{12}{175}$ f) $\frac{22}{42} - \frac{7}{15}$

10 ≡ **Hausaufgabenkontrolle**
Beschreibe die Fehler, die David gemacht hat.

a) $\frac{2}{5}+\frac{1}{2}=\frac{3}{7}$ 　　　b) $\frac{5}{6}-\frac{3}{5}=\frac{2}{30}$ 　　　c) $\frac{3}{8}-\frac{1}{3}=\frac{2}{5}$ 　　　d) $\frac{3}{8}+\frac{1}{2}=\frac{14}{16}$

11 ≡ **Größer, kleiner oder gleich**
Setze im Heft das passende Zeichen <, > bzw. = ein.

a) $\frac{4}{5}+\frac{30}{20}$ ▢ 1 　　　b) $\frac{17}{8}-\frac{3}{2}$ ▢ $\frac{10}{16}$ 　　　c) $\frac{1}{5}+\frac{1}{9}$ ▢ $\frac{1}{3}$ 　　　d) $\frac{1}{4}-\frac{1}{5}$ ▢ $\frac{1}{40}-\frac{1}{50}$

e) $\frac{3}{8}+\frac{1}{6}$ ▢ $\frac{13}{24}$ 　　　f) $\frac{3}{8}-\frac{1}{6}$ ▢ $\frac{1}{6}$ 　　　g) $\frac{17}{19}-\frac{5}{21}$ ▢ 0 　　　h) $\frac{1}{6}-\frac{1}{8}$ ▢ $\frac{3}{8}+\frac{1}{3}$

12 ≡ **Brüche und Einheiten**
Berechne und kürze, wenn möglich.

a) $\frac{1}{5}\,\text{kg}+\frac{3}{5}\,\text{kg}$ 　　　b) $\frac{1}{4}\,\text{m}^2-\frac{1}{8}\,\text{m}^2$ 　　　c) $\frac{1}{2}\,\text{km}-\frac{1}{5}\,\text{km}$ 　　　d) $\frac{3}{4}\,\text{cm}+\frac{3}{8}\,\text{cm}$

e) $\frac{4}{7}\,\text{ha}-\frac{1}{14}\,\text{ha}$ 　　　f) $\frac{4}{3}\,\text{m}-\frac{5}{6}\,\text{m}$ 　　　g) $\frac{3}{4}\,\text{kg}+\frac{1}{8}\,\text{kg}$ 　　　h) $\frac{4}{5}\,\text{km}-\frac{3}{10}\,\text{km}$

i) $\frac{1}{4}\,\text{cm}-\frac{7}{8}\,\text{mm}$ 　　　j) $\frac{1}{8}\,\text{kg}+200\,\text{g}$ 　　　k) $\frac{1}{6}\,\text{m}-\frac{4}{3}\,\text{dm}$ 　　　l) $\frac{5}{2}\,\text{cm}+\frac{2}{8}\,\text{dm}$

13 ≡ **Wettrennen**
Julia kommt beim Schulfest-Wettlauf $\frac{3}{10}$ Sekunden später ins Ziel als die Siegerin. Sarah kommt $\frac{1}{2}$ Sekunde später ins Ziel als ihre Freundin Julia. Um welchen Bruchteil einer Sekunde ist Sarah langsamer als die Siegerin?

14 ≡ **Bundesjugendspiele der Bruchrechen-AG**
Elena springt $\frac{3}{20}$ m weiter als Carla. Carla schafft $\frac{7}{4}$ m. Sienna springt $\frac{2}{5}$ m weniger als Elena. Wie weit springen Elena und Sienna? Gib das Ergebnis auch in Zentimeter an.

Prüfe dich!
Lösungen auf
Seite 214

15 ≡ Berechne.

a) $\frac{1}{5}\,\text{kg}+\frac{1}{8}\,\text{kg}$ 　　　b) $\frac{3}{4}\,\text{km}-\frac{3}{8}\,\text{km}$ 　　　c) $\frac{1}{5}\,\text{dm}-\frac{3}{4}\,\text{cm}$ 　　　d) $\frac{2}{10}\,\text{a}+\frac{9}{2}\,\text{m}^2$

16 ≡ Omi kauft Kartoffeln ein. Ihr Einkaufskorb wiegt leer $\frac{1}{9}$ kg. Nach dem Einkauf wiegt der mit Kartoffeln gefüllte Einkaufskorb $\frac{5}{6}$ kg. Berechne das Gewicht der Kartoffeln.

17 ≡ **Addieren und Subtrahieren in gemischter Schreibweise**

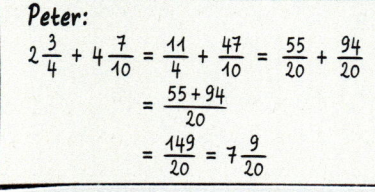

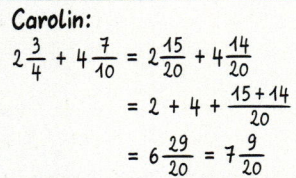

a) Erkläre, wie Peter und Carolin gerechnet haben.
b) Berechne einmal wie Peter und einmal wie Carolin: (1) $3\frac{2}{3}+1\frac{1}{6}$ 　　(2) $4\frac{5}{9}-2\frac{1}{6}$

18 ≡ **Amelie rechnet in gemischter Schreibweise**
Amelie mag die gemischte Schreibweise, selbst wenn diese zu Stolperstellen führt. Erkläre, wie sie hier vorgegangen ist. Rechne genauso.

$$3\frac{1}{4}-2\frac{3}{8}=3\frac{2}{8}-2\frac{3}{8}=2\frac{10}{8}-2\frac{3}{8}=\frac{7}{8}$$

a) $3\frac{1}{8}-2\frac{7}{8}$ 　　　b) $5\frac{3}{10}-2\frac{4}{5}$ 　　　c) $3\frac{1}{6}-1\frac{8}{9}$ 　　　d) $2\frac{3}{5}-1\frac{7}{5}$ 　　　e) $3\frac{5}{2}-4\frac{3}{4}$

19 ☰ **Rechenkönig**

Berechne.

a) $1\frac{2}{7}+\frac{3}{7}$ b) $3\frac{4}{5}-\frac{3}{5}$ c) $2\frac{7}{10}+1\frac{3}{10}$ d) $8\frac{7}{9}-8\frac{4}{9}$ e) $1\frac{4}{9}+\frac{5}{9}$ f) $3\frac{9}{10}-1\frac{9}{10}$

g) $2-\frac{1}{8}$ h) $7-\frac{9}{14}$ i) $6+\frac{11}{7}$ j) $3+\frac{21}{3}$ k) $11-\frac{14}{8}$ l) $9\frac{4}{7}-4$

20 ☰ **Berechne und kürze das Ergebnis, wenn möglich.**

a) $5\frac{1}{5}+\frac{4}{5}$ b) $1\frac{3}{4}+\frac{5}{8}$ c) $2\frac{1}{2}+\frac{1}{4}$ d) $8\frac{2}{3}-\frac{4}{9}$ e) $2+\frac{7}{4}$ f) $6\frac{1}{2}-\frac{3}{4}$

g) $6\frac{2}{5}-3\frac{4}{5}$ h) $5\frac{9}{10}-3\frac{1}{2}$ i) $10\frac{4}{9}-9$ j) $2\frac{1}{4}-1\frac{5}{8}$ k) $3-2\frac{3}{4}$ l) $2\frac{1}{9}-1\frac{2}{3}$

Prüfe dich!
Lösungen auf
Seite 214

21 ☰ **Umkehrrechnungen**

Bestimme die gesuchte Zahl.

a) $\blacksquare+\frac{3}{8}=\frac{3}{4}$ b) $\blacksquare-\frac{3}{8}=\frac{3}{4}$ c) $\frac{7}{4}+\blacksquare=\frac{9}{4}$ d) $\frac{14}{9}-\blacksquare=\frac{1}{3}$

e) $\blacksquare-3\frac{2}{5}=4$ f) $\blacksquare+2\frac{1}{4}=5\frac{1}{2}$ g) $4\frac{5}{6}-\blacksquare=1\frac{1}{4}$ h) $3\frac{1}{5}-\blacksquare=\frac{3}{5}$

i) $\blacksquare+4\frac{1}{5}=7$ j) $\blacksquare-4\frac{1}{5}=7$ k) $2\frac{1}{2}+\blacksquare=7\frac{1}{4}$ l) $\blacksquare-\frac{5}{6}=2\frac{1}{2}$

22 ☰ **Hilfe im Forum**

In einem Schülerforum im Internet findet sich folgende Frage: *„Hilfe! Ich weiß immer noch nicht, wie man Brüche addiert und subtrahiert! Erklärt mir bitte, wie das funktioniert!"*
Schreibe eine Antwort.

23 ☰ **Mischungsverhältnisse**

$\frac{3}{8}$ l Saft sollen mit Wasser verdünnt werden.

a) Wie viel Wasser muss zugegossen werden, damit man insgesamt $1\frac{1}{2}$ l erhält?

b) In welchem Verhältnis sind dann Saft und Wasser gemischt?

c) Wie viel Wasser muss man dazu gießen, um eine Mischung von Saft zu Wasser im Verhältnis 1 zu 2 zu erhalten? Passt dies dann in einen 1 l-Krug?

24 ☰ **Brüche auf dem Marktplatz**

Auf dem Markt kauft Herr Per an einem Stand $2\frac{1}{2}$ kg Kartoffeln, $\frac{3}{4}$ kg Äpfel und $1\frac{1}{4}$ kg Birnen. Herr Mai kauft an demselben Stand $3\frac{1}{4}$ kg Kartoffeln, $1\frac{1}{2}$ kg Äpfel und $2\frac{1}{8}$ kg Birnen. Stellt euch geeignete Aufgaben und löst sie.

25 ☰ **In der Goldschmiede**

Einen neuen Werkstoff aus verschmolzenen Metallen nennt man Legierung. Für Schmuck verwendet man oft die Legierung Weißgold, die einfach zu verarbeiten ist.
Weißgold besteht zu $\frac{3}{4}$ aus reinem Gold, zu $\frac{3}{20}$ aus reinem Silber und zum restlichen Teil aus Kupfer. Gold und Silber sind Edelmetalle, Kupfer ist kein Edelmetall.

a) Wie groß ist der Anteil der Edelmetalle in Weißgold?

b) Wie groß ist der Kupferanteil in Weißgold?

c) Eine Kette aus Weißgold wiegt 60 g, ein Ring 12 g. Wie viel Gramm Edelmetalle bzw. Kupfer enthalten die Kette und der Ring?

26 ☰ **Auffällige Rechnungen**

Berechne die Differenz der gegebenen Brüche.

(1) $\frac{1}{2}$ und $\frac{1}{3}$ (2) $\frac{1}{3}$ und $\frac{1}{4}$ (3) $\frac{1}{4}$ und $\frac{1}{5}$ (4) $\frac{1}{5}$ und $\frac{1}{6}$

Was stellst du fest? Überprüfe an weiteren Beispielen. Formuliere eine Erklärung.

1.3 Brüche multiplizieren

Vorbereiten
Kürzen
Seite 200
Brüche vervielfachen
Seite 201

Magda und Erwin haben ein Gemüsebeet. Magda beschließt, dass $\frac{3}{4}$ davon für Salat genutzt wird.
Ihr Mann Erwin teilt die Salatfläche wiederum auf. Er möchte, dass $\frac{2}{5}$ von der Salatfläche für Feldsalat genutzt werden.

- Welcher Anteil des gesamten Beets wird für Feldsalat genutzt?
- Mit welcher Rechnung kann man diesen Anteil bestimmen?

WES-105429-007

Anteile von Anteilen

$\frac{2}{3}$ von $\frac{4}{5}$ bedeutet: Der Anteil $\frac{4}{5}$ ist gegeben, davon soll der Anteil $\frac{2}{3}$ bestimmt werden.

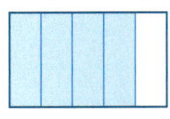 $\xrightarrow{\ :3\ }$ 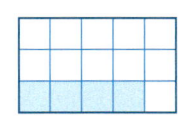 $\xrightarrow{\ \cdot 2\ }$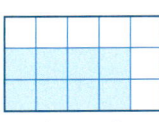

$\frac{4}{5}$ durch 3 teilen $\frac{4}{5} : 3 = \frac{4}{15}$ 2 nehmen $\frac{4}{15} \cdot 2 = \frac{8}{15}$

Brüche multiplizieren

- Zähler mal Zähler
- Nenner mal Nenner

$$\frac{2}{3} \cdot \frac{4}{5} = \frac{2 \cdot 4}{3 \cdot 5} = \frac{8}{15}$$

Der **Anteil von einem Anteil** wird durch das **Multiplizieren** von Brüchen berechnet.
$\frac{2}{3}$ von $\frac{4}{5}$ durch das Multiplizieren der beiden Brüche $\frac{2}{3}$ und $\frac{4}{5}$ berechnen: $\frac{2}{3} \cdot \frac{4}{5}$

Beim Rechnen an frühzeitiges Kürzen denken

a) Berechne $\frac{15}{6} \cdot \frac{3}{10}$

Lösung

$$\frac{15}{6} \cdot \frac{3}{10} = \frac{\overset{3}{15} \cdot \overset{1}{3}}{\underset{2}{6} \cdot \underset{2}{10}} = \frac{3 \cdot 1}{2 \cdot 2} = \frac{3}{4} \quad \text{frühzeitig kürzen!}$$

b) Bestimme $\frac{2}{3}$ von $\frac{9}{8}$

Lösung – „von" bedeutet „mal"

$$\frac{2}{3} \cdot \frac{9}{8} = \frac{\overset{1}{2} \cdot \overset{3}{9}}{\underset{1}{3} \cdot \underset{4}{8}} = \frac{1 \cdot 3}{1 \cdot 4} = \frac{3}{4} \quad \text{frühzeitig kürzen!}$$

1 ☰ **Kopfrechnen**

Berechne das Produkt im Kopf und notiere das Ergebnis.

a) $\frac{3}{7} \cdot \frac{3}{5}$ b) $\frac{5}{7} \cdot \frac{4}{3}$ c) $\frac{7}{8} \cdot \frac{3}{7}$ d) $\frac{1}{2} \cdot \frac{1}{2}$ e) $\frac{3}{2} \cdot \frac{2}{3}$ f) $\frac{2}{3} \cdot 4$

g) $\frac{3}{7} \cdot \frac{3}{5}$ h) $\frac{7}{3} \cdot \frac{3}{7}$ i) $\frac{3}{2} \cdot \frac{4}{3}$ j) $\frac{1}{3} \cdot \frac{1}{9}$ k) $\frac{3}{5} \cdot \frac{1}{5}$ l) $\frac{2}{9} \cdot \frac{9}{5}$

2 ☰ **Multiplizieren**

Berechne und gib das Ergebnis als gekürzten Bruch an.

a) $\frac{3}{8} \cdot \frac{2}{5}$ b) $\frac{5}{15} \cdot \frac{3}{2}$ c) $\frac{2}{7} \cdot \frac{14}{3}$ d) $\frac{3}{8} \cdot \frac{4}{9}$ e) $\frac{4}{5} \cdot \frac{3}{12}$ f) $\frac{5}{7} \cdot \frac{21}{10}$

g) $\frac{5}{9} \cdot 3$ h) $\frac{4}{7} \cdot \frac{14}{8}$ i) $8 \cdot \frac{3}{4}$ j) $\frac{2}{9} \cdot \frac{9}{2}$ k) $\frac{1}{2} \cdot \frac{4}{7}$ l) $\frac{2}{5} \cdot \frac{15}{8}$

3 ≡ **Anteile von Anteilen bestimmen**

a) $\frac{2}{5}$ von $\frac{3}{4}$ b) $\frac{2}{3}$ von $\frac{7}{8}$ c) $\frac{1}{4}$ von $\frac{2}{3}$ d) $\frac{2}{4}$ von $\frac{2}{3}$ e) $\frac{3}{5}$ von $\frac{3}{4}$ f) $\frac{2}{3}$ von $\frac{5}{7}$

4 ≡ **Mit natürlichen Zahlen rechnen**

a) $\frac{4}{3} \cdot 12$ b) $\frac{5}{7}$ von 56   c) $48 \cdot \frac{9}{20}$ d) $20 \cdot \frac{1}{90}$ e) $\frac{5}{12}$ von 60   f) $\frac{11}{210} \cdot 70$

5 ≡ **Anteile von Anteilen – in einer Klasse**

In einer Klasse sind 24 Kinder. $\frac{3}{4}$ der Kinder spielen ein Instrument. $\frac{2}{3}$ dieser Kinder sind Mädchen. Wie groß ist der Anteil der Mädchen, die ein Instrument spielen, in der Klasse? Wie viele Mädchen und viele Jungen in der Klasse spielen ein Instrument?

6 ≡ **Anteile von Anteilen – in einer Fläche**

Ein Fahnentuch ist $\frac{4}{5}$ m² groß. $\frac{2}{3}$ des Tuches sind gefärbt. Wie viel Quadratmeter sind das?
Du kannst das Ergebnis anschaulich an der Zeichnung finden. Erkläre die Zeichnung.
Du kannst das Ergebnis auch durch Rechnung finden. Vergleiche die Ergebnisse.

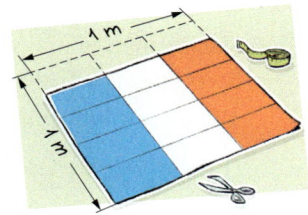

7 ≡ Schreibe zu den Bildern eine Rechnung. Das Ergebnis ist $\frac{10}{21}$.

Prüfe dich!
Lösungen auf
Seite 214

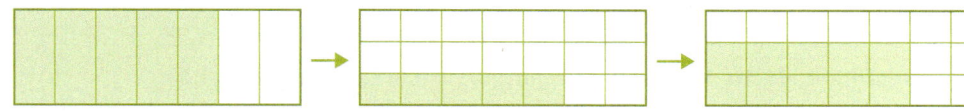

8 ≡ In der Klasse 5 a sind 30 Kinder, $\frac{2}{3}$ davon sind Mädchen. Von den Mädchen benutzen $\frac{3}{5}$ den Bus, um zur Schule zu kommen.

a) Berechne die Anzahl der Mädchen in der Klasse 5 a, die mit dem Bus zur Schule kommen.

b) Bestimme den Anteil der Mädchen in der Klasse 5 a, die mit dem Bus zur Schule kommen.

9 ≡ **Rechentraining**

a) $\frac{1}{3} \cdot \frac{2}{5}$ b) $\frac{1}{2} \cdot \frac{3}{7}$ c) $\frac{3}{10} \cdot \frac{7}{8}$ d) $\frac{2}{9} \cdot \frac{2}{5}$ e) $\frac{2}{3} \cdot \frac{5}{6}$ f) $\frac{6}{7} \cdot \frac{6}{7}$

g) $\frac{8}{9} \cdot \frac{3}{4}$ h) $\frac{3}{5} \cdot \frac{7}{10}$ i) $\frac{7}{8} \cdot \frac{1}{4}$ j) $\frac{13}{4} \cdot \frac{2}{52}$ k) $\frac{8}{35} \cdot \frac{7}{36}$ l) $\frac{6}{7} \cdot \frac{7}{6}$

10 ≡ **Frühzeitiges Kürzen hilft beim Multiplizieren**

Berechne, kürze dabei möglichst frühzeitig.

a) $\frac{5}{8} \cdot \frac{4}{3}$ b) $\frac{6}{7} \cdot \frac{4}{9}$ c) $\frac{7}{8} \cdot \frac{8}{9}$ d) $\frac{8}{9} \cdot \frac{3}{4}$

e) $\frac{10}{9} \cdot \frac{6}{15}$ f) $\frac{6}{7} \cdot \frac{7}{12}$ g) $\frac{49}{32} \cdot \frac{24}{35}$ h) $\frac{63}{25} \cdot \frac{45}{49}$

i) $\frac{64}{25} \cdot \frac{35}{56}$ j) $\frac{26}{56} \cdot \frac{42}{39}$ k) $\frac{63}{11} \cdot \frac{8}{49}$ l) $\frac{36}{33} \cdot \frac{11}{54}$

> Erst kürzen, dann rechnen.
>
> $\frac{12}{35} \cdot \frac{14}{15} = \frac{\overset{4}{\cancel{12}}}{\underset{5}{\cancel{35}}} \cdot \frac{\overset{2}{\cancel{14}}}{\underset{5}{\cancel{15}}} = \frac{4 \cdot 2}{5 \cdot 5} = \frac{8}{25}$

11 ≡ Berechne. Denke an frühzeitiges Kürzen.

Prüfe dich!
Lösungen auf
Seite 214

a) $\frac{6}{15} \cdot \frac{5}{18}$ b) $\frac{12}{25} \cdot \frac{20}{8}$ c) $\frac{17}{16} \cdot \frac{16}{17}$ d) $\frac{8}{35} \cdot \frac{70}{16}$ e) $\frac{44}{42} \cdot \frac{35}{33}$ f) $\frac{120}{36} \cdot \frac{72}{360}$

g) $\frac{12}{16} \cdot \frac{8}{24}$ h) $\frac{6}{7} \cdot \frac{14}{20}$ i) $\frac{10}{18} \cdot \frac{16}{25}$ j) $\frac{250}{75} \cdot \frac{45}{30}$ k) $\frac{222}{66} \cdot \frac{121}{11}$ l) $\frac{210}{260} \cdot \frac{130}{70}$

12 ≡ **Besondere Ergebnisse**

Bei diesen Aufgaben kann man das Ergebnis schnell erkennen. Begründe.

a) $\frac{2}{3} \cdot \frac{3}{2}$ b) $\frac{12}{9} \cdot \frac{9}{12} \cdot \frac{3}{3}$ c) $\frac{3}{2} \cdot \frac{5}{7} \cdot \frac{7}{5} \cdot \frac{2}{3}$ d) $\frac{4}{5} \cdot \frac{5}{6} \cdot \frac{6}{7} \cdot 0$ e) $\frac{22}{7} \cdot \frac{7}{11}$ f) $\frac{3}{4} \cdot \frac{4}{5} \cdot \frac{5}{6} \cdot 2$

Nachschlagen
Gemischte
Schreibweise
Seite 200

13 ≡ **Brüche in gemischter Schreibweise**

Berechne wie im Beispiel.

a) $1\frac{1}{2} \cdot \frac{1}{8}$ b) $2\frac{1}{4} \cdot \frac{2}{5}$ c) $2\frac{1}{3} \cdot 2\frac{1}{4}$

d) $3\frac{2}{3} \cdot 2\frac{3}{5}$ e) $5\frac{3}{2} \cdot \frac{1}{2}$ f) $1\frac{2}{3} \cdot 1\frac{4}{5}$

Vorsicht bei gemischter Schreibweise

Erst in unechte Brüche umwandeln:

$2\frac{1}{2} \cdot 1\frac{1}{3} = \frac{5}{2} \cdot \frac{4}{3} = \frac{20}{6} = \frac{10}{3} = 3\frac{1}{3}$

14 ≡ **Vorsicht bei der gemischten Schreibweise**

Erkläre, warum Raul sich wundert.
Führe Rauls Begründung zu Ende.
Was hätte Anna vor der Multiplikation
machen müssen?

15 ≡ **Flächeninhalte**

Berechne den Flächeninhalt des Rechtecks.

a) $a = \frac{3}{2}$ cm; $b = 4$ cm   b) $a = \frac{2}{3}$ dm; $b = \frac{9}{4}$ dm

c) $a = 4\frac{1}{2}$ cm; $b = \frac{2}{3}$ cm   d) $a = \frac{3}{2}$ cm; $b = 2\frac{2}{3}$ cm

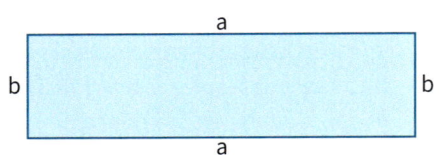

Prüfe dich!
Lösungen auf
Seite 214

16 ≡ Berechne.

a) $\frac{3}{4} \cdot 3\frac{1}{2}$ b) $\frac{2}{3} \cdot 2\frac{1}{4}$ c) $\frac{3}{4} \cdot 1\frac{7}{9}$ d) $\frac{4}{5} \cdot 1\frac{7}{8}$ e) $2\frac{1}{2} \cdot 1\frac{1}{4}$ f) $\frac{7}{8} \cdot 16$

g) $\frac{7}{4} \cdot 3\frac{5}{7}$ h) $\frac{11}{28} \cdot 36$ i) $1\frac{2}{3} \cdot 3\frac{3}{5}$ j) $1\frac{1}{4} \cdot 2\frac{2}{5}$ k) $3\frac{4}{9} \cdot 0$ l) $\frac{3}{4} \cdot 2\frac{2}{3}$

17 ≡ Berechne den Flächeninhalt des Rechtecks mit den Seitenlängen a und b.

a) $a = \frac{1}{2}$ m; $b = 8$ m   b) $a = \frac{5}{3}$ cm; $b = \frac{9}{10}$ cm   c) $a = \frac{5}{6}$ cm; $b = 2\frac{2}{5}$ cm   d) $a = \frac{5}{7}$ m; $b = 2\frac{1}{3}$ m

18 ≡ **Zahl gesucht**

Bestimme die gesuchte Zahl durch geschicktes Probieren.

a) $\frac{2}{3} \cdot \blacksquare = \frac{8}{27}$ b) $\blacksquare \cdot 3 = \frac{6}{7}$ c) $\frac{3}{8} \cdot \blacksquare = \frac{15}{24}$ d) $\frac{1}{9} \cdot \blacksquare = \frac{9}{9}$ e) $\frac{4}{9} \cdot \blacksquare = 1$ f) $\blacksquare \cdot \frac{7}{4} = 7$

Nachschlagen
Potenzen
Seite 194

19 ≡ **Wachsen oder schrumpfen**

Berechne die Potenzen. Vergleiche die Ergebnisse. Bei
welchen Brüchen wächst das Ergebnis? Begründe.

a) $\frac{3}{2}$, $\left(\frac{3}{2}\right)^2$, $\left(\frac{3}{2}\right)^3$, $\left(\frac{3}{2}\right)^4$ b) $\frac{2}{3}$, $\left(\frac{2}{3}\right)^2$, $\left(\frac{2}{3}\right)^3$, $\left(\frac{2}{3}\right)^4$

c) $\frac{2}{3}$, $\frac{2^2}{3}$, $\frac{2^3}{3}$, $\frac{2^4}{3}$ d) $\frac{9}{10}$, $\left(\frac{9}{10}\right)^2$, $\left(\frac{9}{10}\right)^3$, $\left(\frac{9}{10}\right)^4$

e) $\frac{5}{4}$, $\left(\frac{5}{4}\right)^2$, $\left(\frac{5}{4}\right)^3$, $\left(\frac{5}{4}\right)^4$ f) $\frac{9}{2}$, $\frac{9^2}{2}$, $\frac{9^3}{2}$, $\frac{9^4}{2}$

Potenzen bei Brüchen

$\left(\frac{3}{4}\right)^5 = \frac{3}{4} \cdot \frac{3}{4} \cdot \frac{3}{4} \cdot \frac{3}{4} \cdot \frac{3}{4} = \frac{3^5}{4^5}$

Zähler: $\frac{3^5}{4} = \frac{3 \cdot 3 \cdot 3 \cdot 3 \cdot 3}{4}$

Nenner: $\frac{3}{4^5} = \frac{3}{4 \cdot 4 \cdot 4 \cdot 4 \cdot 4}$

20 ≡ **Produkt mit mehreren Faktoren**

Berechne das Produkt. Kürze möglichst frühzeitig.

a) $\frac{1}{2} \cdot \frac{2}{3} \cdot \frac{3}{4}$ b) $\frac{3}{10} \cdot \frac{2}{3} \cdot \frac{5}{4}$ c) $\frac{2}{5} \cdot \frac{3}{2} \cdot \frac{5}{3}$ d) $\frac{11}{13} \cdot \frac{13}{17} \cdot \frac{17}{11}$ e) $\frac{3}{4} \cdot \frac{8}{15} \cdot \frac{7}{12}$ f) $\frac{2}{3} \cdot \frac{6}{7} \cdot \frac{5}{8}$

g) $\frac{3}{4} \cdot \frac{5}{6} \cdot \frac{8}{15}$ h) $\frac{2}{3} \cdot 2\frac{1}{2} \cdot 1\frac{4}{5}$ i) $\frac{2}{5} \cdot \frac{7}{10} \cdot \frac{15}{8} \cdot \frac{3}{7}$ j) $\frac{5}{12} \cdot \frac{4}{5} \cdot \frac{3}{12} \cdot \frac{6}{5}$ k) $\frac{4}{7} \cdot \frac{5}{9} \cdot \frac{36}{23} \cdot \frac{21}{32}$ l) $\frac{14}{15} \cdot \frac{55}{2} \cdot \frac{15}{22}$

21 ≡ **Erweitern und Multiplizieren**

Was meinst du dazu?

1.4 Brüche dividieren

Nova und Sven spielen Zahlenraten.
Sven denkt sich eine Zahl aus.
Er multipliziert sie mit $\frac{2}{5}$ und erhält $\frac{3}{10}$.
Nova versucht die Zahl durch Rückwärtsrechnen herauszufinden. Sie überlegt:

„Für $\cdot\frac{2}{5}$ rechne ich $\cdot 2$ und $:5$.

Für $:\frac{2}{5}$ mache ich die einzelnen Schritte rückgängig und rechne $\cdot 5$ und $:2$.

Zähler und Nenner werden also vertauscht."

Spielt auch Zahlenraten.

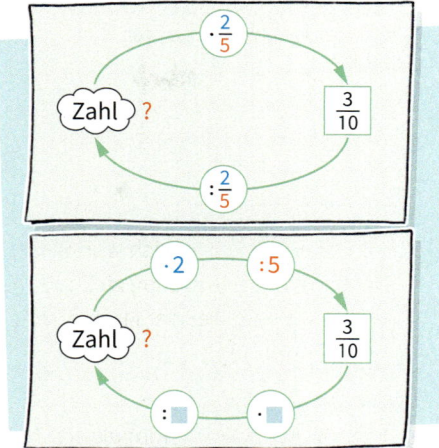

WES-105429-008

Durch einen Bruch dividieren

- Multipliziere mit dem Kehrbruch

Der **Kehrbruch** entsteht, wenn man Zähler und Nenner des Bruchs vertauscht.

Ersetze $:$ durch $\cdot$

$$\frac{5}{7} : \frac{2}{3} = \frac{5}{7} \cdot \frac{3}{2} = \frac{15}{14}$$

Tausche Zähler und Nenner

Zu $\frac{2}{3}$ ist der Kehrbruch $\frac{3}{2}$

Brüche dividieren

a) $\frac{7}{5} : \frac{4}{3} = \frac{7}{5} \cdot \frac{3}{4} = \frac{7 \cdot 3}{5 \cdot 4} = \frac{21}{20}$

Kehrbruch bilden:
Zähler und Nenner tauschen

b) $\frac{8}{9} : \frac{5}{18} = \frac{8}{9} \cdot \frac{18}{5} = \frac{8 \cdot \overset{2}{\cancel{18}}}{\underset{1}{\cancel{9}} \cdot 5} = \frac{8 \cdot 2}{1 \cdot 5} = \frac{16}{5}$

Erst Kehrbruch bilden, dann beim
Multiplizieren frühzeitig kürzen

c) $8 : \frac{4}{9} = 8 \cdot \frac{9}{4} = \frac{\overset{2}{\cancel{8}} \cdot 9}{\underset{1}{\cancel{4}}} = 2 \cdot 9 = 18$

Erst Kehrbruch bilden, dann beim
Multiplizieren frühzeitig kürzen

---

❶ ☰ Brüche dividieren

a) $\frac{3}{2} : \frac{5}{2}$ b) $\frac{2}{7} : \frac{2}{9}$ c) $\frac{2}{3} : \frac{1}{3}$ d) $12 : \frac{6}{5}$ e) $\frac{14}{25} : \frac{7}{5}$ f) $\frac{7}{3} : \frac{3}{7}$

❷ ☰ Kopfrechnen

a) $\frac{2}{3} : \frac{1}{2}$ b) $\frac{4}{5} : \frac{1}{10}$ c) $\frac{7}{10} : \frac{7}{10}$ d) $\frac{3}{7} : \frac{2}{7}$ e) $\frac{1}{2} : \frac{9}{10}$ f) $8 : \frac{1}{2}$

g) $\frac{5}{9} : \frac{3}{9}$ h) $6 : \frac{1}{4}$ i) $\frac{8}{5} : \frac{4}{5}$ j) $\frac{10}{9} : \frac{10}{3}$ k) $\frac{8}{3} : \frac{4}{5}$ l) $\frac{5}{3} : \frac{3}{5}$

❸ ☰ Überprüfen durch Probe

Berechne und überprüfe dein Ergebnis durch eine Probe.

a) $\frac{1}{9} : \frac{7}{6}$ b) $\frac{14}{22} : \frac{21}{11}$ c) $\frac{7}{5} : \frac{3}{10}$ d) $\frac{4}{9} : \frac{16}{3}$

e) $\frac{12}{35} : \frac{4}{7}$ f) $\frac{5}{12} : \frac{16}{3}$ g) $\frac{14}{9} : \frac{7}{9}$ h) $\frac{25}{15} : \frac{50}{27}$

$\frac{10}{3} : \frac{8}{9} = \frac{\overset{5}{\cancel{10}}}{\underset{1}{\cancel{3}}} \cdot \frac{\overset{3}{\cancel{9}}}{\underset{4}{\cancel{8}}} = \frac{5 \cdot 3}{1 \cdot 4} = \frac{15}{4}$

Probe: $\frac{\overset{5}{\cancel{15}}}{\underset{1}{\cancel{4}}} \cdot \frac{\overset{2}{\cancel{8}}}{\underset{3}{\cancel{9}}} = \frac{5 \cdot 2}{1 \cdot 3} = \frac{10}{3}$ ✓

❹ ☰ Durch eine natürliche Zahl dividieren

Sven und Nova nutzen unterschiedliche Methoden,
um einen Bruch durch eine natürliche Zahl zu dividieren.
Berechne, wenn möglich, mit beiden Methoden.

a) $\frac{9}{5} : 3$ b) $\frac{16}{7} : 8$ c) $\frac{21}{14} : 7$ d) $\frac{9}{7} : 6$

e) $\frac{11}{10} : 5$ f) $\frac{14}{9} : 7$ g) $\frac{4}{9} : 8$ h) $\frac{56}{49} : 7$

Sven:
$\frac{8}{5} : 4 = \frac{8}{5} : \frac{4}{1} = \frac{\overset{2}{\cancel{8}}}{5} \cdot \frac{1}{\underset{1}{\cancel{4}}} = \frac{2}{5}$

Nova:
$\frac{8}{5} : 4 = \frac{8 : 4}{5} = \frac{2}{5}$

5 ≡ Training

a) $\frac{1}{2}:\frac{1}{4}$　　b) $\frac{15}{12}:\frac{10}{9}$　　c) $\frac{28}{22}:\frac{7}{11}$　　d) $\frac{4}{10}:2$　　e) $\frac{3}{7}:\frac{9}{21}$　　f) $\frac{56}{80}:8$

Prüfe dich!
Lösungen auf
Seite 214

6 ≡ Berechne.

a) $\frac{9}{4}:\frac{3}{4}$　　b) $6:\frac{1}{2}$　　c) $\frac{12}{7}:\frac{3}{2}$　　d) $\frac{8}{9}:\frac{4}{3}$　　e) $\frac{2}{5}:4$　　f) $9:\frac{3}{5}$

7 ≡ Brüche in gemischter Schreibweise

Berechne.

Nachschlagen
Gemischte
Schreibweise
Seite 200

a) $1\frac{1}{2}:1\frac{1}{4}$　　b) $1\frac{2}{3}:1\frac{1}{2}$　　c) $2\frac{1}{3}:1\frac{1}{4}$

d) $2\frac{1}{2}:1\frac{3}{4}$　　e) $1\frac{4}{5}:2\frac{7}{10}$　　f) $1\frac{1}{8}:6\frac{3}{4}$

g) $6\frac{2}{3}:5\frac{5}{7}$　　h) $6\frac{2}{9}:5\frac{5}{6}$　　i) $2\frac{1}{4}:1\frac{3}{5}$

Vorsicht bei gemischter Schreibweise
Erst in unechte Brüche umwandeln:

$$1\frac{9}{15}:2\frac{2}{5}=\frac{24}{15}:\frac{12}{5}=\frac{\overset{2}{\cancel{24}}}{\underset{3}{\cancel{15}}}\cdot\frac{\overset{1}{\cancel{5}}}{\underset{1}{\cancel{12}}}=\frac{2}{3}$$

8 ≡ Fehlende Seitenlänge

Berechne die fehlende Seitenlänge. Gib das Ergebnis als Bruch in Zentimeter an.
Mache danach die Probe, indem du den Flächeninhalt durch Multiplikation bestimmst.

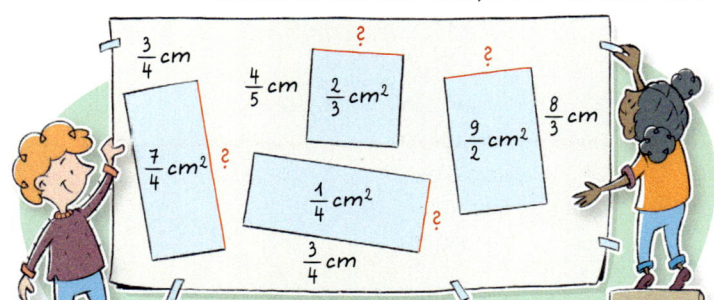

$\frac{3}{4}$ cm　　$\frac{12}{5}$ cm²

$A = a \cdot b$

$\frac{12}{5}$ cm² $= \frac{3}{4}$ cm $\cdot \underline{\ \ }$ cm

$\frac{12}{5}:\frac{3}{4}=\frac{12}{5}\cdot\frac{4}{3}=\frac{\overset{4}{\cancel{12}}}{5}\cdot\frac{4}{\underset{1}{\cancel{3}}}=\frac{16}{5}=3\frac{1}{5}$

Die fehlende Seite ist $3\frac{1}{5}$ cm lang.

9 ≡ Lücken füllen

a) $\frac{3}{5}:\frac{\blacksquare}{7}=\frac{21}{10}$　b) $\frac{3}{\blacksquare}:\frac{1}{5}=\frac{15}{10}$　c) $\frac{5}{7}:\frac{\blacksquare}{14}=\frac{10}{3}$　d) $\blacksquare:\frac{3}{4}=1$　e) $\frac{4}{7}:\blacksquare=\frac{4}{5}$　f) $8:\blacksquare=16$

Prüfe dich!
Lösungen auf
Seite 214

10 ≡ Berechne die fehlende Seitenlänge des Rechtecks mit dem Flächeninhalt A.

a) $A = 3$ cm²　　　　b) $A = 3\frac{1}{2}$ cm²　　　c) $A = 2\frac{1}{4}$ cm²　　　d) $A = \frac{5}{2}$ cm²

$a = \frac{7}{3}$ cm　　　　$a = 3\frac{3}{4}$ cm　　　　$b = 1\frac{1}{2}$ cm　　　　$b = \frac{10}{3}$ cm

11 ≡ Fülle die Lücken aus.

a) $\blacksquare:\frac{21}{8}=\frac{3}{4}$　　　b) $\frac{5}{6}:\frac{\blacksquare}{3}=\frac{1}{4}$　　　c) $\frac{3}{14}:\frac{12}{\blacksquare}=\frac{1}{4}$　　　d) $3:\blacksquare=15$

12 ≡ Fehlersuche

Erkläre den Fehler und rechne richtig.

a) $\frac{6}{5}:\frac{3}{5}=\frac{6:3}{5}=\frac{2}{5}$　　　b) $\frac{8}{5}:\frac{4}{7}=\frac{8\cdot4}{5\cdot7}=\frac{32}{35}$

c) $\frac{3}{4}:\frac{2}{5}=\frac{4}{3}\cdot\frac{2}{5}=\frac{8}{15}$　　　d) $2:\frac{3}{4}=\frac{1}{2}\cdot\frac{3}{4}=\frac{2}{1}\cdot\frac{3}{4}=\frac{3}{2}$

e) $\frac{5}{6}:3=\frac{5\cdot3}{6\cdot3}=\frac{15}{18}$　　　f) $8:\frac{2}{3}=\frac{8:2}{3}=\frac{4}{3}$

g) $\frac{5}{6}:\frac{6}{7}=\frac{5}{7}$　　　h) $\frac{3}{7}:\frac{7}{2}=\frac{3\cdot7}{7\cdot2}=\frac{3}{2}$

13 ≡ **Mit der Null muss man rechnen**

Berechne, wenn möglich.

a) $0 \cdot 7$ b) $\frac{2}{3} : 0$ c) $\frac{2}{3} \cdot 0$

d) $0 : \frac{9}{7}$ e) $\frac{0}{12} : 12$ f) $9 \cdot \frac{7}{9}$

g) $\frac{13}{12} \cdot \frac{7}{0}$ h) $\frac{5}{7} \cdot \frac{0}{7}$ i) $\frac{0}{7} \cdot \frac{7}{9}$

> **Durch 0 zu dividieren ist verboten!**
>
> $9 \cdot 0 = 0$ ✓ $0 \cdot \frac{3}{5} = 0$ ✓ $0 : 7 = 0$ ✓ $\frac{0}{3} = 0$ ✓
>
> Aber: $5 : 0$ ✗ oder $0 : 0$ ✗ oder $\frac{7}{0}$ ✗
>
> sind **nicht möglich**, denn durch Null darf man nicht dividieren!

Nachschlagen
Rechnen mit der Null
Seite 195

14 ≡ **Ein sonderbares Ergebnis**

Nora hat $3 : \frac{1}{4}$ berechnet und als Ergebnis 12 erhalten. Sie wundert sich: „Das Ergebnis ist viel zu groß, ich muss mich verrechnet haben." Was sagst du Nora?

15 ≡ **Rechnung erklären**

Rechne und erkläre wie im Beispiel.

$$\frac{3}{2} : \frac{1}{4} = 6, \text{ denn } \frac{1}{4} \text{ passt 6-mal in } \frac{3}{2}$$

a) $\frac{3}{5} : \frac{1}{10}$ b) $\frac{5}{3} : \frac{5}{9}$ c) $6 : \frac{1}{2}$ d) $\frac{1}{3} : \frac{1}{3}$ e) $\frac{5}{2} : \frac{1}{4}$ f) $\frac{1}{4} : \frac{1}{2}$

16 ≡ **Größenvergleiche**

Eine Zahl wird dividiert. Ist der Quotient größer oder kleiner als der Dividend? Betrachte den Divisor und entscheide, ohne zu rechnen. Rechne dann.

a) $5 : \frac{7}{8}$ b) $\frac{2}{3} : \frac{3}{2}$ c) $2\frac{3}{4} : \frac{3}{4}$ d) $\frac{1}{100} : \frac{1}{10}$ e) $\frac{7}{2} : 3\frac{1}{2}$ f) $\frac{2}{3} : \frac{2}{5}$

Dividend : Divisor = Quotient

17 ≡ **In Gläser verteilen**

Denisa deckt den Frühstückstisch. Im Kühlschrank sind 6 l Frühstückssaft.

a) In die schönen großen Saftgläser passen jeweils $\frac{2}{5}$ l. Wie viele Gläser kann Denisa füllen?

b) In die Krüge passen jeweils $1\frac{1}{2}$ l. Wie viele Krüge kann Denisa füllen?

c) In die kleinen Kristallgläser passen jeweils $\frac{1}{6}$ l. Wie viele Kristallgläser kann Denisa füllen?

18 ≡ **Grillfest bei Lena**

Beim Grillenfest in Lenas Garten gibt es Grillkäse, Würstchen, Baguette und Kartoffelsalat.

Zwölf Kinder kommen zum Tisch und es liegen $3\frac{1}{2}$ Baguette und 8 Würstchen bereit.

Lena meint: „Das ist zu wenig für jeden, wenn man exakt aufteilt."

Berechne, welchen Anteil jedes Kind vom Baguette und von den Würstchen bekommt.

19 ≡ Berechne, wenn möglich.

a) $0 \cdot 7$ b) $\frac{2}{3} : \frac{5}{7}$ c) $\frac{2}{3} \cdot 0$ d) $0 : \frac{9}{7}$ e) $\frac{7}{12} : 0$ f) $9 \cdot \frac{7}{9}$

Prüfe dich!
Lösungen auf Seite 215

20 ≡ Entscheide, ob der Quotient größer oder kleiner als der Dividend ist.

a) $5 : \frac{7}{8}$ b) $\frac{2}{3} : \frac{3}{2}$ c) $2\frac{3}{4} : \frac{3}{4}$ d) $\frac{1}{100} : \frac{1}{10}$ e) $\frac{17}{2} : 3\frac{1}{2}$ f) $\frac{2}{3} : \frac{2}{5}$

21 ≡ Auf der Gartenparty ist der leckere Sunny-Cocktail sehr beliebt. Für ein Glas Sunny-Cocktail benötigt man Wasser und $\frac{3}{20}$ l Himbeersirup. Es sind noch $\frac{12}{5}$ l Sirup vorhanden.

Berechne die Anzahl der Sunny-Cocktails, die man damit mixen kann.

22 ≡ **Veränderungen**

Was passiert mit dem Ergebnis der Divisionsaufgabe $\frac{a}{b} : \frac{c}{d}$?

Probiere zunächst mit $\frac{2}{3} : \frac{4}{5}$ aus.

Formuliere zu jeder Teilaufgabe einen Ergebnissatz.

a) a wird verdoppelt b) b wird verdoppelt

c) c wird verdoppelt d) d wird verdoppelt

e) a und b werden verdoppelt f) c und d werden verdoppelt

Beispiel

$$\frac{2}{3} : \frac{4}{5} = \frac{5}{6} \qquad \frac{2 \cdot 2}{3} : \frac{4}{5} = \dots$$

„Wenn a verdoppelt wird, dann ... sich das Ergebnis."

1.5 Vermischtes zur Bruchrechnung

❶ ≡ Training mit allen Rechenarten

a) $\frac{3}{4}+\frac{2}{5}$ b) $\frac{3}{4}-\frac{2}{5}$ c) $\frac{3}{4}\cdot\frac{2}{5}$ d) $\frac{3}{4}:\frac{2}{5}$ e) $\frac{5}{6}+4$ f) $4-\frac{5}{6}$

g) $4\cdot\frac{5}{6}$ h) $4:\frac{5}{6}$ i) $4\frac{1}{2}+\frac{7}{4}$ j) $4\frac{1}{3}-\frac{7}{5}$ k) $4\frac{1}{3}\cdot\frac{7}{5}$ l) $4\frac{1}{3}:\frac{7}{5}$

❷ ≡ Natürliche Zahl minus Bruch

Berechne die Differenz.

a) $3-\frac{1}{4}$ b) $4-\frac{1}{3}$ c) $7-\frac{5}{4}$ d) $11-3\frac{1}{4}$ e) $14-5\frac{5}{9}$ f) $1-\frac{123}{200}$

❸ ≡ Subtraktion mit gemischten Zahlen

Valentin möchte ganze Zahlen und die Brüche getrennt voneinander subtrahieren. Doch bei $\frac{1}{2}-\frac{3}{4}$ klappt es nicht. Valentin nutzt einen Trick: „*Was im Subtrahenden zu viel ist, schneide ich weg und ziehe es später von der ganzen Zahl ab.*" Rechne genauso.

$$3\frac{1}{2}-1\frac{3}{4}$$
$$=(3-1)+\left(\frac{1}{2}-\frac{3}{4}\right)$$
$$=2+\left(\frac{1}{2}-\frac{1}{2}-\frac{1}{4}\right)$$
$$=2-\frac{1}{4}$$
$$=1\frac{3}{4}$$

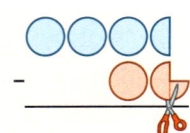

a) $3\frac{1}{2}-1\frac{3}{4}$ b) $4\frac{1}{3}-2\frac{5}{6}$ c) $8\frac{3}{5}-6\frac{9}{10}$

d) $5-2\frac{3}{7}$ e) $1\frac{4}{5}-\frac{7}{8}$ f) $7\frac{3}{10}-5\frac{1}{3}$

❹ ≡ Überprüfe Marens Hausaufgaben

Finde die Fehler und korrigiere sie.

a) $0:5=0$ b) $\frac{2}{3}\cdot0=0$ c) $0:\frac{2}{3}=\frac{3}{2}$ d) $5:0=\frac{5}{0}=0$

e) $\frac{0}{7}:\frac{1}{8}$ geht nicht   f) $\frac{3}{2}\cdot\frac{2}{3}=0$ g) $0\cdot0=0$ h) $\frac{0}{0}=1$

❺ ≡ Dividieren

Berechne. Nicht immer ist dies möglich.

a) $3\frac{1}{2}:1\frac{1}{2}$ b) $0:\frac{27}{4}$ c) $1\frac{8}{27}:7\frac{7}{9}$ d) $7\frac{7}{9}:0$ e) $\frac{0}{4}:3\frac{1}{5}$ f) $\frac{0}{2}:\frac{17}{2}$

❻ ≡ Aufgaben bauen

Baue aus den gegebenen Zahlen Rechenaufgaben mit Brüchen $\frac{\square}{\square}:\frac{\square}{\square}$

Löse sie. Wie viele unterschiedliche Ergebnisse erhältst du?

a) $2, 3, 4, 5$ b) $4, 6, 8, 12$ c) $0, 3, 6, 8$

❼ ≡ Aus Fehlern wird man klug

Wo stecken Fehler? Erkläre, was falsch gemacht wurde.

a) $\frac{8}{9}+\frac{2}{9}=\frac{10}{18}$ b) $\frac{8}{9}\cdot\frac{2}{9}=\frac{8:2}{9}$ c) $\frac{9}{11}:3=\frac{9}{11\cdot3}$ d) $\frac{8}{9}\cdot3=\frac{8\cdot3}{9\cdot3}$

e) $\frac{2}{3}\cdot\frac{1}{2}=\frac{4}{6}\cdot\frac{3}{6}=\frac{12}{36}$ f) $3:\frac{3}{4}=\frac{3:3}{4}$ g) $2:\frac{1}{2}=2\cdot2$ h) $\frac{5}{7}:\frac{5}{3}=\frac{7}{5}\cdot\frac{5}{3}=\frac{7}{3}$

❽ ≡ Zahl gesucht

Finde die fehlende Zahl.

a) $\blacksquare\cdot8=1$ b) $\blacksquare-2=\frac{1}{3}$ c) $\frac{1}{2}:\blacksquare=2$ d) $\blacksquare\cdot12=4$

e) $\blacksquare+3\frac{2}{5}=4\frac{7}{10}$ f) $39\cdot\blacksquare=13$ g) $7:\blacksquare=3$ h) $5\frac{1}{2}:\blacksquare=2\frac{1}{4}$

9 ≡ **Wenn-dann-Aussagen**

Beurteile die Aussagen. Finde Beispiele oder Gegenbeispiele.

a) Wenn man einen Bruch mit einer natürlichen Zahl multipliziert,
dann wird das Ergebnis größer als die natürliche Zahl.

b) Wenn man einen Bruch und eine natürliche Zahl addiert,
dann ist die Summe größer als jeder Summand.

c) Wenn man zwei echte Brüche addiert, dann entsteht wieder ein echter Bruch.

d) Wenn man das Produkt aus einer beliebigen Zahl als ersten Faktor und dem Faktor $\frac{4}{5}$
bildet, dann ist das Ergebnis immer kleiner als der erste Faktor.

e) Wenn man Brüche dividiert, dann ist das Ergebnis kleiner als der Dividend.

f) Wenn man Zähler und Nenner eines Bruchs mit derselben Zahl multipliziert, dann
entsteht ein gleichwertiger Bruch.

g) Wenn man zu Zähler und Nenner eines Bruchs dieselbe Zahl addiert, dann ändert sich der
Wert des Bruchs nicht.

„Wenn es Sonntag ist, **Voraussetzung**
dann schlafe ich aus." **Behauptung**

10 ≡ **Bärchenverteilung**

Fünf Packungen Gummibärchen werden an vier Mädchen verteilt. Neun Packungen Gummibärchen werden an sieben Jungen verteilt. In jeder Packung sind gleich viele Bärchen.
Bekommt ein Junge oder ein Mädchen mehr Gummibärchen?

11 ≡ **Wie groß ist die Schule?**

a) Das Goethe-Gymnasium besuchen 336 Mädchen. Das sind $\frac{4}{7}$ der gesamten Schüleranzahl.
Wie viele Schülerinnen und Schüler hat die Schule?

b) Am Friedhelm-Eugen-Gymnasium sind $\frac{9}{20}$ der Schülerinnen und Schüler in einem Sportverein. $\frac{1}{4}$ davon spielen Fußball. Das sind 135 Schülerinnen und Schüler.
Wie viele Schülerinnen und Schüler gehen auf das Friedhelm-Eugen-Gymnasium?

12 ≡ **Wassergehalt der Butter**

Butter hat einen Fettgehalt von 84 %. Wie viel Fett ist in $\frac{1}{4}$ kg Butter enthalten? Gib die
Antwort in Gramm und Kilogramm an.

13 ≡ **Konzert**

Zum Schulkonzert kommen 36 Lehrerinnen und Lehrer. Das sind $\frac{3}{8}$ aller Besucherinnen und
Besucher. Wie viele Besucherinnen und Besucher sind beim Konzert?

14 ≡ **Traubensaft verteilen**

Christians Eltern haben einen Weinbaubetrieb. Bei der Weinlese im Herbst wird aus Trauben
Wein gewonnen. Doch bevor die Trauben für die Weinherstellung abgeliefert werden, presst
Christian gesammelte Trauben zu Traubensaft. Er füllt den Traubensaft in $\frac{3}{4}$ -Liter-Flaschen
ab. Wie viele Flaschen benötigt Christian für die angegebene Taubensaftmenge?

a) $11\frac{1}{2}$ Liter Traubensaft   b) 20 Liter Traubensaft   c) 30 Liter Traubensaft

15 ≡ **Vom Text zum Rechenausdruck**

a) Berechne die Summe aus $\frac{3}{4}$ und $\frac{4}{9}$.   b) Berechne die Differenz aus $\frac{3}{4}$ und $\frac{4}{9}$.

c) Berechne das Produkt aus $\frac{3}{4}$ und $\frac{4}{9}$.   d) Berechne den Quotienten aus $\frac{3}{4}$ und $\frac{4}{9}$.

16 ≡ **Emre dividiert heute mal anders**

Überprüfe Emres Rechnung.
Kann man immer so rechnen wie Emre?
Formuliere hierzu eine passende Rechenregel.

Emres Rechnung:
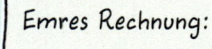
$$\frac{2}{3} : \frac{4}{5} = \frac{20}{30} : \frac{4}{5} = \frac{20:4}{30:5} = \frac{5}{6}$$

1.6 Rechenausdrücke

Vorbereiten
Regeln und
Gesetze
Seite 195

Alle Rechenregeln und Rechengesetze, die
du kennengelernt hast, gelten auch für die
Brüche.

- Ordne die Begriffe Zusammenfassen und
  Vertauschen den beiden Gesetzen zu.
- Welche Rechenregeln und Rechengesetze
  wurden hier genutzt?

$\frac{1}{4} + \frac{5}{7} + \frac{3}{4} = \frac{1}{4} + \frac{3}{4} + \frac{5}{7} = 1\frac{5}{7}$

$\left(\frac{1}{2} + \frac{2}{3}\right) \cdot 3 + \frac{1}{2} = \frac{1}{2} + \frac{7}{6} \cdot 3 = \frac{3}{6} + \frac{21}{6} = 4$

$6 \cdot \left(\frac{2}{3} + \frac{1}{4}\right) = \frac{12}{3} + \frac{6}{4} = 5\frac{1}{2}$

Gesetze:
Kommutativgesetz, Assoziativgesetz,
Distributivgesetz

WES-105429-009

Kommutativgesetz der Addition
Beim Addieren darf man die Summanden
vertauschen.

$\frac{5}{8} + \frac{1}{3} + \frac{3}{8} = \frac{1}{3} + \frac{5}{8} + \frac{3}{8}$

Assoziativgesetz der Addition
Beim Addieren darf man die Reihenfolge, in
der man rechnen möchte, frei wählen.

$\frac{1}{3} + \frac{5}{8} + \frac{3}{8} = \frac{1}{3} + \left(\frac{5}{8} + \frac{3}{8}\right)$

Kommutativgesetz der Multiplikation
Beim Multiplizieren darf man die Faktoren
vertauschen.

$\frac{5}{8} \cdot \frac{6}{7} \cdot \frac{4}{5} = \frac{6}{7} \cdot \frac{5}{8} \cdot \frac{4}{5}$

Assoziativgesetz der Multiplikation
Beim Multiplizieren darf man die Reihenfolge,
in der man rechnen möchte, frei wählen.

$\frac{6}{7} \cdot \frac{5}{8} \cdot \frac{4}{5} = \frac{6}{7} \cdot \left(\frac{5}{8} \cdot \frac{4}{5}\right)$

Distributivgesetz

Ausmultiplizieren
Ein Faktor vor oder nach einer Klammer
wird mit jedem Summanden in der Klammer
multipliziert.

$\frac{2}{3} \cdot \left(\frac{3}{8} + \frac{9}{4}\right) = \frac{2}{3} \cdot \frac{3}{8} + \frac{2}{3} \cdot \frac{9}{4}$

Ausklammern
Umgekehrt kann man eine Klammer setzen
und einen Faktor vorziehen, der in jedem
Summanden enthalten ist.

$\frac{2}{9} \cdot \frac{5}{12} + \frac{2}{9} \cdot \frac{7}{12} = \frac{2}{9} \cdot \left(\frac{5}{12} + \frac{7}{12}\right)$

Rechengesetze nutzen

Geschickt kürzen bei mehreren Faktoren
$\frac{3}{5} \cdot \frac{8}{7} \cdot \frac{5}{6} = \frac{3 \cdot 8 \cdot 5}{5 \cdot 7 \cdot 6} = \frac{\cancel{3} \cdot 8 \cdot \cancel{5}}{\cancel{5} \cdot 7 \cdot \cancel{6}} = \frac{8}{7 \cdot 2} = \frac{4}{7}$

Reihenfolge geschickt wählen
$\frac{2}{5} + \frac{11}{2} + \frac{1}{2} = \frac{2}{5} + \frac{12}{2} = 6\frac{2}{5}$

Ausmultiplizieren
$\frac{2}{3} \cdot \left(\frac{9}{4} - \frac{3}{8}\right) = \frac{2}{3} \cdot \frac{9}{4} - \frac{2}{3} \cdot \frac{3}{8} = \frac{3}{2} - \frac{1}{4} = \frac{5}{4}$

Ausklammern
$\frac{3}{4} \cdot \frac{5}{7} + \frac{3}{4} \cdot \frac{2}{7} = \frac{3}{4} \cdot \left(\frac{5}{7} + \frac{2}{7}\right) = \frac{3}{4} \cdot 1 = \frac{3}{4}$

---

❶ ≡ Terme berechnen

Berechne geschickt.

a) $\frac{4}{5} \cdot \frac{1}{3} \cdot \frac{5}{4} \cdot \frac{3}{4}$

b) $\frac{3}{7} + \frac{9}{20} + \frac{1}{20}$

c) $2\frac{1}{2} + \frac{1}{3} + 1\frac{1}{2} + \frac{5}{3}$

d) $\frac{4}{5} + 1\frac{1}{4} + \frac{1}{4} + \frac{1}{5} - \frac{1}{2}$

e) $\frac{5}{9} + 3 - \frac{2}{9} + \frac{2}{3}$

f) $\frac{2}{5} \cdot \frac{1}{3} \cdot \frac{3}{8} \cdot \frac{5}{4}$

g) $5\frac{4}{7} + 5\frac{2}{3} + 5\frac{3}{7} - 5\frac{1}{3}$

h) $\frac{3}{4} \cdot \frac{5}{7} \cdot \frac{2}{9} \cdot \frac{14}{15}$

i) $\frac{1}{2} - \frac{3}{4} + \frac{1}{2}$

j) $\frac{2}{3} + \frac{1}{2} - \frac{1}{3} + \frac{1}{6}$

k) $\frac{1}{2} \cdot \frac{4}{7} + \frac{1}{2} \cdot \frac{2}{7} + \frac{1}{2} \cdot \frac{1}{7}$

l) $3\frac{3}{4} \cdot 1\frac{3}{7} \cdot \frac{4}{15}$

m) $\frac{1}{8} + \frac{5}{9} - \frac{3}{8} + \frac{4}{9} + \frac{1}{2}$

n) $\left(\frac{1}{2} + \frac{1}{4}\right) : \frac{1}{8}$

o) $\frac{1}{4} \cdot \left(\frac{4}{3} + 8\right) + \frac{5}{3}$

p) $\frac{7}{5} \cdot \frac{6}{7} : (12 : 2)$

2 ≡ **Rechenregeln beachten**

Die Rechenregeln gelten weiterhin. Berechne.

a) $1\frac{3}{7} \cdot \frac{3}{11} : \frac{5}{7}$ b) $\frac{4}{5} - \frac{1}{6} \cdot \frac{3}{5} + \frac{1}{5}$ c) $\frac{3}{5} : \frac{6}{15} \cdot \frac{5}{3}$

d) $\frac{2}{3} \cdot \frac{4}{5} + \frac{1}{5}$ e) $\left(\frac{3}{4} + \frac{9}{2}\right) \cdot \frac{2}{9}$ f) $2 + \frac{1}{6} : \frac{5}{6} - 1\frac{1}{5}$

g) $\frac{5}{9} + \frac{1}{9} \cdot (6 - 2)$ h) $\frac{1}{10} : \frac{2}{5} - \frac{1}{5} + \frac{1}{2}$ i) $\frac{3}{4} - \frac{1}{4} \cdot \left(\frac{7}{3} - 1\right)$

„Vorfahrtsregeln"
- von links nach rechts
- Punkt-vor-Strich
- Klammer zuerst
  oder ausmultiplizieren

3 ≡ **Punkt vor Strich – auch wenn bedauerlich**

Welcher Fehler könnte passieren? Berechne korrekt.

a) $2 + 8 \cdot \frac{1}{3}$ b) $\frac{19}{15} - \frac{4}{15} : 2$ c) $\frac{9}{7} - \frac{2}{7} : 5$ d) $7 \cdot \frac{2}{3} + \frac{1}{3}$ e) $\frac{2}{7} + \frac{5}{7} \cdot 9$

4 ≡ **Distributivgesetz nutzen**

Rechne geschickt, nutze das Distributivgesetz.

a) $\frac{1}{3} \cdot \left(\frac{6}{5} + \frac{3}{2}\right)$ b) $\left(\frac{5}{12} + \frac{3}{4}\right) \cdot \frac{4}{15}$ c) $\left(\frac{7}{6} + \frac{1}{8}\right) : \frac{7}{12}$

d) $\frac{4}{3} \cdot \left(\frac{3}{12} + \frac{3}{8}\right)$ e) $15 \cdot \left(\frac{9}{5} + \frac{14}{15}\right)$ f) $\left(\frac{13}{20} - \frac{3}{5}\right) \cdot 10$

g) $\frac{4}{9} \cdot \left(\frac{3}{8} + \frac{27}{32}\right)$ h) $\left(\frac{5}{11} + \frac{1}{2}\right) : \frac{7}{22}$ i) $\left(\frac{22}{27} + \frac{3}{18}\right) : \frac{12}{9}$

Dividieren

Dividiere durch einen Bruch,
indem du mit dem Kehrbruch
multiplizierst.

$$\left(\frac{7}{6} + \frac{1}{8}\right) : \frac{7}{12} = \left(\frac{7}{6} + \frac{1}{8}\right) \cdot \frac{12}{7}$$

Nachschlagen
Dividieren
Seite 21

5 ≡ **Entscheidung**

Berechne. Entscheide vorher, ob du die Klammer zuerst ausrechnen oder das Distributivgesetz anwenden möchtest.

a) $\frac{2}{9} \cdot \left(\frac{4}{5} - \frac{4}{10}\right)$ b) $\frac{3}{7} \cdot \left(\frac{7}{3} + 4\right)$ c) $\frac{3}{2} \cdot \left(\frac{7}{4} - \frac{5}{4}\right)$ d) $\frac{5}{8} \cdot \left(\frac{4}{3} - \frac{2}{5}\right)$ e) $12 \cdot \left(\frac{1}{4} + \frac{5}{6}\right)$

6 ≡ **Distributivgesetz rückwärts**

Rechne geschickt durch Ausklammern.

a) $\frac{2}{3} \cdot \frac{17}{31} + \frac{2}{3} \cdot \frac{14}{31}$ b) $\frac{4}{9} \cdot \frac{6}{7} + \frac{4}{9} \cdot \frac{8}{7}$ c) $\frac{11}{25} \cdot \frac{3}{7} + \frac{3}{25} \cdot \frac{3}{7}$ d) $\frac{3}{7} \cdot \frac{5}{9} - \frac{3}{7} \cdot \frac{2}{9}$ e) $\frac{4}{5} \cdot \frac{7}{9} - \frac{4}{5} \cdot \frac{2}{9}$

7 ≡ **Ausklammern oder Punkt-vor-Strich**

Berechne. Nutze das Distributivgesetz, wenn es vorteilhaft ist.

a) $\frac{4}{7} \cdot \frac{7}{12} + \frac{4}{7} \cdot \frac{7}{6}$ b) $\frac{7}{11} \cdot \frac{5}{9} - \frac{7}{11} \cdot \frac{2}{9}$ c) $\frac{8}{15} \cdot \frac{5}{12} + \frac{8}{15} \cdot \frac{7}{6}$ d) $\frac{3}{11} \cdot \frac{7}{9} - \frac{3}{11} \cdot \frac{2}{9}$ e) $\frac{4}{5} \cdot \frac{15}{16} - \frac{4}{5} \cdot \frac{5}{8}$

f) $2\frac{1}{5} \cdot \frac{5}{22} + 2\frac{1}{5} \cdot \frac{5}{11}$ g) $\frac{4}{5} \cdot 17 + 33 \cdot \frac{4}{5}$ h) $7 \cdot \frac{7}{12} - \frac{1}{12} \cdot 7$ i) $\frac{3}{8} \cdot \frac{4}{7} + \frac{3}{8} \cdot \frac{5}{7} - \frac{3}{8} \cdot \frac{1}{7}$ j) $1\frac{1}{3} \cdot \left(\frac{9}{12} + 1\frac{4}{5}\right)$

8 ≡ **Berechne geschickt.**

a) $\frac{1}{10} + \frac{1}{15} + \frac{7}{10}$ b) $\frac{1}{16} + \frac{7}{24} + \frac{11}{24}$ c) $5\frac{1}{2} + \frac{1}{7} + 1\frac{1}{4} + \frac{6}{7}$ d) $\frac{8}{9} \cdot \frac{7}{12} \cdot \frac{27}{32} \cdot \frac{6}{7}$ e) $2\frac{3}{4} \cdot \frac{12}{15} \cdot \frac{5}{4} \cdot \frac{8}{11}$

Prüfe dich!
Lösungen auf
Seite 215

9 ≡ **Nutze das Distributivgesetz, wenn es vorteilhaft ist, und berechne.**

a) $\frac{3}{4} \cdot \frac{5}{7} + \frac{3}{4} \cdot \frac{2}{7}$ b) $5 \cdot \frac{2}{3} + \frac{2}{15} \cdot 5$ c) $\left(\frac{5}{2} + \frac{5}{4}\right) \cdot \frac{4}{15}$ d) $\frac{4}{9} \cdot \left(\frac{3}{8} + \frac{9}{24}\right)$ e) $\left(\frac{3}{4} - \frac{3}{8}\right) : \frac{9}{8}$

10 ≡ **Salatsoße für ein Gartenfest**

Costa bereitet für ein Gartenfest zwei große Salate zu:
einen Bauernsalat und einen klassischen Blattsalat.
Es gibt eine Salatsoße für beide Salate, diese
enthält $\frac{3}{8}$ l Olivenöl und $\frac{1}{4}$ l Essig.
$\frac{2}{5}$ der fertigen Salatsoße kommt an den Bauernsalat,
der Rest an den Blattsalat.
Wie viel Liter Salatsoße kommt an den Blattsalat?

⓫ ≡ **Ratenkauf**

Frau Wolf kauft einen Schlafzimmerschrank für 1800 €. Sie zahlt $\frac{1}{3}$ des Kaufpreises direkt, den Rest bezahlt Frau Wolf in 12 Monatsraten. Berechne die Höhe einer Monatsrate.
Du kannst in mehreren Schritten rechnen, aber kannst du das auch in einem einzigen Rechenausdruck aufschreiben?

Prüfe dich!
Lösungen auf
Seite 215

⓬ ≡ Ein Kasten Orangenlimonade enthält acht Flaschen mit je $1\frac{1}{2}$ l Limonade. $1\frac{1}{2}$ l Liter Limonade wiegen $1\frac{1}{2}$ kg. Eine leere Flasche wiegt 100 g. Der leere Kasten wiegt $1\frac{1}{4}$ kg.
Berechne das Gewicht eines Kastens mit vollen Flaschen.
Schreibe für die Rechnung einen einzigen Rechenausdruck auf.

Vorbereiten
Rechenwege
beschreiben
Seite 197

⓭ ≡ **Renovierungsgeschichten**

„Das Agnes-Gymnasium wird sieben Tage lang renoviert. Ein Maler kann pro Tag $\frac{2}{3}$ eines Klassenzimmers streichen. Am Montag kommen 6 Maler, ab Mittwoch ist einer von ihnen krank."

a) Was wird durch den Rechenausdruck $2 \cdot 6 \cdot \frac{2}{3} + 3 \cdot 5 \cdot \frac{2}{3}$ ausgerechnet?

b) Erfinde eine passende Renovierungsgeschichte zu den folgenden Rechenausdrücken und berechne. Was bedeutet das Ergebnis?

$(1)\, 4 \cdot 6 \cdot \frac{3}{4} + 8 \cdot \frac{3}{4}$ $\quad$ $(2)\, 8 \cdot 5 \cdot \frac{1}{4} + 6 \cdot 5 \cdot \frac{1}{3}$ $\quad$ $(3)\, 6 \cdot \left(\frac{2}{3} + \frac{3}{4}\right) + 6 \cdot \frac{3}{4}$

⓮ ≡ **Vom Text zum Rechenausdruck**

Schreibe den Rechenausdruck auf und berechne.

a) Multipliziere die Summe von $\frac{9}{5}$ und $\frac{14}{15}$ mit 15.

b) Dividiere die Differenz der Zahlen $\frac{1}{2}$ und $\frac{1}{3}$ durch $\frac{1}{4}$.

c) Addiere zum Produkt der Zahlen $\frac{2}{5}$ und $\frac{3}{4}$ die Differenz aus $\frac{4}{5}$ und $\frac{1}{4}$.

d) Subtrahiere vom Quotienten der Zahlen 12 und $\frac{3}{4}$ das Produkt dieser Zahlen.

⓯ ≡ **Vom Rechenausdruck zum Text**

Schreibe den Rechenausdruck in Worten. Nutze Fachbegriffe wie Summe, Differenz, Produkt, Quotient.

a) $5 - \frac{3}{4} \cdot \frac{4}{6}$ $\qquad$ b) $\frac{1}{2} \cdot 5 + \frac{1}{4}$ $\qquad$ c) $\left(1 - \frac{3}{4}\right) \cdot \left(\frac{8}{9} + \frac{4}{5}\right)$ $\qquad$ d) $\left(\frac{3}{4} - \frac{5}{12}\right) \cdot \frac{4}{3} + \frac{1}{2}$

⓰ ≡ **Klammern richtig setzen**

Welche Rechnung ist falsch? Setze dann Klammern so, dass die Rechnung richtig ist.

a) $7 - 6 \cdot \frac{2}{3} + \frac{1}{2} = 0$ $\qquad$ b) $1 + \frac{2}{3} \cdot \frac{9}{2} - 2 = 2$ $\qquad$ c) $\frac{1}{2} + \frac{1}{3} \cdot \frac{1}{2} = \frac{5}{12}$ $\qquad$ d) $\frac{1}{8} + \frac{2}{5} \cdot \frac{3}{4} + \frac{1}{2} = \frac{5}{8}$

e) $\frac{1}{4} + \frac{2}{5} \cdot \frac{3}{8} - \frac{1}{8} = \frac{7}{20}$ $\qquad$ f) $\frac{3}{5} - \frac{1}{5} \cdot \frac{2}{3} = \frac{4}{15}$ $\qquad$ g) $\frac{1}{4} + \frac{1}{2} - \frac{1}{8} = \frac{5}{8}$ $\qquad$ h) $3\frac{1}{2} - \frac{2}{5} + \frac{1}{2} = \frac{13}{5}$

⓱ ≡ **Goldsuchergeschichten**

„Jim und John sind Goldsucher. Alle zwei Tage teilen sie das gefundene Gold. Gestern waren es 30 g, heute waren es nur 10 g."

a) Der Rechenausdruck $\frac{1}{2} \cdot (30 + 10)$ passt zu der Geschichte. Was berechnet man damit?

b) Der Rechenausdruck $\frac{1}{2} \cdot 30 + \frac{1}{2} \cdot 10$ ergibt das gleiche Ergebnis wie in a). Schreibe die Geschichte so um, dass der Rechenausdruck passt.

c) Erfinde eine Geschichte zu dem Rechenausdruck $\frac{1}{4} \cdot (36 + 44) + \frac{1}{4} \cdot (28 + 52)$.

d) Wie könnte die Geschichte zu dem Ausdruck $\frac{1}{4} \cdot (16 + 24) + \frac{1}{3} \cdot (12 + 18)$ lauten?

Prüfe dich!
Lösungen auf
Seite 215

18 ≡ Schreibe den Rechenausdruck auf und berechne.

a) Multipliziere die Summe von $\frac{2}{3}$ und $\frac{3}{4}$ mit 24.

b) Subtrahiere von dem Produkt der Zahlen $\frac{8}{9}$ und $\frac{3}{4}$ die Differenz aus $\frac{2}{3}$ und $\frac{1}{2}$.

19 ≡ Setze Klammern so, dass die Rechnung richtig ist.

a) $\frac{1}{2} + \frac{1}{4} \cdot 4 = 3$ b) $\frac{5}{2} \cdot \frac{2}{3} \cdot \frac{3}{10} = \frac{1}{2}$ c) $5 - 2 \cdot \frac{1}{6} + 1\frac{1}{2} = 2$ d) $\frac{3}{4} + \frac{2}{7} - \frac{3}{14} : \frac{2}{7} = 1$

20 ≡ **Rechenbaum erstellen**

Die Reihenfolge der Berechnung kann man mit einem Rechenbaum darstellen. Stelle den Rechenausdruck in einem Rechenbaum dar und berechne ihn.

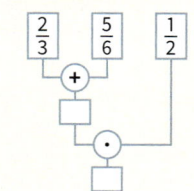

Rechenbaum

a) $2 - \left(\frac{3}{8} + \frac{1}{4}\right)$ b) $\left(\frac{3}{5} - \frac{1}{10}\right) : \frac{1}{2}$ c) $\left(\frac{1}{2} + \frac{2}{3}\right) \cdot \left(\frac{3}{4} - \frac{2}{5}\right)$

d) $3 \cdot \frac{5}{7} + \frac{2}{7} \cdot 9$ e) $1\frac{1}{3} - \frac{3}{8} \cdot \left(\frac{4}{9} + \frac{5}{9}\right)$ f) $\left(\frac{5}{12} + 1\frac{1}{4}\right) : \frac{5}{6} - \frac{3}{8}$

21 ≡ **Vom Rechenbaum zum Rechenausdruck**

Stelle einen Rechenausdruck zum Rechenbaum auf und berechne.

a) 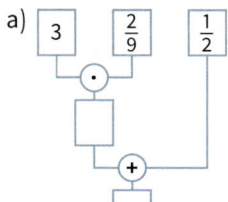 b) 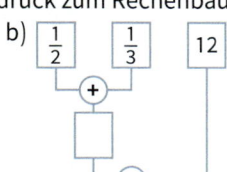 c)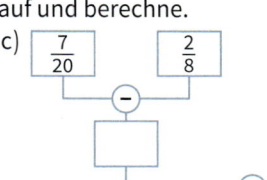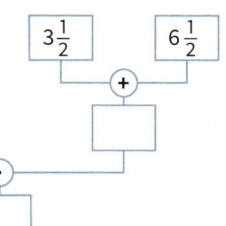

22 ≡ **Vorsicht, gemischte Schreibweise**

Berechne geschickt.

a) $\left(3\frac{4}{7} + 6\frac{1}{4}\right) \cdot \frac{7}{25}$ b) $\frac{8}{9} \cdot \left(2\frac{1}{4} - 1\frac{4}{5}\right)$ c) $\left(\frac{7}{6} + \frac{7}{4}\right) : 3\frac{1}{2}$ d) $\left(1\frac{1}{10} - \frac{1}{5}\right) : 4\frac{1}{2}$

e) $\frac{11}{16} \cdot 2\frac{1}{3} + \frac{11}{16} \cdot 5\frac{2}{3}$ f) $3\frac{1}{5} \cdot \frac{7}{8} - 3\frac{1}{5} \cdot \frac{1}{4}$ g) $\frac{5}{9} : 2\frac{1}{3} + \frac{2}{9} : 2\frac{1}{3}$ h) $\frac{8}{9} : 2\frac{1}{3} - \frac{1}{9} : 2\frac{1}{3}$

23 ≡ **Zum Weiterüben**

Berechne.

a) $\left(\frac{8}{9} - \frac{2}{3}\right) \cdot 12$ b) $\left(\frac{2}{7} + \frac{12}{21}\right) : \frac{21}{5}$ c) $\left(3\frac{8}{9} - 2\frac{2}{3}\right) \cdot 18$ d) $8 : \frac{3}{4} : \frac{1}{4}$

e) $\left(\frac{1}{3} - \frac{1}{6}\right) - \frac{1}{9}$ f) $\frac{1}{3} - \left(\frac{1}{6} - \frac{1}{9}\right)$ g) $\left(3 - 2\frac{2}{5}\right) \cdot 10$ h) $\left(\frac{1}{2} - \frac{1}{3}\right) \cdot \left(\frac{1}{2} + \frac{1}{3}\right)$

i) $7 - \left(\frac{1}{5} + \frac{3}{5}\right)$ j) $\frac{7}{9} - \left(\frac{5}{18} + \frac{1}{9}\right)$ k) $\left(\frac{8}{9} - \frac{2}{9}\right) : 4$ l) $\frac{8}{25} : \left(\frac{1}{3} - \frac{1}{5}\right)$

24 ≡ **Wer erhält das kleinste Ergebnis?**

Finde einen Rechenausdruck, bei dem das Ergebnis möglichst klein ist. Beachte dabei diese Spielregeln:

• Du musst jede der drei Zahlen genau einmal verwenden.

• Du darfst Klammern verwenden.

• Du darfst addieren, subtrahieren, multiplizieren und dividieren.

Tipps: Nutze Differenzen oder Produkte für kleine Ergebnisse.
        Dividieren durch große Zahlen ergibt ein kleines Ergebnis.

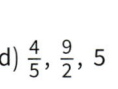

Tipps:
Differenzen und Produkte vergleichen.
Der Kehrbruch einer großen Zahl ist klein.

a) $\frac{3}{8}$, $\frac{1}{4}$, $\frac{1}{2}$ b) $\frac{1}{3}$, $\frac{1}{6}$, $\frac{1}{9}$ c) $\frac{1}{2}$, 2, $\frac{4}{3}$ d) $\frac{4}{5}$, $\frac{9}{2}$, 5

Mein Merkzettel

Seite 12

Die Größe des Anteils bestimmen

Anteile „von" oder „davon" → multiplizieren

$\frac{3}{7}$ von 63 Kindern:

$\frac{3}{7} \cdot 63 = \frac{3 \cdot \overset{9}{\cancel{63}}}{1} = 3 \cdot 9 = 27$

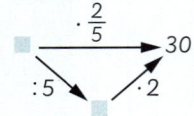

$\frac{3}{7}$ von 63 Kindern sind 27 Kinder.

Die Gesamtzahl bestimmen

Wie viele waren es, wenn $\frac{2}{5}$ davon 30 sind?

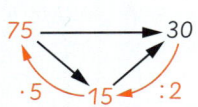

Rückwärtsrechnen

Es waren insgesamt 75.

Seite 13
Seite 11

Mehrere Ganze verteilen

3 Pizzen an 8 Kinder aufteilen:
- Jedes Kind bekommt $\frac{3}{8}$ einer Pizza.

12 Kuchen an 5 Käufer verteilen:
- Jeder Käufer bekommt $\frac{12}{5} = 2\frac{2}{5}$ Kuchen.

Die Mitte zwischen zwei Brüchen bestimmen

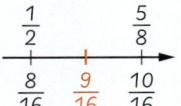

- Erweitern auf einen geeigneten Nenner, hier 16
- Die Mitte der Zähler bestimmen

Seite 14
Seite 15

Brüche addieren und subtrahieren

- **Brüche gleichnamig machen**
- **Zähler addieren oder subtrahieren**
- **Nenner beibehalten**

$\frac{1}{3} + \frac{2}{5} = \frac{1 \cdot 5}{3 \cdot 5} + \frac{2 \cdot 3}{5 \cdot 3} = \frac{5 + 6}{15} = \frac{11}{15}$

$\frac{7}{10} - \frac{1}{4} = \frac{7 \cdot 2}{10 \cdot 2} - \frac{1 \cdot 5}{4 \cdot 5} = \frac{14 - 5}{20} = \frac{9}{20}$

Hauptnenner (kleinster gemeinsamer Nenner)

Für $\frac{5}{42} + \frac{11}{70}$ den Hauptnenner bestimmen:

Vielfache von 42: 42 84 126 168 ⟨210⟩ 252 …

Vielfache von 70: 70   140   210 …

Der Hauptnenner ist 210.

$\frac{5}{42} + \frac{11}{70} = \frac{5 \cdot 5}{42 \cdot 5} + \frac{11 \cdot 3}{70 \cdot 3} = \frac{25 + 33}{210} = \frac{58}{210}$

Seite 18

Brüche multiplizieren

- **Zähler mal Zähler**
- **Nenner mal Nenner**

$\frac{3}{7} \cdot \frac{5}{8} = \frac{3 \cdot 5}{7 \cdot 8} = \frac{15}{56}$

Anteile von Anteilen bestimmen

$\frac{4}{5}$ $\frac{2}{3}$ von $\frac{4}{5}$

Anteile von Anteilen: $\frac{2}{3}$ von $\frac{4}{5}$

Brüche multiplizieren: $\frac{2}{3} \cdot \frac{4}{5} = \frac{8}{15}$

Seite 21

Durch einen Bruch dividieren

- **Multiplizieren mit dem Kehrbruch**

$\frac{3}{4} : \frac{2}{5} = \frac{3}{4} \cdot \frac{5}{2} = \frac{15}{8}$

Wie oft passt $\frac{3}{4}$ in $\frac{9}{2}$?

$\frac{9}{2} : \frac{3}{4} = \frac{9}{2} \cdot \frac{4}{3} = \frac{9 \cdot 4}{2 \cdot 3} = 6$ $\frac{3}{4}$ passt 6-mal in $\frac{9}{2}$

Seite 201

Einen Bruch vervielfachen

$\frac{5}{7} \cdot 3 = \frac{5 \cdot 3}{7} = \frac{15}{7}$ oder $\frac{5}{7} \cdot \frac{3}{1} = \frac{5 \cdot 3}{7 \cdot 1} = \frac{15}{7}$

Einen Bruch teilen

$\frac{3}{4} : 5 = \frac{3}{4 \cdot 5} = \frac{3}{20}$ oder $\frac{3}{4} : \frac{5}{1} = \frac{3}{4} \cdot \frac{1}{5} = \frac{3}{20}$

Seite 23
Seite 195

Rechnen mit der 0

$3 \cdot 0 = 0$ $\frac{3}{4} \cdot 0 = 0$ $0 : \frac{2}{5} = 0$ $\frac{0}{7} = 0 : 7 = 0$

Dividieren durch 0 ist verboten!

$\frac{3}{4} : 0$ verboten $\frac{7}{0}$ verboten $\frac{0}{0}$ verboten

Frühzeitiges Kürzen

$$\frac{4 \cdot 5 \cdot 7}{3 \cdot 7 \cdot 8} = \frac{\cancel{4} \cdot 5 \cdot \cancel{7}}{3 \cdot \cancel{7} \cdot \cancel{8}_2} = \frac{5}{3 \cdot 2} = \frac{5}{6}$$

Achtung: *Kürzen nur beim Multiplizieren!*

Seite 18

$$\frac{4}{9} \cdot \frac{8}{3} = \frac{\cancel{4}}{\cancel{9}_3} \cdot \frac{\cancel{8}^1}{\cancel{8}_2} = \frac{1}{3} \cdot \frac{1}{2} = \frac{1}{6}$$

Vorsicht bei gemischter Schreibweise: Brüche erst in unechte Brüche umwandeln

Seite 20

$$2\frac{1}{5} + 1\frac{3}{4} = \frac{11}{5} + \frac{7}{4} = \frac{44}{20} + \frac{35}{20} = \frac{79}{20} = 3\frac{19}{20}$$

$$1\frac{9}{12} \cdot 2\frac{2}{5} = \frac{21}{12} \cdot \frac{12}{5} = \frac{21}{5} = 4\frac{1}{5}$$

Kommutativgesetz

$$\frac{5}{2} + \frac{1}{5} = \frac{1}{5} + \frac{5}{2}$$

$$\frac{1}{2} \cdot \frac{4}{5} = \frac{4}{5} \cdot \frac{1}{2}$$

Assoziativgesetz

$$\frac{1}{8} + \frac{5}{7} + \frac{2}{5} = \frac{1}{8} + \left(\frac{5}{7} + \frac{2}{5}\right)$$

$$\frac{1}{7} \cdot \frac{2}{5} \cdot \frac{3}{4} = \frac{1}{7} \cdot \left(\frac{2}{5} \cdot \frac{3}{4}\right)$$

Rechenregeln für Rechenausdrücke

Seite 26

- Klammer zuerst oder ausmultiplizieren
- Punkt-vor-Strich
- von links nach rechts

Ausmultiplizieren

$$\frac{2}{3} \cdot \left(\frac{9}{4} - \frac{3}{8}\right) = \frac{2}{3} \cdot \frac{9}{4} - \frac{2}{3} \cdot \frac{3}{8} = \frac{3}{2} - \frac{1}{4} = \frac{5}{4}$$

Ausklammern

Seite 26

$$\frac{3}{4} \cdot \frac{5}{7} + \frac{3}{4} \cdot \frac{2}{7} = \frac{3}{4} \cdot \left(\frac{5}{7} + \frac{2}{7}\right) = \frac{3}{4} \cdot 1 = \frac{3}{4}$$

Multiplizieren und Dividieren im Sachzusammenhang

Anteile von Anteilen

Die Flasche Apfelsaft enthält $\frac{3}{4}$ Liter. Mateo trinkt $\frac{5}{6}$ davon. Wie viel Liter hat er getrunken?

Seite 18

$\frac{5}{6}$ von $\frac{3}{4}$ bestimmen: $\quad \frac{5}{6} \cdot \frac{3}{4} = \frac{5 \cdot 3}{6 \cdot 4} = \frac{5}{8}$

Antwort: Er hat $\frac{5}{8}$ Liter getrunken.

Verteilen

Mia hat $2\frac{1}{4}$ Pizza und möchte sie an 3 Kinder verteilen. Wie viel bekommt jedes Kind?

Seite 13

$2\frac{1}{4} = \frac{9}{4}$ an 3 verteilen: $\quad \frac{9}{4} : 3 = \frac{3}{4}$

Antwort: Jedes Kind bekommt eine $\frac{3}{4}$-Pizza.

Aufteilen

Sabrinas Mutter benötigt $2\frac{1}{2}$ kg Butter. Wie viele $\frac{1}{4}$-kg-Packungen sind das?

Seite 21

Wie oft passt $\frac{1}{4}$ in $2\frac{1}{2} = \frac{5}{2}$? $\quad \frac{5}{2} : \frac{1}{4} = \frac{5}{2} \cdot \frac{4}{1} = 10$

Antwort: Sie benötigt 10 Packungen.

Rechteckfläche berechnen

$a = \frac{4}{5}$ cm, $b = 2\frac{1}{2}$ cm, $A = ?$

$$a \quad \boxed{A = a \cdot b}$$
$$b$$

$A = a \cdot b = \frac{4}{5} \cdot \frac{5}{2} = 2 \qquad$ A ist 2 cm^2 groß.

Fehlende Rechteckseite berechnen

Seite 22

$a = \frac{3}{7}$ m, $A = 2\frac{1}{4}$ m^2, $b = ?$

$b = A : a = \frac{9}{4} : \frac{3}{7} = \frac{9}{4} \cdot \frac{7}{3} = \frac{21}{4} \qquad$ b ist $5\frac{1}{4}$ m lang.

Beurteilen und Begründen

Untersuche die Aussage:

„Beim Multiplizieren zweier Brüche ist das Ergebnis immer kleiner als jeder der Faktoren."

1. Beispiel finden und beobachten

$$\frac{1}{3} \cdot \frac{2}{5} = \frac{2}{15} \qquad \frac{2}{15} < \frac{1}{3} \text{ und } \frac{2}{15} < \frac{2}{5}$$

Die Aussage stimmt für dieses Beispiel.

2. Nach Gegenbeispielen suchen

Seite 25

$$\frac{2}{3} \cdot \frac{7}{2} = \frac{14}{6} = \frac{7}{3} \qquad \frac{7}{3} > \frac{2}{3}$$

Die Aussage stimmt nicht immer.

3. Ergebnis der Untersuchung formulieren

Die Aussage stimmt immer dann, wenn beide Brüche kleiner als 1 sind. Ist ein Faktor größer als 1, dann stimmt die Aussage nicht.

Lösungen auf
Seite 215

Wiederholen für die Klassenarbeit

1 ≡ **Zahlenstrahl**

Gib die markierten Zahlen an.

a)    b)    c)    d)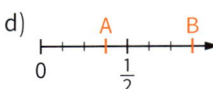

2 ≡ **Drei Zahlen im gleichen Abstand**

Die drei Zahlen liegen im gleichen Abstand auf dem Zahlenstrahl. Gib die fehlende Zahl an.

a) $\frac{3}{8}$ $\frac{1}{2}$?   b) 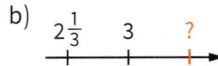   c) 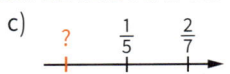   d)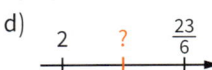

3 ≡ **Wie viel sind es?**

Bestimme rechnerisch, wie viele es sind.

a) $\frac{3}{5}$ von 400 Kindern lieben Schokoladeneis.

b) In einer Schulmensa werden pro Woche 4280 Essen ausgegeben. $\frac{2}{5}$ davon sind vegetarisch.

c) Familie Konz hatte im letzten Jahr 2520 € Energiekosten, $\frac{2}{7}$ davon waren für Warmwasser.

4 ≡ **Wie viel waren es?**

a) Die Hausgemeinschaft der Gaußstraße bekommt 13 560 € Zuschuss von Stadt und Land für die neue Heizungsanlage. Das sind $\frac{5}{12}$ der Gesamtkosten. Bestimme die Gesamtkosten.

b) Chemisch betrachtet besteht ein Mensch zu $\frac{4}{5}$ aus Wasser. Bestimme die Masse des Wassers, die in einem 80 kg schweren Menschen steckt.

5 ≡ **Lücken füllen**

Übertrage die Darstellungen in dein Heft und fülle die Lücken aus.

a) 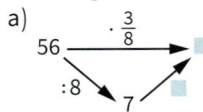   b) 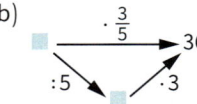   c) 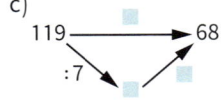   d)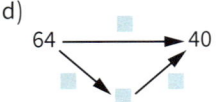

6 ≡ **Brüche vervielfachen**

Berechne und kürze das Ergebnis, falls möglich.

a) $\frac{2}{7} \cdot 3$ b) $5 \cdot \frac{1}{8}$ c) $3 \cdot \frac{10}{27}$ d) $\frac{5}{12} \cdot 4$ e) $12 \cdot \frac{5}{6}$ f) $1\frac{3}{4} \cdot 8$

7 ≡ **Anteile berechnen**

Berechne das Ergebnis.

a) $\frac{3}{4}$ von 5 kg   b) $\frac{2}{7}$ von 28 Kindern   c) $\frac{3}{8}$ von 10 l   d) $\frac{3}{5}$ von 4 t

e) $\frac{7}{10}$ von 2 km   f) $\frac{1}{5}$ von 12 kg   g) $\frac{3}{20}$ von 50 m   h) $\frac{24}{100}$ von 200 l

8 ≡ **Gerechte Verteilung**

Gib an, wie viel jeder bekommt, wenn alle gleich viel bekommen.

a) 16 Bananen werden an 12 Kinder verteilt.   b) 5 Kinder teilen 3 Pizzen unter sich auf.

c) 2 Torten stehen für 16 Gäste bereit.   d) 4 Kinder essen 10 Pfannkuchen.

9 ≡ **Summe und Differenz**

Berechne die Summen und die Differenzen.

a) $\frac{3}{4} - \frac{1}{6}$ b) $\frac{1}{6} + \frac{3}{8}$ c) $\frac{2}{5} + \frac{3}{10}$ d) $\frac{3}{5} - \frac{1}{8}$ e) $\frac{7}{20} + \frac{3}{25}$ f) $\frac{13}{18} - \frac{5}{12}$

g) $\frac{2}{3} - \frac{2}{9}$ h) $\frac{1}{7} + \frac{1}{5}$ i) $\frac{3}{10} + \frac{1}{4}$ j) $\frac{5}{18} - \frac{1}{42}$ k) $\frac{5}{12} - \frac{5}{54}$ l) $\frac{11}{40} + \frac{7}{32}$

Lösungen auf
Seite 216

10 ≡ **Addieren und Subtrahieren mit gemischten Zahlen**

Berechne. Verwende ein Verfahren, das dir am günstigsten erscheint.

a) $2\frac{1}{4}+5\frac{1}{4}$ b) $5\frac{5}{8}-2\frac{1}{2}$ c) $4\frac{2}{3}+2\frac{3}{5}$ d) $5\frac{7}{10}-2\frac{1}{4}$ e) $3\frac{1}{6}+2\frac{3}{4}$ f) $12\frac{3}{5}+8\frac{7}{8}$

g) $7\frac{7}{10}-6\frac{3}{5}$ h) $9\frac{7}{9}+6\frac{1}{2}$ i) $3\frac{3}{4}+7\frac{3}{4}$ j) $5\frac{1}{8}-2\frac{1}{3}$ k) $3\frac{3}{5}+6\frac{9}{10}$ l) $5\frac{21}{25}+2\frac{3}{4}$

11 ≡ **Der König vererbt**

König Karl hat Kinder, Enkel und Urenkel. In seinem Testament sieht er vor, dass die Hälfte seines Vermögens unter seinen Kindern aufgeteilt wird, ein Viertel unter seinen Enkeln und ein Achtel unter seinen Urenkeln. Überprüfe, ob noch etwas für seine Diener übrig bleibt.

12 ≡ **Onkel Theodor gewinnt im Lotto**

Onkel Theodor verteilt seinen ganzen Lottogewinn an seine Neffen Kai und Dirk und an seine Nichte Claudia. Kai erhält $\frac{2}{5}$ des Gewinns, Dirk $\frac{1}{3}$ des Gewinns und Claudia den Rest.

a) Bestimme den Anteil des Gewinns, den die Neffen insgesamt erhalten.

b) Gib an, welchen Anteil die Nichte erhält.

c) Claudias Anteil am Gewinn ist 80 000 €. Berechne, wie hoch der gesamte Lottogewinn war.

13 ≡ **Multiplizieren mit natürlichen Zahlen**

Fülle die Lücken aus.

a) $4\cdot\frac{3}{15}=\blacksquare$ b) $3\cdot\blacksquare=\frac{9}{10}$ c) $\blacksquare\cdot\frac{2}{11}=\frac{10}{11}$ d) $\frac{4}{5}\cdot\blacksquare=\frac{24}{5}$ e) $\frac{2}{9}\cdot\blacksquare=2$ f) $\blacksquare\cdot5=6$

g) $\blacksquare\cdot\frac{1}{20}=3$ h) $\blacksquare\cdot100=1$ i) $\frac{2}{9}\cdot\blacksquare=4$ j) $\frac{3}{7}=\frac{1}{14}\cdot\blacksquare$ k) $\blacksquare\cdot1\frac{1}{2}=4\frac{1}{2}$ l) $\blacksquare\cdot\frac{2}{9}=1\frac{1}{3}$

14 ≡ **Dividieren und Probe machen**

Berechne und mache danach die Probe.

a) $\frac{3}{2}:\frac{1}{4}$ b) $8:\frac{1}{2}$ c) $\frac{1}{3}:2$ d) $\frac{8}{9}:\frac{2}{3}$ e) $\frac{2}{7}:\frac{8}{21}$ f) $\frac{8}{10}:4$

g) $2:\frac{1}{4}$ h) $2\frac{3}{4}:\frac{1}{4}$ i) $\frac{1}{3}:\frac{1}{9}$ j) $1\frac{1}{3}:\frac{6}{9}$ k) $1\frac{7}{8}:\frac{4}{5}$ l) $\frac{30}{55}:1\frac{4}{11}$

15 ≡ **Frühzeitiges Kürzen hilft**

Berechne. Denke an frühzeitiges Kürzen.

a) $\frac{3}{4}:\frac{1}{4}$ b) $\frac{5}{9}:\frac{2}{3}$ c) $\frac{7}{20}:\frac{14}{30}$ d) $\frac{4}{9}:\frac{2}{3}$ e) $\frac{11}{15}:\frac{22}{30}$ f) $\frac{25}{16}:\frac{5}{8}$

g) $\frac{10}{9}:\frac{15}{6}$ h) $1\frac{1}{9}:3\frac{1}{3}$ i) $\frac{26}{56}:\frac{39}{42}$ j) $4\frac{3}{4}:2\frac{1}{4}$ k) $2\frac{5}{9}:1\frac{1}{3}$ l) $3\frac{1}{7}:5\frac{1}{7}$

16 ≡ **Multiplizieren und Dividieren**

Berechne die Produkte und die Quotienten.

a) $\frac{5}{7}:\frac{3}{5}$ b) $\frac{1}{2}:\frac{1}{4}$ c) $\frac{2}{3}\cdot9$ d) $8:\frac{1}{2}$ e) $27\cdot\frac{1}{3}$ f) $\frac{5}{9}\cdot\frac{2}{3}$

g) $\frac{5}{9}:\frac{1}{3}$ h) $\frac{5}{7}\cdot\frac{14}{8}$ i) $\frac{3}{4}:\frac{1}{4}$ j) $\frac{2}{9}:\frac{1}{3}$ k) $\frac{1}{2}\cdot\frac{2}{5}$ l) $\frac{2}{5}:\frac{1}{2}$

m) $\frac{7}{8}\cdot\frac{4}{21}$ n) $\frac{8}{7}:\frac{4}{21}$ o) $\frac{3}{8}\cdot6$ p) $6:\frac{1}{3}$ q) $6\cdot\frac{1}{3}$ r) $\frac{1}{3}:6$

17 ≡ **Anteile**

a) In der Klasse 6 d der Gauß-Schule kommen $\frac{2}{3}$ der Schülerinnen und Schüler aus Pulheim, das sind 18 Kinder. Bestimme die Gesamtzahl der Kinder in der Klasse 6 d.

b) Marlene mischt sich einen Hafermilchshake. Der Hafermilchanteil ist $\frac{4}{5}$. Berechne, wie viel Liter Hafermilch sie für 2 Liter Milchshake benötigt.

c) Die Klasse 6 a macht auf ihrer Wanderung im Schwarzwald nach $5\frac{1}{2}$ km zum ersten Mal Rast. Die Lehrerin Frau Schmitz sagt: „Jetzt haben wir $\frac{5}{12}$ der gesamten Strecke geschafft." Bestimme die Länge der gesamten Wanderstrecke.

d) Enno hat in 20 min bereits 6,2 kg Äpfel gepflückt. Das sind $\frac{4}{7}$ aller Äpfel. Berechne, wie lange er für den ganzen Baum benötigt und wie viel Kilogramm Äpfel er insgesamt erntet.

Lösungen auf
Seite 216

18 ≡ **Anteile von Anteilen im Garten**

Familie Grün hat 300 m² des Gartens mit Feldgemüse bepflanzt. $\frac{2}{3}$ der Fläche ist mit Salat bepflanzt, und $\frac{2}{5}$ davon ist mit Kopfsalat bepflanzt. Bestimme die Fläche für den Kopfsalat.

19 ≡ **Anteile von Anteilen im Chor**

Am Friedrich-Eugens-Gymnasium hat der Musiklehrer Herr Flöthe einen Kursstufenchor zusammengestellt. $\frac{3}{8}$ der Schülerinnen und Schüler machen mit, $\frac{2}{5}$ davon sind männlich, das sind insgesamt 12 Jungen. Berechne die Anzahl der Schülerinnen und Schüler in der Kursstufe.

20 ≡ **Altersrätsel**

Mia ist $16\frac{1}{6}$ Jahre alt. Ben ist $2\frac{5}{12}$ Jahre älter, ihre Schwester Emma $3\frac{1}{4}$ Jahre jünger.
a) Bestimme das Alter von Ben und Emma.
b) Berechne den Altersunterschied der beiden.

21 ≡ **Verteilungsrätsel**

Tina behauptet, dass sie 7 l Holundergelee in Gläser zu $\frac{1}{2}$ l, $\frac{1}{4}$ l und $\frac{1}{8}$ l so abfüllen kann, dass sie von jeder Glasgröße gleich viele volle Gläser erhält.
Hat Tina recht? Begründe und gib die Anzahl der Gläser an, die sie benötigt.

22 ≡ **Alle Rechenarten**

Berechne.

a) $\frac{3}{4} \cdot \frac{1}{4}$ b) $\frac{3}{4} - \frac{1}{4}$ c) $\frac{3}{4} : \frac{1}{4}$ d) $\frac{3}{4} + \frac{1}{4}$ e) $\frac{5}{6} : \frac{2}{3}$ f) $\frac{5}{6} \cdot \frac{2}{3}$

g) $\frac{5}{6} + \frac{2}{3}$ h) $\frac{5}{6} - \frac{2}{3}$ i) $\frac{3}{4} - \frac{2}{3}$ j) $\frac{3}{4} \cdot \frac{2}{3}$ k) $\frac{3}{4} : \frac{2}{3}$ l) $\frac{3}{4} + \frac{2}{3}$

m) $\frac{4}{5} - \frac{2}{3}$ n) $\frac{4}{5} \cdot \frac{2}{3}$ o) $\frac{4}{5} : \frac{2}{3}$ p) $\frac{4}{5} + \frac{2}{3}$ q) $\frac{5}{6} - \frac{3}{8}$ r) $\frac{5}{6} \cdot \frac{3}{8}$

s) $\frac{5}{6} + \frac{3}{8}$ t) $\frac{5}{6} : \frac{3}{8}$ u) $\frac{7}{12} \cdot \frac{2}{15}$ v) $\frac{7}{12} - \frac{2}{15}$ w) $\frac{7}{12} + \frac{2}{15}$ x) $\frac{7}{12} : \frac{2}{15}$

23 ≡ **Brüche in gemischter Schreibweise**

Berechne. Wandle, wenn nötig, in einen unechten Bruch um.

a) $8 \cdot 3\frac{1}{4}$ b) $12\frac{2}{3} \cdot 3$ c) $2\frac{3}{4} + 1\frac{1}{2}$ d) $8\frac{1}{4} - 4\frac{1}{2}$ e) $4\frac{2}{3} : \frac{7}{5}$ f) $3\frac{1}{2} : 1\frac{2}{5}$

24 ≡ **Lücken füllen**

Bestimme die fehlende Zahl.

a) $2\frac{3}{7} - \blacksquare = 1$ b) $\frac{8}{9} - \blacksquare = \frac{2}{9}$ c) $\frac{1}{2} = \blacksquare + \frac{1}{16}$ d) $\blacksquare - \frac{3}{10} = 2\frac{1}{5}$ e) $3\frac{1}{7} - \blacksquare = 3$ f) $\frac{5}{8} + \blacksquare = \frac{8}{5}$

g) $\blacksquare \cdot \frac{2}{3} = \frac{1}{2}$ h) $\frac{4}{5} \cdot \blacksquare = \frac{14}{15}$ i) $\frac{2}{3} : \blacksquare = \frac{9}{8}$ j) $\blacksquare : \frac{2}{5} = \frac{9}{4}$ k) $\blacksquare \cdot \frac{3}{2} = 2\frac{1}{4}$ l) $\blacksquare : \frac{1}{2} = \frac{3}{7}$

m) $\frac{5}{8} + \frac{1}{2} \cdot \blacksquare = 1$ n) $\frac{1}{2} \cdot \left(\blacksquare + \frac{1}{4} \right) = \frac{3}{8}$ o) $\left(\blacksquare + \frac{1}{10} \right) : \frac{3}{5} = \frac{1}{2}$

25 ≡ **Vorsicht mit der Null**

Berechne, wenn möglich.

a) $\frac{0}{8}$ b) $\frac{8}{0}$ c) $\frac{1}{2} : 0$ d) $5 \cdot \frac{1}{0}$ e) $0 : \frac{6}{1}$ f) $\frac{6}{1} : 0$

26 ≡ **Holzplatten**

Berechne die fehlende Seitenlänge.

a)
$4\frac{1}{2}$ cm

3 cm²   ?

b)
$\frac{5}{3}$ cm

4 cm²   ?

c)
$3\frac{1}{2}$ cm   3 cm²

?

d)
$2\frac{1}{4}$ cm

$3\frac{1}{2}$ cm²   ?

Lösungen auf
Seite 217

27 ≡ **Wasserspender**

Ein Wasserspender ist mit 5 l Wasser gefüllt. Aus dem Wasserspender werden 7 Gläser zu $\frac{1}{4}$ l und 3 Gläser zu $\frac{1}{8}$ l abgefüllt. Bestimme die Wassermenge, die noch im Wasserspender ist. Stelle für die Rechnung zunächst einen einzigen Rechenausdruck auf.

28 ≡ **Aussagen beurteilen**

Finde Beispiele. Beurteile, ob die Aussage immer wahr ist.

a) Beim Multiplizieren ist das Ergebnis immer größer als jeder der beiden Faktoren.

b) Bei der Division ist das Ergebnis immer kleiner als der Dividend.

c) Addiert man zwei unechte Brüche, so ist die Summe immer größer als 1.

d) Bildet man den kleinsten gemeinsamen Nenner zweier Brüche und addiert diese, so entsteht immer ein Ergebnis, das man nicht mehr kürzen kann.

e) Addiert man zwei echte Brüche, so ist das Ergebnis niemals eine natürliche Zahl.

29 ≡ **Versunkenes Dorf**

Aus dem Reschensee ragt von einem Kirchturm noch $\frac{2}{3}$ der Gesamtlänge aus dem Wasser heraus. $\frac{5}{24}$ steht im Wasser und der Rest von 4,5 m ist im Seeboden versunken.

a) Bestimme die Höhe des Kirchturms.

b) Berechne, wie tief das Wasser an dieser Stelle ist.

30 ≡ **Geschickt rechnen**

Berechne geschickt und erkläre, was „geschickt" für dich bedeutet.

a) $\frac{4}{7} + \frac{1}{2} + \frac{3}{7}$

b) $\frac{2}{5} \cdot \frac{2}{3} \cdot \frac{5}{6} \cdot \frac{3}{2}$

c) $\frac{3}{8} + \frac{3}{4} - \frac{1}{8} - 1$

d) $5 - \frac{5}{6} + \frac{1}{6} \cdot \frac{1}{2} - 4$

31 ≡ **Vom Text zum Rechenausdruck**

Stelle zunächst den Rechenausdruck auf. Berechne ihn dann.

a) Multipliziere die Summe der Zahlen 5 und $\frac{3}{4}$ mit $\frac{1}{8}$ und subtrahiere dann $\frac{1}{2}$.

b) Subtrahiere von dem Quotienten der Zahlen $\frac{1}{2}$ und $\frac{2}{5}$ das Produkt dieser beiden Zahlen.

c) Dividiere die Summe von $2\frac{1}{8}$ und $3\frac{1}{3}$ durch $\frac{1}{8}$.

32 ≡ **Vom Rechenausdruck zum Text**

Schreibe den Rechenausdruck in Worten.

a) $\left(\frac{3}{4} + \frac{1}{8}\right) \cdot \frac{5}{7} + 7$

b) $\frac{2}{3} \cdot \frac{9}{14} - \frac{1}{7}$

c) $5 : \frac{1}{2} - \frac{2}{3}$

d) $\left(1\frac{3}{4} - \frac{3}{8}\right) + \frac{2}{5} \cdot \frac{5}{8}$

33 ≡ **Distributivgesetz nutzen**

Nutze das Distributivgesetz und berechne dann.

a) $4 \cdot \left(\frac{3}{2} + \frac{1}{4}\right)$

b) $\frac{3}{2} \cdot \left(\frac{5}{6} - \frac{1}{3}\right)$

c) $\frac{2}{3} \cdot \left(\frac{9}{4} - \frac{3}{8}\right)$

d) $\frac{4}{5} \cdot \left(\frac{10}{4} + \frac{15}{4}\right)$

e) $\left(\frac{5}{7} - \frac{5}{21}\right) \cdot 42$

f) $\frac{6}{10} \cdot \left(\frac{5}{3} - \frac{20}{33}\right)$

g) $\frac{9}{21} \cdot \left(\frac{7}{12} - \frac{1}{6}\right)$

h) $\left(\frac{9}{20} - \frac{3}{15}\right) : \frac{3}{5}$

34 ≡ **Distributivgesetz umgekehrt**

Klammere aus und berechne dann.

a) $18 \cdot \frac{5}{8} - 18 \cdot \frac{1}{8}$

b) $\frac{5}{9} \cdot \frac{5}{11} + \frac{5}{9} \cdot \frac{6}{11}$

c) $\frac{17}{3} \cdot \frac{2}{9} - \frac{2}{9} \cdot \frac{7}{6}$

d) $\frac{12}{25} \cdot \frac{3}{8} + \frac{3}{8} \cdot \frac{4}{25}$

35 ≡ **Terme – Allerlei**

Achte auf die Rechenregeln. Nutze Rechenvorteile und berechne.

a) $20 + \frac{5}{3} - \frac{5}{4} \cdot 8$

b) $\frac{7}{3} + \frac{2}{3} \cdot 8 - 3\frac{1}{9}$

c) $\frac{3}{5} + \frac{2}{5} : \frac{4}{5} - \frac{4}{5}$

d) $\frac{2}{3} - \frac{1}{3} \cdot \left(\frac{5}{6} + \frac{1}{6}\right)$

e) $\frac{2}{5} \cdot \left(\frac{2}{3} + \frac{1}{3}\right) - \frac{1}{3}$

f) $\frac{3}{11} + \frac{8}{11} \cdot \frac{3}{7} : 6$

g) $\frac{5}{9} \cdot \frac{11}{20} + \frac{5}{9} \cdot \frac{3}{20} + \frac{3}{10} \cdot \frac{5}{9}$

h) $\frac{1}{4} \cdot \left(\frac{2}{9} + \frac{1}{3}\right) \cdot 8$

2 Dezimalzahlen

Im Schulsport wird beim 75-m-Lauf die gelaufene Zeit mit einer Stoppuhr auf Zehntel gemessen.

Bei Meisterschaften kommt es beim 100-m-Lauf im Zieleinlauf häufig zu sehr knappen Abständen. Um diese Unterschiede zu messen, können mit einer elektronischen Zeitmessung auch Hundertstelsekunden bestimmt werden.

Recherchiere nach den aktuellen Ergebnissen beim Laufen, Schwimmen und anderen Sportarten.

In diesem Kapitel

● **Wie viele Zahlen liegen zwischen 0,9 und 1?**

● **Wie rechnet man mit Kommazahlen?**

● **Kann man jeden Bruch als Dezimalzahl schreiben?**

2.1 Dezimalschreibweise

Bis 1976 wurden Weltrekorde im Sprint noch per Hand mit einer Stoppuhr gemessen. Der letzte handgemessene Weltrekord wurde von Donald Quarrie aufgestellt, er lief die 100 m in 9,9 s.

Inzwischen werden die Rekorde elektronisch gemessen. Der achtfache Olympiasieger Usain Bolt stellte 2009 bei den Weltmeisterschaften in Berlin den aktuellen Weltrekord von 9,58 s für 100 m auf.

- Was bedeuten die Ziffern nach dem Komma?
- Probiere mit einer Stoppuhr genau 9,58 s zu messen.
- Wieso ist die elektronische Messung besser geeignet als die Messung per Hand?

WES-105429-010

Dezimalzahlen

Eine Dezimalzahl ist eine Zahl mit Komma. Das Komma trennt die Ganzen vom Rest: Links vom Komma stehen die Ganzen, rechts vom Komma die Nachkommastellen. Sie geben die Zehntel, die Hundertstel, die Tausendstel … an.

$$49,715$$

7 Zehntel   1 Hundertstel   5 Tausendstel

Sprechweise: „49 Komma Sieben Eins Fünf"

Dezimalzahlen in der Stellenwerttafel

Um Dezimalzahlen in einer Stellenwerttafel darzustellen, wird diese nach rechts erweitert. Nun ist die Stellenwerttafel in beide Richtungen unbegrenzt.

	100	10	1	$0,1 = \frac{1}{10}$	$0,01 = \frac{1}{100}$	$0,001 = \frac{1}{1000}$	
…	Hunderter H	Zehner Z	Einer E	Zehntel z	Hundertstel h	Tausendstel t	…
		4	9	7	1	5	

Dezimalbrüche: $\frac{1}{10}, \frac{1}{100}, \frac{1}{1000}$ …

Von der Dezimalzahl zum Dezimalbruch

2,65 als Dezimalbruch schreiben:

E	z	h
2	6	5

$2,65 = 2\frac{65}{100}$

2 Nachkommastellen → Nenner 100

Vom Dezimalbruch zur Dezimalzahl

$\frac{19}{1000}$ als Dezimalzahl schreiben:

$\frac{19}{1000} = 0,019$

E	z	h	t
0	0	1	9

Nenner 1000 → 3 Nachkommastellen

① ☰ **Stellenwerte in Dezimalzahlen**

Welchen Stellenwert hat die Ziffer 7?

a) 0,75   b) 7,4   c) 4,07   d) 72,034   e) 43,718   f) 16,1671

② ☰ **Von der Dezimalzahl zum Dezimalbruch**

Schreibe als Dezimalbruch. Die Stellenwerttafel ist eine gute Hilfe.

a) 0,75   b) 0,6   c) 0,25   d) 0,505   e) 0,625   f) 0,0003

g) 0,125   h) 0,5005   i) 4,88   j) 1,701   k) 1,0481   l) 3,8200

3 ≡ **Vom Dezimalbruch zur Dezimalzahl**

Schreibe als Dezimalzahl.

a) $\frac{19}{100}$ b) $2\frac{4}{10}$ c) $3\frac{4}{100}$ d) $\frac{26}{1000}$ e) $2\frac{7}{1000}$ f) $\frac{4004}{1000}$

4 ≡ **Vom Bruch zur Dezimalzahl**

Schreibe als Dezimalzahl. Erweitere zunächst zum Dezimalbruch.

a) $\frac{1}{2}$ b) $\frac{13}{50}$ c) $2\frac{3}{5}$ d) $\frac{3}{4}$ e) $\frac{3}{20}$ f) $\frac{7}{8}$

5 ≡ **Komma setzen**

Setze das Komma im Heft so, dass die Ziffer 3 den angegebenen Stellenwert hat.

a) 4635 (z)   b) 572435 (h)   c) 6537 (t)   d) 23415 (H)   e) 70038 (h)   f) 23 (t)

6 ≡ **Fehlerfuchs**

Beschreibe die Fehler und korrigiere.

a) $\frac{27}{10} = 0{,}27$ b) $\frac{501}{100} = 0{,}51$ c) $0{,}58 = \frac{58}{10}$ d) $7{,}20 = \frac{720}{10}$

7 ≡ Schreibe als Dezimalbruch.

a) 0,35   b) 0,006   c) 1,07   d) 0,305   e) 4,62   f) 10,009

Prüfe dich!
Lösungen auf
Seite 218

8 ≡ Schreibe als Dezimalzahl.

a) $\frac{65}{100}$ b) $1\frac{3}{10}$ c) $\frac{1}{4}$ d) $\frac{205}{100}$ e) $3\frac{12}{1000}$ f) $\frac{22}{50}$

9 ≡ **Viele Erklärungen**

Frau Abel fragt ihre Klasse, was die Dezimalzahl 0,78 bedeutet und erhält viele Antworten.
Welche Antworten sind richtig?

10 ≡ **Endnullen weglassen**

Schreibe die Zahl ohne überflüssige Nullen.

a) 0,600   b) 0,2500   c) 0,0302   d) 2,00500   e) 400   f) 5,002001

g) 0,300200   h) 50 500   i) 30,000   j) 10,04   k) 0   l) 02,20

11 ≡ **Dezimalzahlen vergleichen**

Setze das passende Zeichen (< oder >) ein.

a) 1,63 ☐ 1,36   b) 0,645 ☐ 0,654

c) 0,990 ☐ 0,989   d) 0,7 ☐ 0,75

e) 0,450 ☐ 0,46   f) 0,090 ☐ 0,1

g) 10,942 ☐ 11,856   h) 0,070 ☐ 0,707

> **Dezimalzahlen vergleichen**
> Betrachte die Stellenwerte von links nach rechts, bis sie sich unterscheiden.
>
> **3**,25 < **7**,5   Einer: 3 < 7
>
> 8,**3**6 < 8,**5**9   Zehntel: 3 < 5
>
> 0,6**9**1 > 0,6**7**58   Hundertstel: 9 > 7

WES-105429-011

12 ≡ Ordne der Größe nach. Beginne mit der kleinsten Zahl.

a) 0,25   1,03   1,30   0,52   1,25   b) 1,098   1,98   1,976   1,984   1,0998

Prüfe dich!
Lösungen auf
Seite 218

13 ≡ **Fehlersuche**

Finde die Fehler und korrigiere.

a) $1{,}8 = \frac{1}{8}$ b) $9{,}9 < 9{,}10 < 9{,}11$ c) $0{,}210 > 0{,}201$ d) $\frac{3}{20} = 0{,}6$

⑭ ☰ Ordnen auf dem Zahlenstrahl

Gib an, welche Dezimalzahlen auf dem
Ausschnitt des Zahlenstrahls markiert sind.

Immer weitere Dezimalzahlen zwischen zwei Dezimalzahlen

a)
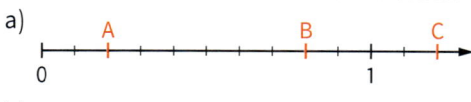

b)

c)
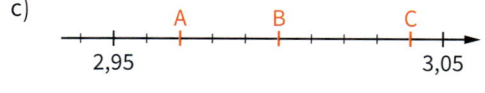

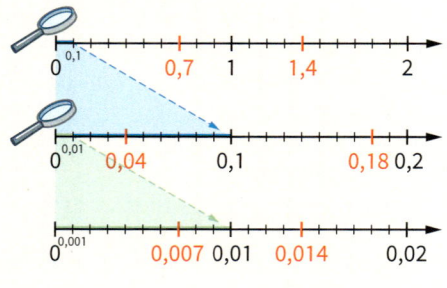

d) Markiere die Zahlen auf einem Zahlenstrahl: 0,9   1,02   1   0,97   1,1   1,03   1,11

⑮ ☰ Zahlen dazwischen

a) Finde drei Dezimalzahlen, die größer als 2,6 und kleiner als 2,7 sind.

b) Wie viele Zahlen liegen zwischen 2,6 und 2,7? Begründe.

⑯ ☰ Zahl in der Mitte gesucht

Bestimme die Zahl in der Mitte.

a) 8 und 9   b) 1,5 und 1,6   c) 3,97 und 3,98   d) 2,09 und 2,1

Prüfe dich!
Lösungen auf
Seite 218

⑰ ☰ Gib die markierten Zahlen an.

a)   b)

⑱ ☰ Finde fünf Zahlen dazwischen. Bestimme die Zahl, die genau in der Mitte liegt.

a) 0,1 und 0,2   b) 4,5 und 4,6   c) 1,97 und 1,98   d) 4,99 und 5

Nachschlagen
Runden
Seite 194

WES-105429-012

⑲ ☰ Runden

Runde die Zahl auf Einer, Zehntel, Hundertstel und Tausendstel.

a) 10,1473   b) 12,8476

c) 9,96784   d) 2,43504

e) 4,2999   f) 0,77777

g) 0,27272   h) 5,55555

Dezimalzahlen runden

Runde 6,8512

... auf Einer: $6,8512 \approx 7$

... auf Zehntel: $6,8512 \approx 6,9$

... auf Hundertstel: $6,8512 \approx 6,85$

... auf Tausendstel: $6,8512 \approx 6,851$

⑳ ☰ In der Arztpraxis

Auf einem modernen Fieberthermometer wird die Temperatur mit zwei Stellen nach dem Komma angegeben. Der Arzt notiert die Werte aber immer gerundet auf die Zehntelstelle, weil die Hundertstel für ihn uninteressant sind. Wie notiert der Arzt die Messwerte?

a) 37,38 °C   b) 39,04 °C   c) 36,97 °C   d) 39,48 °C   e) 40,09 °C   f) 39,95 °C

Prüfe dich!
Lösungen auf
Seite 218

㉑ ☰ Runde die Zahl auf die angegebene Stelle.

a) 3,1748 (t)   b) 3,1748 (h)   c) 3,1748 (z)   d) 4,009 (z)   e) 4,009 (h)   f) 3,97 (z)

㉒ ☰ Welche Zahl wurde gerundet?

a) Nenne drei Zahlen, die auf Einer gerundet 14 ergeben.

b) In welchem Bereich liegen alle Zahlen, die auf Zehntel gerundet 0,6 ergeben?

2.2 Addieren und Subtrahieren

Timo ist im Supermarkt einkaufen.
Seine Mutter hat ihm 20 € gegeben.
- Prüfe mit einem Überschlag, ob 20 €
  ausreichen.
- Timo bekommt 2,76 € zurück.
  Prüfe, ob das Rückgeld stimmt.

Vorbereiten
Seite 196

WES-105429-013

Addieren und Subtrahieren von Dezimalzahlen

Wie bei natürlichen Zahlen werden Dezimalzahlen stellenweise addiert und subtrahiert.
Achte darauf, dass **Komma unter Komma** steht.

Berechne $1,58 + 2,427 + 0,6$
Überschlag: $2 + 2 + 1 = 5$

```
    1, 5 8 0
 +  2, 4 2 7
 +  0, 6 0 0
      1 1
    4, 6 0 7
```

Berechne $43,75 - 7,2 - 12,54$
Überschlag: $44 - 7 - 13 = 24$

```
    4 3, 7 5
 -     7, 2 0
 -  1 2, 5 4
       1
    2 4, 0 1
```

Vermeide Fehler, indem du Nullen ergänzt!

---

1 ≡ Schriftlich rechnen

Mache zuerst einen Überschlag und rechne dann genau. Ergänze, wenn nötig, Nullen.

a) $26,66 + 14,7$
b) $4,603 + 11,046$
c) $49,002 + 50,719$
d) $21,8 + 5,29 + 3,07$
e) $77,4 + 13,53 + 32,75$
f) $22,222 + 2,2222 + 222,22$
g) $11,608 - 5,304$
h) $29,09 - 12,7$
i) $143,96 - 27,053$
j) $19,25 - 2,03 - 12,44$
k) $50 - 21,92 - 12,94$
l) $3,275 - 0,089 - 1,22$

2 ≡ Einkauf

Berechne jeweils den Endbetrag. Wie viel Wechselgeld erhält man, wenn man mit einem
50-€-Schein bezahlt?

Eisdiele Amore	
Schokobecher	7,50 €
Tutti-Frutti-Becher	8,20 €
Eiskaffee	6,60 €
Pinoccio-Becher	4,90 €

2-Rad Rieder	
Schlauch	7,55 €
Kettenöl	1,90 €
Schlauchwechsel	21,70 €
Kette reinigen	8,00 €

Bioladen Bienenglück	
Äpfel 1,5 kg	5,98 €
Kartoffeln 2,5 kg	4,35 €
Bio-Hackfleisch	11,38 €
Soja-Joghurt	2,35 €

3 ≡ Rechne im Kopf

a) $0,4 + 0,3$
b) $0,5 + 0,7$
c) $1,2 + 0,6$
d) $2,5 + 0,7$
e) $9,2 + 0,8$
f) $3,8 + 1,3$
g) $0,9 - 0,5$
h) $0,55 - 0,34$
i) $2,8 - 0,9$
j) $4,8 - 2,3$
k) $10,5 - 1,9$
l) $1,43 - 0,7$

---

4 ≡ Mache zuerst einen Überschlag und rechne dann genau. Du erhältst auffällige Ergebnisse.

a) $1,2745 + 2,0588$
b) $3,6842 - 1,462$
c) $14,3765 - 4,5$
d) $0,4015 + 0,1312 + 0,7018$
e) $1,7671 - 0,3304 - 0,2022$
f) $5,335 - 1,83 + 2,05$

Prüfe dich!
Lösungen auf
Seite 218

---

5 ≡ Abschreibfehler

Korrigiere den zweiten Summanden bzw. den Subtrahenden so, dass das Ergebnis stimmt.

a) $4,43 + 2,8 = 6,51$
b) $0,3 + 6 = 0,9$
c) $14,59 + 3,8 = 14,87$
d) $5,36 - 1,5 = 4,31$
e) $9,7 - 4 = 9,3$
f) $6,48 - 1,6 = 6,32$

6 ≡ **Lücken füllen**

Berechne die fehlende Zahl.

a) $4{,}3 + \blacksquare = 7{,}6$
b) $12{,}45 - \blacksquare = 8{,}9$
c) $3{,}7 + \blacksquare = 8{,}2$
d) $4{,}65 - \blacksquare = 0{,}93$
e) $\blacksquare + 3{,}7 = 10{,}1$
f) $\blacksquare - 2{,}2 = 17{,}8$
g) $\blacksquare - 4{,}6 = 14{,}9$
h) $\blacksquare - 1{,}2 = 10{,}2$
i) $15{,}2 - \blacksquare = 6{,}7$

7 ≡ **Zahlenkartenpaare**

Aus je zwei Zahlen kannst du eine Additions- oder Subtraktionsaufgabe bilden.

a) Bilde die Aufgabe mit dem größten Ergebnis.
b) Bilde die Aufgabe mit dem kleinsten Ergebnis.
c) Bilde die Aufgabe, deren Ergebnis am nächsten an 20 liegt.

14,19　17,084　9,809　5,347　3,021　11,07　19,56

8 ≡ **Rechenausdruck**

Schreibe den zugehörigen Rechenausdruck auf. Berechne dann.

a) Um wie viel ist die Summe der Zahlen 25,98 und 7,052 größer als deren Differenz?
b) Subtrahiere von 504,05 die Summe der Zahlen 194 und 86,34.
c) Addiere zur Differenz von 12,05 und 4,38 die Summe von 0,9 und 8,99.

Prüfe dich!
Lösungen auf
Seite 218

9 ≡ Fülle die Lücke.

a) $3{,}6 + \blacksquare = 9{,}3$
b) $14{,}7 - \blacksquare = 5{,}5$
c) $2{,}23 + \blacksquare = 4{,}09$
d) $\blacksquare + 8{,}2 = 17{,}1$
e) $\blacksquare - 5{,}8 = 0{,}75$
f) $7 - \blacksquare = 4{,}7$

10 ≡ **Tour de France**

Die Tour de France 2022 startete in Kopenhagen und endete wie immer in Paris.

a) Die Radfahrer fahren in den ersten Tagen der Tour de France jeden Tag eine Etappe. Berechne, wie weit sie in den ersten vier Tagen gefahren sind.
b) Insgesamt fuhren die Fahrer in 21 Etappen 3346,5 km. Berechne, wie weit sie nach den ersten vier Tagen noch fahren mussten.

1. Etappe: 13,24 km
2. Etappe: 201,85 km
3. Etappe: 182,5 km
4. Etappe: 171,45 km

11 ≡ **Gartenzaun**

Familie Tierlieb hat einen neuen Hund bekommen. Daher möchte sie einen Zaun um ihren Garten bauen. Im Baumarkt kann man Zäune auf Rollen kaufen. Auf einer Rolle sind 25 m Zaun. Berechne, wie viele Rollen Zaun sie kaufen müssen. Wie viel Zaun bleibt übrig?

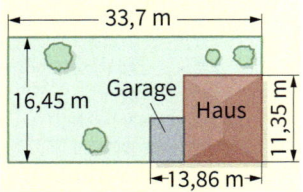

33,7 m　16,45 m　Garage　Haus　11,35 m　13,86 m

Prüfe dich!
Lösungen auf
Seite 219

12 ≡ Janas Vater hat auf seiner Geldkarte ein Guthaben von 178,32 €. An der Tankstelle bezahlt er Benzin für 35,86 €, außerdem kauft er sich ein belegtes Brötchen für 2,80 €. Berechne das neue Guthaben auf der Geldkarte.

13 ≡ **Differenzen würfeln**

Spielregel: Würfelt abwechselnd. Nach jedem Wurf schreibt jeder die gewürfelte Ziffer in ein freies Kästchen auf seinem Blatt. Wer die kleinste Differenz hat, gewinnt.
Doch Vorsicht: Wird die Differenz kleiner als null, hat man sofort verloren.

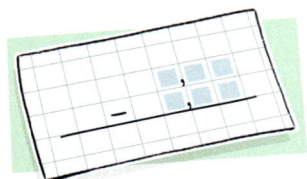

2.3 Dezimalzahlen multiplizieren

Anna, Paula und Finn wollen die obere Seite des Basteltisches neu lackieren.
Sie überprüfen, ob der Lack reicht.

Vorbereiten
Seite 196

Finn rechnet ohne Komma
$147 \cdot 16 = 2352$
Beide Seiten sind kürzer als 2 m.
Also ist die Fläche kleiner als 4 m²
Ergebnis: Die Platte ist 2,352 m² groß.

Paula nutzt kleinere Einheiten
$1,47 \text{ m} \cdot 1,6 \text{ m}$
$= 147 \text{ cm} \cdot 160 \text{ cm}$
$= 23\,520 \text{ cm}^2$
$= 235,2 \text{ dm}^2$
$= 2,352 \text{ m}^2$

Anna rechnet mit Brüchen
$1,47 \text{ m} \cdot 1,6 \text{ m}$
$= \frac{147}{100} \text{ m} \cdot \frac{16}{10} \text{ m}$
$= \frac{2352}{1000} \text{ m}^2$
$= 2,352 \text{ m}^2$

- Erkläre die drei Verfahren.
- Wie könnte Finn ohne Überschlag entscheiden, wo das Komma stehen muss?

Dezimalzahlen multiplizieren

- Multipliziere die Zahlen ohne Komma.

- Zähle die Ziffern nach dem Komma bei beiden Faktoren. Das Ergebnis hat genau so viele Nachkommastellen wie die beiden Faktoren zusammen.

$75,3 \cdot 0,02$

$753 \cdot 2 = 1506$

$75{,}3 \cdot 0{,}02 = 1{,}506$
3 Ziffern nach   3 Nachkomma-
dem Komma   stellen

WES-105429-014

Kommasetzung
Berechne $3,2 \cdot 0,95$

Multiplizieren ohne Komma: $32 \cdot 95 = 3040$

Komma setzen durch Zählen
der Nachkommastellen
$3{,}2 \cdot 0{,}95 = 3{,}040$
3 Ziffern   3 Nachkommastellen

Komma setzen mithilfe
eines Überschlag
Überschlag: $3 \cdot 1 = 3$
Also $3,2 \cdot 0,95 = 3,04$

❶ ≡ Kopfrechnen

a) $0,9 \cdot 60$ b) $400 \cdot 0,6$ c) $400 \cdot 0,06$ d) $1,1 \cdot 1,1$

e) $100 \cdot 0,04$ f) $30 \cdot 0,2$ g) $0,5 \cdot 22$ h) $0,05 \cdot 22$

i) $15 \cdot 0,2$ j) $171 \cdot 0,1$ k) $1,5 \cdot 1,5$ l) $0,5 \cdot 0,5$

❷ ≡ Schriftlich multiplizieren
Berechne.

a) $3,15 \cdot 7,1$ b) $46,2 \cdot 3,5$ c) $9,01 \cdot 14,4$ d) $0,859 \cdot 8$

e) $73,2 \cdot 1,2$ f) $5,34 \cdot 2,79$ g) $10,53 \cdot 5$ h) $0,4 \cdot 8,25$

i) $1,86 \cdot 0,07$ j) $6,9 \cdot 23$ k) $12,4 \cdot 0,5$ l) $16,02 \cdot 1,05$

m) $4,36 \cdot 13$ n) $36,6 \cdot 1,8$ o) $3,02 \cdot 1,05$ p) $12,4 \cdot 15$

3 ☰ **Komma gesucht**

Setze im Ergebnis an der richtigen Stelle das Komma. Ergänze, falls nötig, noch Nullen.

a) $2,4 \cdot 1,8 = 4\,3\,2$ b) $2,67 \cdot 0,32 = 8\,5\,4\,4$ c) $0,072 \cdot 5,4 = 3\,8\,8\,8$

d) $4,006 \cdot 70 = 2\,8\,0\,4\,2\,0$ e) $1,425 \cdot 0,87 = 1\,2\,3\,9\,7\,5$ f) $5,175 \cdot 12 = 6\,2\,1\,0$

4 ☰ **Suche das Lösungswort**

Entscheide, ob richtig oder falsch gerechnet wurde und notiere jeweils den Buchstaben. Du erhältst ein Lösungswort.
Korrigiere die falschen Ergebnisse.

$0,3 \cdot 0,5 = 0,15$ S R	$0,2 \cdot 0,3 = 0,6$ G E
$2,4 \cdot 10 = 20,4$ I E	
$1,2 \cdot 0,4 = 0,48$ L E	$2,6 \cdot 0,5 = 0,13$ E N

Prüfe dich!
Lösungen auf
Seite 219

5 ☰ Berechne.

a) $3,9 \cdot 60$ b) $402 \cdot 0,6$ c) $2,5 \cdot 0,14$ d) $1,08 \cdot 2,4$

Einstieg

Multiplikation mit 10; 100; 1000 … oder 0,1; 0,01; 0,001 …

Berechne. Was fällt dir auf?

a)
$3,14 \cdot 10$
$3,14 \cdot 100$
$3,14 \cdot 1000$

b)
$23,06 \cdot 0,1$
$23,06 \cdot 0,01$
$23,06 \cdot 0,001$

c)
$0,739 \cdot 10$
$0,739 \cdot 100$
$0,739 \cdot 1000$

d)
$4,8 \cdot 0,1$
$4,8 \cdot 0,01$
$4,8 \cdot 0,001$

Formuliere Regeln, wie man eine Dezimalzahl mit 10; 100; 1000 … multipliziert und wie man eine Dezimalzahl mit 0,1; 0,01; 0,001 … multipliziert.

WES-105429-015

> **Kommaverschiebung beim Multiplizieren**
>
> Mit 10; 100; 1000 … multiplizieren.   Mit 0,1; 0,01; 0,001 … multiplizieren.
> Das Komma wird nach rechts verschoben.   Das Komma wird nach links verschoben.
>
> $3,125 \cdot 10 \quad = 3\,1,2\,5$ $648,5 \cdot \quad 0,1 = 6\,4,8\,5$
>
> $3,125 \cdot 100 \quad = 3\,1\,2,5$ $648,5 \cdot \quad 0,01 = 6,4\,8\,5$
>
> $3,125 \cdot 1000 = 3\,1\,2\,5$ $648,5 \cdot 0,001 = 0,6\,4\,8\,5$

6 ☰ **Kopfrechnen**

Rechne im Kopf. Notiere das Ergebnis im Heft.

a) $100 \cdot 3,7$ b) $10 \cdot 38,38$ c) $10 \cdot 3,04$ d) $100 \cdot 0,72$

e) $10 \cdot 0,007$ f) $1000 \cdot 6,4$ g) $100 \cdot 0,0002$ h) $1000 \cdot 0,0005$

i) $0,1 \cdot 5$ j) $4,6 \cdot 0,1$ k) $0,01 \cdot 12,93$ l) $80 \cdot 0,01$

m) $0,001 \cdot 500$ n) $2,3 \cdot 0,01$ o) $43,8 \cdot 0,1$ p) $12\,345 \cdot 0,0001$

7 ☰ **Lücken füllen**

a) $6,4 \cdot \blacksquare = 640$ b) $\blacksquare \cdot 5,7 = 57$ c) $10,2 \cdot \blacksquare = 1020$ d) $\blacksquare \cdot 0,02 = 0,2$

e) $2,04 \cdot \blacksquare = 204$ f) $\blacksquare \cdot 0,98 = 9,8$ g) $54 \cdot \blacksquare = 5,4$ h) $\blacksquare \cdot 65,2 = 0,652$

8 ☰ **Anteile und Vielfache**

Notiere den Rechenausdruck und das Ergebnis.

a) Berechne das Zehnfache von 0,0024.   b) Berechne das Hundertfache von 0,036.

c) Berechne das Tausendfache von 0,071.   d) Berechne ein Zehntel von 0,86.

e) Berechne ein Tausendstel von 3,71.   f) Berechne ein Hunderttausendstel von 65.

9 ≡ **Anteil oder Vielfaches in Worten**
Beschreibe den Rechenausdruck in Worten als Anteil oder Vielfaches von einer Zahl.
Schreibe in der Art: „das Zehnfache von … ist …", „ein Hundertstel von … ist …", …
a) $100 \cdot 0{,}014$ b) $0{,}1 \cdot 17{,}50$ c) $1000 \cdot 3{,}05$ d) $0{,}001 \cdot 45{,}30$

10 ≡ **Berechne.**
a) $0{,}1 \cdot 80{,}2$ b) $78{,}49 \cdot 100$ c) $0{,}01 \cdot 8{,}2$ d) $9{,}28 \cdot 1000$

Prüfe dich!
Lösungen auf
Seite 219

11 ≡ Notiere den Rechenausdruck und das Ergebnis.
a) Berechne das Tausendfache von 0,0304.   b) Berechne ein Hundertstel von 7403.

12 ≡ **Rechenfehler**
In der Klasse 6 a werden für das Produkt $41{,}3 \cdot 210{,}8$ folgende Ergebnisse genannt:
a) 876,04   b) 8706,4   c) 8706,864   d) 8706,04   e) 8706,24   f) 8706,28
Bei manchen Ergebnissen kann man „sofort" sehen, dass sie falsch sind. Begründe.

13 ≡ **Mikroskop**
Mit einem Mikroskop kann man sehr kleine Dinge stark vergrößern.
a) Unter einem Mikroskop erscheint ein Menschenhaar bei 1000-facher Vergrößerung 60 mm dick. Wie dick ist es in Wirklichkeit?
b) Wie dick erscheint ein 0,005 mm dicker Spinnwebfaden bei 1000-facher Vergrößerung unter dem Mikroskop?

14 ≡ Ein Blatt Papier ist ungefähr 0,045 mm dick. Ein Buchdeckel ist vorne und hinten 1 mm dick. Berechne die Dicke eines Buchs mit 300 Seiten.

Prüfe dich!
Lösungen auf
Seite 219

15 ≡ Ein Buch hat 1000 Seiten und ist 4,6 cm dick. Der Buchdeckel ist vorne und hinten 1,5 mm dick. Berechne die Dicke eines Blatts in diesem Buch.

16 ≡ **Größer oder kleiner?**
Schreibe die Aufgabe in dein Heft und ergänze ohne Rechnung das richtige Zeichen:
<, > oder =.
a) $1{,}2 \cdot 1{,}4$ ▦ 1 b) $1{,}2 \cdot 0{,}8$ ▦ $1{,}2$ c) $0{,}8 \cdot 0{,}8$ ▦ $0{,}8$ d) $1 \cdot 0{,}8$ ▦ $0{,}8$
e) $1{,}2 \cdot 1{,}2$ ▦ $1{,}2$ f) $0{,}7 \cdot 1{,}4$ ▦ $1{,}4$ g) $1{,}1 \cdot 0{,}9$ ▦ 1 h) $0 \cdot 0{,}8$ ▦ 0

17 ≡ **Einmal rechnen – Komma verschieben**
Multipliziere 2,3; 23; 0,023 und 0,23 der Reihe nach mit der angegebenen Zahl.
a) 5   b) 1,1   c) 0,7   d) 0,02   e) 12   f) 0,25

18 ≡ **Quadrate von Dezimalzahlen**
Suche im rechten Kasten die Quadratzahl zu jeder Zahl im linken Kasten.

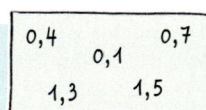
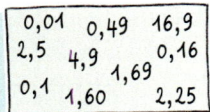

Vorbereiten
Quadratzahlen
Seite 194

19 ≡ **Was beim Multiplizieren passieren kann**
Denke dir Beispiele aus, um die Fragen zu beantworten.
a) Kann das Produkt einer Zahl mit sich selbst kleiner als die Zahl sein?
b) Wie groß muss bei einem Produkt der zweite Faktor sein, damit das Ergebnis kleiner als der erste Faktor ist?
c) Mit welcher Zahl muss man 0,02 multiplizieren, um 1 zu erhalten?

2.4 Dezimalzahlen dividieren

Vorbereiten
Seite 196

Maja, Louise und Paula sind zusammen auf einer Geburtstagsfeier eingeladen. Sie kaufen gemeinsam ein Geschenk und geben insgesamt 22,56 € aus.
Wie viel muss jede bezahlen?

WES-105429-016

Eine Dezimalzahl durch eine natürliche Zahl dividieren

- Dividiere wie bei zwei natürlichen Zahlen.
- Wenn du das Komma überschreitest, setze im Ergebnis ein Komma.

Mit einem Überschlag kann man prüfen, ob das Komma richtig gesetzt wurde.
Überschlag: $42 : 6 = 7$

```
          Komma
4 3, 3 8 : 6 =  7, 2 3
- 4 2
    1 3
  - 1 2
      1 8
    - 1 8
        0
```

Nullen ergänzen

$68,4 : 8$ berechnen:

```
6 8, 4 0 : 8 = 8, 5 5
- 6 4
    4 4          Null
  - 4 0          ergänzen
      4 0
    - 4 0
        0
```

0 im Didenden ergänzen,
bis der Rest bei der Division 0 ist.

Ergebnis kleiner 1

$4,14 : 9$ berechnen:

```
4, 1 4 : 9 = 0, 4 6
- 0              Mit Null vor dem
  4 1            Komma beginnen
- 3 6
    5 4
  - 5 4
      0
```

Wenn der Dividend kleiner als der Divisor ist, dann beginnt das Ergebnis mit „0,…".

4,14 < 9

:Divisor

Dividend   Quotient

·Divisor

Probe:
$8,55 · 8 = 68,4$
$0,46 · 9 = 4,14$

① ≡ **Schriftlich dividieren**
Berechne. Prüfe mit einem Überschlag, ob dein Ergebnis stimmen kann.
a) $16,8 : 7$ b) $44,66 : 7$ c) $11,6 : 8$ d) $1,85 : 5$ e) $72,8 : 16$ f) $10,2 : 12$

② ≡ **Schriftlich dividieren – durch Probe kontrollieren**
Rechne schriftlich. Kontrolliere dein Ergebnis mithilfe einer Probe.
a) $8,75 : 5$ b) $45,12 : 6$ c) $1,977 : 3$ d) $5,224 : 8$ e) $243,6 : 12$ f) $3,355 : 11$

③ ≡ **Quotienten bilden**
Bilde die neun Quotienten und ordne sie den Ergebnissen zu.

15,6		4			3,9	0,148	3,12
0,74	:	5	=	0,78		0,185	0,736
3,68		20			0,037	0,92	0,184

Prüfe dich!
Lösungen auf
Seite 219

④ ≡ Rechne schriftlich. Prüfe mit einem Überschlag.
a) $2,07 : 3$ b) $9,36 : 8$ c) $72,09 : 9$ d) $0,714 : 3$ e) $4,315 : 5$ f) $0,609 : 7$

5 ≡ **Fehlerteufel**

Finde heraus, welche Rechnungen falsch sind. Rechne dann richtig.

a) 17,1 : 18 = 9,5   *b)* 19,8 : 3 = 6,6   *c)* 4,4 : 50 = 0,88   *d)* 32,4 : 24 = 13,5

6 ≡ **Mathebücher**

Ein Stapel aus 24 Mathebüchern ist 55,2 cm hoch. Berechne, wie hoch ein Mathebuch ist.

7 ≡ **Das Komma wandert**

Es ist 2280 : 8 = 285. Bestimme mit dieser Lösung die Ergebnisse der folgenden Aufgaben.

a) 228 : 8   22,8 : 8   2,28 : 8   b) 2280 : 80   228 : 80   22,8 : 80

Komma im Divisor

Berechne. Was fällt dir auf?

Einstieg

| 3 0 0 0 : 5 0 0 |
| 3 0 0 : 5 0 |
| 3 0 : 5 |
| 3 : 0,5 |
| 0,3 : 0,0 5 |
| 0,0 3 : 0,0 0 5 |

| 1 2 0 0 : 6 0 0 |
| 1 2 0 : 6 0 |
| 1 2 : 6 |
| 1,2 : 0,6 |
| 0,1 2 : 0,0 6 |
| 0,0 1 2 : 0,0 0 6 |

| 4 2 0 0 : 7 0 |
| 4 2 0 : 7 |
| 4 2 : 0,7 |
| 4,2 : 0,0 7 |
| 0,4 2 : 0,0 0 7 |
| 0,0 4 2 : 0,0 0 0 7 |

WES-105429-017

Durch eine Dezimalzahl dividieren

- Verschiebe bei beiden Zahlen das Komma um gleich viele Stellen nach rechts, bis der Divisor eine natürliche Zahl ist.
- Dividiere durch die natürliche Zahl.

6,75 : 1,5 =

67,5 : 15 = 4,5
− 60
  75
− 75
   0

Dividend : Divisor = Quotient

Kommaverschiebung

3,6 : 0,9 = 36 : 9 = 4

Komma um jeweils eine Stelle verschieben

5 : 0,2 = 50 : 2 = 25

Komma verschieben und eine Null ergänzen

0,3 : 0,015 = 300 : 15 = 20

Komma verschieben und Nullen ergänzen

8 ≡ **Kommaverschiebung im Kopf**

Berechne im Kopf. Notiere die Aufgabe und die Lösung im Heft.

a) 2 : 0,4   b) 2 : 0,2   c) 3 : 0,6   d) 2,4 : 0,3   e) 1 : 0,25   f) 1 : 0,05

9 ≡ **Schriftlich dividieren**

Berechne.

a) 5,46 : 1,2   b) 1,92 : 2,4   c) 1,55 : 0,25   d) 69,2 : 0,8   e) 0,005 : 0,5   f) 240,8 : 1,6

10 ≡ **Jede Zahl mit jeder – im Kopf!**

Notiere alle möglichen Aufgaben und löse sie.

a)

2,4		0,2
0,8	:	0,4
5,6		0,8

b)

	0,4		0,004
	6	:	0,4
	4		0,04

c)

12		0,6
3,6	:	0,3
3		0,5

11 ≡ **Apfelsaft**

Ein Obstbauer möchte 105 Liter Apfelsaft in 0,7-l-Flaschen abfüllen.

Berechne die Anzahl der benötigten Flaschen.

12 ≡ **Rückwärts gerechnet**

Finde die fehlende Zahl.

a) ■ : 0,1 = 100   b) ■ · 0,3 = 0,45   c) 2,5 · ■ = 3,75   d) ■ : 0,2 = 0,04

e) 0,8 : ■ = 5   f) ■ · 1,5 = 0,06   g) 56 : ■ = 700   h) ■ : 0,2 = 24,5

Prüfe dich!
Lösungen auf
Seite 219

13 ≡ Berechne.

a) 3,6 : 1,2   b) 0,12 : 0,4   c) 32 : 0,16   d) 2,4 : 0,05   e) 2,7 : 0,15   f) 0,4 : 0,08

14 ≡ a) Lena kauft Brot. 1,5 kg Brot kosten 6,75 €. Berechne, wie viel 1 kg Brot kostet.

b) 7,5 m² Tapete kosten 29,10 €. Berechne, wie viel 1 m² Tapete kostet.

15 ≡ **Kopfrechnen**

Es gilt 2,4 : 6 = 0,4, denn 24 : 6 = 4. Rechne ebenso im Kopf und notiere das Ergebnis.

a) 3,5 : 5   b) 2,4 : 3   c) 5,6 : 7   d) 3,6 : 2   e) 8,1 : 9   f) 0,8 : 2

g) 0,48 : 3   h) 0,28 : 7   i) 9,9 : 9   j) 14,4 : 12   k) 0,72 : 8   l) 3 : 5

16 ≡ **Mit Einheiten argumentieren**

Kim meint: „Ich überlege mir das so: 0,6 : 0,02 = 30, denn 0,02 stelle ich mir als 2 ct vor. Und

2 ct passen 30 mal in 60 ct."

Argumentiere wie Kim bei den folgenden Aufgaben ebenso mit Geld oder Längen.

a) 0,15 : 0,03   b) 1,8 : 0,6   c) 6 : 1,2   d) 0,4 : 0,08

17 ≡ **Vermischte Rechenarten – Kopfrechnen**

Alle Rechenarten vermischt. Die Rechenregel und Rechengesetze findest du im Wissensspeicher.

Rechne möglichst geschickt im Kopf.

a) 15,9 + 3,9   b) 12,5 · 4   c) 13,6 − 1,5 − 3,6   d) 28,6 : 2

e) 0,8237 · 1000   f) 2,5 · 3,4 · 4   g) 14,87 − 12   h) 20 : 0,2

i) 1,5 · 1,5   j) 100 − 98,9   k) 0,25 · 0,4   l) 5 · 2,5 − 2,5

18 ≡ **Rechenausdrücke**

Berechne. Achte auf die Vorrangregeln.

a) 0,7 − (1,4 − 0,86)   b) (4,7 − 3,9) · 0,5   c) 2,4 : (0,14 + 0,26)   d) (3,6 + 3,2) : 1,7

e) 2 · 0,47 − 0,81   f) 1,6 − 0,6 · 0,3   g) 6 − 6 · 0,4   h) 5 + 1,5 : 0,5

19 ≡ **Rechengesetze helfen dir!**

Berechne geschickt, indem du die Rechengesetze anwendest.

a) 2,8 · 4 + 0,2 · 4   b) 2,3 − 1,47 + 0,7   c) (3,6 + 10,8) : 3,6   d) 4,7 · 2,8 − 3,7 · 2,8

e) 1,23 : 0,6 + 1,17 : 0,6   f) 0,5 · (0,4 · 0,83)   g) 4,14 · 8,3 − 8,3 · 4,04   h) 3,7 : 1,4 + 10,3 : 1,4

20 ≡ **Klammersalat**

Berechne den Rechenausdruck. Beachte: Klammern zuerst!

a) (5,3 + 0,8) · (2,3 − 0,8)   b) (1,2 + 7,15 − 0,75) : (0,5 + 1,4)

c) 6,5 + [(5,5 + 1,25) : 4,5]   d) 2,4 : [0,8 : 0,4 + (0,5 − 0,5 : 5)]

21 ≡ **Ist das möglich?**

Überlege mithilfe von Beispielen, ob die Aussage stimmen kann.

a) *„Das Produkt aus zwei Dezimalzahlen, die beide kleiner als 1 sind, ist größer als 1."*

b) *„Die Summe von zwei Dezimalzahlen mit Nachkommastellen ist eine natürliche Zahl."*

c) *„Der Quotient zweier Dezimalzahlen mit Nachkommastellen ist eine natürliche Zahl."*

2.5 Dezimalzahlen im Alltag

① ≡ **Rechenart gesucht und nutzen**

Vorbereiten
Textaufgaben
Seite 198

a) Lisa möchte ein Brot backen. In das Rezept kommen 0,4 kg Roggenmehl und 0,75 kg Weizenmehl. Berechne, wie viel Mehl insgesamt in das Brot kommt.

b) Eine Packung Tee enthält 25 Teebeutel. Ein Teebeutel enthält 2,25 g Tee. Berechne, wie viel Tee in der gesamten Packung ist.

c) Eine Kiste enthält 12 Flaschen. In einer Flasche sind 0,75 l Wasser. Wie viel Wasser ist in einem Kasten? Berechne die Wassermenge in 7 Kästen.

d) Thomas möchte eine 2,75 m lange Holzleiste in 0,25 m lange Stücke zersägen. Berechne die Anzahl der Stücke.

e) Franziska hat von ihrer Oma 20 € Taschengeld bekommen. Sie kauft sich ein Eis für 2,90 € und ein Spiel für 13,85 €. Überprüfe mit einer Rechnung, ob sie sich noch ein Buch für 4,30 € kaufen kann.

f) In einem Zirkus gibt es 80 Logenplätze und 230 Parkett-Plätze. Eine Karte für einen Logenplatz kostet 25,50 €, ein Parkett-Platz kostet 18,80 €. Berechne, wie viel der Zirkus durch die Eintrittskarten einnehmen kann.

② ≡ **Auf dem Flohmarkt**

Jenny hat auf einem Flohmarkt ihre alten Bücher verkauft, jedes Buch für 0,25 €.
Sie hat insgesamt 9,25 € eingenommen. Berechne, die Anzahl der Bücher, die sie verkauft hat.

③ ≡ **Schwere Pakete**

Franziska hat ausgemistet und möchte ihrer kleinen Cousine Bücher und Spielsachen schicken, für die sie zu alt ist:
Ein 1,075 kg schweres Buch, ein 0,204 kg schweres Kuscheltier und ein Puzzle, welches 0,328 kg wiegt.
Der Karton, in den sie alles packen möchte, wiegt 0,114 kg.
Sie findet noch eine kleine Puppe, sie wiegt 0,376 kg.
Stelle passende Fragen und beantworte sie.

Porto Päckchen und Pakete:
Päckchen bis 2 kg: 3,99 €
Paket bis 5 kg: 6,99 €
Paket bis 10 kg: 9,49 €

④ ≡ **Schulweg**

Jonas muss jeden Morgen 780 m zur Bushaltestelle laufen und dann noch 12,3 km mit dem Bus zur Schule fahren. Der Bus hält direkt vor der Schule.

a) Berechne, wie viele Kilometer Jonas auf seinem Schulweg in einer Woche mit 5 Unterrichtstagen zurücklegt.

b) Jonas erzählt: „Ich bin dieses Schuljahr auf meinem Schulweg insgesamt schon 70,2 km gelaufen und über 1200 km mit dem Bus gefahren." Kann das sein? Begründe mit einer Rechnung.

c) Schätze, wie weit dein Schulweg ist. Wie viele Kilometer legst du in einer Schulwoche, wie viele Kilometer in einem Schuljahr zurück?

Prüfe dich!
Lösungen auf
Seite 220

5 ≡ a) Eine Biene sammelt auf einem Flug etwa 0,05 g Nektar. Berechne, wie viele
Flüge notwendig sind, um 500 g Nektar zu sammeln.

b) Eine Schule bestellt 96 Tablets. Ein Tablet wiegt 0,473 kg. Die Tablets
werden in 8 Paketen geliefert. Berechne, wie schwer ein Paket ist.

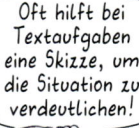

> Oft hilft bei Textaufgaben eine Skizze, um die Situation zu verdeutlichen!

6 ≡ **Seitenlängen**

a) Ein rechteckiger Garten ist 848,7 m² groß, eine Seite ist 24,6 m lang. Berechne die Länge
der fehlenden Seite. Mache zuerst einen Überschlag.

b) Der Fensterrahmen eines Fensters in der Form eines gleichseitigen Dreiecks ist 2,85 m
lang. Berechne, wie lang jede Seite des Fensters ist.

7 ≡ **Parkett**

Familie Nowak möchte in ihrem Wohnzimmer Parkett
verlegen. Das Wohnzimmer ist 5,70 m lang und 3,80 m
breit.

a) Berechne, wie viel Parkett Familie Nowak benötigt.

b) Den Parkettboden gibt es nur in Paketen zu kaufen. In einem Paket sind 11 Bretter. Ein einzelnes
Brett ist 19 cm breit und 1,40 m lang. Berechne,
wie viele Pakete Familie Nowak benötigt. Wie viel
Parkett bleibt übrig?

c) Beim Verlegen müssen die Bretter mindestens 20 cm lang sein. Wie kann der Parkettboden
verlegt werden? Wie kannst du dazu die Bretter zuschneiden? Nenne einige Beispiele.

8 ≡ **Sportplatz**

In der Kleinstadt Müllersbach soll ein neuer Sportplatz entstehen.

a) Das Fußballfeld soll 68,5 m breit und 109,7 m
lang werden. Berechne, wie groß das Fußballfeld
werden soll.

b) Das Tennisfeld soll 260,76 m² groß und 10,97 m
breit werden. Berechne die Länge des Tennisfeldes.

c) Für das Beachvolleyballfeld wurden 70,4 Tonnen
Sand gekauft. Für einen Quadratmeter Sandfläche
benötigt man ungefähr 550 kg Sand. Bestimme
mögliche Maße so, dass das Beachvolleyballfeld
ungefähr doppelt so lang wie breit ist.

> Rechne nur so genau, wie gemessen wurde!

9 ≡ **Genaues Rückgeld**

Der Restbestand von 105 € aus der Klassenkasse soll an die 26 Schülerinnen und Schüler der
6 b ausgezahlt werden. Wie viel Geld bekommt jedes Kind? Wie viel Geld bleibt übrig?

10 ≡ **Neue Zimmerfarbe**

Nele darf ihr Zimmer neu streichen. Sie hat sich eine Farbe ausgesucht, bei der 1 Eimer mit
2,5 l für bis zu 30 m² reicht. Jede Wand des quadratischen Zimmers ist 4,85 m breit und 3,22 m
hoch. Nele macht einen Überschlag: „5 m · 3 m = 15 m², also reichen zwei Eimer Farbe."
Was meinst du dazu? Rechne genau.

11 ≡ **Der Weg der Schnecke**

Eine Schnecke ist in einem 15 m tiefen Brunnen gefallen und versucht nun nach oben zu
gelangen. Tagsüber kriecht sie immer 2,50 m nach oben und nachts rutscht sie immer 1 m
nach unten. An welchem Tag erreicht sie den Rand des Brunnens?

2.6 Brüche und Dezimalzahlen

Vorbereiten
Dezimalschreibweise
Seite 38
Schriftliches Dividieren
Seite 196
Erweitern und Kürzen
Seite 200

Alva und Luis basteln ein Dominospiel. Gleiche Zahlen müssen aneinandergelegt werden. Auf einem Stein ist die Zahl als Bruch und auf dem anderen als Dezimalzahl geschrieben. Alva und Luis sind sich sicher, dass man jeden Bruch als Dezimalzahl schreiben kann und umgekehrt jede Dezimalzahl als Bruch schreiben kann.

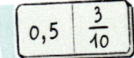 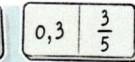 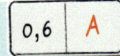 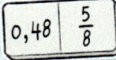  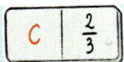 

- Prüfe, ob die ersten drei Dominosteine korrekt aneinander liegen.
- Wie müssen die noch fehlenden Felder A, B, C und D beschriftet werden?

Lösung:

A: $0,48 = \frac{48}{100} = \frac{12}{25}$ B: $\frac{5}{8} = \frac{625}{1000} = 0,625$ C: $\frac{16}{40} = \frac{4}{10} = 0,4$ D: $\frac{2}{3} = ?$

Abbrechende und periodische Dezimalzahlen

Jeder Bruch ist ein Quotient. Zum Beispiel: $\frac{5}{8} = 5:8$ oder $\frac{2}{3} = 2:3$

Dividiert man den Zähler durch den Nenner, so können zwei Fälle auftreten:

Die Division „geht auf".
Die Rechnung bricht ab.

```
  5 : 8 = 0,6 2 5
- 0
  5 0
- 4 8
    2 0
-   1 6
      4 0
-     4 0
        0
```

$\frac{5}{8} = 5:8 = 0,625$

0,625 ist eine **abbrechende Dezimalzahl**.

Die Division „geht nicht auf".
Die Rechnung bricht nicht ab.

```
  2 : 3 = 0,6 6 ...
- 0            „6" wiederholt sich
  2 0
- 1 8
    2 0
    1 8
      2 ...
```

$\frac{2}{3} = 2:3 = 0,66...$

Schreibweise: $0,66... = 0,\overline{6}$
Sprechweise: „Null-Komma-Periode-sechs"
$0,\overline{6}$ ist eine **periodische Dezimalzahl**.

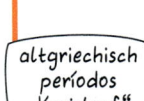
altgriechisch
períodos
„Kreislauf"

Vom Bruch zur Dezimalzahl

$\frac{2}{11}$ umrechnen:

```
  2 : 11 = 0,1 8 1 8 ... = 0,18
- 0            „18" wiederholt sich
  2 0
- 1 1
    9 0
-   8 8
      2 ...
```

$\frac{2}{11} = 0,\overline{18}$ „Null-Komma-Periode-eins-acht"

- Die Dezimalzahl ist periodisch.
- Die Periode beginnt direkt nach dem Komma und besteht aus 2 Ziffern.
- Die **Periodenlänge** ist 2.

$\frac{5}{6}$ umrechnen:

```
  5 : 6 = 0,8 3 3 ... = 0,83
- 0            „3" wiederholt sich
  5 0
- 4 8
    2 0
-   1 8
      2 ...
```

$\frac{5}{6} = 0,8\overline{3}$ „Null-Komma-acht-Periode-drei"

- Die Dezimalzahl ist periodisch.
- Die Periode beginnt ab der zweiten Nachkommastelle.
- Die **Periodenlänge** ist 1.

WES-105429-018

1 ≡ **Stammbrüche als Dezimalzahl**

Rechne um in eine Dezimalzahl. Dividiere dazu den Zähler durch den Nenner. Bei welchen Nennern entsteht eine periodische Dezimalzahl?

a) $\frac{1}{2}$　　b) $\frac{1}{3}$　　c) $\frac{1}{4}$　　d) $\frac{1}{5}$　　e) $\frac{1}{6}$　　f) $\frac{1}{7}$　　g) $\frac{1}{8}$　　h) $\frac{1}{9}$

2 ≡ **Vom Bruch zur Dezimalzahl**

Rechne um in eine Dezimalzahl, indem du die Division durchführst.

a) $\frac{5}{8}$　　b) $\frac{2}{9}$　　c) $\frac{5}{3}$　　d) $\frac{5}{6}$　　e) $\frac{11}{5}$　　f) $\frac{7}{12}$　　g) $\frac{9}{12}$　　h) $\frac{4}{25}$

3 ≡ **Manchmal auch ohne Dividieren**

Schreibe den Bruch als Dezimalzahl.
Entscheide selbst, ob du dividieren musst.

a) $\frac{3}{8}$　　b) $\frac{2}{9}$　　c) $\frac{8}{20}$　　d) $\frac{6}{8}$

e) $\frac{12}{18}$　　f) $\frac{10}{25}$　　g) $\frac{18}{12}$　　h) $\frac{3}{7}$

Vom Bruch zur Dezimalzahl

$\frac{5}{20} = \frac{25}{100} = 0,25$　　Erweitern auf Dezimalbruch

$\frac{5}{20} = \frac{1}{4} = 0,25$　　Kürzen auf bekannten Bruch

$\frac{5}{20} = 5 : 20 = 0,25$　　Division durchführen

4 ≡ **Von der Dezimalzahl zum Bruch – zum Wiederholen**

Schreibe als Bruch und kürze, wenn möglich.

a) 0,3　　b) 0,045　　c) 4,25　　d) 10,08　　e) 3,3050　　f) 8,10

5 ≡ **Periodenlänge erkennen**

Schreibe die Zahl als Dezimalzahl mit Periodenstrich. Gib die Periodenlänge an.

a) 0,323 232 …　　b) 1,234 343 434 34 …　　c) 0,201 358 135 813 5581 3 …

6 ≡ **Ziffer gesucht**

Welche Ziffer steht an der 10. Stelle nach dem Komma?

a) $\frac{1}{3} = 0,\overline{3}$　　b) $\frac{123}{999} = 0,\overline{123}$　　c) $\frac{6}{11} = 0,\overline{54}$　　d) $\frac{5}{99} = 0,\overline{05}$　　e) $\frac{45}{990} = 0,0\overline{45}$　　f) $\frac{5}{6} = 0,8\overline{3}$

7 ≡ **Fehlersuche – Bruch und Dezimalzahl**

Finde die Fehler und korrigiere.

a) $5,\overline{3} = \frac{5}{3}$　　b) $\frac{33}{100} = 0,\overline{33}$　　c) $0,28 = \frac{7}{25}$　　d) $1,\overline{1} = \frac{11}{10}$

Prüfe dich!
Lösungen auf
Seite 220

8 ≡ Schreibe als Bruch und kürze, wenn möglich.

a) 0,75　　b) 0,08　　c) 0,250　　d) 8,50　　e) 20,02　　f) 0,625

9 ≡ Schreibe als Dezimalzahl.

a) $\frac{7}{5}$　　b) $\frac{11}{25}$　　c) $\frac{25}{11}$　　d) $\frac{9}{8}$　　e) $\frac{8}{99}$　　f) $\frac{5}{14}$

---

10 ≡ **Runden**

Runde die periodische Dezimalzahl auf die in Klammer angegebene Stelle.

a) $0,\overline{3}$ (t)　　b) $0,\overline{638}$ (z)　　c) $0,\overline{736}$ (t)　　d) $0,\overline{5}$ (z)　　e) $0,\overline{36}$ (t)　　f) $0,\overline{54}$ (h)

11 ≡ **Vergleichen**

Wandle den Bruch oder die Dezimalzahl um, damit du vergleichen kannst.
Setze dann <, > oder = zwischen die Zahlen.

a) $\frac{3}{5}$ ■ $0,\overline{6}$　　b) $0,\overline{7}$ ■ $\frac{3}{4}$　　c) $\frac{2}{5}$ ■ $0,3\overline{5}$　　d) $0,\overline{3}$ ■ $\frac{7}{20}$　　e) $1,3\overline{7}$ ■ $1\frac{3}{8}$　　f) $0,2\overline{5}$ ■ $\frac{1}{4}$

g) $\frac{5}{8}$ ■ $0,6\overline{25}$　　h) $0,2\overline{3}$ ■ $\frac{3}{8}$　　i) $3\frac{1}{8}$ ■ $3,\overline{12}$　　j) $4\frac{3}{16}$ ■ $4,\overline{1}$　　k) $0,333$ ■ $\frac{1}{3}$　　l) $0,0\overline{1}$ ■ $\frac{1}{90}$

12 ≡ **Zahlen ordnen**

Ordne die Zahlen der Größe nach. Beginne mit der kleinsten Zahl.

a) $\frac{2}{3}$　　0,6　　$0,\overline{65}$　　$\frac{5}{6}$　　0,83　　　　　　b) 1,1　　1,12　　$\frac{12}{10}$　　$\frac{10}{9}$　　$1,0\overline{1}$

13 ≡ **In der Welt des Unendlichen**

Was meinst du dazu? Begründe deine Meinung.

$3 \cdot 0,\overline{3}$ ist das Gleiche wie 1

Ich vermute, dass $0,\overline{9}$ etwas kleiner ist als 1

14 ≡ **Periodenlängen von Zahlen**

a) Bestimme und vergleiche die Periodenlängen von $\frac{1}{3}$, $\frac{1}{11}$ und $\frac{1}{13}$.

b) Zeige: „Die Periodenlänge für $\frac{1}{7}$ ist 6.“

Betrachte dazu, welche Reste bei der Division durch 7 auftreten.

c) Warum kann die Periodenlänge nie länger sein als der Nenner des Bruchs?

15 ≡ **Division durch 99**

Brüche mit dem Nenner 9, 99, 999 …
ergeben periodische Dezimalzahlen.
Die Länge der Periode wird durch die Anzahl
der Neunen im Nenner bestimmt.
Der Nenner 99 führt zur Periodenlänge 2,
der Nenner 999 zur Periodenlänge 3 …
Der Zähler bestimmt die Ziffern der Periode.

Brüche mit Nenner 9, 99 und 999

$\frac{1}{9} = 0,\overline{1}$ $\frac{2}{9} = 0,\overline{2}$ $\frac{3}{9} = 0,\overline{3}$ …

$\frac{1}{99} = 0,\overline{01}$ $\frac{2}{99} = 0,\overline{02}$ $\frac{3}{99} = 0,\overline{03}$ …

$\frac{1}{999} = 0,\overline{001}$ $\frac{2}{999} = 0,\overline{002}$ $\frac{3}{999} = 0,\overline{003}$ …

WES-105429-019

a) Führe die Division schriftlich durch und bestätige damit die Angaben im Beispiel.

(1) 1 : 9   (2) 2 : 9   (3) 1 : 99   (4) 2 : 99

b) Gib mithilfe der Beispiele den Bruch als periodische Dezimalzahl an.

(1) $\frac{5}{9}$ (2) $\frac{4}{99}$ (3) $\frac{7}{999}$ (4) $\frac{1}{33}$

c) Paul weiß: „$\frac{21}{99} = 0,\overline{21}$, denn $\frac{21}{99} = 21 \cdot \frac{1}{99} = 21 \cdot 0,\overline{01}$"

Bestätige Pauls Aussage, indem du die Division 21 : 99 schriftlich durchführst.

d) Schreibe mithilfe von Pauls Überlegungen den Bruch als Dezimalzahl.

(1) $\frac{7}{99}$ (2) $\frac{13}{999}$ (3) $\frac{8}{9}$ (4) $\frac{55}{99}$ (5) $\frac{55}{999}$ (6) $\frac{505}{999}$ (7) $4\frac{7}{99}$ (8) $5\frac{123}{999}$

e) Mithilfe der Beispiele kannst du auch die Brüche finden, die zu den periodischen Dezimalzahlen $0,\overline{9}$ oder $0,\overline{99}$ gehören. Kürze dann soweit wie möglich. Was fällt dir auf?

16 ≡ **Periodische Dezimalzahlen als Brüche**

Schreibe die Dezimalzahlen als Brüche.

a) $0,\overline{4}$ b) $0,\overline{04}$ c) $0,\overline{44}$ d) $0,\overline{156}$ e) $3,\overline{23}$ f) $5,\overline{008}$ g) $0,\overline{30}$ h) $0,\overline{609}$

17 ≡ **Von der periodischen Dezimalzahl zum Bruch**

Auch Dezimalzahlen, deren Periode nicht
direkt nach dem Komma beginnt, können in
Brüche umgewandelt werden.

a) Erläutere das Verfahren.

b) Wandle ebenso um:

$0,0\overline{45}$ $0,00\overline{1}$ $0,2\overline{53}$ $0,04\overline{25}$

Periodische Dezimalzahl als Bruch

$0,0\overline{27} = 0,\overline{27} : 10 = \frac{27}{99} : 10 = \frac{27}{99 \cdot 10} = \frac{27}{990}$

$0,3\overline{27} = 0,3 + 0,0\overline{27}$

$= \frac{3}{10} + \frac{27}{990} = \frac{99 \cdot 3 + 27}{990} = \frac{324}{990}$

18 ≡ **Domino**

Man darf einen Stein an den anderen legen, wenn die Zahlen auf beiden Steinen gleich sind.
Schreibe die passende Dominoreihe in dein Heft.

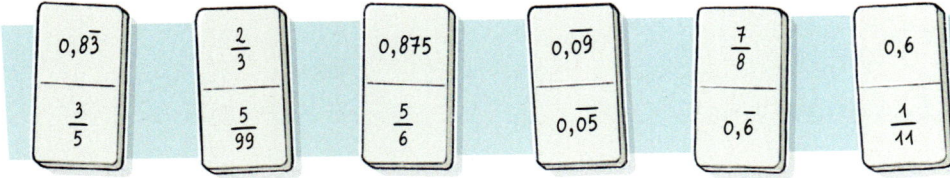

Mein Merkzettel

Seite 38

Von der Dezimalzahl zum Bruch

$$0{,}48 = \begin{array}{|c|c|c|} E & z & h \\ 0 & 4 & 8 \end{array} = \frac{48}{100} = \frac{24}{50} = \frac{12}{25}$$

$$3{,}045 = \begin{array}{|c|c|c|c|} E & z & h & t \\ 3 & 0 & 4 & 5 \end{array} = 3\frac{45}{1000} = 3\frac{9}{200}$$

Seite 40

Dezimalzahlen auf dem Zahlenstrahl

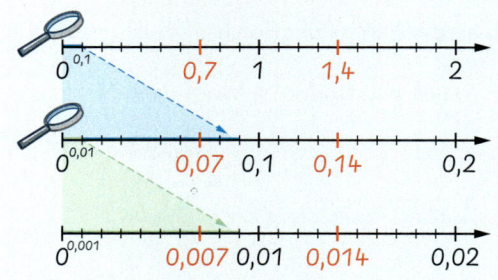

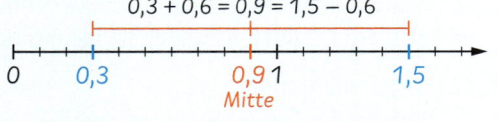

$0{,}3 + 0{,}6 = 0{,}9 = 1{,}5 - 0{,}6$

0   0,3   0,9 1   1,5

Mitte

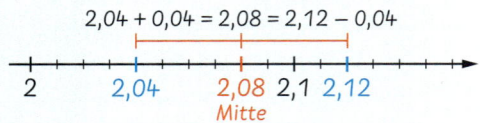

$2{,}04 + 0{,}04 = 2{,}08 = 2{,}12 - 0{,}04$

2   2,04   2,08 2,1 2,12

Mitte

Zwischen zwei Dezimalzahlen findet man unendlich viele weitere Dezimalzahlen.

Seite 41

Addieren und Subtrahieren

$3{,}907 + 0{,}0854$ Komma unter Komma

```
    3, 9 0 7 0
  + 0, 0 8 5 4
            1
    3, 9 9 2 4
```

$12{,}048 - 1{,}09$ Komma unter Komma

```
    1 2, 0 4 8
  -    1, 0 9 0
            1 1
    1 0, 9 5 8
```

Seite 43

Multiplizieren

Nachkommastellen zählen.

$0,403 \cdot 7,5$ 4 Nachkommastellen

```
4 0 3 · 7 5      Ohne Komma rechnen
    2 8 2 1
+   2 0 1 5
  3 0 2 2 5      4 Nachkommastellen
```

Ergebnis: $0{,}403 \cdot 7{,}5 = 3{,}0225$

Im Ergebnis auch Nullen am Ende mitzählen.

$3,15 \cdot 0,4$ 3 Nachkommastellen

```
3 1 5 · 4        Ohne Komma rechnen
  1 2 6 0        3 Nachkommastellen
```

Ergebnis: $3{,}15 \cdot 0{,}4 = 1{,}26$

Seite 46

Durch eine natürliche Zahl dividieren

$51{,}2 : 25$ Überschlag: $50 : 25 = 2$

```
  5 1, 2 0 0 : 2 5 = 2, 0 4 8
- 5 0                     Komma
  1 2        Nullen
-     0      ergänzen
  1 2 0
- 1 0 0
    2 0 0
-   2 0 0
        0
```

Ergebnis: $51{,}2 : 25 = 2{,}048$

Durch eine Dezimalzahl dividieren

$0{,}024 : 0{,}08$

Komma gleich weit verschieben, bis der Divisor ohne Komma ist.

„Erweitern"

$$\frac{0{,}024}{0{,}08} = \frac{2{,}4}{8}$$

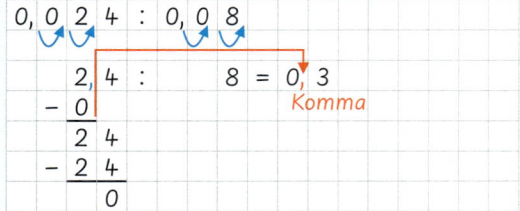

```
0, 0 2 4 : 0, 0 8

    2, 4  :     8 = 0, 3
-   0                 Komma
    2 4
-   2 4
        0
```

Ergebnis: $0{,}024 : 0{,}08 = 0{,}3$

Multiplizieren mit 10, 100, 1000

13,7 · 10 = 137
13,7 · 100 = 1370
13,7 · 1000 = 13700

Dividieren durch 10, 100, 1000

13,7 : 10 = 1,37
13,7 : 100 = 0,137
13,7 : 1000 = 0,0137

Seite 44

Vom Bruch zur Dezimalzahl

durch Erweitern auf einen Dezimalbruch

$\frac{4}{5}$ **erweitern** auf Zehntel: $\frac{4}{5} = \frac{8}{10} = 0,8$

$\frac{3}{8}$ **erweitern** auf 1000-stel: $\frac{3}{8} = \frac{375}{1000} = 0,375$

durch Kürzen auf einen bekannten Bruch

$\frac{5}{20}$ **kürzen** auf Viertel: $\frac{5}{20} = \frac{1}{4} = 0,25$

$\frac{12}{15}$ **kürzen** auf Fünftel: $\frac{12}{15} = \frac{4}{5} = 0,8$

durch Dividieren → abbrechende Dezimalzahl

$\frac{3}{8}$ als **Division** 3 : 8

Seite 51

```
  3 : 8 = 0,3 7 5
- 0
  3 0
- 2 4
    6 0
  - 5 6        3/8 = 0,375
      4 0
    - 4 0
        0
```

durch Dividieren → periodische Dezimalzahl

$\frac{5}{3}$ als **Division** 5 : 3

```
  5 : 3 = 1,6 6 6 ...
- 3
  2 0
- 1 8
    2 0
  - 1 8        5/3 = 1,6̄
      2         Periodenlänge 1
      ⋮
```

Beispiele periodischer Dezimalzahlen

Seite 51

Die Periode beginnt direkt nach dem Komma.

```
  3 : 1 1 = 0,2 7 2 ...
- 0
  3 0
- 2 2
    8 0        3/11 = 0,27̄
  - 7 7        Periodenlänge 2
      3 0
    - 2 2
        ⋮
```

Die Periode kann auch später beginnen.

```
  5 : 6 = 0,8 3 3 ...
- 0
  5 0
- 4 8
    2 0        5/6 = 0,83̄
  - 1 8        Periodenlänge 1
      2 0
    - 1 8
        ⋮
```

Zum Auswendiglernen und Kennen

Seite 53

$\frac{1}{2} = 0,5$ $\frac{1}{3} = 0,\overline{3}$ $\frac{1}{4} = 0,25$ $\frac{1}{5} = 0,2$ $\frac{1}{6} = 0,1\overline{6}$

$\frac{1}{7} = 0,\overline{142857}$ $\frac{1}{8} = 0,125$ $\frac{1}{9} = 0,\overline{1}$ $\frac{1}{10} = 0,1$ $\frac{1}{11} = 0,\overline{09}$

Vielfache:

$\frac{2}{3} = 0,\overline{6}$ $\frac{3}{4} = 0,75$ $\frac{2}{5} = 0,4$ $\frac{3}{5} = 0,6$ $\frac{4}{5} = 0,8$

$\frac{5}{6} = 0,8\overline{3}$ $\frac{2}{7} = 0,\overline{285714}$ $\frac{3}{8} = 0,375$ $\frac{5}{8} = 0,625$ $\frac{7}{8} = 0,875$

$\frac{2}{9} = 0,\overline{2}$ $\frac{4}{9} = 0,\overline{4}$ $\frac{2}{11} = 0,\overline{18}$ $\frac{9}{11} = 0,\overline{81}$ $\frac{10}{11} = 0,\overline{90}$

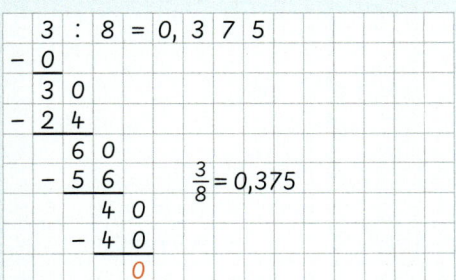

Lösungen auf
Seite 220

Wiederholen für die Klassenarbeit

❶ ☰ Stellenwerte in Dezimalzahlen

Gib den Stellenwert der Ziffer 4 an.

a) 3,41   b) 0,74   c) 41,8   d) 9,384   e) 0,000 40   f) 243,09

❷ ☰ Nicht benötigte Nullen

Schreibe die Zahl in dein Heft und lasse dabei die nicht benötigten Nullen weg.

a) 0,300   b) 0,280   c) 3030   d) 2,0010   e) 20,00   f) 7,001 01

❸ ☰ Dezimalzahlen ordnen

Ordne die Zahlen der Größe nach. Beginne mit der kleinsten Zahl.

a) 0,25   1,30   0,52   2,75   1,03   b) 1,98   0,07   1,976   1,984   1,0998

❹ ☰ Dezimalzahlen auf dem Zahlenstrahl

a) Gib die markierten Zahlen als Dezimalzahlen an.

b) Zeichne einen Zahlenstrahl mit 10 Kästchen Abstand zwischen 0 und 1.
   Trage die Dezimalzahlen auf dem Zahlenstrahl ein: 0,5   0,2   0,75   1,3   1,05   1,45

❺ ☰ Zahlen in der Mitte

Bestimme die Zahl in der Mitte.

a) 7 und 8   b) 2,3 und 2,4   c) 4,15 und 4,6   d) 8,99 und 9

❻ ☰ Dezimalzahlen runden

Runde auf die angegebene Stelle.

a) 4,2358 (z)   b) 12,0345 (h)   c) 5,5555 (t)   d) 0,48 (E)

❼ ☰ Welche Zahlen wurden gerundet?

a) Gib drei Zahlen an, die auf Zehntel gerundet 1,4 ergeben.
b) Gib drei Zahlen an, die auf Tausendstel gerundet 1,06 ergeben.

❽ ☰ Addieren und subtrahieren im Kopf

Berechne im Kopf.

a) 5,7 + 1,8   b) 9,2 − 3,5   c) 0,94 + 0,21   d) 3,7 + 1,24
e) 8,98 − 2,5   f) 2,05 − 0,87   g) 2,22 − 1,07   h) 10,42 + 8,88

❾ ☰ Schriftlich addieren und subtrahieren

Berechne schriftlich.

a) 19,356 + 7,89   b) 0,243 + 0,7785   c) 32,753 − 5,325   d) 95,7 − 39,183

❿ ☰ Zahlenrätsel

Bestimme die gesuchte Zahl mit der Umkehraufgabe.

a) Zu welcher Zahl muss man 17,8 addieren, um 43,05 zu erhalten?
b) Von welcher Zahl muss man 3,37 subtrahieren, um 14,96 zu erhalten?
c) Welche Zahl muss man von 10,7 subtrahieren, um 0,38 zu erhalten?

⓫ ☰ Reicht das Geld?

Susa hat 9,80 € mit in die Schule gebracht. Sie möchte sich beim Kiosk ein Brötchen für 1,25 €,
ein Getränk für 1,10 € und einen Riegel für 0,75 € kaufen. Micha erinnert sie, dass sie für den
Schulausflug heute 6,50 € an ihre Lehrerin geben muss. Berechne, ob Susas Geld ausreicht.

12 ☰ **Multiplizieren und dividieren im Kopf**

Lösungen auf
Seite 220

Berechne im Kopf.

a) $1{,}567 \cdot 100$ b) $7{,}834 : 10$ c) $3{,}4711 : 100$ d) $1{,}23 \cdot 3$

e) $3 : 0{,}2$ f) $3{,}4 \cdot 1{,}1$ g) $0{,}5 \cdot 0{,}01$ h) $0{,}8 : 0{,}02$

13 ☰ **Schriftlich multiplizieren und dividieren**

Berechne schriftlich.

a) $12{,}43 \cdot 32$ b) $13{,}2 \cdot 4{,}7$ c) $95{,}7 \cdot 2{,}3$ d) $18{,}65 \cdot 17{,}2$

e) $162{,}72 : 12$ f) $1{,}053 : 3{,}9$ g) $129{,}108 : 8{,}4$ h) $10{,}64 : 0{,}19$

14 ☰ **Umkehraufgabe**

Fülle die Lücken. Nutze die Regeln zur Kommaverschiebung beim Multiplizieren.

a) $4{,}6 \cdot \blacksquare = 460$ b) $\blacksquare \cdot 0{,}76 = 7{,}6$ c) $\blacksquare \cdot 0{,}03 = 0{,}3$ d) $73 \cdot \blacksquare = 0{,}073$

e) $5{,}7 \cdot \blacksquare = 0{,}57$ f) $\blacksquare \cdot 2{,}55 = 0{,}0255$ g) $0{,}23 \cdot \blacksquare = 230$ h) $\blacksquare \cdot 3{,}05 = 30\,500$

15 ☰ **Größer oder Kleiner?**

Ergänze in deinem Heft ohne zu rechnen das richtige Zeichen: <, > oder =.

a) $1{,}1 \cdot 1{,}2 \ \blacksquare \ 1$ b) $0{,}7 \cdot 0{,}7 \ \blacksquare \ 0{,}7$ c) $0{,}9 \cdot 1 \ \blacksquare \ 0{,}9$ d) $1{,}1 \cdot 1{,}1 \ \blacksquare \ 1{,}1$

e) $0{,}5 \cdot 1{,}2 \ \blacksquare \ 1$ f) $0{,}9 \cdot 2 \ \blacksquare \ 2$ g) $1{,}1 \cdot 0{,}9 \ \blacksquare \ 1$ h) $1{,}2 \cdot 1{,}1 \ \blacksquare \ 1$

16 ☰ **Klassenfest**

Die Klasse 6b hat ein Klassenfest gefeiert. Dabei sind 51,75 € Kosten entstanden.
In der Klasse sind 25 Schülerinnen und Schüler. Teile die Kosten gerecht auf.

17 ☰ **Dachziegel transportieren**

Ein Lkw mit einer Ladefähigkeit von 3 t soll Dachziegel zu einer Baustelle bringen.
Ein Dachziegel wiegt 2,5 kg. Bestimme die Anzahl der Dachziegel, die der Lkw laden darf.

18 ☰ **Schwimmbecken**

Ein quaderförmiges Schwimmbecken ist 9,50 m lang, 4,50 m breit und 1,80 m tief. Die Fliesen
erhalten einen Schutzanstrich. Bestimme die Größe der zu streichenden Fläche.

19 ☰ **Periodische Dezimalzahlen**

Schreibe die Zahl als Dezimalzahl mit Periodenstrich.

a) $0{,}575\,757\,5\ldots$ b) $1{,}071\,207\,120\,71\ldots$ c) $3{,}210\,457\,045\,704\ldots$

20 ☰ **Von der Dezimalzahl zum Bruch**

Schreibe als Bruch und kürze, wenn möglich.

a) $0{,}75$ b) $0{,}625$ c) $0{,}60$ d) $3{,}008$ e) $2{,}12$ f) $0{,}\overline{6}$

21 ☰ **Vom Bruch zur Dezimalzahl**

Schreibe als Dezimalzahl.

a) $\frac{3}{5}$ b) $\frac{11}{20}$ c) $\frac{10}{6}$ d) $\frac{5}{8}$ e) $\frac{3}{11}$ f) $\frac{5}{7}$

22 ☰ **Zahlen ordnen**

Ordne die Zahlen der Größe nach. Beginne mit der kleinsten Zahl.

a) $0{,}\overline{6}$ $0{,}6$ $0{,}66$ b) $1{,}0\overline{8}$ $1{,}80$ $1{,}\overline{08}$ c) $\frac{5}{3}$ $1{,}3$ $\frac{13}{9}$

23 ☰ **Entstehung periodischer Dezimalzahlen erforschen**

a) Schreibe die Brüche $\frac{1}{6}$, $\frac{2}{6}$, $\frac{3}{6}$, $\frac{4}{6}$ und $\frac{5}{6}$ als Dezimalzahl. Betrachte weitere Brüche mit dem
Nenner 6. Bei welchen Brüchen entstehen periodische Dezimalzahlen? Begründe.

b) Wandle $\frac{3}{7}$ in eine Dezimalzahl um. Begründe, warum die Periodenlänge nicht länger als 6
sein kann.

3 Geometrie

Auf der Bergstation der Heidelberger Bergbahn können viele geometrische Objekte, wie Dreiecke und Vierecke entdeckt werden. Diese haben unterschiedlich große Winkel, die in Grad gemessen werden können.

Ist die Bergstation symmetrisch aufgebaut?

Schätze den Steigungswinkel der Bergbahn auf den letzten Metern.

In diesem Kapitel

- Wie schlage ich ein Ass beim Minigolf?
- Wie finde ich den Mittelpunkt eines Kreises?
- Wie groß ist der Steigungswinkel der steilsten Straße?

3.1 Achsenspiegelung

Vorbereiten
Achsensymmetrie
Seite 207

- Übertrage die Figuren in dein Heft.
- Spiegele die Figuren an der roten Geraden.
- Beschreibe, wie du den Bildpunkt der Dachspitze findest.

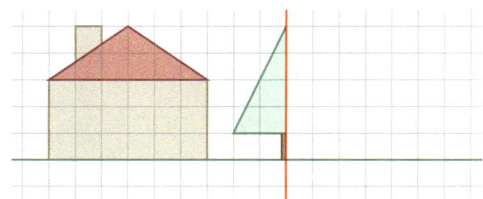

WES-105429-020

Den Punkt A an der Geraden g spiegeln

1. Lege die Mittellinie des Geodreiecks auf die Gerade g.
2. Miss den Abstand von A zur Geraden g.
3. Markiere den Bildpunkt A′ im selben Abstand zur Geraden g.

Die Gerade g wird **Spiegelachse** genannt.

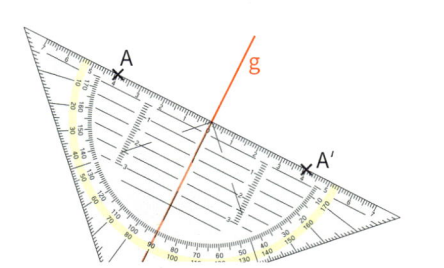

Eine Figur an einer Achse spiegeln

Spiegele das Quadrat an der roten Spiegelachse.

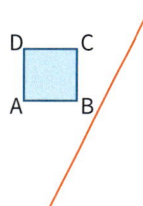

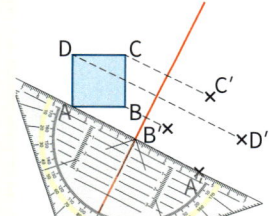

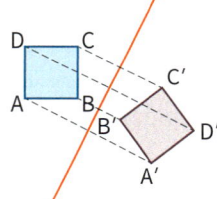

Das Quadrat und die Spiegelachse sind gegeben.

Spiegele die Eckpunkte A, B, C und D.

Verbinde die Bildpunkte A′, B′, C′ und D′ zur Bildfigur.

---

1 ≡ **Spiegelbilder**

Übertrage das Dreieck mit der Spiegelachse in dein Heft. Konstruiere das Spiegelbild.

a)

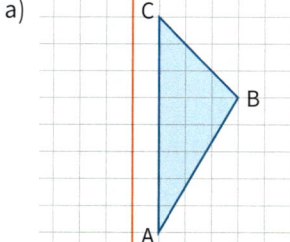

b)

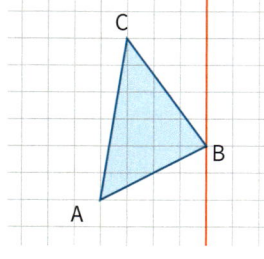

c)

d)

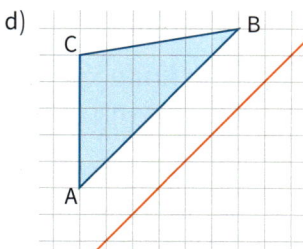

e)

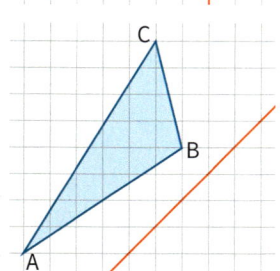

f)

2 ☰ **Rechteck spiegeln**

Übertrage das Rechteck mit der roten Spiegelachse in dein Heft. Konstruiere das Spiegelbild.

a) 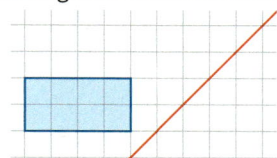 b)  c)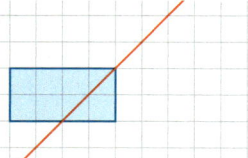

3 ☰ **Figuren spiegeln**

Übertrage die Figur mit der roten Spiegelachse in dein Heft. Spiegele an der Spiegelachse.

a) 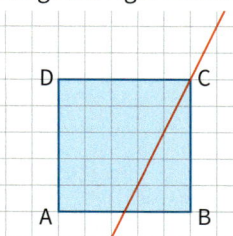 b) 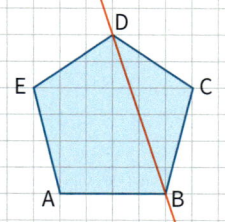 c)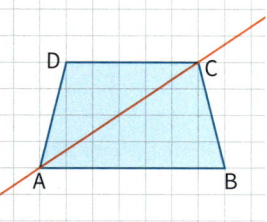

4 ☰ **Spiegeln im Koordinatensystem**

Zeichne das Dreieck ABC mit den Punkten A (4 | 5), B (5,5 | 6) und C (5 | 7) in ein Koordinatensystem (2 Kästchen = 1 LE).

a) Spiegele das Dreieck ABC an der Parallelen zur x-Achse durch den Punkt P (0 | 4).

b) Spiegele das Dreieck ABC an der Parallelen zur y-Achse durch den Punkt Q (3 | 0).

c) Spiegele das Dreieck ABC an der Geraden durch die Punkte R (1 | 1) und S (2 | 2).

d) Vergleiche die Koordinaten des Dreiecks ABC mit den jeweiligen Bildpunkten. Was fällt dir auf? Hättest du die Koordinaten der Bildpunkte auch berechnen können?

Gerade durch die Punkte (0 | 0), (1 | 1), (2 | 2), (3 | 3)…

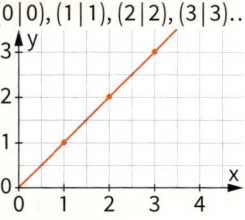

5 ☰ **Rechtecke spiegeln – ohne Kästchen**

Übertrage das Rechteck mit den Kantenlängen 5 cm und 3 cm und die rote Spiegelachse auf ein Papier ohne Kästchen. Konstruiere das Spiegelbild.

a) 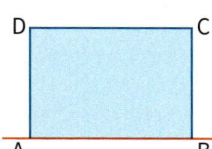 b) 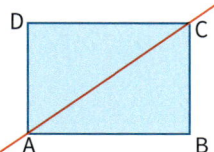 c) 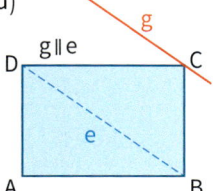 d)

6 ☰ Übertrage das Dreieck und die rote Gerade in dein Heft. Spiegele an der roten Geraden.

a) 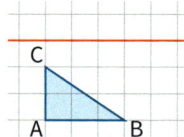 b) 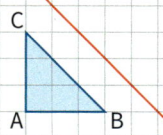 c) 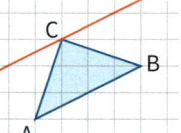 d)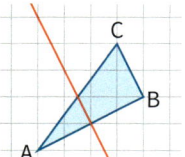

Prüfe dich!
Lösungen auf
Seite 222

7 ☰ Spiegele das Fünfeck ABCDE mit den Eckpunkten A (2 | 0), B (4 | 0,5), C (2 | 2,5), D (1 | 2) und E (1 | 1) an der Seite $\overline{BC}$. Gib die Koordinaten der Bildpunkte an.

8 ≡ **Wo steckt der Fehler?**

a) Beschreibe die Fehler.

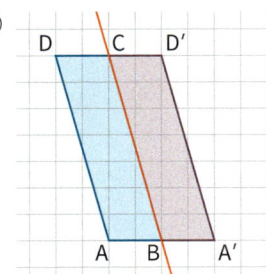
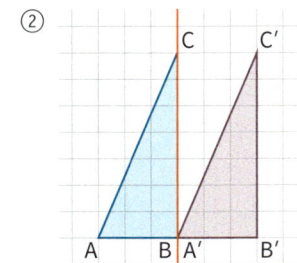
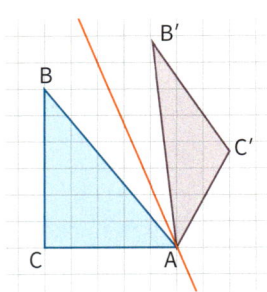

b) Übertrage die blauen Ausgangsfiguren mit der Spiegelachse in dein Heft und spiegele richtig.

Die Spiegelachse bestimmen

Das blaue Dreieck ABC wurde an einer Spiegelachse gespiegelt.

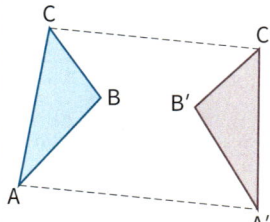
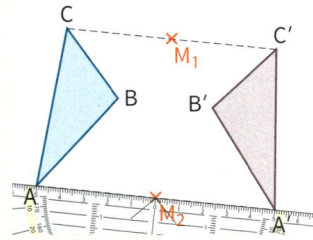
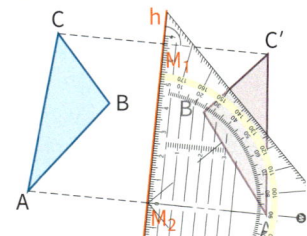

Verbinde zwei Punkte mit ihren jeweiligen Bildpunkten.

Markiere die Mittelpunkte der Verbindungsstrecken.

Zeichne die Gerade durch die Mittelpunkte. Diese Gerade ist die Spiegelachse.

9 ≡ **Spiegelachse**

Übertrage die Ausgangsfigur und die Bildfigur in dein Heft. Konstruiere, falls möglich, die Spiegelachse.

a)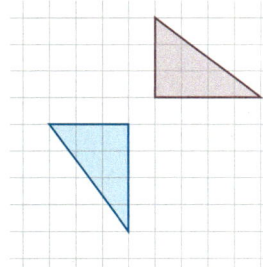

b)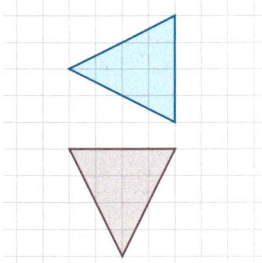

c)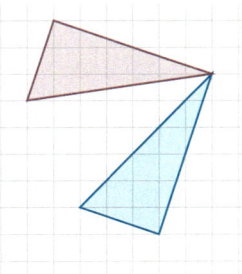

Prüfe dich!
Lösungen auf
Seite 222

10 ≡ Das Dreieck A(5|10), B(14|12), C(8|14) wurde gespiegelt. Leider ist die Spiegelachse verschwunden. Nur die bereits gespiegelten Punkte A′(4|7) und B′(10|0) sind bekannt. Konstruiere die Spiegelachse. Spiegele die übrigen Punkte und vervollständige das gespiegelte Dreieck.

11 ≡ Zeichne ein Rechteck ABCD. Dieses Rechteck soll gespiegelt werden. Zeichne die Spiegelachse so ein, dass A′ = D und B′ = C gilt.

Mathematik beim Billard und beim Minigolf

Beim Billard müssen die Kugeln über die Bande (Rand des Billard-Tisches) so gespielt werden, dass eine andere Kugel nach festen Regeln getroffen wird. Informiere dich im Internet über die unterschiedlichen Billard-Varianten (Pool-Billard, Karambolage-Billard).

WES-105429-022

Wenn eine Kugel auf eine Bande trifft, so sind der Einfallswinkel und der Reflexionswinkel gleich groß. Somit ist es wichtig, dass dieser Punkt S bestimmt wird. Hier hilft die Mathematik, insbesondere die Achsenspiegelung.

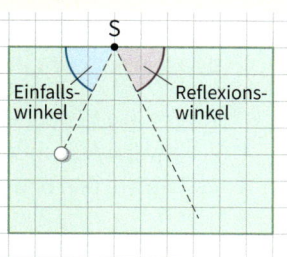

Mehr zu Winkeln findest du ab Seite 71.

Billard auf Kästchenpapier

Die weiße Kugel soll so über die Bande gespielt werden, dass sie die rote Kugel trifft.
Wie bestimmt man den Punkt S an der Bande?

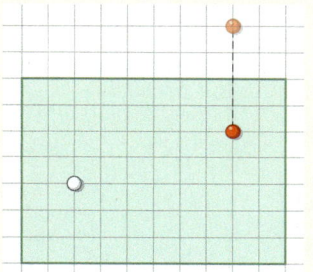

Spiegele die rote Kugel an der Bande, über die gespielt werden soll.

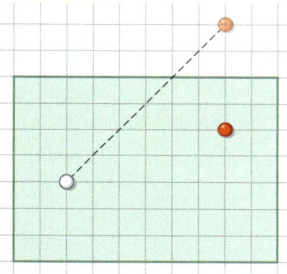

Verbinde die weiße Kugel mit der gespiegelten roten Kugel.

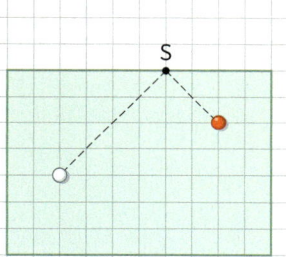

Der Schnittpunkt mit der Bande ist der Punkt, der angespielt werden muss.

- Übertrage den Plan mit den Kugeln in dein Heft. Die rote Kugel soll über eine andere Bande gespielt werden. Bestimme den neuen Punkt S. Zeichne den Weg der Kugel ein.
- Variiere die Lage der beiden Kugeln.
- Finde Wege, wenn du über zwei Banden spielst. Welche Achsenspiegelungen musst du durchführen?
- Spiele die weiße Kugel auch über drei Banden zur roten Kugel.

Minigolf

Beim Minigolf soll der Minigolfball mit möglichst wenigen Schlägen vom Startpunkt zum Zielpunkt geschlagen werden. Übertrage die Minigolfbahn maßstabsgetreu in dein Heft. Finde verschiedene Möglichkeiten über unterschiedliche Banden zu spielen.

Die Bahn schaff' ich mit einem Schlag!

Das geht doch gar nicht.

a)

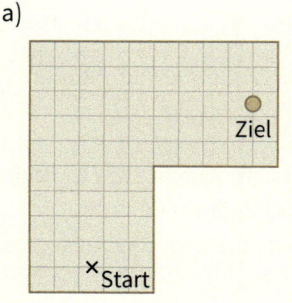

b)

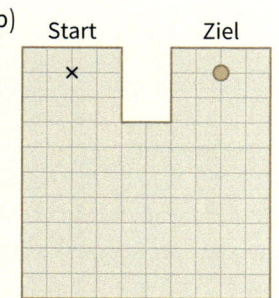

c)

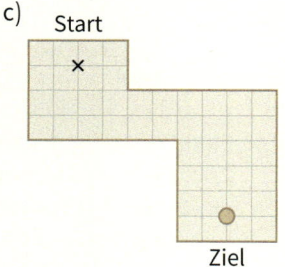

3.2 Punktspiegelung

Vorbereiten
Punktsymmetrie
Seite 207

Michel ist nicht fertig geworden. Was fehlt noch zu einer punktsymmetrischen Figur? Zeichne ein Quadrat mit der Kantenlänge 3 cm. Übertrage das Farbmuster in dein Heft. Färbe anschließend die weißen Flächen so, dass ein punktsymmetrisches Muster entsteht

WES-105429-023

Den Punkt A am Punkt Z spiegeln

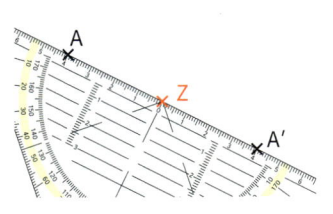

1. Lege das Geodreieck mit dem Nullpunkt auf den Punkt Z.
2. Miss den Abstand von A zum Punkt Z.
3. Markiere den Bildpunkt A′ im selben Abstand zum Punkt Z.

Der Punkt Z wird **Spiegelzentrum** genannt.

Eine Figur an einem Punkt spiegeln

Spiegele das Dreieck ABC am Spiegelzentrum Z.

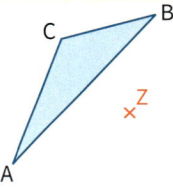

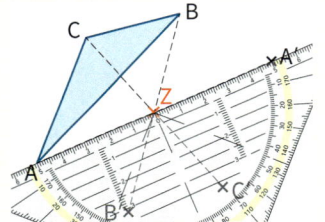

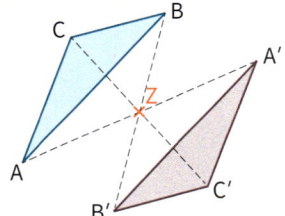

Das Dreieck und das Spiegelzentrum sind gegeben.

Spiegele die Punkte A, B und C am Spiegelzentrum Z.

Verbinde die Bildpunkte A′, B′ und C′ zur Bildfigur.

1 ☰ **Spiegelzentrum außerhalb der Figur**
Zeichne die Figur in dein Heft. Spiegele die Figur am Spiegelzentrum Z.

a)
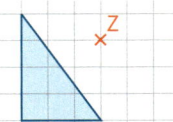

b)
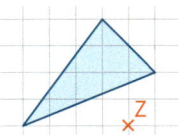

c)
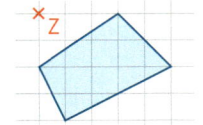

d)
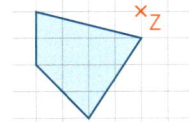

2 ☰ **Spiegelzentrum innerhalb der Figur**
Zeichne die Figur in dein Heft. Spiegele die Figur am Spiegelzentrum Z.

a)
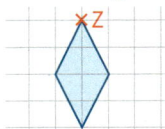

b)
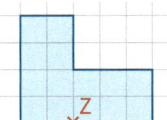

c)
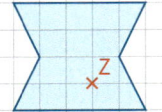

d)
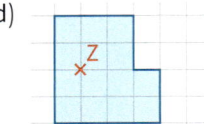

3 ☰ **Punktspiegelung im Koordinatensystem**
Zeichne ein Koordinatensystem mit 1 cm pro Einheit in dein Heft. Spiegele das Dreieck ABC mit A(1|1), B(4|2) und C(1|3) einmal am Punkt Z(3|4) und einmal am Punkt B. Notiere beide Male die Koordinaten der Bildpunkte. Hättest du die Koordinaten auch ohne Zeichnung voraussagen können?

4 ☰ **Spiegelpunkte berechnen**

Der Punkt P wird am Spiegelzentrum Z gespiegelt. Bestimme den Spiegelpunkt P', ohne zu zeichnen.

a) $P(3|1)$, $Z(5|2)$ b) $P(4|4)$, $Z(2|2)$ c) $P(1|3)$, $Z(2|5)$ d) $P(0|5)$, $Z(4|6)$

5 ☰ Spiegele das Viereck ABCD mit den Punkten $A(1|10)$, $B(3|7)$, $C(5|10)$ und $D(3|9)$ am Punkt $Z(4,5|5)$. Gib die Koordinaten der Bildpunkte A', B', C' und D' an.

Prüfe dich!
Lösungen auf
Seite 222

6 ☰ **Spiegelzentrum gesucht**

Der Punkt $P(3|7)$ wurde am Spiegelzentrum auf den Bildpunkt $P'(7|11)$ gespiegelt.
Felix sucht das Spiegelzentrum. Wie kann er vorgehen? Gib die Koordinaten des Spiegelzentrums Z an.

Das Spiegelzentrum bestimmen

Das blaue Dreieck ABC wurde an einem Spiegelzentrum Z gespiegelt.

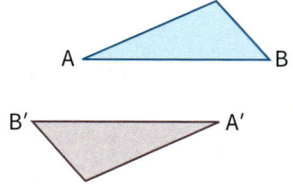

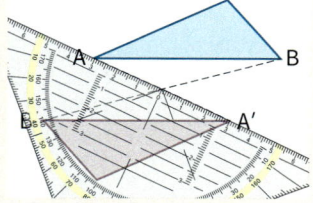

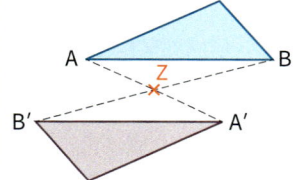

Wähle zwei Punkte A und B, ihre Bildpunkte sind A' und B'.

Verbinde jeden Punkt mit seinem Bildpunkt.

Der Schnittpunkt ist das Spiegelzentrum.

WES-105429-024

7 ☰ **Spiegelzentrum konstruieren**

Übertrage die Figuren in dein Heft. Konstruiere, falls möglich, das Spiegelzentrum.

a)

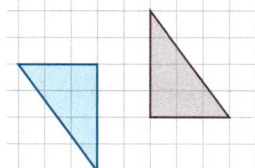

b)

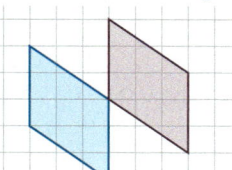

c)

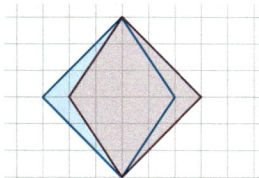

8 ☰ **Wo steckt der Fehler?**

Alexander sollte die blaue Figur am Spiegelzentrum Z spiegeln. Beschreibe, welche Fehler er dabei gemacht hat.

Nutze die Begriffe *„Länge"*, *„Strecke"*, *„Schnittpunkt"*, *„Spiegelzentrum"*, *„Spiegelachse"*

a)

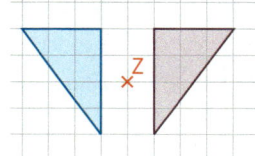

b)

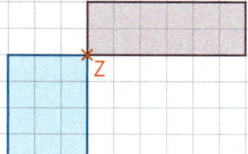

c)

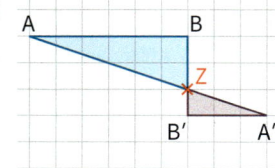

9 ☰ Das Dreieck ABC mit $A(3|2)$, $B(5|2)$ und $C(3|4)$ wurde auf die Bildpunkte $A'(11|4)$, $B'(9|4)$ und $C'(11|2)$ gespiegelt. Gib die Koordianten des Spiegelzentrums an.

Prüfe dich!
Lösungen auf
Seite 222

3.3 Kreise und Kreismuster

Beim Fußball darf die Mannschaft, die den Anstoß nicht
ausführt, den Mittelkreis nicht betreten.

• Warum ist der Anstoßbereich kein Quadrat?
• Beschreibe, wie der Anstoßkreis konstruiert werden kann.

Kreis

Alle Punkte eines Kreises haben vom Mittelpunkt M den
gleichen Abstand. Dieser Abstand wird Radius genannt.
Der Durchmesser d eines Kreises ist doppelt so groß wie
sein Radius r: $d = 2 \cdot r$

Kreise kann man z.B. mit einem Zirkel oder mit einem
Bindfaden, einer Nadel und einem Bleistift zeichnen.

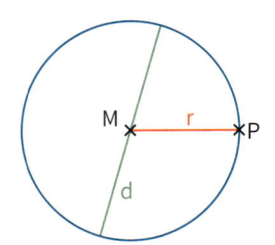

Einen Kreis mit dem Zirkel zeichnen

Zeichne einen Kreis um den Punkt M mit dem Radius 2 cm.

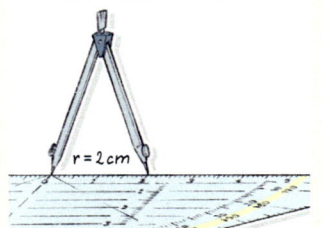

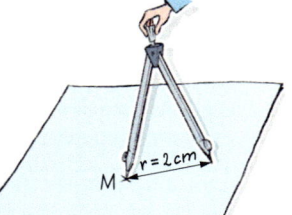

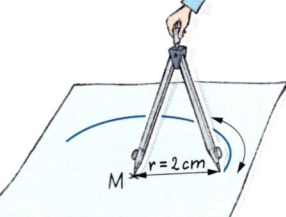

Den Radius r = 2 cm am
Zirkel mithilfe eines Lineals
einstellen.

Den Zirkel mit der Spitze in
den Mittelpunkt des Kreises
einstechen.

Bleistiftspitze vorsichtig
aufsetzen und den Kreis
zeichnen.

❶ ≡ Kreise zeichnen

a) Zeichne Kreise mit den Radien 2 cm, 3 cm, 4 cm und 4,5 cm.

b) Zeichne die Punkte M, P, Q und R. Zeichne Kreise um M durch die Punkte P, Q und R.

❷ ≡ Radius und Durchmesser eines Kreises

Übertrage die Tabelle in dein Heft und fülle die Lücken.

Radius r	5 cm	■	■	25 cm	■	■
Durchmesser d	■	12 cm	64 mm	■	2,30 m	0,65 km

❸ ≡ Schnittpunkte von Kreisen

Zwei Kreise können unterschiedlich viele gemeinsame Punkte haben. Zeichne zwei Kreise mit
dem Radius 4 cm so, dass sie die angegebene Anzahl von gemeinsamen Punkten haben.

a) zwei gemeinsame Punkte   b) ein gemeinsamer Punkt   c) kein gemeinsamer Punkt

❹ ≡ Kreise im Koordinatensystem

a) Zeichne die Punkte A(2|1), B(5|2), C(8|2), D(8|5), E(8|9), F(6|7), G(1|8), H(3|4) und den
Punkt M(5|5) in ein Koordinatensystem.

b) Zeichne durch jeden der Punkte A bis H einen Kreis um den Mittelpunkt M. Miss die Radien.

5 ≡ Zeichne im Koordinatensystem einen Kreis um den Mittelpunkt M (5 | 6) mit dem Radius 5 cm. Gib an, ob die Punkte A (5 | 1), B (8 | 4), C (3 | 2), D (10 | 12), E (1 | 9), F (8 | 2), G (5 | 10) und H (1 | 2) auf dem Kreis, im Inneren des Kreises oder außerhalb des Kreises liegen.

Prüfe dich!
Lösungen auf
Seite 222

6 ≡ Zeichne einen Kreis um den Mittelpunkt M, der durch den Punkt P geht. Miss den Radius.

a) M (4 | 5); P (8 | 5) b) M (6 | 5); P (6 | 10) c) M (5 | 5); P (2 | 1) d) M (7 | 5); P (3 | 6)

7 ≡ **Quadrat und Kreis**

Zeichne ein Quadrat mit der Seitenlänge 4 cm.

a) Zeichne einen Kreis, der genau in das Quadrat passt. Wo liegt der Mittelpunkt des Kreises? Bestimme den Durchmesser des Kreises.

b) Zeichne einen Kreis, in den das Quadrat genau hineinpasst. Miss den Durchmesser dieses Kreises.

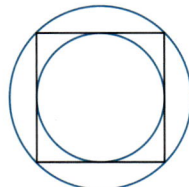

8 ≡ **Rettungshubschrauber**

In Stuttgart ist der Rettungshubschrauber „Christoph 51" stationiert, der alle Orte bis zu einer Entfernung von 50 km anfliegen kann.

a) Bestimme auf der Karte alle Orte, die im Einsatzbereich des Hubschraubers liegen.

b) Gib die Orte an, die der Rettungshubschrauber zusätzlich anfliegen müsste, wenn er für Orte bis zu einer Entfernung von 100 km zuständig ist.

9 ≡ Mit dem Radarsystem auf der Insel können alle Schiffe geortet werden, die nicht mehr als 25 km vom Sender entfernt sind. Zeichne die Karte mit den Positionen der Schiffe in dein Heft und beantworte die Fragen mithilfe eines passenden Kreises.

a) Welche der eingezeichneten Schiffe befinden sich im Sendebereich?

b) Gibt es Schiffe, die sich gerade an der Grenze befinden?

Prüfe dich!
Lösungen auf
Seite 223

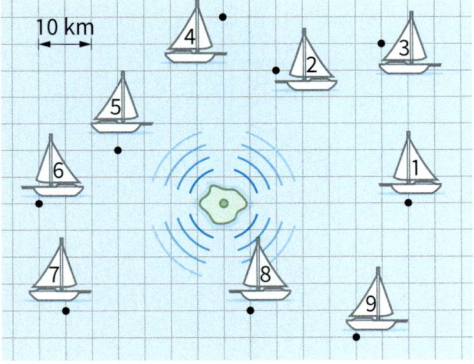

10 ≡ **Sparschwein**

Ein Sparschwein hat einen 2 cm langen und 3 mm breiten Schlitz zum Einwerfen der Münzen.

a) Welche Euro-Münzen (1 ct, …, 2 €) passen in das Sparschwein?

b) Welche Maße muss der Schlitz haben, damit alle Euro-Münzen hineinpassen?

11 ≡ **Kann das stimmen?**

a) Ein Kreis mit dem Durchmesser 10 cm hat einen Radius von 3 cm.

b) Paul hat den Radius einer 1-Euro-Münze mit 23 mm gemessen.

c) Eine 2-Cent-Münze hat den doppelten Radius einer 1-Cent-Münze.

12 ≡ **Konstruktion mit Kreisen**
Konstruiere die Kreisfigur mithilfe der Beschreibung. Erkläre, welches besondere Viereck entsteht.

> *Zeichne zwei Punkte.*
> *Zeichne um die beiden Punkte je einen Kreis mit dem gleichen Radius so, dass sich die beiden Kreise schneiden.*
> *Verbinde die Schnittpunkte der beiden Kreise mit den Mittelpunkten der Kreise.*

WES-105429-026

13 ≡ **Regelmäßiges Sechseck**
In der Abbildung ist dargestellt, wie ein regelmäßiges Sechseck mit dem Zirkel konstruiert werden kann.
a) Führe die Konstruktion durch. Verwende einen Kreis mit dem Radius 3 cm.
b) Beschreibe die Konstruktion.
Nutze die Begriffe: „Kreis um den Mittelpunkt mit dem Radius", „Schnittpunkt", „verbinde"

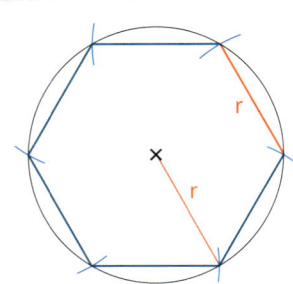

14 ≡ **Besondere Dreiecke**
Konstruiere das besondere Dreieck. Beschreibe deine Konstruktion.

a)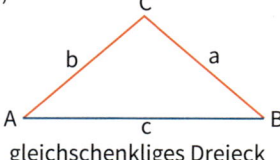
gleichschenkliges Dreieck

b)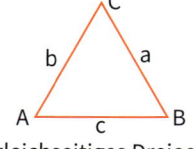
gleichseitiges Dreieck

c)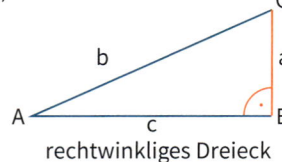
rechtwinkliges Dreieck

Prüfe dich!
Lösungen auf Seite 223

15 ≡ Zeichne die Strecke $\overline{AB}$ mit der Länge 4 cm. Zeichne um A und um B je einen Kreis mit dem Radius r = 4 cm. Verbinde die beiden Schnittpunkte der Kreise mit den Punkten A und B. Es entstehen zwei Dreiecke. Welche Eigenschaft haben diese beiden Dreiecke?

16 ≡ **Vielecke konstruieren**
Konstruiere auf einem Papier ohne Kästchen das regelmäßige Vieleck, ohne zu messen.

a)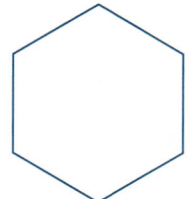

b)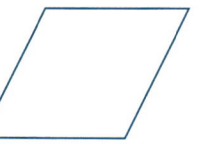

c)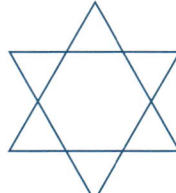

17 ≡ **Mittelpunkt eines Kreises**
Zeichne mithilfe eines Bechers einen Kreis auf Pappe. Schneide den Kreis aus. Versuche, den Mittelpunkt des Kreises mit den dargestellten Methoden zu finden.

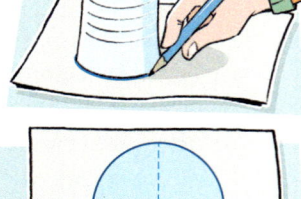
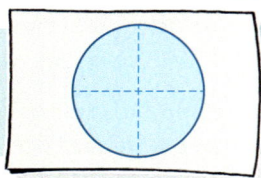

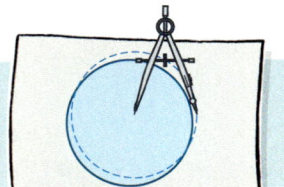
Probieren mit dem Zirkel

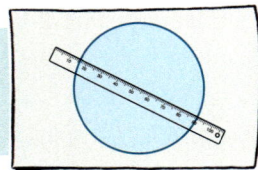
Probieren mit dem Lineal

Durch Falten bestimmen

Muster aus Kreisen

1 **Kreismuster im Quadrat**

a) Zeichne die Kreismuster in ein Quadrat mit der Seitenlänge 4 cm in dein Heft.

b) Erfinde selbst solche Kreismuster und male sie nach deinem Geschmack aus.

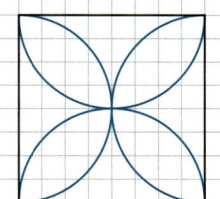 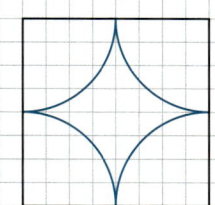 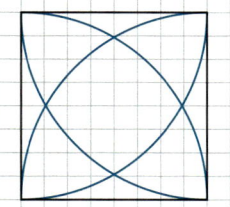

2 **Kreismuster mit Mittelpunkten**

Übertrage die Kreismuster in dein Heft. Die Mittelpunkte sind markiert.

① 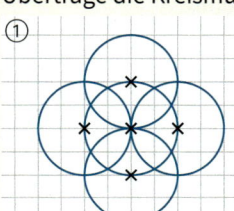 ② 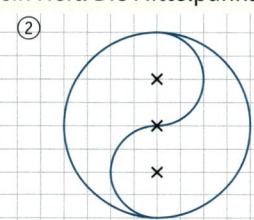 ③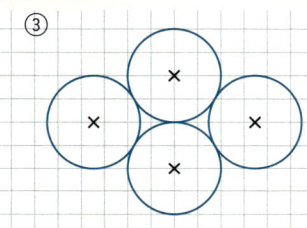

3 **Gleichseitiges Dreieck**

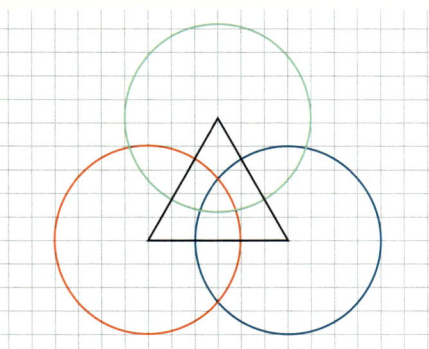

- Konstruiere ein gleichseitiges Dreieck mit der Seitenlänge a = 4 cm.
- Zeichne dann jeweils drei gleich große Kreise um die Eckpunkte des Dreiecks mit dem Radius r = 3 cm.
- Bestimme jeweils die Anzahl der Schnittpunkte der Kreise miteinander.
- Zeichne farbig die Bereiche ein, die jeweils von zwei [drei] Kreisen überdeckt werden.

4 **Kreismuster mit gleichseitigen Dreiecken**

Konstruiere die Muster auf Papier ohne Kästchen.

 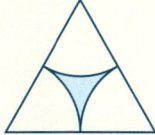  

5 **Kreismuster mit regelmäßigen Sechsecken**

Konstruiere die Muster auf Papier ohne Kästchen.

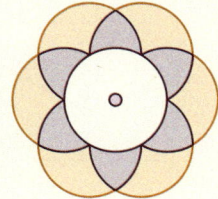   

3.4 Winkel

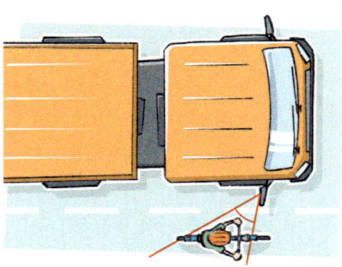

Vorbereiten
Geodreieck
Seite 206

Das Fahrrad befindet sich im eingezeichneten Bereich.
Im Straßenverkehr spricht man vom „toten Winkel".
Warum ist der „tote Winkel" so gefährlich?
Nenne weitere Situationen, in denen Winkel auftreten.

WES-105429-027

Griechische Buchstaben:
α alpha
β beta
γ gamma
δ delta
ε epsilon
φ phi

Winkel

Ein Winkel wird durch den Scheitelpunkt S und die beiden Schenkel festgelegt.

Bezeichnungen für Winkel

α   mit griechischen Buchstaben

∢(g, h)   mit zwei Schenkeln:
            g um S auf h gegen den Uhrzeiger drehen.

∢(ASB)   mit drei Punkten:
            Der Scheitelpunkt steht in der Mitte.
            A um S gegen den Uhrzeiger auf B drehen.

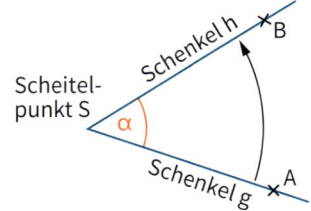

Winkel bezeichnen

Winkel bei sich schneidenden Geraden können unterschiedlich bezeichnet werden. Drehsinn beachten.

Mithilfe der Punkte: α = ∢(ASB)   β = ∢(BSC)
Mithilfe der Geraden: α = ∢(g, h)   β = ∢(h, g)

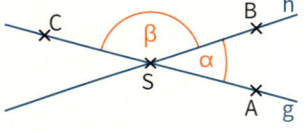

❶ ☰ **Scheitelpunkt beschreiben**
   a) Beschreibe den Scheitelpunkt und die beiden Schenkel.
      (1) Zeiger einer Uhr   (2) Öffnen einer Tür
      (3) Steigung einer Straße   (4) Schneiden mit einer Schere
   b) Finde weitere Beispiele aus deiner Umwelt.

❷ ☰ **Winkel bezeichnen**
   Übertrage die Figur in dein Heft.
   a) Zeichne die Winkel ∢(CBA) und ∢(CDE) ein.
   b) Gib die Winkel α, γ und ε mithilfe von Punkten an.

❸ ☰ **Winkel im Koordinatensystem**
   a) Zeichne die Winkel α und γ in ein Koordinatensystem.
      α = ∢(ASB) mit A(5|0), S(1|2), B(1|4)   γ = ∢(PRT) mit P(3|3), R(5|2), T(5|1)
      Welche Figur entsteht durch die Schnittpunkte der Schenkel?
   b) Markiere die weiteren Winkel in der Figur und bezeichne sie mithilfe der Eckpunkte.

Prüfe dich!
Lösungen auf
Seite 223

❹ ☰ Übertrage das Fünfeck in dein Heft. Bezeichne die Winkel mit
   griechischen Buchstaben oder mit den Eckpunkten.
   a) Winkel DCB mit α   b) Winkel bei E mit Punkten
   c) Winkel ABC mit γ   d) Winkel BCD mit δ

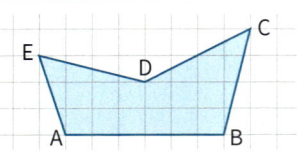

Mit dem Geodreieck kannst du Winkelweiten messen und zeichnen. Sieh dir den Halbkreis auf deinem Geodreieck genau an.

Einstieg

- Wie viele Teilstriche findest du darauf?
- Wo findest du Winkel von 90°, 45° und 150°?
- Warum steht 150° zweimal auf der Skala?
- Welcher Zusammenhang besteht zwischen den Werten 30° und 150°?
- Welche Bedeutung haben die Teilstriche außen am Geodreieck?

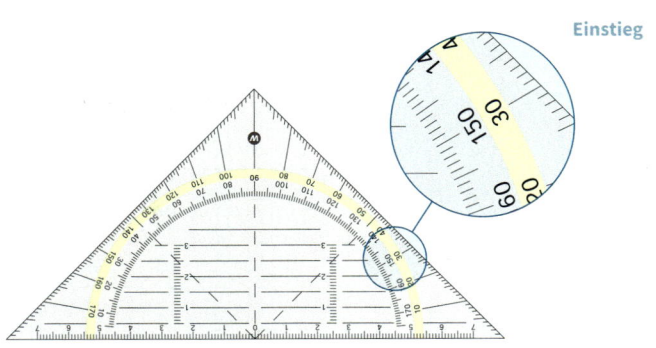

Winkelweiten und Winkeltypen

Die Größe eines Winkels nennt man Winkelweite. Sie wird in Grad gemessen. Abhängig von der Winkelweite werden verschiedene Winkeltypen unterschieden.

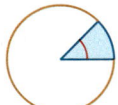 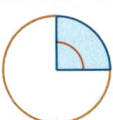 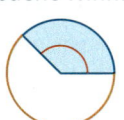 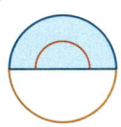  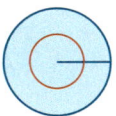

spitzer Winkel	rechter Winkel	stumpfer Winkel	gestreckter Winkel	überstumpfer Winkel	Vollwinkel
$0° < α < 90°$	$α = 90°$	$90° < α < 180°$	$α = 180°$	$180° < α < 360°$	$α = 360°$

WES-105429-028

Winkel messen

Nutze zum Messen von Winkelweiten die Teilstriche auf dem Halbkreis.

spitzer Winkel   stumpfer Winkel   überstumpfer Winkel

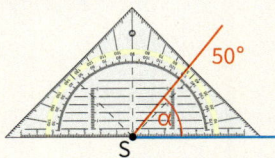 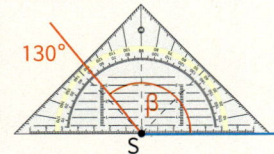 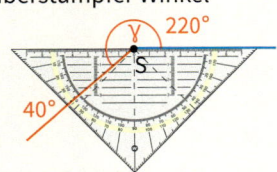

50° auf der Skala ablesen.   130° auf der Skala ablesen.   40° ablesen; 180° + 40° = 220°

WES-105429-029

Der Winkeltyp hilft dir beim Ablesen.

5 ☰ **Winkel schätzen und messen**

Zeichne die Punkte in ein Koordinatensystem. Schätze die Winkelweiten innerhalb der Figur und gib die Winkeltypen an. Miss die Winkelweiten mit dem Geodreieck.

b) A(0|0), B(4|0), C(1|4)
c) A(3|2,5), B(6|2,5), C(2|6,5), D(2|3,5)
d) A(8|0), B(10|7), C(7|7), D(6|4)

a)
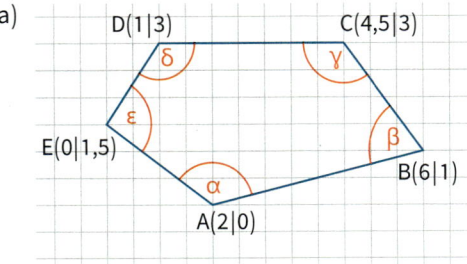

6 ☰ **Winkel im Koordinatensystem**

Zeichne die Winkel, miss die Winkelweiten und gib die Winkeltypen an.

a) Scheitelpunkt S(2|1), die Schenkel verlaufen durch A(5|1) und B(2|5).

b) Scheitelpunkt S(4|6), die Schenkel verlaufen durch A(0|3) und B(3|0).

c) Scheitelpunkt S(3|3), die Schenkel verlaufen durch A(2|6) und B(2|0).

Wie gut kannst du schätzen

Schätze, wie groß die Winkel sind. Durch Nachmessen kannst prüfen, wie gut du geschätzt hast.

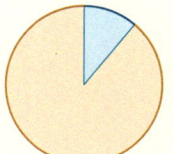 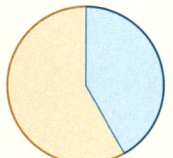 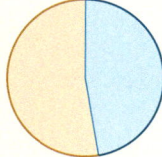 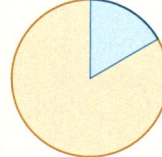 

WES-105429-030

Bauanleitung für eine Winkelscheibe

1. Zeichne zwei Kreise mit dem Radius 7 cm auf verschiedenfarbigen Tonkarton und schneide sie aus. Markiere die Mittelpunkte der Kreise.
2. Teile die eine Kreisscheibe zunächst so in vier gleich große Teile ein, dass rechte Winkel entstehen. Markiere nun in jedem rechten Winkel weitere gleich große Teile.
   Mit zwei Geodreiecken kannst du die Markierungen einfacher festlegen.
   Beschrifte die Markierungen im Uhrzeiger mit 0°, 10°, 20°, 30°, …, 340°, 350°, 360°.

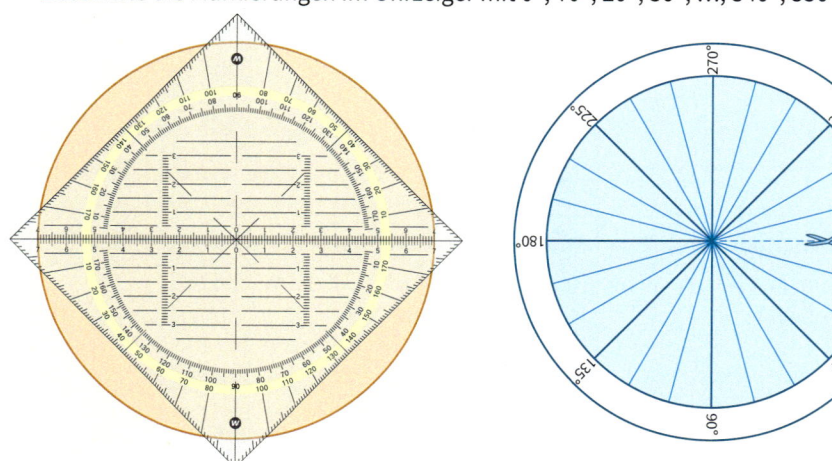

3. Schneide die eine Kreisscheibe entlang der 0°-Linie ein. Schneide die andere Kreisscheibe entlang eines Radius ein. Stecke die beiden Kreisscheiben ineinander.

Schätzspiel

Wenn du auf deiner Winkeldrehscheibe einen Winkel bestimmter Weite einstellst, so erscheint der gleiche Winkel ohne Skala auf der anderen Seite.
Spielt jetzt zu zweit:
Immer abwechselnd stellt die eine Person eine Winkelweite ein, die andere schätzt.
Du bekommst einen Punkt, wenn du die Winkelweite bis auf 10° richtig schätzt.

7 ☰ **Uhrzeiten**

Die beiden Zeiger bilden immer zwei Winkel. Bestimme die Winkelweiten.

a) 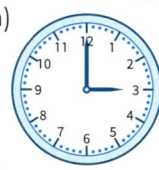   b)    c) 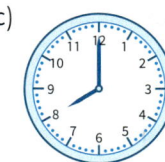   d)

8 ☰ **Winkel in Dreiecken**

Durch die Punkte A, B und C wird ein Dreieck beschrieben.
Zeichne das Dreieck ABC mit den Innenwinkeln α, β und γ.
Miss die Winkelweiten und bestimme die Winkeltypen.

a) A(0|0); B(10|0); C(5|5)   b) A(2|1); B(6,5|0,5); C(3,5|2)
c) A(0|5); B(15|0), C(10|10)   d) A(0|2); B(5|0); C(7|3)

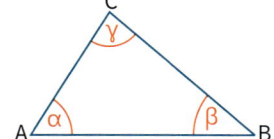

9 ☰ Übertrage die Figur in dein Heft. Miss die Winkelweiten und gib jeweils den Winkeltyp an.

Prüfe dich!
Lösungen auf
Seite 223

a) 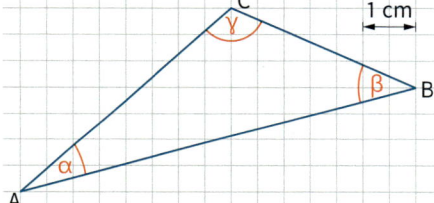   b)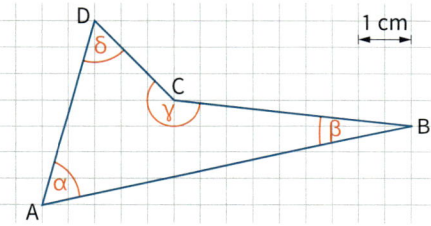

Einen spitzen Winkel mit α = 40° zeichnen

1. Möglichkeit – durch Markieren

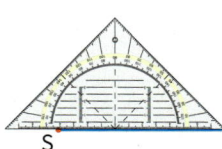   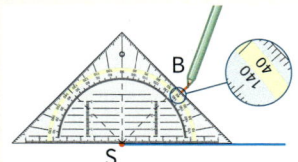   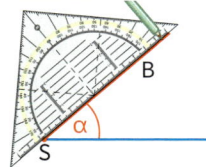

Scheitelpunkt S und einen Schenkel zeichnen

Geodreieck mit 0 am Scheitelpunkt anlegen, Punkt B bei 40° markieren

Schenkel durch die Punkte S und B zeichnen, Winkel kennzeichnen

WES-105429-031

2. Möglichkeit – durch Drehen

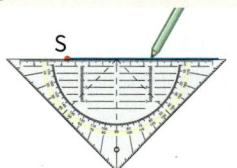      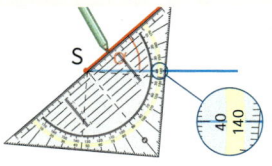

Scheitelpunkt S und einen Schenkel zeichnen

Geodreieck mit 0 am Scheitelpunkt anlegen, Geodreieck drehen

Geodreieck bis 40° drehen, Schenkel zeichnen

10 ☰ **Spitze Winkel zeichnen**

Zeichne den spitzen Winkel in dein Heft. Probiere beide Möglichkeiten aus.

a) α = 45°   b) β = 28°   c) γ = 80°   d) δ = 30°   e) ε = 50°   f) φ = 72°

11 ☰ **Winkel im Kreis**

Zeichne einen Kreis um einen Mittelpunkt M mit dem Radius 5 cm. Zeichne einen beliebigen Radius r ein. Zeichne an r einen 40° großen Winkel mit dem Scheitelpunkt M.
Zeichne an diesen Winkel weitere Winkel mit 40°, 50°, 60°, 70° und 80°.
Bestimme die Winkelweite des Winkels bis zum Vollwinkel.

12 ☰ **Stumpfe Winkel zeichnen**

Zeichne die Winkel mit den angegebenen Winkelweiten in dein Heft.
$\alpha = 140°$ $\beta = 100°$ $\gamma = 135°$ $\delta = 165°$

Stumpfen Winkel von 110° zeichnen

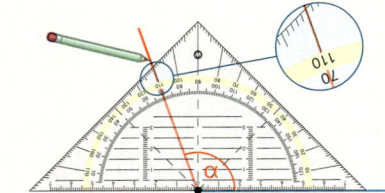

13 ☰ **Viereck mit stumpfen Winkeln**

Zeichne in dein Heft ein Viereck ABCD mit $\alpha = 150°$, $\beta = 120°$ und $\overline{AB} = 5\,cm$, $\overline{BC} = 5\,cm$ und $\overline{AD} = 5\,cm$. Miss die Länge der fehlenden Vierecksseite. Wie groß sind γ und δ?

Geodreieck mit 0 am Scheitelpunkt anlegen.
110° markieren, zweiten Schenkel zeichnen.

14 ☰ **Dreiecke zeichnen**

Zeichne ein Dreieck mit den Winkeln α und β und der Seite c = 10 cm. Miss dann die Winkelweite von γ.

a) $\alpha = 30°$, $\beta = 60°$ b) $\alpha = 40°$, $\beta = 70°$ c) $\alpha = 20°$, $\beta = 100°$

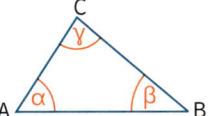

15 ☰ **Überstumpfe Winkel zeichnen**

Zeichne die Winkel mit den angegebenen Winkelweiten mit beiden Möglichkeiten in dein Heft.
$\alpha = 200°$ $\beta = 300°$ $\gamma = 270°$ $\delta = 350°$

Überstumpfen Winkel von 310°zeichnen

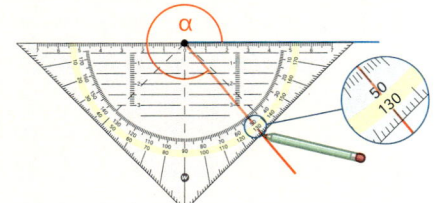

16 ☰ **Winkel im Koordinatensystem**

Durch den Scheitelpunkt S und den Punkt P ist ein Schenkel gegeben. Zeichne den Winkel α an den Schenkel SP.

a) $S(1|2)$, $P(4|0)$, $\alpha = 210°$
b) $S(3|4)$, $P(0|7)$, $\alpha = 340°$

Geodreieck mit 0 am Scheitelpunkt anlegen.

Zum gestreckten   Vom Vollwinkel
Winkel addieren: subtrahieren:
$\alpha = 180° + 130° = 310°$ $\alpha = 360° - 50° = 310°$

Prüfe dich!
Lösungen auf
Seite 223

17 ☰ Zeichne einen Winkel mit der vorgegebenen Winkelweite. Gib für jeden Winkel den Typ an.
a) $\alpha = 45°$ b) $\beta = 60°$ c) $\gamma = 100°$ d) $\delta = 145°$ e) $\epsilon = 320°$

18 ☰ a) Zeichne ein Dreieck ABC mit $\alpha = 35°$ und $\beta = 105°$. Miss die Winkelweite von γ.
b) Zeichne eine Raute mit einem 55° weiten Winkel. Miss die Winkelweiten der anderen Winkel.

19 ☰ **Torwinkel**

In der D-Jugend ist das Fußballtor 5 m breit. Ein Strafstoß wird aus einer Entfernung von 9 m zum Tor ausgeführt.
a) Erstelle eine maßstabsgerechte Zeichnung und miss die Weite des Torwinkels beim Neunmeter.
b) Suche auf dem Spielfeld weitere Punkte mit derselben Winkelweite wie beim Neunmeter. Beschreibe die Lage solcher Punkte.

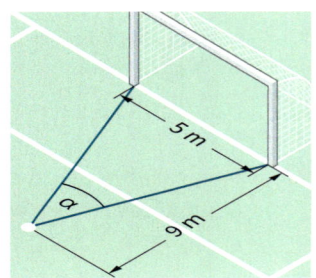

Steigungen angeben

Steigungswinkel

15 m

100 m

Nachschlagen
Prozente
Seite 201

$\frac{15}{100} = 15\%$

Steigung in Grad messen
Der Steigungswinkel ist ungefähr 9° groß.

Steigung in Prozent berechnen
Die Angabe 15 % Steigung bedeutet:
Auf 100 m steigt die Straße um 15 m an.

20 ≡ **Steigungswinkel**
Zeichne eine maßstäbliche Skizze in dein Heft und miss den Steigungswinkel.
a) 25 % Steigung   b) 50 % Steigung   c) 75 % Steigung   d) 10 % Steigung
e) Welche Winkelweite entspricht einer Steigung von 100 %?

21 ≡ **Steigung in Prozent**
a) Auf 100 m steigt ein Wanderweg um 23 m an. Gib die Steigung in Prozent an.
b) Eine Straße steigt auf 1 km um 120 m an. Gib die Steigung in Prozent an.

22 ≡ **Rampe für Rollstühle**
Für Rollstühle soll eine Rampe eine Steigung
von 6 % nicht überschreiten.
a) Wie groß ist der Steigungswinkel bei einer
   Steigung von 6 %?
b) Ein Absatz von 40 cm soll überwunden
   werden. Wie lang muss die Rampe
   mindestens sein?

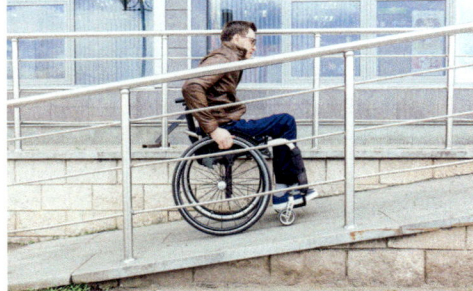

23 ≡ **Die „Zacke" in Stuttgart**
Die Zahnradbahn in Stuttgart fährt vom
Marienplatz zum Stadtteil Degerloch.
Auf den ersten 1,7 Kilometern Streckenlänge
werden 207 Höhenmeter überwunden.
a) Bestimme die durchschnittliche Steigung
   in Prozent und den Steigungswinkel.
b) An der steilsten Stelle beträgt die
   Steigung fast 18 %.
   Bestimme den Steigungswinkel.

24 ≡ **Steilste Straße der Welt**
Bestimme den Steigungswinkel bzw. die Steigung in Prozent.
Recherchiere, wo diese Orte liegen.

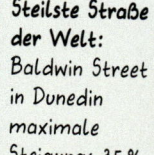

Steilste Straße
der Welt:
Baldwin Street
in Dunedin
maximale
Steigung: 35 %

Steilste Zahnradbahn
der Welt:
Kurwaldbahn in
Bad Ems
maximaler
Steigungswinkel: 38°

Dynamische Geometriesysteme

„Dynamische Geometriesysteme" (kurz DGS) sind
Werkzeuge, mit denen du am Computer geometrische
Konstruktionen ausführen kannst. Die konstruierten Figuren
sind mit dem Zugmodus nachträglich noch in Lage und Form
veränderbar.
Nach dem Start des DGS erscheint ein leeres Zeichenblatt.
Mithilfe verschiedener Werkzeuge aus dem Menü lässt sich
auf dem Zeichenblatt konstruieren, abbilden und messen.

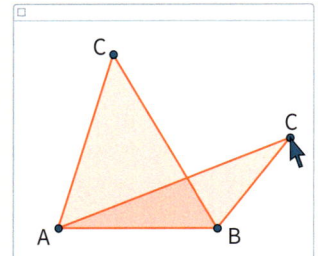

| | Objekte auswählen und bewegen | | Punkt zeichnen | | Gerade durch zwei Punkte zeichnen |

1 **Punkt und Gerade zeichnen**

Zeichne einen Punkt und beschrifte ihn mit „P". Zeichne eine Gerade, die nicht durch den
Punkt P geht. Beschrifte diese Gerade mit „g". Zeichne zwei weitere Geraden durch den
Punkt P, die die Gerade g schneiden. Welche Objekte kannst du bewegen?

| | Parallele Gerade durch einen Punkt | | Orthogonale Gerade durch einen Punkt | | Schnittpunkt zweier Linien |

2 **Parallele Gerade zeichnen**

Zeichne eine Gerade g. Zeichne einen Punkt P, der nicht auf
der Geraden g liegt. Zeichne zur Geraden g eine parallele
Gerade h durch den Punkt P.
Welche Objekte kannst du bewegen?

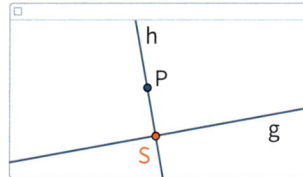

3 **Orthogonale Gerade zeichnen**

Zeichne eine Gerade g. Zeichne einen Punkt P, der nicht auf
der Geraden g liegt. Zeichne eine Orthogonale h durch den
Punkt P. Markiere den Schnittpunkt S der Geraden g und h.
Welche Objekte kannst du bewegen?

| | Mittelpunkt zweier Punkte | | Vieleck zeichnen | | Kreis um Mittelpunkt durch einen Punkt |

4 **Mittelpunkt einer Strecke**

Zeichne eine Strecke $\overline{AB}$. Zeichne den Mittelpunkt M der
Strecke $\overline{AB}$. Welche Objekte kannst du bewegen?

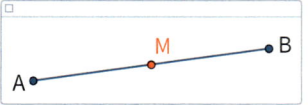

5 **Dreieck zeichnen**

Zeichne ein Dreieck ABC.
Klicke auf dem Zeichenblatt drei Punkte an, dann wieder
den ersten Punkt. Welche Objekte kannst du bewegen?

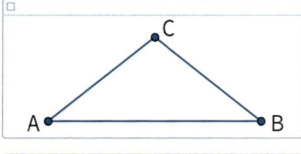

6 **Kreis zeichnen**

Zeichne die Punkt M und P. Zeichne einen Kreis um den
Punkt M durch den Punkt P.
Welche Objekte kannst du bewegen?

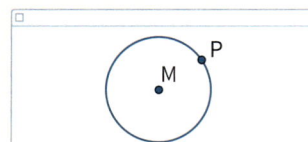

Mit der Frage „Was passiert, wenn …" und gezieltem Experimentieren und Ziehen der Figuren lassen sich wichtige geometrische Eigenschaften und Zusammenhänge entdecken.

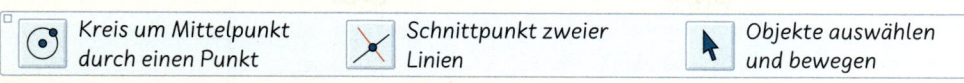

7 **Schnittpunkte zweier Kreise untersuchen**
Zeichne zwei Kreise. Markiere die Schnittpunkte der beiden Kreise. Was passiert, wenn die Mittelpunkte verschoben werden? Was passiert, wenn drei Kreise auf Schnittpunkte untersucht werden?

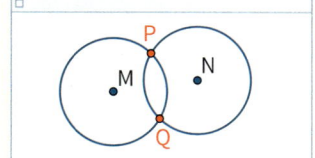

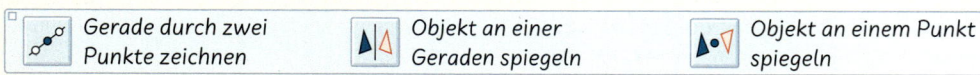

8 **Dreieck – Achsenspiegelung**
Zeichne ein Dreieck ABC. Zeichne eine Gerade g. Spiegele das Dreieck an der Spiegelachse g. Was passiert, wenn du die Spiegelachse veränderst?

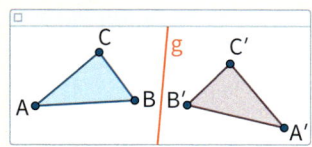

9 **Dreieck – Punktspiegelung**
Zeichne ein Dreieck ABC. Zeichne einen Punkt Z. Spiegele das Dreieck am Spiegelzentrum Z. Was passiert, wenn du das Spiegelzentrum Z verschiebst?

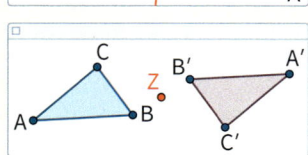

10 **Dreieck mehrfach spiegeln**
Zeichne ein Dreieck ABC, einen Punkt Z und eine Gerade g. Was passiert, wenn das Dreieck ABC zunächst an g gespiegelt wird, dann an Z? Was passiert, wenn die Reihenfolge getauscht wird? Was passiert, wenn du zweimal hintereinander an g spiegelst?

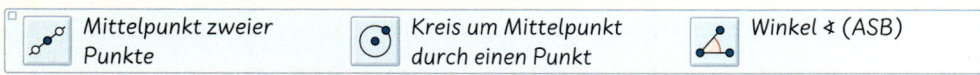

11 **Gleichschenkliges Dreieck untersuchen**
Zeichne eine Strecke $\overline{AB}$. Zeichne den Mittelpunkt M der Strecke AB. Zeichne eine Orthogonale zur Strecke $\overline{AB}$ durch M. Markiere einen Punkt C auf der Orthogonalen. Verbinde zu einem Dreieck.
Was passiert mit dem Dreieck ABC, wenn C auf der Orthogonalen bewegt wird? Was passiert dann mit dem Winkel bei C? Was passiert mit den Winkeln bei A und bei B?

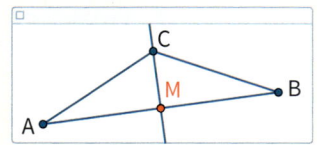

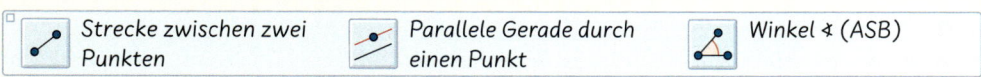

12 **Parallelogramm untersuchen**
Konstruiere mithilfe der Strecke $\overline{AB}$ und einer parallelen Geraden g ein Parallelogramm ABCD.
Was passiert mit den Diagonalen, wenn an Punkten gezogen wird? Was passiert mit den Winkeln bei A, B, C und D?

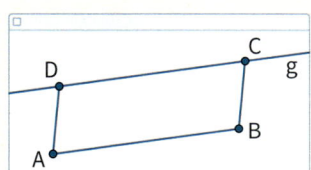

Mein Merkzettel

Seite 60

Achsenspiegelung

1. Die Mittellinie auf die Spiegelachse legen.
2. Den Abstand von A zur Spiegelachse messen.
3. Den Bildpunkt A' im selben Abstand zur Spiegelachse markieren.
4. Weitere Eckpunkte ebenso spiegeln.

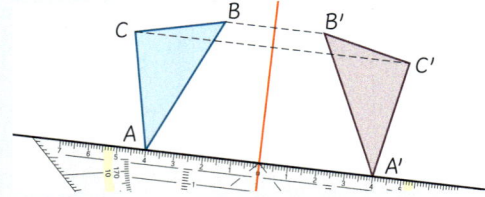

Seite 64

Punktspiegelung

1. Den Nullpunkt auf das Spiegelzentrum Z legen.
2. Den Abstand von A zum Punkt Z messen.
3. Den Bildpunkt A' im selben Abstand zum Spiegelzentrum Z markieren.
4. Weitere Eckpunkte ebenso spiegeln.

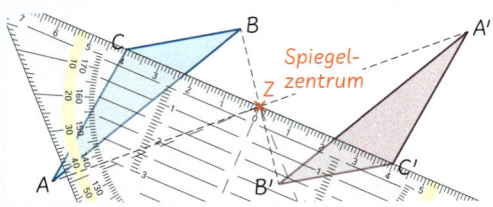

Seite 66

Kreise

Kreis um den Mittelpunkt M mit dem Radius r

1. M zeichnen
2. Radius r einstellen
3. Kreis zeichnen

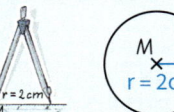

Kreis um den Mittelpunkt M durch den Punkt P

1. M zeichnen
2. Radius $\overline{MP}$ einstellen
3. Kreis zeichnen

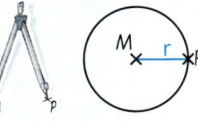

Der Durchmesser d ist doppelt so groß wie der Radius r: $d = 2 \cdot r$

Seite 70

Winkel

Ein Winkel hat einen Scheitelpunkt S und zwei Schenkel. Hier der Winkel α zwischen g und h.

$\alpha = ∢(g, h) = ∢(ASB)$

$\beta = ∢(h, g) = ∢(BSA) = 360° - \alpha$

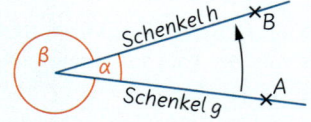

Griechische Buchstaben: α alpha   β beta   γ gamma   δ delta   ε epsilon   φ phi

Seite 71

Winkeltypen

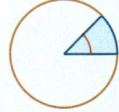

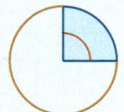

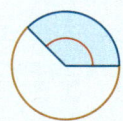

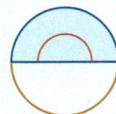

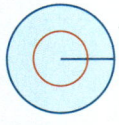

spitz	rechter Winkel	stumpf	gestreckt	überstumpf	Vollwinkel
$0° < \alpha < 90°$	$\alpha = 90°$	$90° < \alpha < 180°$	$\alpha = 180°$	$180° < \alpha < 360°$	$\alpha = 360°$

Seite 71
Seite 73
Seite 74

Winkel messen und zeichnen

Spitzer Winkel mit 40°

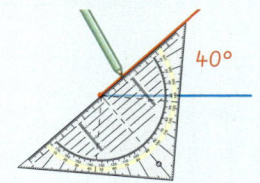

Stumpfer Winkel mit 110°

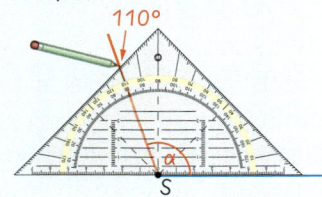

Überstumpfer Winkel mit 310°

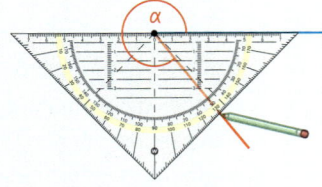

$\alpha = 180° + 130° = 310°$

oder $\alpha = 360° - 50° = 310°$

Wiederholen für die Klassenarbeit

Lösungen auf Seite 224

❶ ☰ Spiegeln an einer Spiegelachse

Das Viereck ABCD mit A (2 | 2), B (4 | 1), C (6 | 5) und D (4 | 6) wird gespiegelt. Bestimme die Koordinaten der Bildpunkte A′, B′, C′ und D′.
a) Spiegele das Viereck ABCD an der Parallelen zur x-Achse durch D.
b) Spiegele das Viereck ABCD an der Parallelen zur y-Achse durch C.
c) Spiegele das Viereck ABCD an der Geraden durch die Punkte (1 | 1) und (2 | 2).

❷ ☰ Spiegeln an Spiegelzentren

Spiegele das Dreieck ABC mit A (3 | 2), B (5 | 2) und C (3 | 4) am Punkt A. Spiegele das Dreieck ABC ebenso an den Punkten B und C. Gib die Koordinaten der Bildpunkte an.

❸ ☰ Spiegelachse finden

Das Dreieck ABC mit A (1 | 1), B (4 | 2) und C (2 | 4) wird gespiegelt. Das Bilddreieck hat die Eckpunkte A′ (7 | 7), B′ (6 | 4) und C′ (4 | 6). Konstruiere die Spiegelachse. Gib Punkte an, die auf der Spiegelachse liegen.

❹ ☰ Spiegelachsen

Es sollte an der Spiegelachse gespiegelt werden. Beschreibe die Fehler, die beim Spiegeln passiert sind.

a)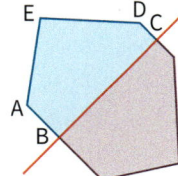
b)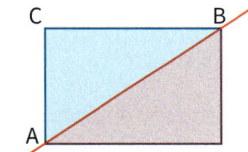
c)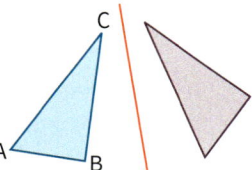

❺ ☰ Spiegeln an einem Punkt

a) Spiegele das Dreieck ABC mit A (1 | 2), B (3 | 4) und C (2 | 5) am Spiegelzentrum Z (5 | 5). Gib die Koordinaten der Bildpunkte an.
b) Der Punkt A hat bei einer anderen Punktspiegelung den Bildpunkt A′ (5 | 10). Bestimme die Koordinaten dieses Spiegelzentrums.
c) Bei einer anderen Punktspiegelung hat B den Bildpunkt B′ (7 | 2). Berechne das Spiegelzentrum ohne zu zeichnen.

❻ ☰ Spiegelachsen in Vierecken

  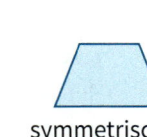  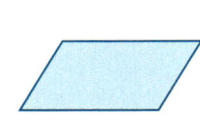 

Quadrat Drachen symmetrisches Trapez Rechteck Parallelogramm Raute

a) Einige Vierecke lassen sich durch eine Achsenspiegelung einer „Hälfte" erzeugen. Gib an, welche Figur jeweils die Hälfte bildet.
b) Einige Vierecke lassen sich durch eine Punktspiegelung einer „Hälfte" erzeugen. Gib an, welche Figur jeweils die Hälfte bildet.

❼ ☰ Kreise zeichnen

Zeichne Kreise um einen Mittelpunkt M mit den Radien r = 2 cm, r = 3 cm, r = 4 cm und r = 5 cm. Färbe die entstehenden Ringe.

Lösungen auf
Seite 225

8 ≡ **Kreis im Koordinatensystem**

Zeichne die Punkte A$(0\,|\,5)$, B$(8\,|\,1)$, C$(10\,|\,5)$ und D$(9\,|\,8)$ in ein Koordinatensystem.

a) Zeichne einen Kreis, der durch diese vier Punkte geht. Gib die Koordinaten des Mittelpunktes an. Miss den Radius des Kreises

b) Zeichne E$(5\,|\,10)$ und F$(1\,|\,2)$ ein. Miss die Länge der Strecke und vergleiche mit dem Durchmesser des Kreises.

9 ≡ **Punkte gesucht**

Beschreibe die Lage der Punkte.

a) Wo liegen alle Punkte, die von einem Punkt A genau 3 cm entfernt sind?

b) Wo liegen alle Punkte, die von A höchstens 2 cm entfernt sind?

c) Wo liegen alle Punkte, die von zwei Punkten A und B genau 3 cm entfernt sind?
Wann findest du keine solche Punkte?

10 ≡ **Winkel zeichnen**

Zeichne Winkel mit den Winkelweiten 30°, 50°, 80°, 100°, 175° und 235°.
Gib jeweils den Winkeltyp an.

11 ≡ **Winkeltypen**

Übertrage die Tabelle in den Heft und ergänze.

Winkeltyp	spitzer Winkel	rechter Winkel	▨	gestreckter Winkel	überstumpfer Winkel	Voll-winkel
Winkelweite	$0° < α < 90°$	▨	$90° < α < 180°$	▨	▨	▨

12 ≡ **Winkel in Vierecken**

Durch die Punkte A,B,C und D werden Vierecke beschrieben. Zeichne alle Vierecke in ein Koordinatensystem und miss jeweils die vier Innenwinkel.

a) A$(0\,|\,0)$; B$(4\,|\,0)$; C$(3\,|\,5)$; D$(1\,|\,4)$

b) A$(7\,|\,1)$; B$(10\,|\,2)$; C$(6\,|\,4)$; D$(5\,|\,2)$

c) A$(1\,|\,5)$; B$(5\,|\,7)$; C$(7\,|\,7)$; D$(4\,|\,8)$

d) A$(8\,|\,4)$; B$(9\,|\,5)$; C$(8\,|\,6)$; D$(7\,|\,5)$

13 ≡ **Winkel markieren**

Zeichne den Winkel ∢(PSQ) und miss die Winkelweite.

a) S$(1\,|\,2)$, P$(7\,|\,0)$, Q$(7\,|\,4)$

b) S$(2\,|\,4)$, P$(0\,|\,0)$, Q$(7\,|\,1)$

c) S$(2\,|\,5)$, P$(7\,|\,5)$, Q$(1\,|\,5)$

d) S$(2\,|\,1)$, P$(4\,|\,1)$, Q$(4\,|\,6)$

14 ≡ **Rechte Winkel**

a) Gibt es ein Dreieck mit einem rechten Winkel? Begründe.

b) Kann es ein Dreieck mit zwei rechten Winkeln geben? Begründe.

c) Wie viele rechte Winkel kann es in einem Viereck geben? Gib verschiedene Beispiele an.

15 ≡ **Uhrzeiger**

a) Welche Winkel werden gebildet um 15:00 Uhr, welche um 5:00 Uhr?

b) Um 16:30 Uhr bilden der große und der kleine Zeiger einer Uhr einen Winkel von 45°. Begründe.

c) Welche Winkel werden gebildet um 10:30 Uhr, welche um 1:30 Uhr?

d) Nenne verschiedene Uhrzeiten, bei denen der Winkel zwischen den Zeigern genau 60° groß ist.

16 ≡ **Pizzateilung**

Eine runde Pizza wird in gleich große Teile zerschnitten. Bestimme die Winkelweite, die ein Pizzastück hat, wenn die Pizza in zwei, drei, vier, fünf, sechs, acht oder zehn gleich große Teile geteilt ist.

17 ☰ **Spiegeln eines Kreises**

Erkläre mit Worten und mit Skizzen wie man einen Kreis an einer Spiegelachse oder an einem Spiegelzentrum spiegelt.

Lösungen auf Seite 226

18 ☰ **Winkelsituationen**

Zeichne den Winkel und skizziere die Situation.

a) Der Steigungswinkel eines Flugzeugs beträgt beim Start 15°.
b) Der Schnittwinkel einer Schere beträgt 50°.
c) Der Neigungswinkel eines Dachs beträgt 38°.
d) Der Blickwinkel eines Menschen beträgt 200°.

19 ☰ **Winkel in Figuren messen**

Übertrage die Figur in dein Heft. Miss die Winkel. Gib für jeden Winkel auch den Winkeltyp an.

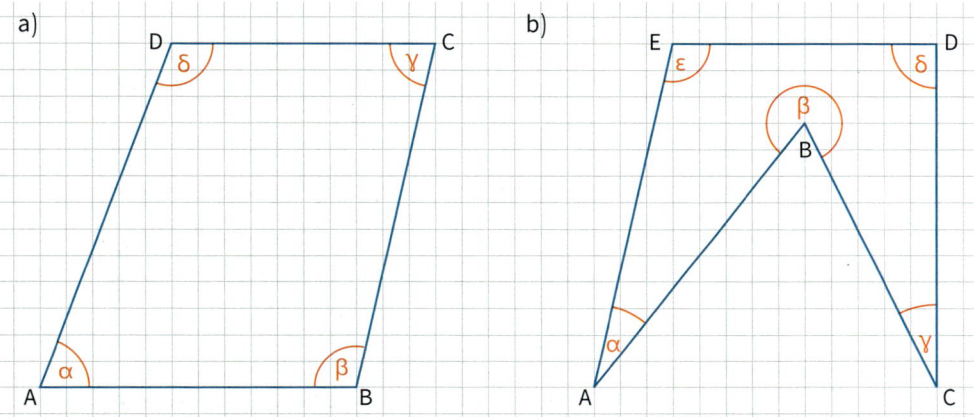

20 ☰ **Winkelweiten bestimmen**

Bestimme mithilfe der Skizze die fehlende Winkelweite.

a)

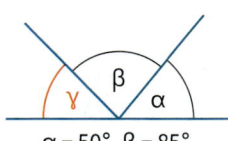

$\alpha = 50°, \beta = 85°$

b)

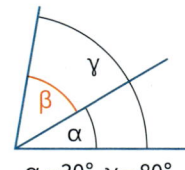

$\alpha = 30°, \gamma = 80°$

c)

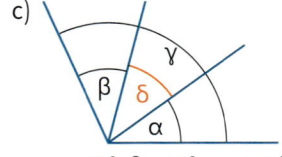

$\alpha = 35°, \beta = 40°, \gamma = 115°$

21 ☰ **Regelmäßige Figuren**

Regelmäßiges Sechseck

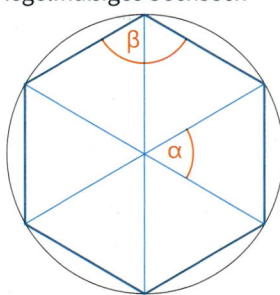

Regelmäßiges Achteck

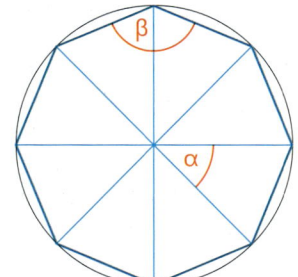

Regelmäßiges Fünfeck

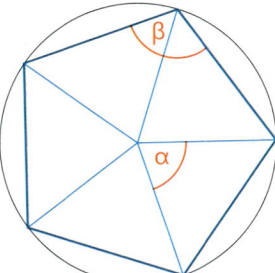

a) Bestimme die Winkelweiten der Mittelpunktswinkel α in den regelmäßigen Figuren ohne zu messen. Prüfe durch Nachmessen.
b) Konstruiere die regelmäßigen Figuren im Heft. Nutze einen Kreis mit dem Radius 5 cm.
c) Bestimme die Winkelweiten der Innenwinkel β in den regelmäßigen Figuren.

4 Rationale Zahlen

Auf dem Thermometer werden Temperaturen unter Null mit roten Zahlen dargestellt. Dies sind negative Zahlen, die kleiner als Null sind. Sie sind wichtig, um Verluste, Schulden, Temperaturen und andere Situationen darzustellen.

Negative Zahlen werden üblicherweise durch ein Minuszeichen vor der Zahl angegeben, zum Beispiel – 5.

Negative Zahlen können addiert, subtrahiert, multipliziert und dividiert werden.

In diesem Kapitel

- Was sind rote und schwarze Zahlen?
- Wo liegt der tiefste Punkt auf der Erde?
- Welches ist die niedrigste gemessene Lufttemperatur?
- Was ist der „absolute Nullpunkt"?

4.1   Vom Zahlenstrahl zur Zahlengeraden

Vorbereiten
Zahlenstrahl
Seite 194

Im Januar wurden die Temperaturen an verschiedenen Tagen auf dem Feldberg gemessen.
- Lies die Temperaturen ab.
- Wann war es am kältesten?

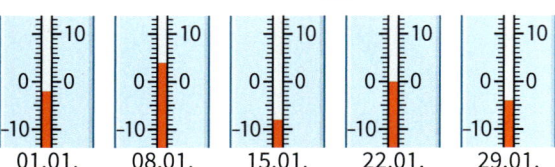

01.01.   08.01.   15.01.   22.01.   29.01.

WES-105429-03

Zahlen haben ein Vorzeichen
$-5 \quad +3$
Für +3 kann man auch 3 oder (+3) schreiben.

Rationale Zahlen

Positive Zahlen sind Zahlen, die größer als Null sind. $5 \qquad 0{,}3 \qquad \frac{2}{3}$

Negative Zahlen sind Zahlen, die kleiner als Null sind. $-5 \qquad -0{,}3 \qquad -\frac{2}{3}$

Sprechweise: „Minus fünf"; „Minus Null Komma Drei"; „Minus Zwei Drittel"

Zu den **rationalen Zahlen** gehören die positiven Zahlen, die negativen Zahlen und die Null.

Der Zahlenstrahl wird zur Zahlengeraden erweitert. Man trägt die negativen Zahlen von der Null aus spiegelbildlich zu den positiven Zahlen ein.

Eine Zahl ist größer, wenn sie auf der Zahlengeraden weiter rechts steht: $-5 < -2$

Zahlen auf der Zahlengeraden ablesen

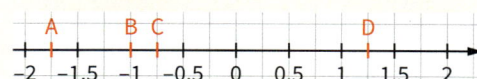

Schrittlänge: 4 Kästchen für 1

$A = -1{,}75 \qquad B = -1 \qquad C = -0{,}75 \qquad D = 1{,}25$

Zahlen auf der Zahlengeraden markieren

Die Zahlen $-7{,}5$; -12; $\frac{1}{2}$; 2; -5 auf der Zahlengeraden eintragen.

Ausschnitt: Der Abstand von der kleinsten Zahl -12 bis zur größten Zahl 2 ist $12 + 2 = 14$.

Schrittlänge: 2 Kästchen für 1 ergibt $2 \cdot 14 = 28$ Kästchen im Heft.

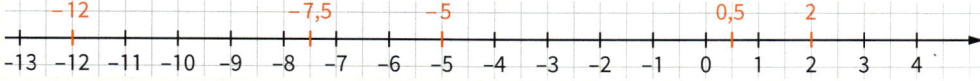

❶ ☰ Zahlen ablesen

Gib an, welche Zahlen markiert sind. Gib die Schrittlänge an.

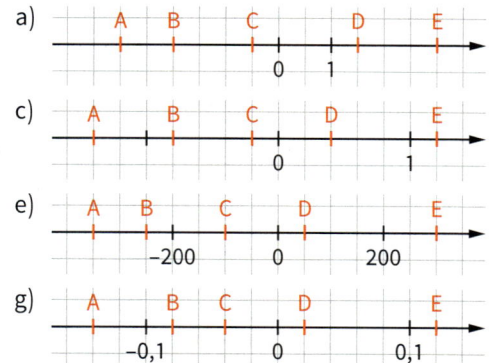

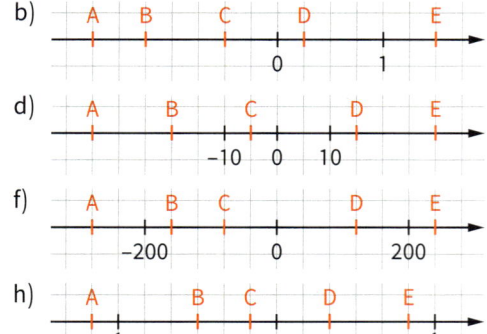

② ≡ **Zahlen auf der Zahlengeraden markieren**
Zeichne einen passenden Ausschnitt der Zahlengeraden und trage die Zahlen ein.
a) $-1,5$ $-0,75$ $0,25$ $-0,5$ -2 b) $-0,3$ $0,2$ $-0,05$ $0,1$ $-0,15$
c) $\dfrac{1}{2}$ $-\dfrac{3}{4}$ $-\dfrac{3}{2}$ $-\dfrac{1}{2}$ $-\dfrac{1}{8}$ d) -5 -1 $0,9$ $4,8$ $-0,1$

③ ≡ **Zahlen ordnen**
Ordne die Zahlen der Größe nach. Beginne mit der kleinsten Zahl.
a) 8 -2 $1,5$ $-2,3$ $-2,05$ b) $-1,5$ $0,04$ $-0,1$ $-0,9$ $-2,1$
c) 10 -1 $0,5$ $5\frac{1}{2}$ $-\frac{1}{4}$ d) $-0,15$ $\dfrac{3}{10}$ $-\dfrac{23}{100}$ $-\dfrac{3}{5}$ $-\dfrac{7}{20}$

④ ≡ Lies die markierten Zahlen ab.

Prüfe dich! Lösungen auf Seite 227

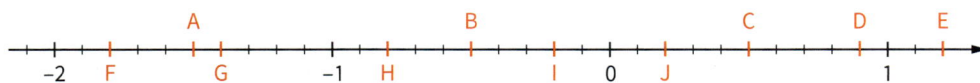

⑤ ≡ Zeichne einen passenden Ausschnitt der Zahlengeraden und trage die Zahlen ein.
a) $-4,5$ 6 $-\dfrac{1}{2}$ $3,5$ $-2,5$ b) -100 -150 -1000 -500
c) $-\dfrac{1}{2}$ $\dfrac{7}{10}$ $-\dfrac{1}{10}$ $\dfrac{2}{5}$ $-\dfrac{1}{20}$ d) $-0,09$ $-0,1$ $-0,2$ $-0,18$ $-0,03$

⑥ ≡ Ordne die Zahlen. Beginne mit der kleinsten Zahl.
a) $-2,5$ $3,1$ $-0,01$ $-\dfrac{9}{10}$ $0,02$ b) $-\dfrac{1}{2}$ $1,2$ $-\dfrac{2}{5}$ $-0,45$ $-\dfrac{3}{8}$

⑦ ≡ **Zahlensuche**
Gib drei Zahlen an, die zwischen den gegebenen Zahlen liegen.
a) 15 und 20 b) -9 und -2 c) -2 und 3 d) -6 und 0
e) $0,4$ und $0,9$ f) $-0,3$ und $0,4$ g) $-4,5$ und $-2,7$ h) -50 und $-49,5$
i) $\dfrac{1}{2}$ und 1 j) $-\dfrac{2}{3}$ und $\dfrac{2}{3}$ k) $-\dfrac{3}{2}$ und $-\dfrac{1}{3}$ l) $-2\frac{1}{2}$ und $-1\frac{1}{2}$

⑧ ≡ **Zahlen bestimmen**
Die Zahl B liegt genau in der Mitte zwischen den Zahlen A und C. Bestimme die fehlende Zahl.

a) 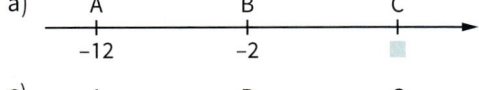   b)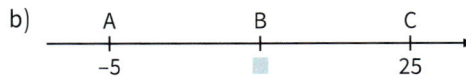

c) 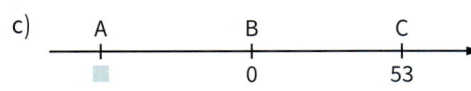   d)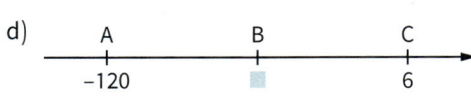

e) 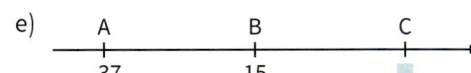   f)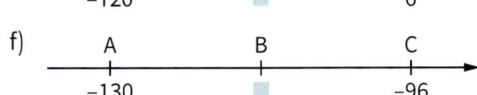

Zahl in der Mitte
Bestimme die Zahl, die genau in der Mitte zwischen den Zahlen -7 und 13 liegt.
Der Abstand von -7 bis 0 ist 7, der Abstand von 0 bis 13 ist 13, insgesamt also $7+13=20$.

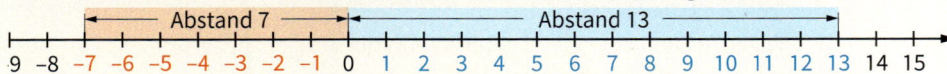

Die Mitte ist um 10 größer als -7, also $-7+10=3$. Die Mitte ist um 10 kleiner als 13, also $13-10=3$. Die 3 liegt genau in der Mitte von -7 und 13.

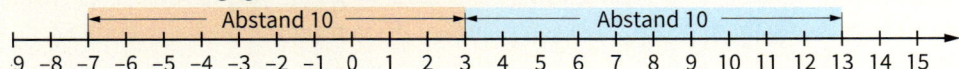

9 ≡ **Zahl in der Mitte**

Bestimme die Zahl, die genau in der Mitte zwischen den beiden Zahlen liegt.

a) -4 und 6 b) -5 und 4 c) $-1,5$ und $3,5$ d) -10 und -3

e) $-1,7$ und $-1,3$ f) $-0,4$ und $0,4$ g) -1 und $-\frac{1}{2}$ h) $-2,8$ und $1,8$

i) $-\frac{1}{4}$ und $\frac{1}{4}$ j) $-1,3$ und 0 k) $-2,5$ und $1,7$ l) $-\frac{5}{6}$ und $\frac{1}{2}$

Prüfe dich!
Lösungen auf
Seite 227

10 ≡ Gib drei Zahlen an, die zwischen den angegebenen Zahlen liegen.

a) -1 und 0 b) $-\frac{1}{2}$ und $\frac{1}{2}$ c) $-1,2$ und $-1,1$ d) $-\frac{1}{3}$ und $-\frac{1}{6}$

11 ≡ Bestimme die Zahl, die genau in der Mitte zwischen den beiden Zahlen liegt.

a) -8 und -1 b) -2 und $0,5$ c) -3 und $-1\frac{1}{2}$ d) $-3,8$ und $-2,6$

12 ≡ **Rote und schwarze Zahlen**

> Das Freibad am Stadt-
> rand ist weiterhin in den
> roten Zahlen.

> Die Firma Schult Hoch-
> und Tiefbau schreibt
> erneut schwarze Zahlen.

> Das Unternehmen schrieb
> in diesem Quartal
> erstmals rote Zahlen.

Was ist mit den Zeitungsausschnitten gemeint?

$-\frac{3}{1} = -3$

$0 = \frac{0}{1}$

$\frac{5}{1} = 5$

Ganze Zahlen

Die ganzen Zahlen sind besondere rationale Zahlen.
Sie lassen sich als Bruch mit dem Nenner 1 schreiben.

$\dots -8,\ -7,\ -6,\ -5,\ -4,\ -3,\ -2,\ -1,\ 0,\ 1,\ 2,\ 3 \dots$

Jede ganze Zahl hat einen Vorgänger und einen Nachfolger.
Der Vorgänger steht direkt links von der Zahl. -3 ist Vorgänger von -2.
Der Nachfolger steht direkt rechts von der Zahl. -1 ist Nachfolger von -2.

$\mathbb{N}$ natürliche Zahlen
$\mathbb{Z}$ ganze Zahlen
$\mathbb{Q}$ rationale Zahlen

13 ≡ **Ganze Zahlen haben Vorgänger und Nachfolger**

a) Gib den Vorgänger und den Nachfolger von -6 an.
b) Gib den Vorgänger und den Nachfolger von 0 an.
c) Von welcher Zahl ist -9 der Vorgänger?
d) Von welcher Zahl ist -25 der Nachfolger?
e) Der Nachfolger einer Zahl ist 1. Gib den Vorgänger der Zahl an.

14 ≡ **Vorgänger und Nachfolger bei rationalen Zahlen**

Begründe, warum rationale Zahlen keinen Vorgänger und keinen Nachfolger haben.

15 ≡ **Wahr oder falsch?**

Welche Aussagen sind wahr, welche falsch? Begründe. Bei den falschen Aussagen reicht zur
Begründung ein Gegenbeispiel.

a) -1 ist eine ganze Zahl, aber keine natürliche Zahl.
b) Jede ganze Zahl ist eine natürliche Zahl.
c) Zwischen zwei ganzen Zahlen liegt immer eine weitere ganze Zahl.
d) Auf der Zahlengeraden gibt es zwei Zahlen, die die Entfernung 10 von der Null haben.
e) Von zwei ganzen Zahlen ist diejenige größer, die von der Null weiter entfernt ist.

4.2 Betrag einer Zahl

Die Lage von Zahlen auf der Zahlengeraden lässt sich durch ihre Entfernung zur Null beschreiben.

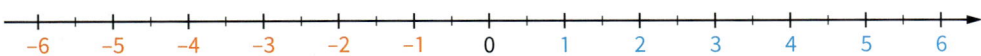

- Gib zur Zahl 4 eine Zahl an, die gleich weit von der Null entfernt ist.
- Welche der Zahlen 3; −9; 8,5; −12; −2,5; 11 ist am weitesten von der Null entfernt?
- Ordne die Zahlen nach ihrer Entfernung zur Null: −3; 16; −25; 14; −1; 7; −18; 42; 3

WES-105429-034

Betrag einer Zahl

Der Betrag einer Zahl gibt an, wie weit die Zahl von der Null entfernt ist.

Zu jeder positiven Zahl gibt es eine negative Zahl, die gleich weit von der Null entfernt ist.

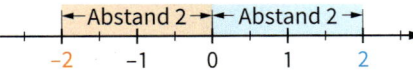

$|-2| = 2$ „Der Betrag von −2 ist 2."
$|2| = 2$ „Der Betrag von 2 ist 2."

Der Betrag einer Zahl ist immer größer als 0. Ausnahme: $|0| = 0$

1 ≡ **Zahlen gesucht**

  a) Gib die Zahl mit dem größten Betrag an.   −2,5   4,1 $\frac{22}{7}$ −2,9   −5,01

  b) Wo liegen alle Zahlen auf der Zahlengeraden, deren Betrag kleiner als 4 ist?

  c) Wo liegen alle Zahlen auf der Zahlengeraden, deren Betrag größer als 1 ist?

  d) Gib an, welche Zahlen größer als −2 sind und einen Betrag kleiner als 3 haben.

2 ≡ **Ordnen nach Beträgen**

  Ordne die Zahlen nach ihren Beträgen.

  a) −3,2   1,8   6,2   −0,4   4,2   b) 0,6   −1,1   2,4   −3,6   1,8

  c) $\frac{1}{2}$ $-\frac{1}{4}$ $\frac{3}{2}$ $-\frac{5}{6}$ $-\frac{5}{2}$ d) 0,8 $-\frac{3}{10}$ −0,1 $\frac{3}{4}$ 1,2

Beträge ordnen

$|-0,6| < |2| < |-3,5|$,
denn $0,6 < 2 < 3,5$

3 ≡ **Begründungen finden**

  Finde eine Begründung für die Aussage.

  a) Der Betrag einer Zahl ist nie negativ.

  b) Es gibt Zahlen, die größer als −5 sind, aber deren Betrag kleiner als 5 ist.

  c) Es gibt Zahlen, deren Betrag kleiner als der Betrag von −3 ist.

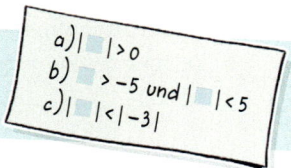

a) $|\ \ | > 0$
b) $\ \ > -5$ und $|\ \ | < 5$
c) $|\ \ | < |-3|$

4 ≡ Ordne die Zahlen nach der Größe ihrer Beträge.   −3   5,1 $-\frac{1}{7}$ −3,5

5 ≡ a) Gib alle Zahlen an, die den Betrag 20 haben.

  b) Gib drei Zahlen an, deren Betrag kleiner als 1 ist.

  c) Gib alle ganzen Zahlen an, deren Betrag größer als 3 und kleiner als 6 ist.

Prüfe dich!
Lösungen auf
Seite 227

6 ≡ **Wahr oder falsch?**

  Begründe die Aussage oder widerlege sie mit einem Gegenbeispiel.

  a) Es gilt: $|-7| < |-2|$

  b) Es gibt keine rationalen Zahlen, deren Betrag kleiner als 1 ist.

  c) Von zwei negativen Zahlen ist diejenige die kleinere Zahl, die den größeren Betrag hat.

  d) Für zwei beliebige Zahlen a und b gilt: Wenn $a < b$, dann ist $|a| < |b|$.

  e) Es gibt eine Zahl, die kleiner als 7 ist, aber einen größeren Betrag als 7 hat.

4.3   Koordinatensystem

Vorbereiten
Koordinatensystem
Seite 207

Das Koordinatensystem, das du bisher kennst, ist blau unterlegt. Man kann es mithilfe der negativen Zahlen nach links und nach unten erweitern.

a) Starte beim Punkt A(2|1) und gehe den Weg in Pfeilrichtung entlang. Gib die Koordinaten der eingezeichneten Punkte an.

b) Beschreibe die Lage der Punkte R, S und T:
Der Punkt R hat eine negative x-Koordinate und eine positive y-Koordinate.
Der Punkt S hat eine positive x-Koordinate und eine negative y-Koordinate.
Der Punkt T hat zwei negative Koordinaten.

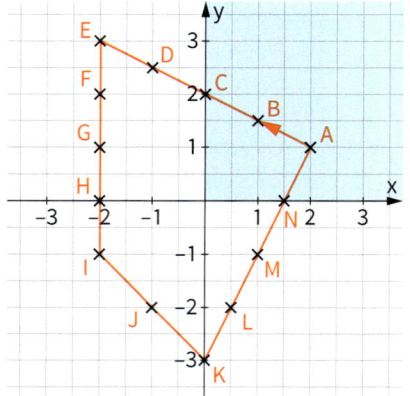

WES-105429-035

Zuerst kommt x, dann y, wie im Alphabet.

Koordinatensystem

Die Koordinatenachsen unterteilen die Ebene in vier Quadranten.
Der Punkt (0|0) heißt Koordinatenursprung.

Jeder Punkt im Koordinatensystem wird mit zwei Koordinaten beschrieben.

Schreibweise: A(−2,5 | 1,5)
            x-Koordinate   y-Koordinate

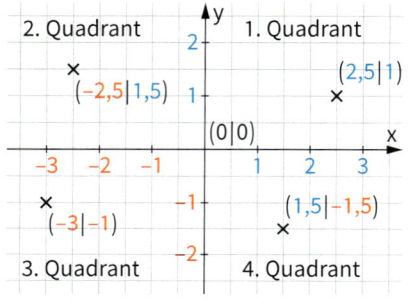

Punkte im Koordinatensystem

a) Lies die Koordinaten der Punkte A, B und C ab.
b) Zeichne die Punkte in das Koordinatensystem:
D(1,5|−1), E(2,5|2), F(−2,5|1), G(−1|−1,5)

Lösung:
a) A(−2,5|2), B(−2|−1), C(2,3|−1,8)
b) Beachte:
   x-Koordinate: gehe nach rechts (+) oder links (−)
   y-Koordinate: gehe nach oben (+) oder unten (−)

Nutze im Heft 1 cm für eine Einheit, dann kannst du messen.

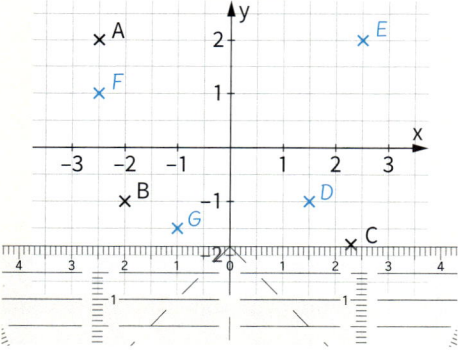

❶ ☰ Punkte im Koordinatensystem

Zeichne die Punkte in ein Koordinatensystem und prüfe die Aussage.
a) Die Punkte A(−1,5|−3), B(−1|−1), C(−0,5|1), D(0|2) liegen auf einer Geraden.
b) Die Punkte A(−5,5|2,5), B(−2,5|2,5), C(2,5|2,5), D(0|2,5) liegen auf einer Geraden.
c) Die Punkte A(−2|4,5), B(0|2,5), C(−2|0,5), D(−4|2,5) sind Eckpunkte eines Quadrats.

❷ ☰ Quadranten

a) Gib ohne Zeichnung an, in welchem Quadranten die Punkte liegen.
   A(2,7|−3,2), B(−6,1|2,4), C(−2|−3,1), D(1|0,2), E(−0,5|−0,4), F(4,4|−2,2), G(−1|1)
b) Wie kann man einfach erkennen, in welchem Quadranten ein Punkt liegt? Begründe.

3 ≡ **Ohne Zeichnung entscheiden**

(1) Welcher der Punkte liegt im Koordinatensystem am höchsten?

(2) Welcher der Punkte liegt im Koordinatensystem am tiefsten?

(3) Welcher der Punkte liegt im Koordinatensystem am weitesten links?

(4) Welcher der Punkte liegt im Koordinatensystem am weitesten rechts?

a) $A(-2|4)$, $B(3|2)$, $C(-2|-4)$, $D(7|-2)$ b) $A(-2|7)$, $B(3|-6)$, $C(-5|6)$, $D(-3|-5)$

c) $A(10|-4)$, $B(0|-12)$, $C(-9|-10)$, $D(7|12)$ d) $A(-12|12)$, $B(-1|14)$, $C(-3|-1)$, $D(12|0)$

4 ≡ **Viereck im Koordinatensystem**

Zeichne die Punkte $A(2,5|-3,5)$, $B(6,5|-4,5)$, $C(3,5|1,5)$ und $D(-0,5|2,5)$ in ein Koordinatensystem. Verbinde die Punkte in der Reihenfolge A, B, C, D und dann wieder A. Welche Figur entsteht?

5 ≡ **Dreieck spiegeln**

Zeichne das Dreieck ABC mit $A(-2|1,5)$, $B(4|-1,5)$ und $C(3,5|3,5)$ in ein Koordinatensystem.

a) Spiegele das Dreieck ABC an der y-Achse. Welche Koordinaten haben die Bildpunkte? Wie verändern sich die Koordinaten der Punkte A, B, C bei der Spiegelung an der y-Achse?

b) Spiegele das Dreieck ABC am Ursprung $O(0|0)$. Welche Koordinaten haben die Bildpunkte? Wie verändern sich die Koordinaten bei dieser Spiegelung am Ursprung?

c) Spiegele das Dreieck ABC am Punkt $Z(-1|-2)$. Gib die Bildpunkte A′, B′ und C′ an.

Nachschlagen
Achsenspiegelung
Punktspiegelung
Seite 78

6 ≡ Zeichne das Quadrat ABCD mit den Punkten $A(-3|-5)$, $B(1|-5)$, $C(1|-1)$ und $D(-3|-1)$ in ein Koordinatensystem. Gib die Koordinaten des Diagonalenschnittpunktes an.

Prüfe dich!
Lösungen auf
Seite 227

7 ≡ Spiegele das Viereck ABCD mit den Punkten $A(-2|-1)$, $B(4|-1)$, $C(3|2)$ und $D(-1|2)$ am Punkt A. Gib die Koordinaten der Bildpunkte A′, B′, C′ und D′ an.

8 ≡ Gib für den Punkt $A(-6|8)$ die Koordinaten des Bildpunktes A′ ohne zu zeichnen an.

a) A wird an der x-Achse gespiegelt.   b) A wird an der y-Achse gespiegelt.

c) A wird am Ursprung gespiegelt.   d) A wird zuerst an der x-Achse,
dann an der y-Achse gespiegelt.

9 ≡ **Verschobenes Dreieck**

Das Dreieck ABC mit den Punkten $A(4|-1,5)$, $B(-0,5|2,5)$ und $C(-3,5|-2)$ wird um 2 Einheiten nach links und um 3 Einheiten nach unten verschoben. Gib die Koordinaten des verschobenen Dreiecks an.

10 ≡ **Gedrehtes Viereck**

a) Zeichne in ein Koordinatensystem das Viereck ABCD mit $A(1,5|-1)$, $B(1,5|1)$, $C(-0,5|1)$ und $D(-0,5|-1)$.

b) Bestimme den Umfang und den Flächeninhalt des Vierecks.

c) Das Viereck wird um den Koordinatenursprung mit 90° gegen den Uhrzeigersinn gedreht. Der Punkt A liegt nun auf A′$(1|1,5)$. Gib die Eckpunkte des gedrehten Vierecks an.

11 ≡ **Muster im Koordinatensystem**

a) Lies die Koordinaten der markierten Punkte ab.

b) Das Muster soll fortgesetzt werden. Gib die Koordinaten der nächsten 5 Eckpunkte an.

c) Setze die Muster ohne zu zeichnen fort.

Muster 1: $(-5|1)$, $(-4,5|0,5)$, $(-4|0)$ …

Muster 2: $(3|-1)$, $(2|1)$, $(1|-1)$, $(0|1)$ …

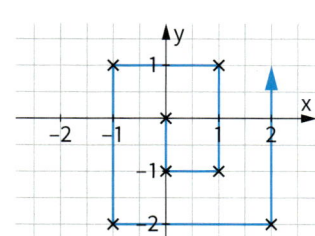

4.4 Zustände und Änderungen

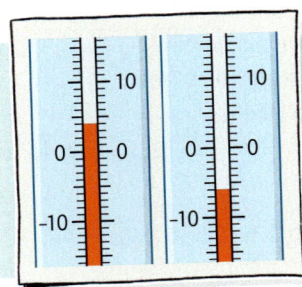 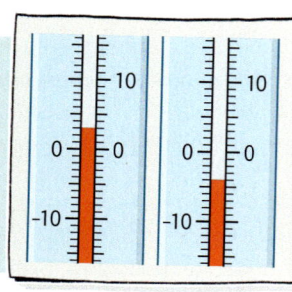 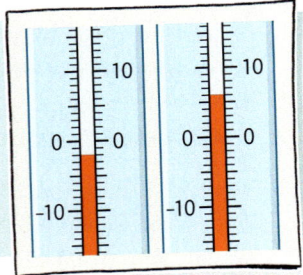

Ordne die Situationen den abgebildeten Thermometern zu.

Nachmittags waren es 3°C. Zum Abend nahm die Temperatur um 7°C ab. Wie kalt war es dann?

Morgens zeigte das Thermometer −2°C, mittags 6°C. Wie groß war die Temperaturänderung?

Nach einem Temperatursturz um 10°C waren es noch −6°C. Wie kalt war es zuvor?

Zustände und Änderungen

Zustände und Änderungen können auf der Zahlengeraden veranschaulicht werden.

Zustand	Änderung	Zustand
Temperatur −3°C	Die Temperatur steigt um 6°C.	Temperatur 3°C

Zustand	Änderung	Zustand
Temperatur 3°C	Die Temperatur sinkt um 5°C.	Temperatur −2°C

Die Temperatur steigt um 6 °C bedeutet eine Temperaturänderung um +6 °C.

Die Temperatur sinkt um 5 °C bedeutet eine Temperaturänderung um −5 °C.

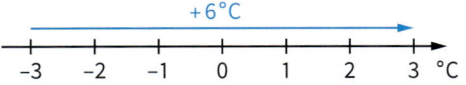 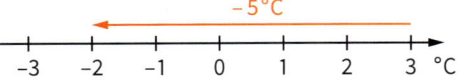

---

❶ ≡ Temperaturen

Bestimme mithilfe von Pfeilen am Zahlenstrahl die neue Temperatur.

a) Ein Thermometer zeigt 2 °C unter null an. Die Temperatur steigt um 6 °C.

b) Ein Thermometer zeigt 3 °C unter null an. Die Temperatur fällt um 5 °C.

c) Die Temperatur war −3,5 °C und fällt um 5 °C.

❷ ≡ Temperaturänderungen

Anna hat an einem Tag im Winter alle 2 Stunden die Temperatur gemessen:

Zeitpunkt der Messung	8 Uhr	10 Uhr	12 Uhr	14 Uhr	16 Uhr	18 Uhr	20 Uhr
Temperatur	− 4 °C	− 1 °C	+ 4 °C	+ 6 °C	+ 2 °C	− 2 °C	− 5 °C

Bestimme die Temperaturänderungen von Messung zu Messung.

❸ ≡ Höhenunterschiede

Ein Hubschrauber schwebt 480 m über dem Mittelmeer. Wie hat er seine Höhe geändert, wenn er in einem der Orte landet?

a) Jerusalem   b) Jericho

c) Amman   d) Totes Meer

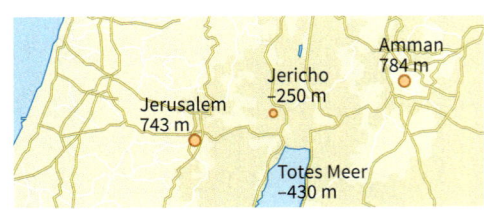

4 ≣ **Fahrstuhl**

Hannes nutzt in einem mehrstöckigen Haus mit einer Tiefgarage den Fahrstuhl.

a) Wie viele Stockwerke hat das Gebäude? Welche Zahl hat das Erdgeschoss?

b) Hannes fährt vom 4. Stock sechs Stockwerke abwärts. Wo kommt er an?

c) Wo ist er, wenn er von der Tiefgarage – 2 fünf Stockwerke aufwärts fährt?

d) Wie viele Stockwerke muss Hannes aus dem untersten Stock fahren, um in den 2. Stock zu kommen?

e) Hannes ist vom 5. Stock zur Tiefgarage – 1 gefahren. Wie viele Stockwerke ist er gefahren?

f) Hannes meint, an einem Stück neun Stockwerke aufwärts gefahren zu sein. Was meinst du dazu?

g) Von wo bis wo kann Hannes gefahren sein, wenn er vier Stockwerke abwärts gefahren ist?

5 ≣ **Tauchgänge**

Ein Tauchboot sinkt und steigt unter dem Meeresspiegel. Bestimme die fehlende Größe.

a) Es steigt von – 253 m auf – 94 m.   b) Es sinkt von – 104 m um 57 m.

c) Es sinkt um 87 m auf – 158 m.   d) Es steigt um 115 m auf – 25 m.

e) Es sinkt von – 65 m auf – 207 m.   e) Es steigt von – 255 m um 147 m.

6 ≣ a) Nachmittags waren es noch 5 °C, zum Abend hin nahm die Temperatur um 9 °C ab. Bestimme die Temperatur am Abend.

b) Nachdem es am Morgen noch – 4 °C waren, zeigte das Thermometer am Mittag schon 10 °C an. Bestimme die Temperaturänderung.

c) Ein Taucher taucht zunächst zu einem Felsen in 8 m Tiefe und von da aus noch zu einer Höhle in 25 m Tiefe. Bestimme, wie viel Meter die Höhle tiefer als der Felsen liegt.

Prüfe dich!
Lösungen auf Seite 227

7 ≣ **Punktedifferenz**

Luca gewinnt oder verliert bei einem Würfelspiel in jeder Runde einige Punkte. Er notiert aber nicht die in der jeweiligen Runde gewonnene bzw. verlorene Punktzahl, sondern berechnet sofort seinen neuen Punktestand. Welche Punktzahl hat er in den einzelnen Spielrunden gewonnen bzw. verloren?

WÜRFEL	Luca	A
1. Spiel	+ 14	
2. Spiel	– 2	
3. Spiel	– 18	
4. Spiel	+ 3	
5. Spiel	+ 8	

8 ≣ **Änderungen an der Zahlengeraden**

Gib die Änderung mit einer positiven oder negativen Zahl an.

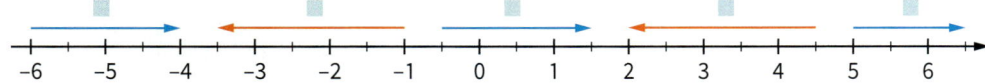

9 ≣ **Änderung eines Zustandes – Schema**

Übertrage das Schema in dein Heft und fülle die Lücken aus.

a) $-3 \xrightarrow{+6,5} \blacksquare$ b) $-\frac{1}{3} \xrightarrow{+2} \blacksquare$ c) $2,2 \xrightarrow{-5} \blacksquare$ d) $-4,5 \xrightarrow{-6,5} \blacksquare$

e) $-4 \xrightarrow{\blacksquare} -6,8$ f) $10 \xrightarrow{\blacksquare} -11,2$ g) $-2\frac{1}{4} \xrightarrow{\blacksquare} 3$ h) $-3,8 \xrightarrow{\blacksquare} -1,2$

i) $\blacksquare \xrightarrow{+6} 3$ j) $-\blacksquare \xrightarrow{-4} -1,5$ k) $\blacksquare \xrightarrow{-2,5} 3,5$ l) $-\blacksquare \xrightarrow{+\frac{2}{3}} -5$

m) $-4,7 \xrightarrow{-4,1} \blacksquare$ n) $-1,5 \xrightarrow{\blacksquare} 2,7$ o) $-\blacksquare \xrightarrow{-2,4} -0,2$ p) $-1\frac{3}{4} \xrightarrow{-1,5} \blacksquare$

Wettlauf auf der Zahlengeraden

Spielfiguren

Spielplan: Zahlengerade

Rechenzeichenwürfel

(+) Die Spielfigur blickt in die positive Richtung
(−) Die Spielfigur blickt in die negative Richtung

Zahlwürfel

Anzahl der Schritte, die die Spielfigur geht

Vorzeichenwürfel

(+) Die Spielfigur geht vorwärts
(−) Die Spielfigur geht rückwärts

Beginne mit der Spielfigur
auf der Null und würfle.

- Rechenzeichen (+): Die Spielfigur
  blickt in die positive Richtung.

- Betrag: 3 Schritte

- Vorzeichen (−): Die Spielfigur geht
  3 Schritte rückwärts und steht nun
  auf −3.

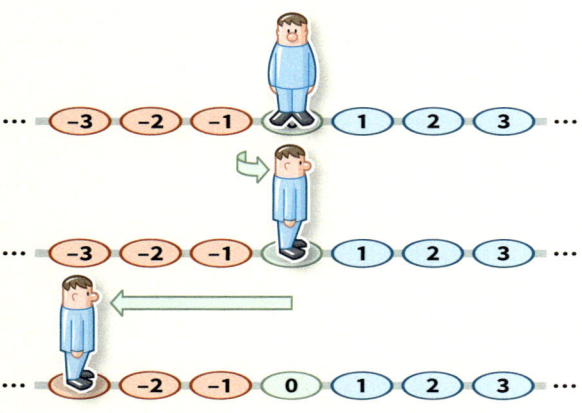

Würfle erneut und starte dort, wo deine Figur steht, im Beispiel bei −3.
Jeder spielt 5 Runden. Wer am Ende bei der größten Zahl steht, hat gewonnen.

Schuldenspiel

Es gibt drei Würfel: einen Spielwürfel und zwei +/− Würfel.

Zu Beginn hast du 10 € Guthaben in Münzen und
10 Schuldscheine im Wert von je 1 €. Insgesamt hast du
also ein Vermögen von 0 €.

- Zuerst würfelst du das Rechenzeichen:
  (+) bedeutet hinzutun
  (−) bedeutet wegnehmen

- Dann würfelst du eine Zahl mit Vorzeichen:
  (+) bedeutet Guthaben
  (−) bedeutet Schulden

Übertrage die Tabelle in dein Heft.
Jeder spielt 5 Runden.
Wer am Ende das größere Vermögen
hat, hat gewonnen.

Wie hoch ist das größte Vermögen,
das man nach 5 Runden erzielen
kann?

	Vermögen vorher	Änderung (Rechnung)	in Worten	Vermögen nachher
1.	0 €	+ (−3)	3 € Schulden kommen hinzu	−3 €
2.	−3 €	...		
3.	⋮			

4.5 Addieren und Subtrahieren

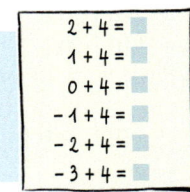

$$2 + 4 = \blacksquare$$
$$1 + 4 = \blacksquare$$
$$0 + 4 = \blacksquare$$
$$-1 + 4 = \blacksquare$$
$$-2 + 4 = \blacksquare$$
$$-3 + 4 = \blacksquare$$

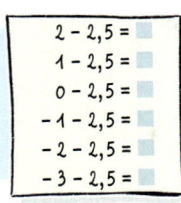

$$-3 + 2 = \blacksquare$$
$$-3 + 1 = \blacksquare$$
$$-3 + 0 = \blacksquare$$
$$-3 + (-1) = \blacksquare$$
$$-3 + (-2) = \blacksquare$$
$$-3 + (-3) = \blacksquare$$

$$2 - 2,5 = \blacksquare$$
$$1 - 2,5 = \blacksquare$$
$$0 - 2,5 = \blacksquare$$
$$-1 - 2,5 = \blacksquare$$
$$-2 - 2,5 = \blacksquare$$
$$-3 - 2,5 = \blacksquare$$

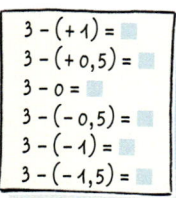

$$3 - (+1) = \blacksquare$$
$$3 - (+0,5) = \blacksquare$$
$$3 - 0 = \blacksquare$$
$$3 - (-0,5) = \blacksquare$$
$$3 - (-1) = \blacksquare$$
$$3 - (-1,5) = \blacksquare$$

Berechne. Stelle dir dabei die Rechnung auf der Zahlengeraden vor.

Zum Beispiel: $-3 + 2 = -1$

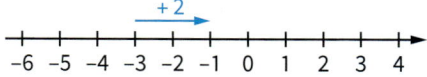

Zum Beispiel: $-3 + (-2) = -5$

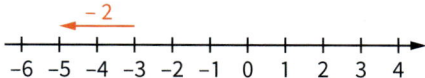

Welche Regeln erkennst du für das Addieren und Subtrahieren von positiven und von negativen Zahlen in der Darstellung an der Zahlengeraden?

Rationale Zahlen addieren

„Addiere −4 und 6."

$-4 + (+6) = 2$ vereinfacht $-4 + 6 = 2$

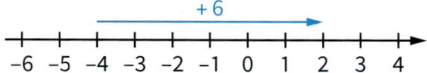

Addiert man eine positive Zahl, so geht man auf der Zahlengeraden nach rechts.

„Addiere 3 und −7."

$3 + (-7) = -4$ vereinfacht $3 - 7 = -4$

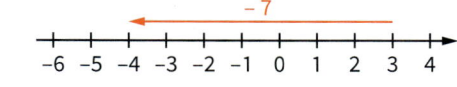

Addiert man eine negative Zahl, so geht man auf der Zahlengeraden nach links.

Rationale Zahlen subtrahieren

„Von 4 subtrahiere 10."

$4 - (+10) = -6$ vereinfacht $4 - 10 = -6$

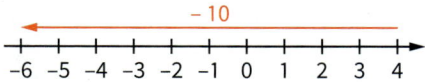

Subtrahiert man eine positive Zahl, so geht man auf der Zahlengeraden nach links.

„Von −5 subtrahiere −8."

$-5 - (-8) = 3$ vereinfacht $-5 + 8 = 3$

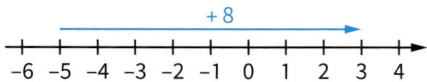

Subtrahiert man eine negative Zahl, so geht man auf der Zahlengeraden nach rechts.

WES-105429-037

Um Rechen- und Vorzeichen zu unterscheiden, nutzt man Klammern.

Addieren und Subtrahieren – Vereinfachen

Vereinfache und berechne.

a) $(+2) + (-5)$
  $= 2 - 5$
  $= -3$

b) $(-2) + (-5)$
  $= -2 - 5$
  $= -7$

c) $(+2) - (+5)$
  $= 2 - 5$
  $= -3$

d) $(-2) - (-5)$
  $= -2 + 5$
  $= 3$

Vereinfachen
$(+2) = 2$
$(-2) = -2$
$+(-5) = -5$
$-(+5) = -5$
$-(-5) = +5$

① ☰ Vereinfachen und rechnen mit ganzen Zahlen

Vereinfache zuerst und rechne dann.

a) $-8 + (-5)$
b) $-22 - (-15)$
c) $(-6) - (-7)$
d) $(-25) + (-12)$
e) $(+35) - (-17)$
f) $50 + (-60)$
g) $-12 - 24$
h) $81 - (+64)$
i) $-20 + (-40)$
j) $-60 - (+20)$
k) $(-60) - (-20)$
l) $144 - (+72)$

2 ≡ Kopfrechnen

Vereinfache im Kopf und berechne.

a) $(-8)+(-4)$ b) $(-11)-(-15)$ c) $(+6)-(-14)$ d) $(+18)-(-13)$

e) $(+5)-(-23)$ f) $0+(-60)$ g) $(+42)-(-58)$ h) $(-48)-(-52)$

i) $\frac{1}{2}+(-1)$ j) $-\frac{1}{3}-\left(-\frac{2}{3}\right)$ k) $\left(+\frac{5}{8}\right)+\left(-\frac{3}{8}\right)$ l) $-\frac{3}{10}-\left(-\frac{7}{10}\right)$

m) $(-5,5)-(+1,8)$ n) $(+1,7)+(-1,8)$ o) $(-3,7)-(-6,3)$ p) $(-2,5)+(+2,5)$

3 ≡ Training mit Dezimalzahlen

Übertrage die Tabellen in dein Heft und fülle sie aus.

+	2,5	−4	−0,25	−9,8
−3	−0,5	▦	▦	▦
−0,4	▦	▦	▦	▦
2	▦	▦	▦	▦

−	3,5	−5,2	−0,5	0,25
2,3	−1,2	▦	▦	▦
−0,6	▦	▦	▦	▦
−0,15	▦	▦	▦	▦

Nachschlagen
Brüche addieren und subtrahieren
Seite 14

4 ≡ Training mit Brüchen

a) $-\frac{5}{8}+\left(-\frac{3}{8}\right)$ b) $\frac{5}{6}+\left(-\frac{2}{3}\right)$ c) $-\frac{3}{4}+\frac{7}{12}$ d) $-\frac{5}{4}-\left(-\frac{5}{6}\right)$

e) $-\frac{5}{6}+\left(-\frac{4}{9}\right)$ f) $\frac{7}{20}-\frac{3}{8}$ g) $\frac{3}{8}+\left(-\frac{1}{3}\right)$ h) $-\frac{4}{5}-\frac{3}{4}$

i) $-2-\frac{1}{3}$ j) $2-\frac{1}{3}$ k) $-2+\frac{1}{3}$ l) $-2-\left(-\frac{1}{3}\right)$

Prüfe dich!
Lösungen auf
Seite 227

5 ≡ Vereinfache und berechne.

a) $(-14)+(-18)$ b) $32+(-6)$ c) $(-2,5)+6$ d) $-3,3+(-2,7)$

e) $\left(-\frac{3}{4}\right)+\left(-\frac{1}{2}\right)$ f) $-\frac{4}{5}-\left(-\frac{1}{10}\right)$ g) $\frac{3}{5}+\left(-\frac{2}{3}\right)$ h) $\frac{1}{6}-\left(-\frac{1}{3}\right)$

Vorbereiten
Rechenwege
beschreiben
Seite 197

6 ≡ Summen und Differenzen aus drei Zahlen

Bilde aus je zwei Zahlen eine Summe und eine Differenz.

a) Berechne alle möglichen Additions- und Subtraktions-
aufgaben. Wie viele verschiedene Ergebnisse gibt es?

b) Welche Summe oder Differenz hat das kleinste oder das größte Ergebnis?

$+3 \qquad -4$
$\qquad -2,5$

7 ≡ Vereinfachen von Rechenausdrücken

a) Welche Rechenausdrücke haben dasselbe Ergebnis? Vereinfache die Rechenausdrücke.

$5-2 \quad -5-2 \quad 5-(-2) \quad (-5)+(+2) \quad (-5)+(-2) \quad -5+2 \quad -5-(-2) \quad 5+(-2) \quad 5+2 \quad -5-(+2)$

b) Bilde aus je zwei Zahlen eine Summe und eine Differenz.
Gib an, wie viele verschiedene Ergebnisse entstehen.

$-4 \quad -3 \quad +3 \quad +4$

8 ≡ Vom Text zum Rechenausdruck

Schreibe den Rechenausdruck auf und berechne ihn.

a) Addiere 24,5 und −13.   b) Subtrahiere −12,5 von 46.

c) Bilde die Summe aus 53,4 und −18,6.   d) Bilde die Differenz aus 67,5 und −47,1.

e) Vergrößere −73,3 um 16,8.   f) Vermindere −89,2 um 25,9.

9 ≡ Zahlen gesucht

a) Welche Zahl muss man zu −58,5 addieren, um −15 zu erhalten?

b) Welche Zahl muss man von −64,9 subtrahieren, um −81,1 zu erhalten?

c) Welche Zahl muss man zu $-\frac{1}{2}$ addieren, um 4 zu erhalten?

d) Welche Zahl muss man von 23,3 subtrahieren, um −23 zu erhalten?

10 ☰ **Zahlenleine**

Wähle immer zwei Zahlen von der Zahlenleine. Welche Zahlen kannst du wählen?

Die Summe ist möglichst groß.	Die Differenz ist möglichst groß.	Die Differenz ist kleiner als – 20.	Die Summe ist kleiner als – 50.
Die letzte Ziffer der Differenz ist 0.	Die Summe ist dreistellig.	Die Summe ist – 12.	Die Differenz liegt zwischen – 5 und 5.

---

11 ☰ Schreibe den Rechenausdruck auf und berechne.

a) Addiere – 17,5 und – 0,8.   b) Subtrahiere 12,5 von – 35.

c) Vergrößere – 10,4 um 4,8.   d) Vermindere 27,1 um 26,3.

e) Addiere 16,2 und – 16,8.   f) Subtrahiere – 20,5 von – 27,5.

Prüfe dich!
Lösungen auf
Seite 227

12 ☰ a) Bestimme die Zahl, die man zu – 4,5 addieren muss, um – 10 zu erhalten.

b) Bestimme die Zahl, die man von $\frac{1}{3}$ subtrahieren muss, um $-\frac{1}{2}$ zu erhalten.

c) Bestimme die Zahl, die man zu – 100 addieren muss, um 95,3 zu erhalten.

---

13 ☰ **Zahlenrätsel**

a) Tom denkt sich eine Zahl. Er addiert 25, subtrahiert anschließend 17 und erhält dann – 8. Welche Zahl hat er sich ausgedacht?

b) Emma subtrahiert von einer Zahl 4 und addiert anschließend 15,5. Sie erhält 0. Wie heißt die Zahl?

14 ☰ **Wahr oder falsch?**

Begründe die Aussage oder widerlege sie mit einem Gegenbeispiel.

a) Subtrahiert man von einer positiven Zahl eine negative Zahl, dann ist die Differenz positiv.

b) Addiert man zu einer Zahl den Betrag der Zahl, erhält man das Doppelte der Zahl.

c) Die Summe zweier negativer Zahlen ist immer positiv.

15 ☰ **Geliehenes Geld**

a) Für einen Pausensnack leiht sich Erik von Lena 70 ct. Dann leiht er sich von ihr noch weitere 50 ct für ein Getränk. Wie viel muss Erik zurückzahlen?

b) Mona hat sich 1,50 € von Lisa geliehen. Nun möchte sich Mona von Lisa weitere 1,25 € leihen. Später zahlt Mona an Lisa 2 € zurück. Wie viel muss Mona jetzt noch zurückzahlen?

16 ☰ **Neuer Kontostand**

a) Auf einem Bankkonto ist ein Guthaben von 72,50 €. Wie lautet der Kontostand, nachdem eine Überweisung (Bezahlen einer Rechnung) über 91,25 € ausgeführt wurde?

b) Das Guthaben auf einem Bankkonto beträgt 82 €. Nun werden 100 € abgehoben. Später trifft eine Gutschrift über 43 € ein. Gib den neuen Kontostand an.

c) Ein Bankkonto weist aus, dass es mit 15 € im Minus ist. Es werden 160 € eingezahlt. Später werden noch 32 € abgebucht. Gib den neuen Kontostand an.

17 ☰ **Mögliche Kontostände**

Ein Bankkonto hat ein Guthaben von 45,60 €. Der Kontostand ändert sich zunächst um 60,30 € und dann um 25 €. Gib alle Möglichkeiten für den neuen Kontostand an.

4.6 Multiplizieren und Dividieren

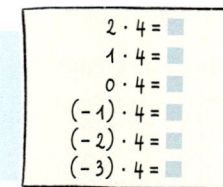

$$2 \cdot 4 = \square$$
$$1 \cdot 4 = \square$$
$$0 \cdot 4 = \square$$
$$(-1) \cdot 4 = \square$$
$$(-2) \cdot 4 = \square$$
$$(-3) \cdot 4 = \square$$

$$(-3) \cdot 2 = \square$$
$$(-3) \cdot 1 = \square$$
$$(-3) \cdot 0 = \square$$
$$(-3) \cdot (-1) = \square$$
$$(-3) \cdot (-2) = \square$$
$$(-3) \cdot (-3) = \square$$

$$(-24) : 2 = \square, \ denn \ 2 \cdot \square = -24$$
$$(-24) : 1 = \square, \ denn \ \dots$$
$$(-24) : 0 = \square, \ denn \ \dots$$
$$(-24) : (-1) = \square, \ denn \ \dots$$
$$(-24) : (-2) = \square, \ denn \ \dots$$
$$(-24) : (-3) = \square, \ denn \ \dots$$

- Übertrage die Aufgabenreihen in dein Heft und vervollständige sie.
- Eine Regel lautet: *„Das Produkt von zwei positiven rationalen Zahlen ist positiv."*
  Formuliere weitere Vorzeichenregeln für das Multiplizieren und das Dividieren.

WES-105429-038

Ich merke mir
$$+ \cdot + = +$$
$$+ \cdot - = -$$
$$- \cdot + = -$$
$$- \cdot - = +$$

Rationale Zahlen multiplizieren

Wenn zwei rationale Zahlen dasselbe Vorzeichen haben, dann ist das Produkt positiv.

$$(+3) \cdot (+4) = +12$$
$$(-3) \cdot (-4) = +12$$

Wenn zwei rationale Zahlen verschiedene Vorzeichen haben, dann ist das Produkt negativ.

$$(+3) \cdot (-4) = -12$$
$$(-3) \cdot (+4) = -12$$

Rationale Zahlen dividieren

Wenn zwei rationale Zahlen dasselbe Vorzeichen haben, dann ist der Quotient positiv.

$$(+21) : (+3) = +7$$
$$(-21) : (-3) = +7$$

Wenn zwei rationale Zahlen verschiedene Vorzeichen haben, dann ist der Quotient negativ.

$$(+21) : (-3) = -7$$
$$(-21) : (+3) = -7$$

Rationale Zahlen multiplizieren und dividieren

Bestimme zuerst das Vorzeichen im Kopf, rechne dann ohne Vorzeichen.

a) $(-1,5) \cdot (-3) = +(1,5 \cdot 3) = +4,5$

$- \cdot - = +$ (ohne Vorzeichen rechnen)

b) $\left(-\frac{1}{2}\right) : \left(+\frac{1}{4}\right) = -\left(\frac{1}{2} : \frac{1}{4}\right) = -\left(\frac{1}{2} \cdot 4\right) = -2$

$- : + = -$ (ohne Vorzeichen rechnen)

❶ ≡ Rechnen im Kopf

Überlege zuerst welches Vorzeichen das Ergebnis hat. Berechne dann.

a) $(-5) \cdot (-3)$ b) $(-4) \cdot 2,5$ c) $8 \cdot (-9)$ d) $-6 \cdot (-7)$

e) $(-6) \cdot 4$ f) $(-7) \cdot (-5)$ g) $12 \cdot (-4)$ h) $(-100) \cdot (-0,1)$

i) $(-36) : (-4)$ j) $(-56) : 7$ k) $32 : (-8)$ l) $24 : (-4)$

❷ ≡ Vorsicht beim Rechnen mit der Null

a) $0 \cdot (-8)$ b) $-4,5 \cdot 0$ c) $-\frac{1}{3} : 0$ d) $0 : (-2,5)$

Nachschlagen
Multiplizieren
Seite 18
Dividieren
Seite 21

❸ ≡ Rechnen mit Brüchen

a) $\left(-\frac{1}{3}\right) \cdot \left(-\frac{3}{5}\right)$ b) $\frac{3}{4} \cdot \left(-\frac{5}{6}\right)$ c) $\left(-\frac{1}{2}\right) \cdot (-4)$ d) $\frac{2}{9} \cdot \left(-\frac{3}{4}\right)$

e) $\frac{2}{3} \cdot \left(-\frac{3}{5}\right)$ f) $\left(-\frac{2}{3}\right) \cdot \frac{1}{2}$ g) $\left(-\frac{5}{8}\right) \cdot \left(-\frac{2}{15}\right)$ h) $\frac{2}{5} \cdot \left(-\frac{3}{8}\right)$

i) $\left(-\frac{2}{3}\right) : \left(-\frac{2}{9}\right)$ j) $\frac{3}{5} : \left(-\frac{5}{3}\right)$ k) $\left(-\frac{1}{4}\right) : \left(-\frac{1}{8}\right)$ l) $\left(-\frac{2}{3}\right) : \left(\frac{2}{3}\right)$

4 ≡ **Rechnen mit Dezimalzahlen**

a) $(-1,5)\cdot(-3)$ b) $(-12):0,5$ c) $4:(-1)$ d) $2,5\cdot(-0,5)$
e) $4\cdot(-0,75)$ f) $(-2,4):0,8$ g) $(-3,6):(-0,09)$ h) $5\cdot(-0,2)$
i) $(-24)\cdot0,25$ j) $10:(-10)$ k) $(-4):(-10)$ l) $(-3,6):1,8$

5 ≡ **Überschlagen**

In welchem Bereich liegt das Ergebnis? Überschlage im Kopf.

a) $(-2,5)\cdot1,2$ b) $-2\cdot\left(-\frac{5}{6}\right)$ c) $(-0,1)\cdot(-1,1)$

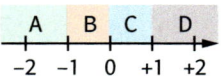

6 ≡ **Vorzeichentabelle**

Florian hat sich eine Tabelle erstellt, damit er sich die Vorzeichen bei der Multiplikation einfacher merken kann.

a) Ergänze die Tabelle im Heft. Gib jeweils eine Beispielrechnung an.
b) Erstelle eine Tabelle für die Division. Gib jeweils ein Beispiel an.

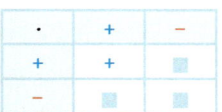

7 ≡ **Rechnen mit (– 1)**

Multipliziere verschiedene rationale Zahlen mit (-1). Was stellst du fest?
Was passiert beim Dividieren durch (-1)?

8 ≡ Berechne. a) $(-3)\cdot4$ b) $(-2,5)\cdot(-8)$ c) $-4,75\cdot0$ d) $2,2\cdot(-3)$
e) $\left(-\frac{3}{4}\right)\cdot\left(-\frac{1}{2}\right)$ f) $\left(-\frac{1}{4}\right)\cdot\frac{4}{5}$ g) $\left(-\frac{3}{4}\right):(-2)$ h) $\left(-\frac{1}{4}\right):\frac{4}{5}$ i) $\frac{2}{3}:\left(-\frac{4}{3}\right)$

Prüfe dich!
Lösungen auf
Seite 227

9 ≡ **Dividieren – unterschiedliche Schreibweisen**

a) $(-0,6):0,5$ b) $\frac{7}{8}:\left(-\frac{1}{4}\right)$ c) $\frac{2}{3}:\left(-\frac{3}{5}\right)$ d) $\frac{9}{10}:\left(-\frac{2}{7}\right)$
e) $0,75:(-0,75)$ f) $\left(-\frac{2}{3}\right):\frac{1}{2}$ g) $\left(-\frac{2}{5}\right):\left(-1\frac{2}{3}\right)$ h) $1\frac{1}{7}:\left(-\frac{6}{5}\right)$

10 ≡ **Zahlenrätsel**

a) Welche Zahl muss man durch $-\frac{3}{2}$ dividieren, um -1 zu erhalten?
b) Durch welche Zahl muss man $0,8$ dividieren, um -1 zu erhalten?
c) Mit welcher Zahl muss man $1,05$ multiplizieren, um -2 zu erhalten?

11 ≡ **Wahr oder falsch?**

a) Wenn man in einem Quotienten zum Dividenden 1 addiert und vom Divisor 1 subtrahiert, ändet sich der Quotient nicht.
b) Wenn man in einem Quotienten den Dividenden mit (-1) multipliziert und den Divisor durch (-1) dividiert, ändert sich der Quotient nicht.

12 ≡ **Potenzen**

Nachschlagen
Potenzen
Seite 194

a) Berechne die Potenzen von negativen Zahlen.

$(-3)^3$, $(-5)^3$, $(-2)^5$, $\left(-\frac{1}{2}\right)^2$, $\left(-\frac{1}{2}\right)^3$, $\left(-\frac{1}{2}\right)^4$, $\left(-\frac{1}{2}\right)^5$, $\left(-\frac{2}{3}\right)^3$, $\left(-\frac{2}{3}\right)^4$, $(-10)^3$, $(-10)^4$

b) Das Vorzeichen lässt sich mithilfe des Exponenten bestimmen. Formuliere eine Regel.

13 ≡ **Wer hat recht?**

Eva und Raul sind verschiedener Meinung. Wer hat recht? Begründe.

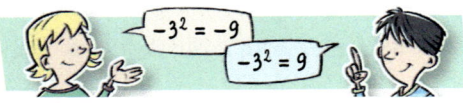

14 ≡ Berechne. a) $(-4)^3$ b) $(-4)^4$ c) $\left(-\frac{2}{3}\right)^3$ d) -2^4 e) $\left(-\frac{1}{5}\right)^3$

15 ≡ $(-2)^5=-32$ Beschreibe, was passiert, wenn der Exponent um 1 verringert wird.

Prüfe dich!
Lösungen auf
Seite 228

4.7 Rechenregeln anwenden

$$\left(-\tfrac{1}{2}\right)\cdot\left(-3-(3{,}5+1{,}5)\right)$$
$$=\left(-\tfrac{1}{2}\right)\cdot(-3-5)$$
$$=\left(-\tfrac{1}{2}\right)\cdot(-8)$$
$$=4$$

$$-3{,}6-7+10\cdot\left(-\tfrac{1}{2}\right)^2$$
$$=-3{,}6-7+10\cdot\tfrac{1}{4}$$
$$=-3{,}6-7+2{,}5$$
$$=-8{,}1$$

Kommutativgesetz
Assoziativgesetz
Distributivgesetz
Klammern zuerst
Potenzen zuerst
Punkt vor Strich
von links nach rechts

Nachschlagen
Seite 195

Welche Rechenregeln und Rechengesetze haben Lea und Tim genutzt?

WES-105429-039

Rechenregeln für rationale Zahlen
Für das Rechnen mit rationalen Zahlen gelten alle bekannten **Rechenregeln** (Vorrangregeln) und **Rechengesetze.**

Achte auf die Vorzeichen.

1 ≡ **Rechenregeln anwenden**
Vereinfache zuerst und berechne dann.
a) $(-18)+(-4)+(-12)$ b) $(-11)-(-15)+(-9)$ c) $(+26)-(-14)+(-3)$ d) $(+18)-(-13)+6$
e) $(+5)-(-23)-(+5)$ f) $0+(-60)-(-17)$ g) $(+42)-(-58)-23$ h) $(-48)-(-52)+18$
i) $\frac{1}{2}+(-1)+\left(-\frac{1}{4}\right)$ j) $-\frac{1}{3}-\left(-\frac{2}{3}\right)+\left(-\frac{1}{3}\right)$ k) $\left(+\frac{5}{8}\right)+\left(-\frac{3}{8}\right)-\left(+\frac{1}{2}\right)$ l) $-\frac{3}{10}-\left(-\frac{7}{10}\right)+\left(+\frac{3}{5}\right)$

2 ≡ **Produkte mit drei Faktoren**
Bestimme zuerst das Vorzeichen im Kopf, berechne dann.
a) $(-2)\cdot(-7)\cdot5$ b) $4\cdot(-18)\cdot(-2{,}5)$ c) $(-6)\cdot(-4)\cdot(-2)$ d) $3\cdot4\cdot(-1)$
e) $\left(-\frac{1}{2}\right)\cdot\left(-\frac{2}{3}\right)\cdot\left(-\frac{3}{4}\right)$ f) $\frac{2}{5}\cdot\left(-\frac{3}{2}\right)\cdot\frac{5}{3}$ g) $\frac{3}{5}\cdot\left(-\frac{7}{10}\right)\cdot\left(-\frac{3}{7}\right)$ h) $\frac{1}{2}\cdot\frac{1}{3}\cdot\left(-\frac{3}{4}\right)$

3 ≡ **Grundrechenarten gemischt**
In den Aufgaben tauchen alle vier Grundrechenarten auf. Löse im Kopf.
a) $-3-(-7)$ b) $0\cdot(-6{,}25)$ c) $-9+4$ d) $(-9)^2$
e) $-3\cdot(-7)$ f) $-18:(-3)$ g) $-18-(-3)$ h) $0{,}5+(-3{,}2)$
i) $-0{,}5+(-1{,}5)$ j) $36:(-3)$ k) $-45\cdot(-1)$ l) $-6-(-1{,}5)$

4 ≡ **Kopfrechnen mit mehr als zwei Zahlen**
a) $(-3)\cdot(-2)\cdot(-6)$ b) $(-4)\cdot2\cdot(-5)$ c) $-81:(-9)\cdot(-2)$ d) $(-4)\cdot(-5)^2$
e) $(-6):(-2):(-3)$ f) $(-8)\cdot3:(-6)$ g) $(-3)^2\cdot3^2:(-9)$ h) $(-5)^3:(-5)$

5 ≡ **Rechengesetze nutzen**
Rechne geschickt.
a) $-67-12{,}5-33$ b) $(-4)\cdot(-53)\cdot(-25)$ c) $15+(-38)+(-15)$ d) $\frac{3}{7}-\frac{1}{2}+\frac{4}{7}$
e) $79-168+(-32)$ f) $(-240):(-5):(-8)$ g) $0{,}5-(-12{,}3)+2{,}7$ h) $-\frac{2}{3}+\frac{1}{2}+\frac{5}{3}$

6 ≡ **Plusklammern auflösen**
Löse die Klammer auf und berechne.
a) $7+(-12{,}5+3)$ b) $-16+(8{,}75-4)$
c) $19+(-0{,}5-9)$ d) $-2{,}2+(-12{,}5-7{,}8)$
e) $4{,}5+(-1{,}5-3{,}8)$ f) $-2{,}1+(6{,}7-1{,}9)$
g) $\frac{3}{4}+\left(-\frac{1}{3}+\frac{5}{4}\right)$ h) $-\frac{3}{4}+\left(-\frac{1}{4}-2\right)$ i) $\frac{2}{9}+\left(-\frac{1}{18}-\frac{1}{6}\right)$ j) $-\frac{3}{5}+\left(-\frac{4}{10}-\frac{3}{4}\right)$

Plusklammer auflösen
Plusklammer $+(\dots)$ weglassen.
$$4+(-2{,}5+3{,}5)\qquad 7{,}3+(+2{,}7-4{,}5)$$
$$=4\quad-2{,}5+3{,}5\qquad =7{,}3\quad+2{,}7-4{,}5$$

7 ≡ **Klammer mit (–1) multiplizieren**

Berechne. Was passiert, wenn man die Klammer mit (–1) multipliziert?

a) $(-1) \cdot (5 + 3)$　　b) $(-1) \cdot (-5{,}5 - 4{,}5)$　　c) $(-4{,}5 + 3{,}5) \cdot (-1)$　　d) $(3 - 6{,}3) \cdot (-1)$

8 ≡ **Rechengeschichte**

Greta: „Ich bekomme noch 20 € Taschengeld."

Mama: „Aber gestern hat dir Papa bereits 10 € gegeben."

Greta: „Heute habe ich 3 € für den Ausflug bezahlt."

a) Wie viel Geld erhält Greta noch?

b) Erkläre die Rechnungen:　　$20 - (10 - 3) = 20 - 7 = 13$　　　$20 - 10 + 3 = 10 + 3 = 13$

9 ≡ **Minusklammern auflösen**

Löse die Klammer auf und berechne.

a) $4 - (-16 + 5{,}5)$　　b) $-9 - (+2{,}3 + 5)$

c) $3{,}25 - (-2{,}5 - 0{,}75)$　　d) $-(-7{,}4 - 3{,}6)$

e) $\frac{1}{4} - \left(-\frac{1}{2} + \frac{3}{4}\right)$　　f) $-\frac{1}{6} - \left(\frac{2}{3} - \frac{1}{4}\right)$

> **Minusklammer auflösen**
>
> „+" und „–" in der Klammer austauschen und Minusklammer –(...) weglassen.
>
> $4 - (-2{,}5 + 1{,}2)$　　　$7{,}3 - (+2{,}7 - 4{,}5)$
>
> $= 4 \ \ +2{,}5 - 1{,}2$　　$= 7{,}3 \ \ -2{,}7 + 4{,}5$

10 ≡ **Klammern auflösen**

Löse die Klammer auf und berechne.

a) $6 - (-4 + 1{,}5)$　　b) $-2{,}5 - (0{,}5 - 3)$　　c) $-12 + (6{,}6 + 10)$　　d) $10 - (-3 + 1{,}5)$

e) $(8{,}1 - 4{,}4) - 5{,}6$　　f) $(-0{,}5) - (-9{,}5 - 2{,}5)$　　g) $26 - (6 + 10)$　　h) $-4{,}5 - (-1{,}5 + 2{,}5)$

i) $-\frac{2}{3} + \left(-\frac{1}{3} + 1\right)$　　j) $\frac{3}{10} + \left(-\frac{1}{5} - \frac{7}{10}\right)$　　k) $\frac{2}{3} - \left(-\frac{2}{3} - 1\right)$　　l) $\frac{7}{10} - \left(-\frac{2}{5} + \frac{1}{10}\right)$

11 ≡ **Rechenregeln anwenden**

Berechne. Achte auf das Vorzeichen.

a) $(-4) \cdot (8 - 5)$　　b) $(-3)^2 \cdot (5 + 4)$　　c) $(-5) \cdot 40 \cdot (-2)$　　d) $16 + 8 : (-2)$

e) $(-4) + (-3)^3$　　f) $120 : (-20 : 5)$　　g) $36 - 2^5 - (-4)$　　h) $(-2)^4 + (-4)^2$

i) $\left(\frac{3}{4}\right)^2 - \left(-\frac{7}{16}\right)$　　j) $\left(-\frac{1}{3} + 1\right) \cdot (-3)$　　k) $\left(-\frac{5}{6} - \frac{1}{6}\right)^2 - 4$　　l) $-\frac{2}{3} - \left(-\frac{3}{4} : \frac{3}{2}\right)$

12 ≡ **Berechne geschickt.**

a) $(-3) \cdot (-6) + 5$　　b) $(-1) \cdot (-2)^3 - 10$　　c) $(-45) : 9 \cdot (-4)$　　d) $(-3)^2 + (-5) - 4$

e) $2 - \left(-\frac{1}{3} + 4\right)$　　f) $-4 - \left(-5 - \frac{1}{2}\right)$　　g) $-\frac{3}{5} + \left(-\frac{2}{5} + 1\frac{2}{3}\right)$　　h) $-1 - (2^3 - 2)$

Prüfe dich!
Lösungen auf
Seite 228

13 ≡ **Fehlersuche**

Finde die Fehler in Michels Rechnungen und korrigiere sie.

a)　$-7{,}5 - 2{,}5 \cdot 8$
$= -10 \cdot 8$
$= -80$

b)　$-5{,}5 + (-10) : 0{,}5$
$= -5{,}5 + (-5)$
$= -10{,}5$

c)　$-3{,}7 - (-4{,}5 - 2{,}3)$
$= -3{,}7 + 4{,}5 - 2{,}3$
$= -6 + 4{,}5 = -1{,}5$

14 ≡ **Vom Text zum Rechenausdruck**

Schreibe den Rechenausdruck auf und berechne.

a) Addiere zum Produkt der Zahlen –2 und –7 die Zahl 5.

b) Multipliziere die Summe aus den Zahlen 3 und –5 mit der Zahl –5.

c) Dividiere das Produkt aus den Zahlen 5 und $-\frac{2}{3}$ durch die Zahl $\frac{5}{3}$.

d) Subtrahiere von der Differenz aus den Zahlen –2 und –4 die Zahl –11.

15 ≡ **Vom Rechenausdruck zum Text**

Schreibe den Rechenausdruck in Worten und berechne.

a) $(-4) \cdot (3{,}6 - 8)$　　b) $2{,}5 - (5 + 1{,}5)$　　c) $(-7{,}5 + 11) : 5$　　d) $\left(\frac{1}{4} - \frac{2}{3}\right) \cdot 12$

Nachschlagen
Distributivgesetz
Seite 195

WES-105429-040

16 ≡ **Ausmultiplizieren**

Multipliziere aus und berechne.

a) $-9 \cdot (-30 - 6)$ b) $20 \cdot \left(-\frac{1}{4} + \frac{4}{5}\right)$ c) $-\frac{2}{3} \cdot (24 - 72)$

d) $-\frac{4}{3} \cdot \left(-\frac{9}{4} + \frac{3}{8}\right)$ e) $\left(\frac{15}{4} - 5\right) \cdot \left(-\frac{4}{5}\right)$ f) $\left(-\frac{6}{5} - \frac{3}{4}\right) \cdot (-4)$

Ausmultiplizieren

$4 \cdot \left(-\frac{5}{2} + \frac{1}{4}\right)$

$= 4 \cdot \left(-\frac{5}{2}\right) + 4 \cdot \frac{1}{4}$

$= -10 + 1 = -9$

17 ≡ **Ausklammern**

Klammere aus und berechne.

a) $(-3) \cdot (-5) + 8 \cdot (-5)$ b) $67 \cdot (-5) + 67 \cdot 4$

c) $(-3) \cdot 19 + (-3) \cdot (-16)$ d) $(-43) \cdot 15 + (-43) \cdot (-20)$

e) $2,5 \cdot (-1,2) + 2,5 \cdot 1,3$ f) $(-2,7) \cdot 0,5 + 2,5 \cdot 0,5$

Ausklammern

$(-6) \cdot (-51) + (-6) \cdot 47$

$= (-6) \cdot (-51 + 47)$

$= (-6) \cdot (-4) = 24$

Prüfe dich!
Lösungen auf
Seite 228

18 ≡ Berechne geschickt.

a) $(-3,6 + 1,6) : 0,1$ b) $-\frac{1}{4} - \left(\frac{3}{4} - \frac{3}{2}\right)$ c) $(3,5 - 2,5) \cdot (-1)$ d) $(-2 + 5)^2 : (-5)$

e) $3 \cdot (-1,6) + 3 \cdot (-0,4)$ f) $(-5) \cdot 7 - (-5) \cdot 2$ g) $(-7,2 + 0,5) \cdot 0,2$ h) $\left(\frac{1}{5} - 14\right) \cdot (-5)$

19 ≡ a) Addiere zu der Differenz aus den Zahlen 10 und -5 die Zahl -7.

b) Multipliziere die Summe der Zahlen $-7,5$ und 8 mit der Zahl -3.

20 ≡ **Zahl in der Mitte**

Bestimme rechnerisch die Zahl in der Mitte.

a) -2 und -8 b) $-6,5$ und $3,5$ c) -4 und 3

d) $-\frac{1}{6}$ und $\frac{1}{2}$ e) -47 und 37 f) $-\frac{2}{3}$ und $\frac{1}{4}$

Zahl in der Mitte

Mitte von -2 und 3

Rechne: $(-2 + 3) : 2 = 0,5$

21 ≡ **Vorzeichen in Produkten**

Zehn rationale Zahlen werden multipliziert. Welches Vorzeichen hat das Produkt?

a) Von den zehn Zahlen sind neun Zahlen positiv, eine ist negativ.

b) Alle zehn Zahlen sind negativ.

c) Die Hälfte der zehn Zahlen ist positiv, die andere negativ.

d) Von den zehn Zahlen sind drei Zahlen negativ und sieben Zahlen sind positiv.

22 ≡ **Produkt mit vielen Faktoren**

Ein Produkt besteht aus mehreren Faktoren. Schreibe jeweils ein Beispiel auf und erkläre.

a) Welche Bedingungen müssen erfüllt sein, damit das Produkt positiv ist?

b) Wann wird das Produkt negativ?

23 ≡ **Wahr oder falsch?**

Prüfe die Aussagen. Begründe oder widerlege mit einem Gegenbeispiel.

a) Die Summe zweier rationaler Zahlen ist immer größer als die Differenz der beiden Zahlen.

b) Das Produkt zweier rationaler Zahlen ist immer größer als die Summe der beiden Zahlen.

c) Das Produkt zweier rationaler Zahlen ist immer größer als der Quotient der beiden Zahlen.

24 ≡ **Temperaturen in Grad Fahrenheit**

In den USA werden Temperaturen in Grad Fahrenheit (°F) gemessen.

a) Temperaturangaben kann man mit folgenden Rechenschritten von °F in °C umrechnen:

„Subtrahiere 32, multipliziere das Ergebnis mit 5 und dividiere nun das Ergebnis durch 9."

Rechne um in °C: 212°F   104°F   68°F   41°F   32°F   23°F   5°F -4°F

b) Rechne um in °F: 10°C   15°C   25°C   30°C -10°C -15°C -25°C -40°C

„Dividiere die Temperatur in °C durch 5, multipliziere das Ergebnis mit 9 und addiere 32."

c) Recheriere Temperaturen in °C und °F: Bei welcher Temperatur friert Wasser?

Mein Merkzettel

Zahlengerade

negative Zahlen   positive Zahlen

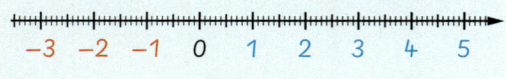

$-3 < -1$ $-1 < 2$

Betrag einer Zahl

Der Betrag einer Zahl gibt an, wie weit die Zahl von der Null entfernt ist.

$|-2| = 2$ $|2| = 2$

Koordinatensystem

Seite 84
Seite 88

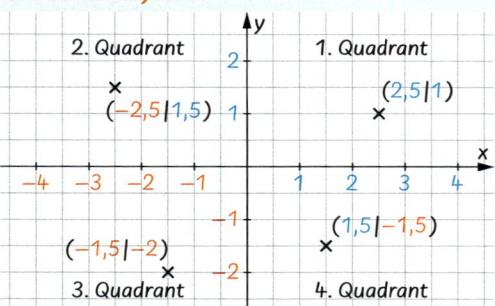

Vorgänger und Nachfolger bei ganzen Zahlen

$\ldots -3 \quad -2 \quad -1 \quad 0 \quad 1 \quad 2 \quad 3 \ldots$

Vorgänger	Zahl	Nachfolger
-5	-4	-3
-2	-1	0
-1	0	1

Mitte zwischen -3 und 5 bestimmen

Seite 86
Seite 85
Seite 100

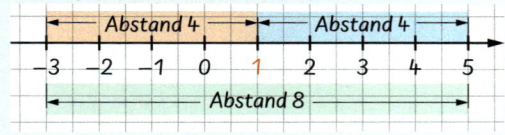

Rechnung: $(-3 + 5) : 2 = 1$

Zustände und Änderungen

Seite 90

Zustand	Temperatur $-3\,°C$
Änderung	Die Temperatur steigt um $7\,°C$.
Zustand	Temperatur $4\,°C$

Eine Temperaturänderung um $+7\,°C$ bedeutet, die Temperatur steigt um $7\,°C$.

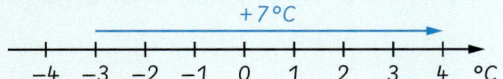

Zustand	Temperatur $3\,°C$
Änderung	Die Temperatur sinkt um $5\,°C$.
Zustand	Temperatur $-2\,°C$

Eine Temperaturänderung um $-5\,°C$ bedeutet, die Temperatur sinkt um $5\,°C$.

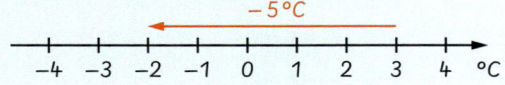

Addieren und subtrahieren

Vereinfache zuerst

$8 + (+5) = 8 + 5 = 13$
$8 + (-5) = 8 - 5 = 3$
$8 - (+5) = 8 - 5 = 3$
$8 - (-5) = 8 + 5 = 13$

Multiplizieren

Vorzeichen beachten

$(+8) \cdot (+5) = +40$
$(+8) \cdot (-5) = -40$
$(-8) \cdot (+5) = -40$
$(-8) \cdot (-5) = +40$

Dividieren

Vorzeichen beachten

$(+28) : (+4) = +7$
$(+28) : (-4) = -7$
$(-28) : (+4) = -7$
$(-28) : (-4) = +7$

Seite 93
Seite 96

Potenzen

	Exponent gerade	Exponent ungerade
Basis positiv	$3^4 = 81$	$3^3 = 27$
Basis negativ	$(-3)^4 = 81$	$(-3)^3 = -27$

Achtung: $-3^2 = -9$

Rechenregeln für Rechenausdrücke

Seite 97

Nutze die vereinfachte Schreibweise und achte auf das Vorzeichen.

- Klammern zuerst berechnen oder auflösen
- Potenzrechnung vor Punktrechnung
- Punktrechnung vor Strichrechnung

Lösungen auf
Seite 228

Wiederholen für die Klassenarbeit

1 ≡ Zahlen auf der Zahlengeraden

Gib an, welche Zahlen markiert sind. Achte auf die Einteilung.

a) 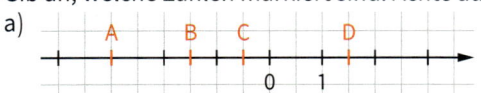 b)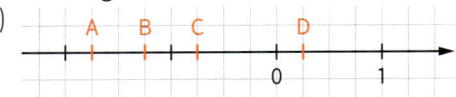

2 ≡ Zahlen markieren

Zeichne einen passenden Ausschnitt der Zahlengeraden und trage die Zahlen ein.

a) $-0,5$ -3 $-1,5$ $0,5$ b) -50 -55 -75 -100

3 ≡ Vorgänger und Nachfolger von ganzen Zahlen

a) Gib den Vorgänger und den Nachfolger von -12 an.

b) Gib die Zahl an, deren Vorgänger -7 ist.

c) Der Vorgänger einer Zahl ist -2. Gib den Nachfolger der Zahl an.

4 ≡ Zahl in der Mitte

Bestimme die Zahl, die genau in der Mitte zwischen den beiden Zahlen liegt.

a) -8 und 2 b) -5 und -4 c) $-2,5$ und $0,5$ d) -12 und 25

5 ≡ Beträge

a) Ordne die Zahlen nach ihren Beträgen. $-0,5$ $-3,7$ $2,5$ $0,1$ $-2,1$

b) Begründe oder widerlege: *„Für zwei beliebige Zahlen a und b gilt:* $|a + b| = |a| + |b|$*.“*

6 ≡ Koordinatensystem

Zeichne die Punkte in ein Koordinatensystem. Gib an, welches besondere Viereck entsteht.
Das Viereck wird am Koordinatenursprung gespiegelt, gib die Bildpunkte an.

a) $A(-1|-2)$, $B(2|-1)$, $C(1|2)$, $D(-2|1)$ b) $A(-3|-2)$, $B(-1|-2,5)$, $C(4|1,5)$, $D(2|2)$

7 ≡ Temperaturänderungen

Auf einem Thermometer wurden verschiedene Temperaturen gemessen. Ergänze die Tabelle.

Anfangstemperatur	$-3\,°C$	$-5\,°C$		$-2,8\,°C$	$-3,5\,°C$	
Temperaturänderung	$+8\,°C$		$+4\,°C$	$+5,2\,°C$		$-6,1\,°C$
Endtemperatur		$1\,°C$	$-7\,°C$		$-8,2\,°C$	$-4,5\,°C$

8 ≡ Kontobuchungen

Betrachte die Buchungen auf dem Konto. Schreibe als Additionsaufgabe, wie man aus der
Buchung und dem alten Kontostand den neuen Kontostand erhält.

alter Kontostand	1378,00 €	$-356,80$ €	$-128,50$ €
Buchung	$-2045,00$ €	$-148,00$ €	$+243,50$ €
neuer Kontostand			

9 ≡ Kontobewegungen

a) Auf Tanjas Konto sind zu Beginn 152,50 €.
Es werden nun 73,20 € und 47,40 € abgebucht. Bestimme den neuen Kontostand.

b) Auf Emmas Konto sind zu Beginn 205,76 €.
Nun sind es $-37,45$ €.
Bestimme die Kontobewegung.

c) Auf Pauls Konto sind zu Beginn 243,73 €.
Es werden nun 82,09 € eingezahlt und
61,45 € abgebucht.
Bestimme den aktuellen Kontostand.

d) Auf Marias Konto wurden 65,10 € und
20,95 € eingezahlt.
Nun sind 105,96 € auf dem Konto.
Bestimme den alten Kontostand.

Lösungen auf
Seite 229

10 ≡ **Addieren und Subtrahieren**

a) $25 + (-14) - (-50)$

b) $(-2,4) + 5,8 - (-7,6)$

c) $-81 - (-19) + 21$

d) $-\frac{3}{2} - \left(-\frac{1}{2}\right) + 16$

e) $-18 - 0,5 - 2,5$

f) $-\frac{2}{3} + \left(-\frac{1}{6}\right) - \left(-\frac{5}{12}\right)$

11 ≡ **Zahlenrätsel**

a) Leon denkt sich eine Zahl. Er addiert 17, subtrahiert anschließend 23 und erhält dann -15.
   Gib die Zahl an, die er sich ausgedacht hat.

b) Lina subtrahiert von einer Zahl 10 und addiert anschließend 16,5. Sie erhält -2.
   Gib Linas ausgedachte Zahl an.

12 ≡ **Multiplizieren und dividieren**

Berechne im Kopf und notiere das Ergebnis.

a) $(-6) \cdot (-4)$

b) $(-5) \cdot 7$

c) $24 : (-8)$

d) $-48 : (-4)$

e) $(-3) \cdot 8$

f) $(-36) : 6$

g) $(121) : (-11)$

h) $-7 \cdot (-8)$

13 ≡ **Geschickt multiplizieren und dividieren**

Berechne geschickt.

a) $(-2,5) \cdot 0,4$

b) $\left(-\frac{9}{4}\right) \cdot 8$

c) $\frac{1}{6} : \left(-\frac{5}{8}\right)$

d) $-0,25 : (-0,5)$

e) $\left(-\frac{2}{3}\right) \cdot \frac{9}{7}$

f) $(-3,6) : (-0,9)$

g) $\left(-\frac{3}{5}\right) : \left(\frac{9}{4}\right)$

h) $-28 : \left(-\frac{4}{7}\right)$

14 ≡ **Fülle die Lücken**

Übertrage in dein Heft und fülle die Lücken.

a) $-12 \cdot \blacksquare = 72$

b) $\blacksquare \cdot (-3) = 27$

c) $\blacksquare \cdot (-125) = 1000$

d) $-5 \cdot (-15) = \blacksquare$

15 ≡ **Potenzschreibweise**

Schreibe als Potenz und berechne.

a) $(-1) \cdot (-1) \cdot (-1) \cdot (-1) \cdot (-1) \cdot (-1)$

b) $(-10) \cdot (-10) \cdot (-10) \cdot (-10) \cdot (-10)$

c) $(-0,1) \cdot (-0,1) \cdot (-0,1) \cdot (-0,1) \cdot (-0,1)$

d) $(-4) \cdot (-4) \cdot (-4) \cdot (-4) \cdot (-4)$

e) $\left(-\frac{1}{3}\right) \cdot \left(-\frac{1}{3}\right) \cdot \left(-\frac{1}{3}\right)$

f) $\frac{2}{5} \cdot \frac{2}{5} \cdot \frac{2}{5}$

16 ≡ **Wahr oder falsch?**

Entscheide, ob die Aussage wahr oder falsch ist. Begründe.

a) $(-9)^{75}$ ist negativ

b) -47^{28} ist positiv

c) $(-91)^{21} > 0$

d) $(-276)^{48} < 0$

e) $(-715)^{39} > 0^5$

f) $(-23)^5 < (-34)^5$

g) $(-12)^6 < (-17)^6$

h) $(-15)^4 < (-15)^6$

17 ≡ **Klammern auflösen**

Berechne geschickt.

a) $-8 - (-12 + 3)$

b) $-10 + (-2,5 - 6)$

c) $12 + (-0,25 + 3)$

d) $-(-25 - 6,5) + 1,5$

e) $\frac{2}{3} + \left(-\frac{1}{3} + \frac{1}{4}\right)$

f) $-\frac{2}{5} - \left(-\frac{2}{10} - 2\right)$

g) $15 - \left(-\frac{1}{5} - \frac{7}{10}\right)$

h) $\frac{3}{8} - \left(\frac{1}{4} - \frac{3}{4}\right)$

18 ≡ **Ausmultiplizieren und Ausklammern**

Berechne geschickt und achte auf das Vorzeichen.

a) $16 \cdot \left(-\frac{1}{2} - \frac{3}{8}\right)$

b) $-\frac{2}{3} \cdot \left(-\frac{9}{2} - \frac{3}{4}\right)$

c) $-6 \cdot (-4) + 8 \cdot (-4)$

d) $25 \cdot 0,25 - 9 \cdot 0,25$

19 ≡ **Rechenregeln anwenden**

Wende die Rechenregeln an und berechne. Achte auf das Vorzeichen.

a) $(-8) \cdot (8 + 6)$

b) $(-3)^3 \cdot (2 - 5)$

c) $(-2) \cdot 12 \cdot (-5)$

d) $40 : 8 : (-2)$

e) $(-5) + (1) \cdot (-3)^3$

f) $36 : (-15 : 5)$

g) $48 - 2^5 - (-1)$

h) $(-2)^3 + (-3)^2$

20 ≡ **Erst denken, dann rechnen**

a) Addiere alle ganzen Zahlen von einschließlich -50 bis einschließlich 50.

b) Multipliziere alle ganzen Zahlen von einschließlich -50 bis einschließlich 50.

5 Flächeninhalt von Figuren

Durch Zerlegen und Ergänzen von Figuren lassen sich der Umfang und der Flächeninhalt bestimmen. Für manche Figuren können sogar einfache Formeln zum Berechnen entwickelt werden.

In diesem Kapitel

- Ist das gelbe Quadrat größer als das blaue Parallelogramm?
- Wie viele Kinder passen in den Mittelkreis beim Fußball?
- Wie kann man den Durchmesser eines Baums bestimmen?

5.1 Parallelogramm

Vorbereiten
Flächen
Seite 203

In der Abbildung ist die Umwandlung eines Parallelogramms in ein Rechteck dargestellt.
- Begründe, dass das Parallelogramm und das Rechteck den gleichen Flächeninhalt haben.
- Finde eine Formel für den Flächeninhalt.

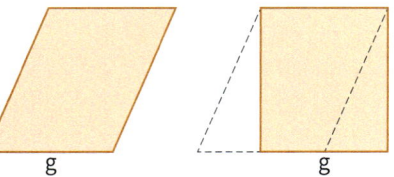

Lösung: Vom Parallelogramm wird ein Dreieck abgeschnitten und an der anderen Seite angesetzt. Damit bleibt die Grundseite gleich lang und der Flächeninhalt bleibt gleich groß. Für den Flächeninhalt kann nun die Formel eines Rechtecks $A_\square = g \cdot h$ genutzt werden.
$A_\diagup = g \cdot h$, wobei h den Abstand der beiden Parallelen angibt.

WES-105429-041

Parallelogramm

Die **Höhe** h ist der Abstand der Grundseite zu ihrer gegenüberliegenden Seite.

„Flächeninhalt = Grundseite mal Höhe"
Flächeninhalt: $A = g \cdot h$
Beispiel: $A = 4\,cm \cdot 2\,cm = 8\,cm^2$

„Umfang = Summe der Seitenlängen"
Umfang: $u = 2 \cdot a + 2 \cdot b$
Beispiel: $u = 2 \cdot 4\,cm + 2 \cdot 2,5\,cm = 13\,cm$

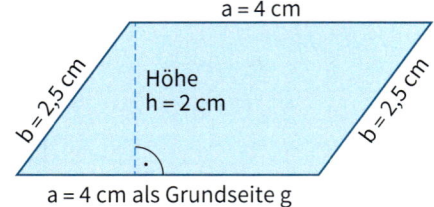

Flächeninhalt und Umfang eines Parallelogramms

Berechne den Flächeninhalt und Umfang.

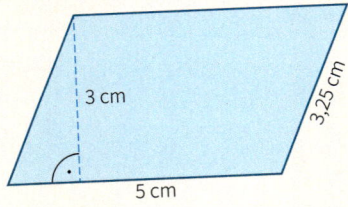

Lösung:

Wähle als Grundseite g die 5 cm lange Seite.
Die Höhe zu g ist 3 cm lang.

Flächeninhalt: $A = g \cdot h$
$A = 5\,cm \cdot 3\,cm = 15\,cm^2$

Umfang: $u = 2 \cdot a + 2 \cdot b$
$u = 2 \cdot 5\,cm + 2 \cdot 3,25\,cm = 16,5\,cm$

---

❶ ☰ Flächeninhalt von Parallelogrammen
Berechne den Flächeninhalt des Parallelogramms.
a) g = 5 cm; h = 2,5 cm   b) g = 5,4 cm; h = 3 cm   c) h = 2,5 cm; g = 30 cm

❷ ☰ Flächeninhalt und Umfang berechnen
Berechne den Flächeninhalt und den Umfang.

a)   b)   c)

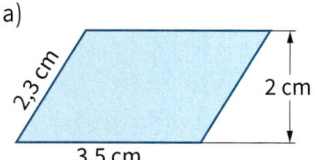

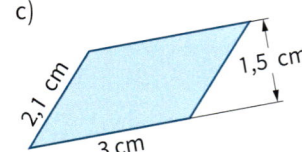

Eine Höhe kann auch außerhalb der Figur angetragen werden.

❸ ☰ Parallelogramme im Koordinatensystem
Zeichne das Parallelogramm ABCD und bestimme den Flächeninhalt.
a) A(1|1), B(4|1), D(5|3), C(2|3)   b) A(3|0), B(7|0), D(4|4), C(0|4)

Höhen im Parallelogramm messen

Im Parallelogramm kann jede Seite Grundseite sein. Die zugehörige Höhe ist der Abstand der Grundseite zu ihrer gegenüberliegenden Seite. Die Höhen werden mit h_a und h_b bezeichnet.

Höhe auf die Seite a

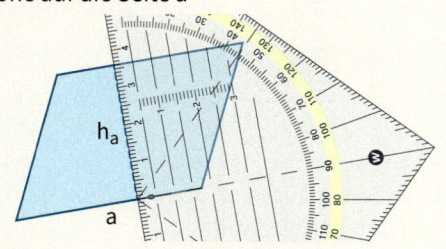

Höhe auf die Seite b

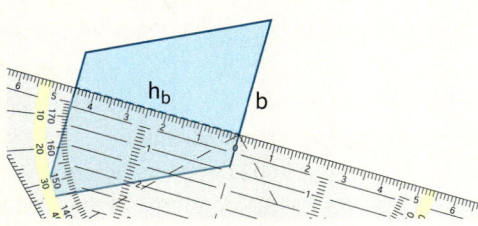

$a = 5\,cm$ $h_a = 3,6\,cm$

$A = a \cdot h_a = 5\,cm \cdot 3,6\,cm = 18\,cm^2$

$b = 4\,cm$ $h_b = 4,5\,cm$

$A = b \cdot h_b = 4\,cm \cdot 4,5\,cm = 18\,cm^2$

---

4 ≡ **Höhen im Parallelogramm messen**

Miss die Länge der markierten Grundseite und der zugehörigen Höhe. Berechne den Flächeninhalt des Parallelogramms.

a)

b)

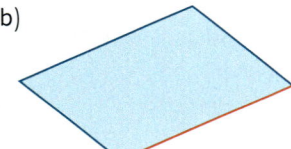

c)

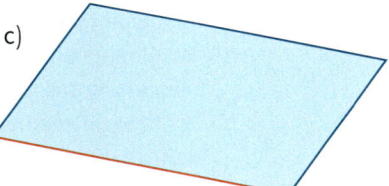

5 ≡ **Flächeninhalt eines Parallelogramms**

Übertrage das Parallelogramm in dein Heft. Bestimme den Flächeninhalt des Parallelogramms. Wähle zunächst eine geeignete Grundseite und miss die Höhe auf der Grundseite.

a)

b)

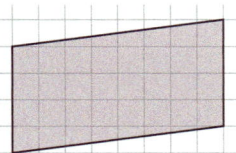

c)

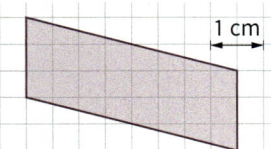

1 cm

---

6 ≡ Prüfe, ob die Höhen richtig eingezeichnet sind.

Prüfe dich!
Lösungen auf
Seite 230

a)

b)

c)

7 ≡ Übertrage das Parallelogramm in dein Heft. Zeichne die Höhe zur vorgegebenen Grundseite ein. Berechne den Flächeninhalt des Parallelogramms. Miss die dazu benötigten Längen.

a)

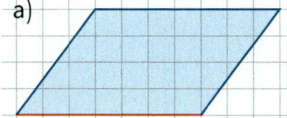

b)

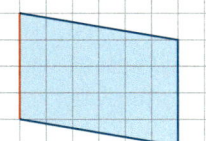

c)

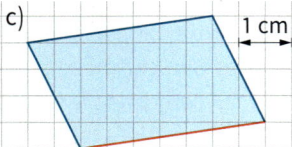

1 cm

8 ≡ **Höhen im Parallelogramm**

Übertrage das Parallelogramm in dein Heft. Zeichne zu beiden möglichen Grundseiten jeweils die Höhe ein. Bestimme den Flächeninhalt mit den Formeln $A = a \cdot h_a$ und $A = b \cdot h_b$.

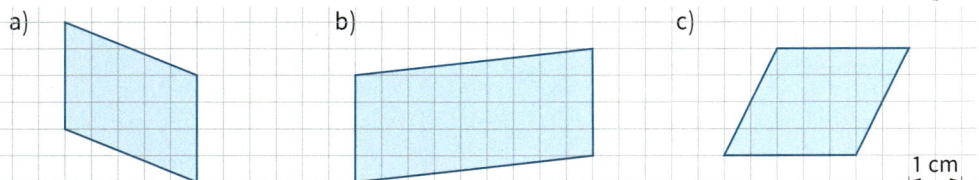

a)   b)   c)

1 cm

9 ≡ **Parallelogramme zeichnen**

Zeichne verschiedene Parallelogramme mit den Seitenlängen $a = 6\,cm$ und $b = 4\,cm$. Welches Parallelogramm hat den größten Flächeninhalt? Begründe.

Prüfe dich!
Lösungen auf
Seite 230

10 ≡ Berechne den Flächeninhalt und den Umfang des Parallelogramms.

a) $a = 2\,cm$; $b = 6\,cm$; $h_a = 5\,cm$ b) $a = 4\,cm$; $b = 3,2\,cm$; $h_b = 3\,cm$
c) $h_a = 6,4\,cm$; $a = 5\,cm$; $b = 8\,cm$ d) $h_b = 2,5\,cm$; $a = 2,5\,cm$; $b = 2\,cm$

11 ≡ Zeichne zwei verschiedene Parallelogramme mit dem Flächeninhalt $10\,cm^2$.

12 ≡ **Vom Flächeninhalt zur Höhe und zur Seitenlänge**

a) Von einem Parallelogramm sind der Flächeninhalt $A = 24\,cm^2$ und die Seite $a = 4\,cm$ bekannt. Bestimme die Höhe h_a.

b) Übertrage die Tabelle in dein Heft und ergänze die Lücken.

c) Gib jeweils eine Formel an, mit der man die Grundseite oder die Höhe bestimmen kann.

a in cm	h_a in cm	A in cm²
3	▣	15
▣	8	16
3,5	▣	14
▣	7	28

13 ≡ **Parallelogramme mit gleicher Höhe**

Bestimme die Flächeninhalte. Was fällt dir auf? Begründe.

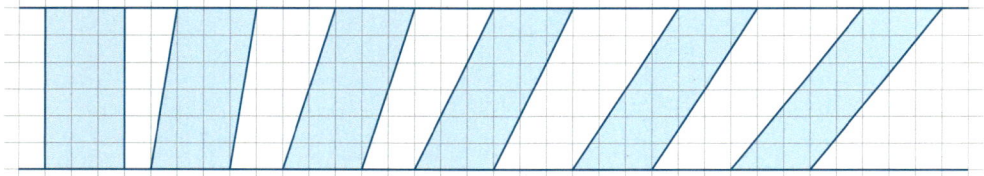

14 ≡ **Parallelogramme verändern**

a) Zeichne ein Parallelogramm mit $a = 2\,cm$ und $h_a = 1\,cm$. Berechne seinen Flächeninhalt.

b) Untersuche, wie sich der Flächeninhalt verändert, wenn die Grundseite verdoppelt wird.

c) Untersuche, wie sich der Flächeninhalt verändert, wenn die Höhe verdoppelt wird.

d) Untersuche, wie sich der Flächeninhalt verändert, wenn die Grundseite und die Höhe verdoppelt werden.

15 ≡ **Treppenaufgang**

An einem Treppengeländer sollen Metall-platten angebracht werden.

a) Berechne die Größe der beiden Platten.

b) Berechne die Kosten für die Platten, wenn $1\,m^2$ Metallplatte 64,50 € kostet.

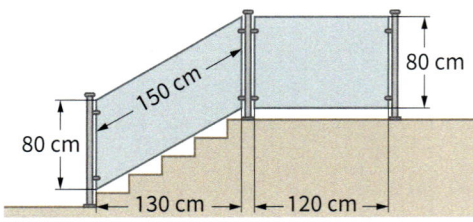

5.2 Dreieck

Lilly und Ben bestimmen auf unterschiedliche Weise den Flächeninhalt eines Dreiecks.

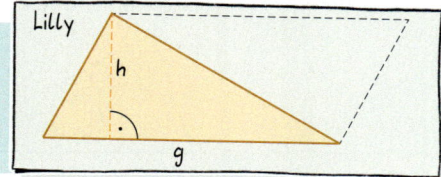
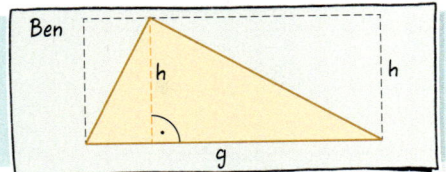

Das Dreieck wird zu einem Parallelogramm verdoppelt. Für den Flächeninhalt des Parallelogramms gilt: $A_{\diagup\diagup} = g \cdot h$
Das Dreieck ist halb so groß: $A_{\triangle} = \frac{1}{2} \cdot g \cdot h$

Das Dreieck wird zu einem Rechteck verdoppelt. Für den Flächeninhalt des Rechtecks gilt: $A_{\square} = g \cdot h$
Das Dreieck ist halb so groß: $A_{\triangle} = \frac{1}{2} \cdot g \cdot h$

Dreieck

Die **Höhe** h eines Dreiecks ist der Abstand eines Eckpunkts zur gegenüberliegenden Seite.

„Flächeninhalt = $\frac{1}{2}$ mal Grundseite mal Höhe"
Flächeninhalt: $\quad A = \frac{1}{2} \cdot g \cdot h$
Beispiel: $A = \frac{1}{2} \cdot 5\,cm \cdot 2\,cm = 5\,cm^2$

„Umfang = Summe der Seitenlängen"
Umfang: $\quad\quad u = a + b + c$
Beispiel: $u = 5\,cm + 2,5\,cm + 3,1\,cm = 10,6\,cm$

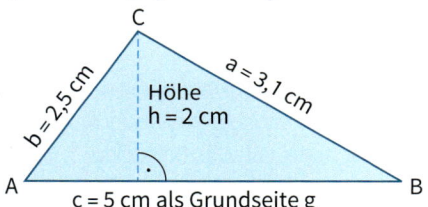

WES-105429-042

Flächeninhalt und Umfang eines Dreiecks

Berechne den Flächeninhalt und den Umfang des Dreiecks ABC.

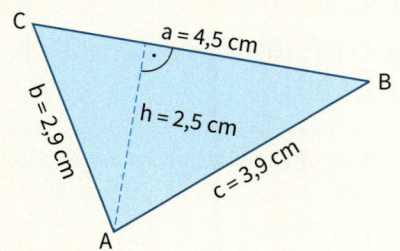

Lösung:
Wähle a als Grundseite g.
Die zugehörige Höhe ist 2,5 cm lang.

Flächeninhalt: $A = \frac{1}{2} \cdot g \cdot h$
$A = \frac{1}{2} \cdot 4,5\,cm \cdot 2,5\,cm = 5,625\,cm^2$

Umfang:
$u = 4,5\,cm + 2,9\,cm + 3,9\,cm = 11,3\,cm$

---

❶ ☰ Flächeninhalt von Dreiecken

Berechne den Flächeninhalt des Dreiecks.
a) g = 5 cm; h = 4 cm   b) g = 4,8 cm; h = 3 cm   c) g = 5 cm; h = 3,6 cm   d) g = 2,5 cm; h = 5 cm

❷ ☰ Flächeninhalte berechnen

Berechne den Flächeninhalt.
a)   b)   c)   d)

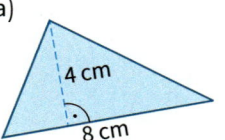
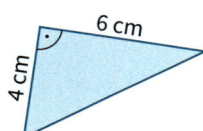
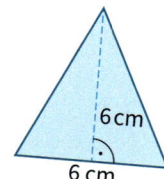
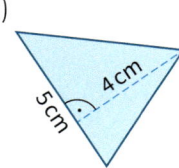

Höhen im Dreieck messen

Im Dreieck ABC gibt es zu jeder Seite eine Höhe.

Seite c als Grundseite  Seite a als Grundseite  Seite b als Grundseite

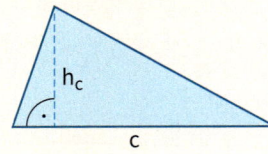
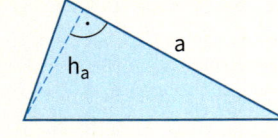
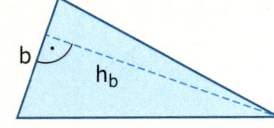

$A = \frac{1}{2} \cdot c \cdot h_c$ $A = \frac{1}{2} \cdot a \cdot h_a$ $A = \frac{1}{2} \cdot b \cdot h_b$

3 ≡ **Höhen im Dreieck prüfen**

Prüfe, ob die Höhe richtig eingezeichnet ist.

a)   b)   c)

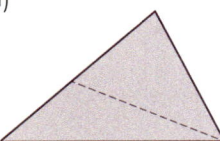
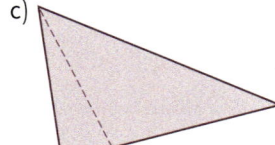

4 ≡ **Höhen im Dreieck messen**

Miss die Länge der markierten Grundseite und der zugehörigen Höhe. Berechne damit den Flächeninhalt des Dreiecks.

a)   b)   c)

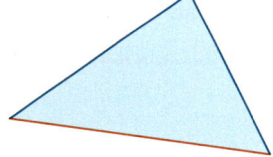
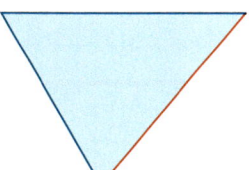
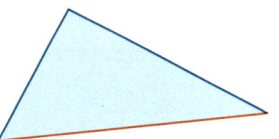

5 ≡ **Dreiecke im Koordinatensystem**

Zeichne das Dreieck ABC im Koordinatensystem und bestimme den Flächeninhalt.

a) A(0|1), B(5|1), C(5|4)   b) A(1|1), B(5|1), C(2|7)   c) A(1|3), B(8|1), C(5|5)

Prüfe dich!
Lösungen auf
Seite 230

6 ≡ Übertrage das Dreieck in dein Heft. Trage eine Höhe ein und bestimme den Flächeninhalt.

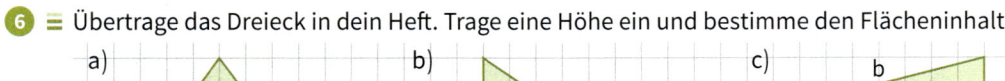
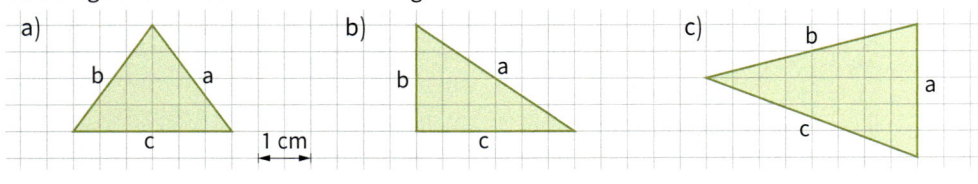

7 ≡ **Höhen im Dreieck**

Übertrage das Dreieck in dein Heft. Zeichne zu jeder Seite die Höhe. Miss alle Längen und berechne den Flächeninhalt mit den Formeln $A = \frac{1}{2} \cdot a \cdot h_a$ und $A = \frac{1}{2} \cdot b \cdot h_b$ und $A = \frac{1}{2} \cdot c \cdot h_c$.

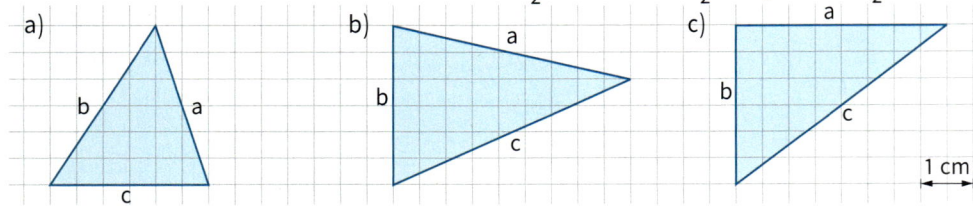

Höhen im stumpfwinkligen Dreieck messen

Eine Höhe im stumpfwinkligen Dreieck kann auch außerhalb des Dreiecks liegen. Um die Länge dieser Höhe zu messen, verlängert man die Grundseite.

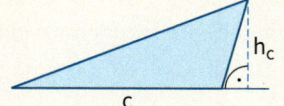 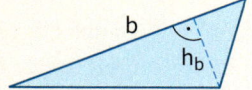 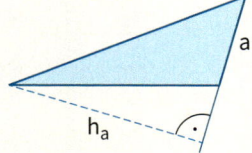

8 ≡ **Flächeninhalt in stumpfwinkligen Dreiecken**

Bestimme den Flächeninhalt des Dreiecks.

a) $A(0|0)$, $B(4|1)$, $C(4|4)$ b) $A(0|3)$, $B(3|1)$, $C(5|2)$ c) $A(1|1)$, $B(5|2)$, $C(7|7)$

9 ≡ **Vom Flächeninhalt zur Höhe und zur Seitenlänge**

Von einem Dreieck sind der Flächeninhalt A und die Grundseite g oder die Höhe h bekannt. Bestimme die Höhe oder die Grundseite.

a) $A = 6\,cm^2$ $g = 4\,cm$ b) $A = 6{,}4\,cm^2$ $g = 5\,cm$ c) $A = 2{,}5\,cm^2$ $g = 25\,cm$

d) $A = 12\,cm^2$ $h = 3\,cm$ e) $A = 3{,}6\,cm^2$ $h = 4\,cm$ f) $A = 2\,cm^2$ $h = 0{,}5\,cm$

Vorbereiten
Vom Flächeninhalt
zur Seitenlänge
Seite 205

10 ≡ **Dreiecke zu gegebenem Flächeninhalt zeichnen**

Zeichne zwei Dreiecke mit dem gegebenen Flächeninhalt.

a) $A = 16\,cm^2$ b) $A = 9\,cm^2$ c) $A = 4{,}2\,cm^2$ d) $A = 6{,}5\,cm^2$

11 ≡ **Dreiecke zeichnen**

Zeichne ein Dreieck mit dem Flächeninhalt $12\,cm^2$.

a) rechtwinklig   b) gleichschenklig   c) spitzwinklig   d) stumpfwinklig

12 ≡ Berechne die fehlende Größe.

Prüfe dich!
Lösungen auf
Seite 230

Grundseite	4 cm	▪	3 cm	20 cm	▪
Höhe	1,5 cm	4 cm	▪	50 cm	10 m
Flächeninhalt	▪	$8\,cm^2$	$18\,cm^2$	▪	$1\,m^2$

13 ≡ Zeichne zwei verschiedene Dreiecke mit dem Flächeninhalt $8\,cm^2$.

14 ≡ **Dreiecke mit gleicher Höhe**

Bestimme die Flächeninhalte. Was fällt dir auf? Begründe.

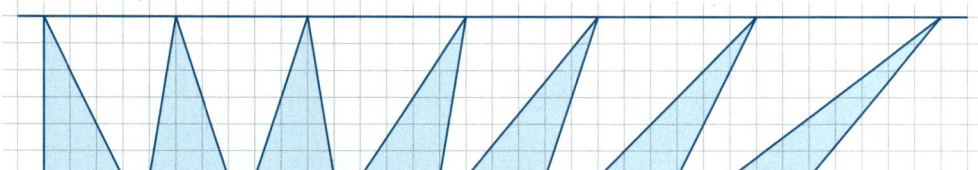

15 ≡ **Dreiecke verändern**

a) Zeichne ein Dreieck mit $a = 4\,cm$ und $h_a = 2\,cm$. Berechne seinen Flächeninhalt.

b) Untersuche, wie sich der Flächeninhalt verändert, wenn die Grundseite verdoppelt wird.

c) Untersuche, wie sich der Flächeninhalt verändert, wenn die Höhe verdoppelt wird.

d) Untersuche, wie sich der Flächeninhalt verändert, wenn die Grundseite und die Höhe verdoppelt werden.

5.3 Trapez

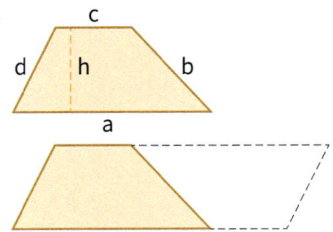

Lilly hat den Flächeninhalt eines Trapezes bestimmt.

Das Trapez wird zu einem Parallelogramm verdoppelt.

Für den Flächeninhalt des Parallelogramms gilt:

$A_{\square} = (a + c) \cdot h$

Das Trapez ist halb so groß: $A_{\square} = \frac{1}{2} \cdot (a + c) \cdot h$

Trapez

Die **Höhe** h ist der Abstand der parallelen Seiten.

„Flächeninhalt = $\frac{1}{2}$ mal Summe der parallelen Seiten mal Höhe"

Flächeninhalt: $A = \frac{1}{2} \cdot (a + c) \cdot h$

Beispiel: $A = \frac{1}{2} \cdot (5\,cm + 2\,cm) \cdot 1{,}5\,cm = 5{,}25\,cm^2$

„Umfang = Summe der Seitenlängen"

Umfang: $u = a + b + c + d$

Beispiel: $5\,cm + 1{,}8\,cm + 2\,cm + 2{,}5\,cm = 11{,}3\,cm$

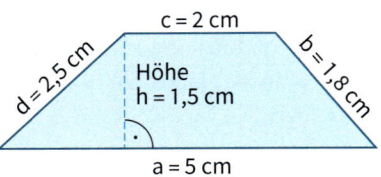

Flächeninhalt und Umfang eines Trapezes

Berechne den Flächeninhalt und den Umfang.

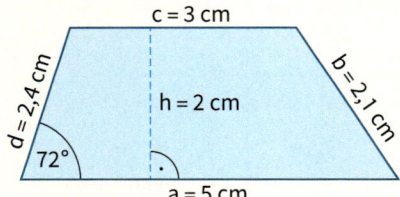

Lösung:

$a = 5\,cm,\ c = 3\,cm,\ h = 2\,cm$

Flächeninhalt: $A = \frac{1}{2} \cdot (a + c) \cdot h$

$A = \frac{1}{2} \cdot (5\,cm + 3\,cm) \cdot 2\,cm$

$\quad = 4\,cm \cdot 2\,cm = 8\,cm^2$

Umfang:

$u = 5\,cm + 2{,}4\,cm + 3\,cm + 2{,}1\,cm = 12{,}5\,cm$

❶ ☰ Flächeninhalte berechnen

Berechne den Flächeninhalt mithilfe der Formel. Achte auf die Lage der parallelen Seiten.

a)   b)   c)   d)

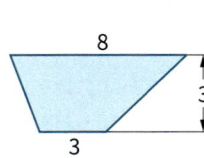   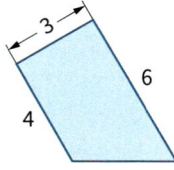   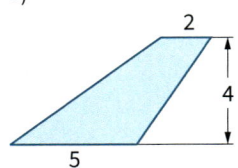   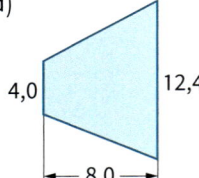

❷ ☰ Flächeninhalt von Trapezen

Berechne den Flächeninhalt des Trapezes.

a) $a = 4\,cm,\ c = 2\,cm$ und $h = 2\,cm$ b) $a = 4\,cm,\ c = 3\,cm$ und $h = 6\,cm$

c) $a = 6\,cm,\ c = 1\,cm$ und $h = 4\,cm$ d) $a = 1\,cm,\ c = 4\,cm$ und $h = 3\,cm$

❸ ☰ Trapez im Koordinatensystem

Zeichne das Trapez ABCD und bestimme den Flächeninhalt.

a) $A(1|1),\ B(8|1),\ C(5|5),\ D(2|5)$ b) $A(0|2),\ B(5|2),\ C(3|8),\ D(1|8)$

4 ≡ **Vom Flächeninhalt zur Höhe**

Von einem Trapez sind der Flächeninhalt A und die parallelen Seiten a und c bekannt. Bestimme die Höhe h.

a) $A = 8\,cm^2$; $a = 5\,cm$; $c = 3\,cm$

b) $A = 9,6\,cm^2$; $a = 5,5\,cm$; $c = 1,5\,cm$

Vom Flächeninhalt zur Höhe

Gegeben: $A = 10\,cm^2$, $a = 6\,cm$, $c = 4\,cm$

Gesucht: Höhe h

$10\,cm^2 = \frac{1}{2} \cdot (6\,cm + 4\,cm) \cdot h = 5\,cm \cdot h$

$h = 10\,cm^2 : 5\,cm = 2\,cm$

5 ≡ **Vom Flächeninhalt zur Seitenlänge**

Von einem Trapez sind der Flächeninhalt A, die Seite a und die Höhe h bekannt.

a) Flächeninhalt $A = 24\,cm^2$; Seite $a = 5\,cm$; Höhe $h = 4\,cm$. Bestimme die Länge der Seite c.

b) Gib eine Formel an, mit der die Länge der parallelen Seite c bestimmt werden kann.

6 ≡ **Fehlende Größen im Trapez**

Übertrage die Tabelle in dein Heft. Berechne die fehlenden Größen.

a)

a	c	h	A
2 cm	10 cm	▪	18 cm²
5 cm	15 cm	4 cm	▪

b)

a	c	h	A
8 cm	▪	6 cm	30 cm²
▪	4 cm	5 cm	35 cm²

7 ≡ Berechne den Flächeninhalt des Trapezes.

a) $a = 9\,cm$; $c = 3\,cm$; $h = 5\,cm$

b) $a = 6,1\,cm$; $c = 3,5\,cm$; $h = 3\,cm$

Prüfe dich!
Lösungen auf
Seite 230

8 ≡ a) Im Trapez ist $a = 4\,cm$; $c = 1\,cm$ und $A = 20\,cm^2$. Bestimme die Höhe h.

b) Im Trapez ist $a = 4,4\,cm$; $h = 1,6\,cm$ und $A = 10,8\,cm^2$. Bestimme die Seitenlänge c.

9 ≡ **Hauswand**

Berechne die Fläche der Hauswand ohne Fenster.

a)

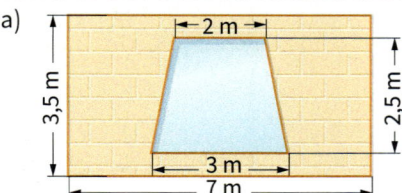

b)

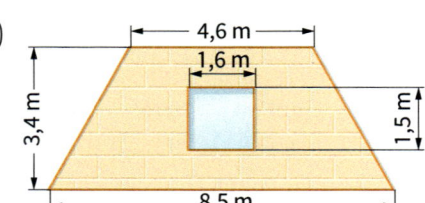

10 ≡ **Trapeze zeichnen**

Zeichne verschiedene Trapeze mit den Maßen $a = 6\,cm$, $c = 4\,cm$ und $h = 3\,cm$.
Bestimme jeweils den Umfang und den Flächeninhalt. Was fällt dir auf? Begründe.

11 ≡ **Trapeze verändern**

a) Zeichne ein Trapez mit $a = 4\,cm$, $c = 2\,cm$ und $h = 3\,cm$. Bestimme seinen Flächeninhalt.

b) Untersuche, wie sich der Flächeninhalt verändert, wenn die Höhe verdoppelt wird.

c) Untersuche, wie sich der Flächeninhalt verändert, wenn die beiden parallelen Seiten verdoppelt werden.

d) Untersuche, wie sich der Flächeninhalt verändert, wenn a, c und h verdoppelt werden.

12 ≡ **Flächeninhalt eines Trapezes über Dreiecke**

Bestimme den Flächeninhalt eines Trapezes durch Zerlegen in Dreiecke. Weise nach, dass du dieselbe Formel erhältst.

a)

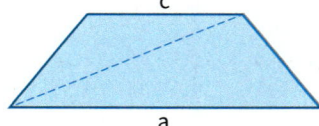

b)

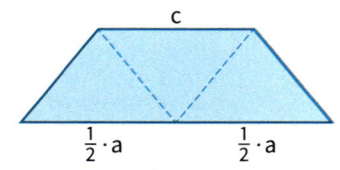

5.4 Vielecke

- Zerlege das Fünfeck in Teilflächen, deren Flächeninhalt du berechnen kannst. Berechne damit den Flächeninhalt des Fünfecks. Welche Längen müssen gemessen werden?
- Jedes Vieleck kannst du in Dreiecke zerlegen. Wie viele Dreiecke entstehen, wenn das Fünfeck in Dreiecke zerlegt wird?

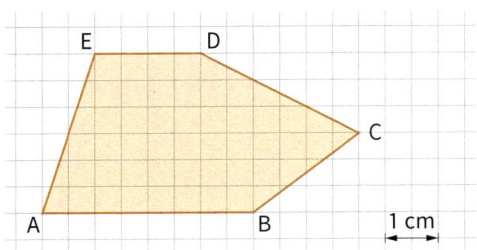

WES-105429-044

Zerlegen in Dreiecke geht immer.

Flächeninhalt eines Vielecks – Zerlegen oder Ergänzen

Ein Vieleck kann 3 Ecken (Dreieck), 4 Ecken (Viereck), 5 Ecken (Fünfeck)oder mehr Ecken haben.

Zerlegen in Rechteck, Trapez und Dreieck

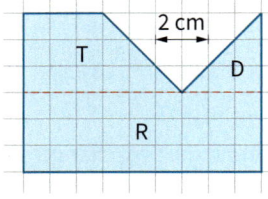

$$A = A_R + A_T + A_D$$
$$= (27 + 13{,}5 + 4{,}5)\,\text{cm}^2$$
$$= 45\,\text{cm}^2$$

Zerlegen in Dreiecke

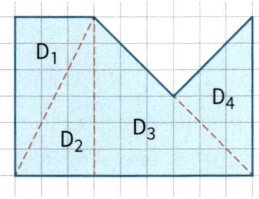

$$A = A_{D_1} + A_{D_2} + A_{D_3} + A_{D_4}$$
$$= (9 + 9 + 18 + 9)\,\text{cm}^2$$
$$= 45\,\text{cm}^2$$

Ergänzen zu einem Rechteck

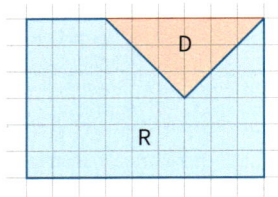

$$A = A_R - A_D$$
$$= (54 - 9)\,\text{cm}^2$$
$$= 45\,\text{cm}^2$$

---

① ☰ Flächeninhalt und Umfang

Berechne den Flächeninhalt und den Umfang der Figur.

a)

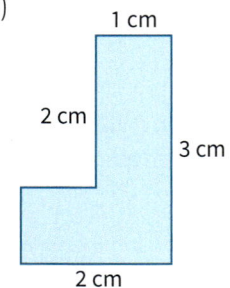

b)

c)

d)

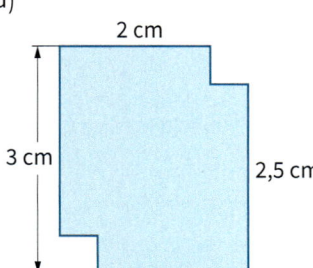

e)

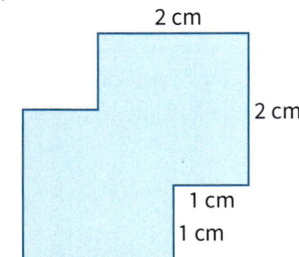

f)

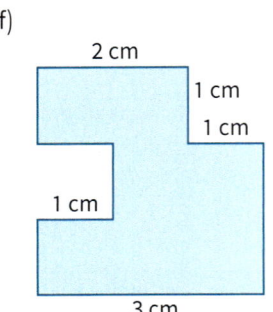

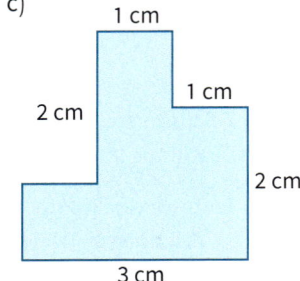

② ≡ **Flächeninhalt eines Dreiecks auf Karopapier**
Der Flächeninhalt eines Vielecks auf Karopapier kann ohne
zu messen bestimmt werden. Bestimme den Flächeninhalt
des Dreiecks und erkläre dein Vorgehen.

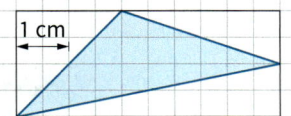

③ ≡ **Flächeninhalt von Vielecken auf Karopapier**
Bestimme den Flächeninhalt ohne zu messen.

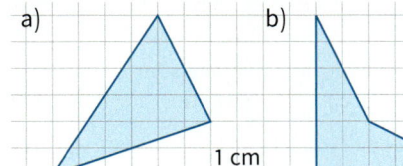  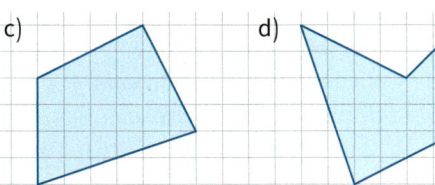

④ ≡ **Vierecke im Koordinatensystem**
Berechne den Flächeninhalt.
a) $A(4|0)$, $B(6|3)$, $C(3|4)$, $D(0|3)$
b) $A(4|0)$, $B(6|1)$, $C(4|4)$, $D(0|2)$
c) $A(0|3)$, $B(5|0)$, $C(6|1)$, $D(5|5)$
d) $A(0|0)$, $B(6|1)$, $C(5|4)$, $D(0|1)$

⑤ ≡ **Fünfeck im Koordinatensystem**
Berechne den Flächeninhalt des Fünfecks mit $A(2|6)$, $B(4|2)$, $C(7|1)$, $D(9|6)$ und $E(5|9)$.

⑥ ≡ Berechne den Flächeninhalt des Vielecks, ohne zu messen.

Prüfe dich!
Lösungen auf
Seite 230

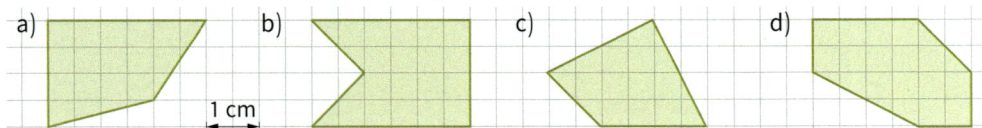

⑦ ≡ **Flächeninhalt eines Drachen**
a) Begründe mithilfe eines flächeninhalts-
gleichen Rechtecks die Formel für den
Flächeninhalt eines Drachen.
b) Bestimme den Flächeninhalt der beiden
Drachen. Was stellst du fest?

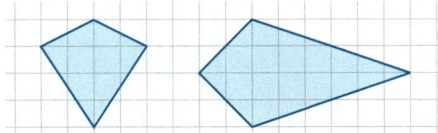

Flächeninhalt des Drachen
Der Flächeninhalt eines Drachen ist halb
so groß wie das Produkt der beiden
Diagonalen: $A = \frac{1}{2} \cdot e \cdot f$

Nachschlagen
Drachen
Seite 208

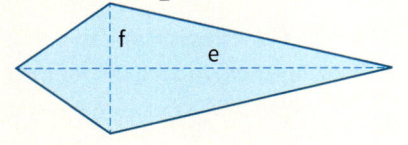

⑧ ≡ **Drachen zeichnen**
Zeichne verschiedene Drachen mit dem Flächeninhalt $A = 12\,cm^2$ und einer Diagonalen von
$e = 6\,cm$. Gibt es auch eine Raute mit diesen Maßangaben?

⑨ ≡ **Waldfläche**
Bauer Hansen besitzt auf dem abgebildeten
Grundstück einen kleinen Wald.
a) Bestimme die Größe des Grundstücks.
b) Ein Fünftel seiner Fläche soll für den
Ausbau einer Straße genutzt werden.
Bestimme die Größe dieser Fläche.

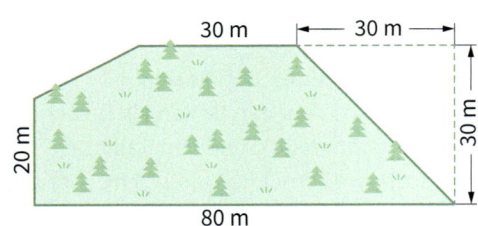

5.5 Kreise

Nachschlagen
Seite 66

Paula und Michel untersuchen den Umfang von kreisförmigen Gegenständen.

- Lege einen Faden um den kreisförmigen Gegenstand oder rolle den Gegenstand am Zentimetermaß ab. Miss so möglichst genau den Umfang.
- Miss auch den Durchmesser.
- Übertrage die Tabelle.
- Kannst du den Umfang u berechnen, wenn du den Durchmesser d kennst?

WES-105429-045

Umfang u in cm	Durchmesser d in cm	$\frac{\text{Umfang}}{\text{Durchmesser}} = \frac{u}{d}$
▪	▪	▪
▪	▪	▪

π sprich „pi"

Umfang eines Kreises

Der Kreisumfang u ist ungefähr 3,1-mal so groß wie der Durchmesser d des Kreises. $u \approx 3{,}1 \cdot d$

Exakt berechnet man den Kreisumfang mit der Kreiszahl π.
π = 3,141592653589…

Umfang: $u = \pi \cdot d$ oder $u = 2 \cdot \pi \cdot r$

Der Durchmesser d ist doppelt so groß wie der Radius r.

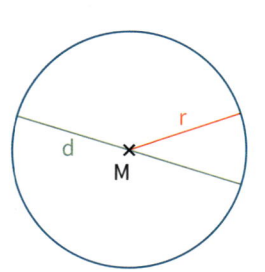

Umfang eines Kreises berechnen

Zum Rechnen verwende für π den Wert 3,1. Für den Umfang eines Kreises mit dem Radius r = 2,5 cm ergibt sich:
$u = 2 \cdot 3{,}1 \cdot 2{,}5\,\text{cm} = 15{,}5\,\text{cm}$ Der Umfang beträgt 15,5 cm.

r = 2,5 cm
M

Rechne in den Aufgaben für π mit 3,1.

❶ ☰ Umfang berechnen
Bestimme den Umfang des Kreises.
a) d = 4 cm   b) d = 8 cm   c) d = 17 cm   d) r = 0,5 cm   e) r = 8 cm   f) r = 10 cm

❷ ☰ Umfang von Gegenständen
Berechne den Umfang des kreisrunden Gegenstandes. Schätze zunächst.

a) Basketball-Ring   b) Meisterschale   c) Inliner-Rollen   d) 2-Euro-Münze
   d = 45 cm   d = 59 cm   d = 72 mm   d = 25,75 mm

❸ ☰ Vom Umfang zum Radius
Ein Kreis hat den Umfang u. Berechne den Durchmesser d und den Radius r.
a) u = 62 cm   b) u = 37,2 m   c) u = 86,8 m
d) u = 155 cm   e) u = 186 m   f) u = 136,4 m

Vom Umfang zum Radius
Gegeben: u = 93 m   Gesucht: r
$u = 2 \cdot 3{,}1 \cdot r = 6{,}2 \cdot r$, also 93 cm = 6,2 · r
Nun r bestimmen:
r = 93 cm : 6,2 = 15 cm

4 ≡ **Umfang – Training**

Übertrage die Tabelle in dein Heft und fülle sie aus.

Radius r	4 cm		2,5 cm	1 cm			
Durchmesser d		6 cm			15 cm		
Umfang u						12,4 cm	80,6 cm

5 ≡ Berechne den Umfang eines Kreises. a) r = 6 cm b) d = 20 cm

6 ≡ Der Umfang eines Kreises beträgt 21,7 cm. Bestimme den Radius und den Durchmesser.

Prüfe dich!
Lösungen auf
Seite 230

7 ≡ **Aufgaben zum Umfang**

a) Untersuche, wie sich der Umfang eines Kreises ändert, wenn der Radius verdoppelt wird.

b) Zeichne einen Kreis mit dem Umfang 24,8 cm.

c) Berechne den Umfang eines Halbkreises mit dem Radius 8 cm.

8 ≡ **London Eye**

Das London Eye ist Europas höchstes Riesenrad. In den 32 Gondeln genießen jährlich über 3 Millionen Besucher den Ausblick. Das Rad hat einen Durchmesser von 120 Metern. Bestimme, wie viele Meter eine Gondel bei einer Umdrehung zurücklegt.

9 ≡ **Baumumfang**

a) Der Gerneral Sherman-Tree ist als Mammutbaum einer der größten Bäume. Sein Umfang beträgt im unteren Stamm 31 m. Bestimme den Durchmesser des Baumes.

b) Bestimme den Durchmesser eines Baumstammes, der einen Umfang von 1,55 m hat.

Flächeninhalt eines Kreises *Einstieg*

Bestimme den Flächeninhalt A eines Kreises durch Abzählen von Kästchen (4 Kästchen im Heft sind 1 cm²).
Zeichne verschieden große Kreise und ergänze die Tabelle.

Radius in cm	~	r^2 in cm²	A in cm²
1			
2			

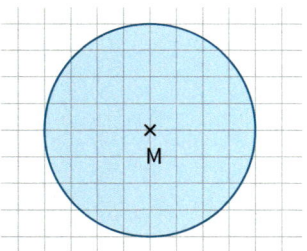

Wie viele Quadrate mit der Seitenlänge r passen in den Kreis?

Flächeninhalt eines Kreises

Der Flächeninhalt A ist etwas größer als 3 Quadrate mit dem Flächeninhalt r^2, aber deutlich kleiner als 4 dieser Quadrate.

Exakt berechnet man den Flächeninhalt mit der Kreiszahl π.

Flächeninhalt: $A = \pi \cdot r^2$

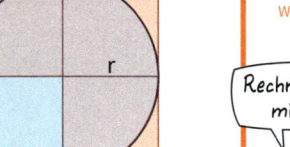

WES-105429-046

Rechne für π
mit 3,1

Flächeninhalt eines Kreises berechnen

Für den Flächeninhalt eines Kreises mit dem Radius r = 3 cm ergibt sich:

$A = 3,1 \cdot (3\,\text{cm})^2 = 3,1 \cdot 9\,\text{cm}^2 = 27,9\,\text{cm}^2$ Der Flächeninhalt beträgt ungefähr 28 cm².

10 ≡ **Umfang – Flächeninhalt Training**

Übertrage die Tabelle in dein Heft und fülle sie aus. Rechne für π mit 3,1.

Radius r	2 cm	⬛	1 cm	10 cm	⬛	⬛	⬛
Durchmesser d	⬛	6 cm	⬛	⬛	⬛	40 cm	10 cm
Umfang u	⬛	⬛	⬛	⬛	24,8 cm	⬛	⬛
Flächeninhalt A	⬛	⬛	⬛	⬛	⬛	⬛	⬛

11 ≡ **Kleine Anwendungen**

a) Der Aktionsradius eines Rettungshubschraubers beträgt 70 km. Berechne die Größe des Einsatzgebiets.

b) Eva legt ein rundes Blumenbeet mit dem Radius 0,80 m an. Berechne die Größe des Blumenbeets.

c) Der Stammumfang eines Baums beträgt 496 cm. Berechne die Größe der Querschnittsfläche.

Der Umfang kann aus mehreren Teilen bestehen.

12 ≡ **Flächeninhalt und Umfang**

Bestimme den Flächeninhalt und den Umfang der blauen Fläche.

a) 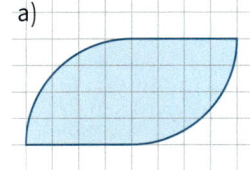 b) 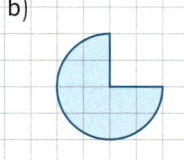 c) 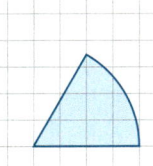 d)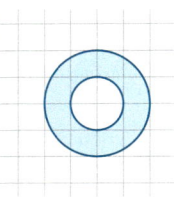

Prüfe dich!
Lösungen auf
Seite 231

13 ≡ Berechne den Flächeninhalt des Kreises.   a) r = 7 m   b) d = 16 m c) u = 68,2 cm

14 ≡ Das Quadrat hat die Seitenlänge 4 cm. Bestimme den Flächeninhalt und den Umfang der blauen Fläche.

a) 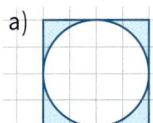 b) 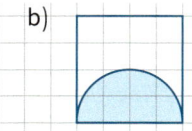 c) 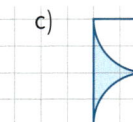 d)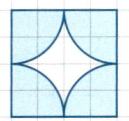

15 ≡ **Was passiert, wenn …?**

Wie ändert sich der Flächeninhalt eines Kreises, wenn der Radius sich ändert?

a) Radius verdoppelt sich   b) Radius verdreifacht sich   c) Radius halbiert sich

16 ≡ **Flächeninhalt eines Kreises durch Falten, Schneiden und Zusammenlegen**

• Falte, schneide und lege wie in der Anleitung.

• Erkläre, wie man so zu einer Formel für den Flächeninhalt eines Kreises kommen kann.

• Wo liegen die Ungenauigkeiten? Wie lassen sich diese verringern?

Mein Merkzettel

Dreieck   Flächeninhalt: $A = \frac{1}{2} \cdot g \cdot h$ Umfang: $u = a + b + c$ *Höhe außerhalb*   Seite 109

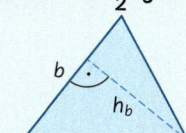
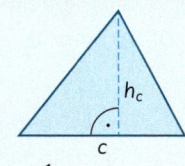
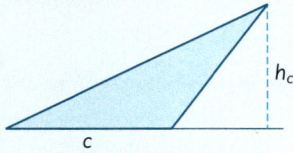

$A = \frac{1}{2} \cdot a \cdot h_a$ $A = \frac{1}{2} \cdot b \cdot h_b$ $A = \frac{1}{2} \cdot c \cdot h_c$ Grundseite verlängern

---

Parallelogramm   Flächeninhalt: $A = g \cdot h$ **Trapez**   Seite 106
Seite 112

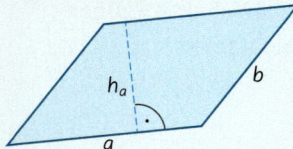
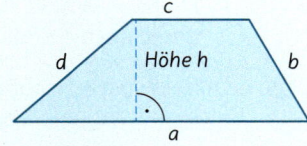

$A = a \cdot h_a$ $A = b \cdot h_b$ $A = \frac{a+c}{2} \cdot h$

$u = 2 \cdot a + 2 \cdot b$ $u = 2 \cdot a + 2 \cdot b$ $u = a + b + c + d$

Vom Flächeninhalt zur Höhe oder zur Grundseite

Parallelogramm   Dreieck   Trapez   Seite 108
Seite 111
Seite 111

Höhe: $h = \frac{A}{g}$ Höhe: $h = \frac{2 \cdot A}{g}$ Höhe: $h = \frac{2 \cdot A}{a+c}$

Grundseite: $g = \frac{A}{h}$ Grundseite: $g = \frac{2 \cdot A}{h}$ Grundseite: $a = \frac{2 \cdot A}{h} - c$

Flächeninhalt eines Vielecks

Zerlegen und addieren   Zerlegen und addieren   Ergänzen und subtrahieren   Seite 114

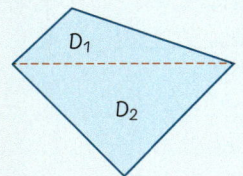
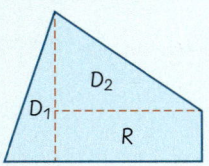
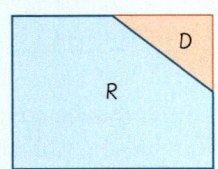

Zwei Dreiecke   Rechteck plus zwei Dreiecke   Rechteck minus Dreieck

$A = A_{D_1} + A_{D_2}$ $A = A_R + A_{D_1} + A_{D_2}$ $A = A_R - A_D$

Kreis   Halbkreis: Sichel: Seite 116

Rechne für π mit 3,1.

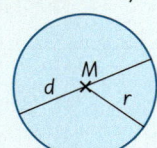
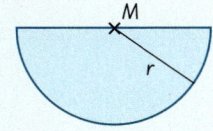
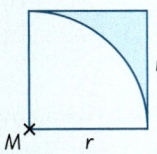

$A = \pi \cdot r^2 \approx 3{,}1 \cdot r^2$ $A = \frac{1}{2} \cdot \pi \cdot r^2 \approx 1{,}55 \cdot r^2$ Quadrat minus Viertelkreis

$u = 2 \cdot \pi \cdot r \approx 6{,}2 \cdot r$ $A = r^2 - \frac{1}{4} \cdot \pi \cdot r^2$

$ = \pi \cdot d \approx 3{,}1 \cdot d$ $u = \pi \cdot r + 2 \cdot r \approx 5{,}1 \cdot r$ $u = \frac{1}{2} \cdot \pi \cdot r + 2 \cdot r \approx 3{,}55 \cdot r$

Lösungen auf
Seite 231

Wiederholen für die Klassenarbeit

1 ≡ **Flächeninhalt von Parallelogrammen**

Berechne den Flächeninhalt des Parallelogramms.

a) $a = 6\,\text{cm}$; $h_a = 2\,\text{cm}$ b) $b = 5\,\text{cm}$; $h_b = 3\,\text{cm}$ c) $h_c = 4\,\text{cm}$; $c = 0,2\,\text{m}$

2 ≡ **Parallelogramme zeichnen**

Zeichne verschiedene Parallelogramme mit den Seitenlängen $a = 5\,\text{cm}$ und $b = 3\,\text{cm}$.
Welches Parallelogramm hat den größten Flächeninhalt? Begründe.

3 ≡ **Höhen und Umfang eines Parallelogramms**

a) Ein Parallelogramm ABCD mit $a = 8\,\text{cm}$ hat einen Flächeninhalt $A = 24\,\text{cm}^2$.
Berechne die Höhe h_a.

b) Ein Parallelogramm ABCD mit $a = 4\,\text{cm}$ und $b = 6\,\text{cm}$ hat den Flächeninhalt $A = 20\,\text{cm}^2$.
Berechne die Höhen h_a und h_b. Bestimme den Umfang des Parallelogramms.

4 ≡ **Dreiecksberechnungen**

Berechne die fehlenden Größen.

Grundseite	4 cm	▦	6 cm	2,5 cm
Höhe	2 cm	3 cm	▦	10 mm
Flächeninhalt	▦	12 cm²	24 cm²	▦

5 ≡ **Flächeninhalt eines Dreiecks**

Gib an, mit welchen der Rechenausdrücke der Flächeninhalt des Dreiecks berechnet werden kann.

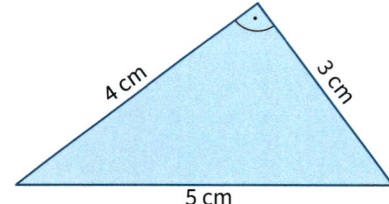

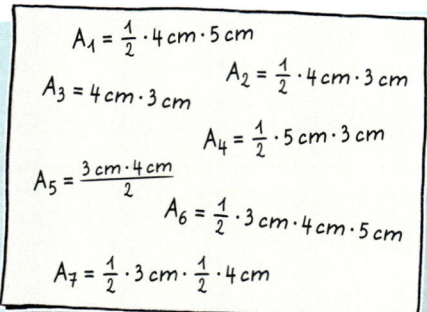

$A_1 = \frac{1}{2} \cdot 4\,\text{cm} \cdot 5\,\text{cm}$

$A_2 = \frac{1}{2} \cdot 4\,\text{cm} \cdot 3\,\text{cm}$

$A_3 = 4\,\text{cm} \cdot 3\,\text{cm}$

$A_4 = \frac{1}{2} \cdot 5\,\text{cm} \cdot 3\,\text{cm}$

$A_5 = \frac{3\,\text{cm} \cdot 4\,\text{cm}}{2}$

$A_6 = \frac{1}{2} \cdot 3\,\text{cm} \cdot 4\,\text{cm} \cdot 5\,\text{cm}$

$A_7 = \frac{1}{2} \cdot 3\,\text{cm} \cdot \frac{1}{2} \cdot 4\,\text{cm}$

6 ≡ **Trapezberechnungen**

a) Berechne für das Trapez mit $a = 3\,\text{cm}$; $c = 7\,\text{cm}$; $h = 3\,\text{cm}$ den Flächeninhalt A.

b) Berechne für das Trapez mit $A = 10\,\text{cm}^2$; $c = 4\,\text{cm}$; $h = 2\,\text{cm}$ die Seitenlänge a.

7 ≡ **Flächeninhalt von Figuren**

Berechne den Flächeninhalt der Figuren.

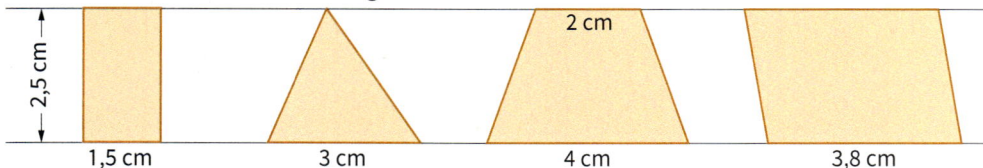

8 ≡ **Figuren im Koordinatensystem**

Trage die Figur in ein Koordinatensystem mit der Einheit 1 cm ein. Um was für eine Figur handelt es sich? Berechne ohne zu messen den Flächeninhalt.

a) $A(1|3)$, $B(9|3)$, $C(11|7)$, $D(3|7)$ b) $A(4|1)$, $B(13|1)$, $C(10|9)$, $D(6|9)$

c) $A(5|4)$, $B(8|1)$, $C(8|6)$ d) $A(1|2)$, $B(7|2)$, $C(9|9)$

Lösungen auf
Seite 232

9 ≡ Trapezförmige Arbeitsplatte

Ein Schreibtisch hat eine symmetrische, trapezförmige Arbeitsplatte mit folgenden Maßen:
lange Seite 160 cm, parallele kurze Seite 80 cm, Tiefe 60 cm
a) Zeichne die Arbeitsplatte maßstabsgetreu in dein Heft.
b) Berechne den Flächeninhalt der Arbeitsplatte.
c) Gib die Größe der Innenwinkel der Arbeitsplatte an.

10 ≡ Flächeninhalt von Vielecken

Bestimme den Flächeninhalt.

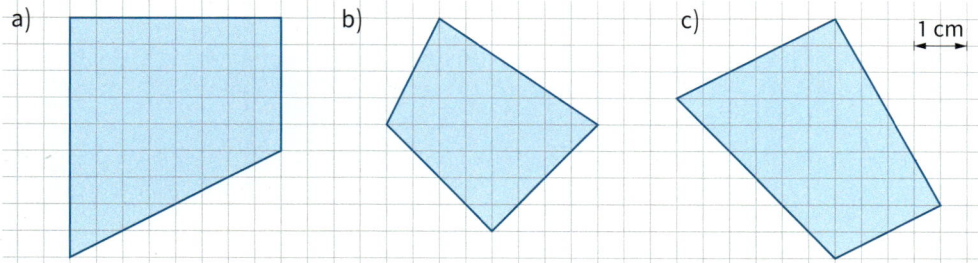

a) b) c) 1 cm

11 ≡ Kreisgrößen

Gib den Durchmesser und den Radius des Kreises an. Berechne den Umfang und den
Flächeninhalt.

a) 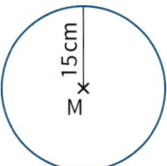 b) 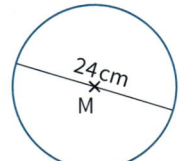 c)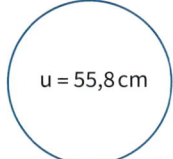

12 ≡ Flächeninhalt und Umfang von Figuren.

Bestimme den Flächeninhalt und den Umfang der Figuren.

a) 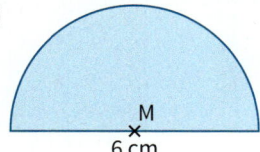 b) 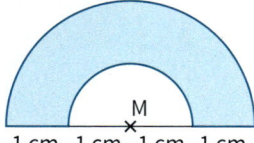 c)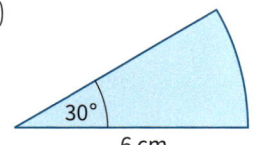

13 ≡ Anstoßkreis

Der Anstoßkreis beim Fußball hat einen Radius von ungefähr 9 m.
Berechne den Flächeninhalt. Berechne die Anzahl der Personen, die in den Anstoßkreis
passen, wenn jede Person $\frac{1}{4}$ m² benötigt.

14 ≡ Größenvergleich

Pia hat eine Kreisscheibe mit dem Radius 10 cm. Ben hat zwei Kreisscheiben mit dem
Radius 5 cm.
a) Wer hat die größere Fläche? Begründe.   b) Vergleiche die Umfänge.

15 ≡ Verkehrsschild

Das Verkehrsschild „Durchfahrt verboten für Fahrzeuge aller Art"
hat einen Durchmesser von 60 cm. Der weiße Bereich hat eine
Breite von 42 cm, die rote Umrandung ist 8 cm breit. Außen ist
noch ein 1 cm breiter grauer Extrastreifen.
Ist die weiße Fläche größer als die rote? Begründe.

6 Rauminhalt von Körpern

Das Haus ist gekennzeichnet durch seine klaren Linien. Es besteht aus mehreren ineinander geschachtelten Quadern. Diese Art von Häusern verfügt über große Fensterflächen, die viel Tageslicht hineinlassen.

In diesem Kapitel

- Wie kann man Rauminhalte berechnen?

- Wie viele Liter passen in einen Würfel mit der Kantenlänge 1 m?

- Wie hoch ist der gesamte Wasserverbrauch zur Herstellung von 1 kg Rindfleisch?

6.1 Rauminhalte messen

Jannik baut verschiedene Würfelgebäude.
- Für welches der beiden Gebäude benötigt er mehr Würfel?
- Wie viele Würfel müsste er ergänzen, damit ein großer Würfel entsteht?

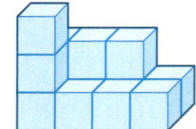 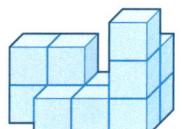

WES-105429-048

Volumen eines Körpers

Ein Körper besitzt einen Rauminhalt. Statt Rauminhalt sagt man auch **Volumen**.

Das Volumen eines Körpers wird durch Ausfüllen mit Einheitswürfeln der Kantenlänge 1 cm bestimmt.

Ein Einheitswürfel hat das Volumen **1 Kubikzentimeter**. Schreibweise: 1 cm³

Der Körper lässt sich mit 8 Einheitswürfeln ausfüllen. Das Volumen des Körpers ist $8 \cdot 1\,cm^3$. Volumen: $V = 8\,cm^3$

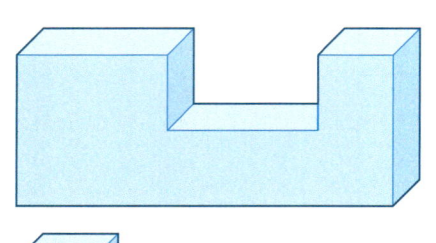

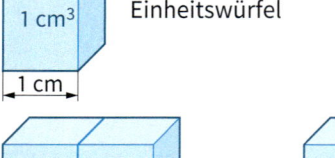

1 cm³ Einheitswürfel
1 cm

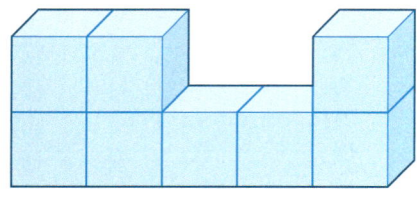

1 ☰ Volumen von Körpern bestimmen
Bestimme das Volumen der Körper. Die kleinen Würfel haben eine Kantenlänge von 1 cm.

① 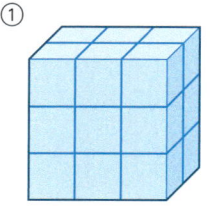 ② 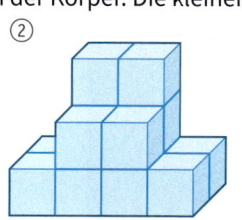 ③ 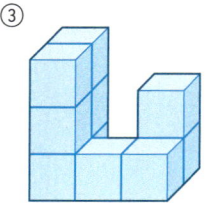 ④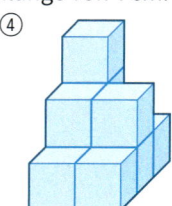

2 ☰ Volumen und Anteile vom Volumen
a) Bestimme das Volumen der Körper.
b) Gib jeweils den Anteil an, den der grüne Körper am Gesamtkörper hat.

A 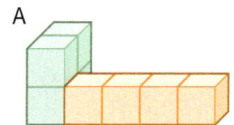 B

3 ☰ Zum Quader ergänzen

① 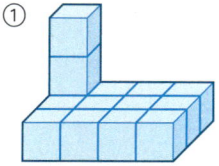 ②  ③  ④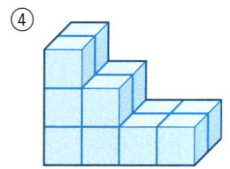

a) Alle kleinen Würfel haben die Kantenlänge 1 cm. Bestimme das Volumen der Körper.
b) Wie viele kleine Würfel musst du jeweils mindestens ergänzen, damit ein Quader entsteht? Gib auch das Volumen des Quaders an.

4 ≡ **Volumen von Körpern**

Bestimme das Volumen des Körpers.

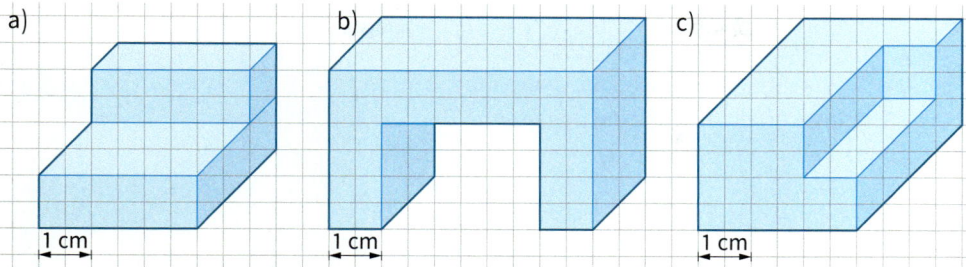

a)   b)   c)

5 ≡ Bestimme das Volumen des Körpers.

Prüfe dich!
Lösungen auf
Seite 233

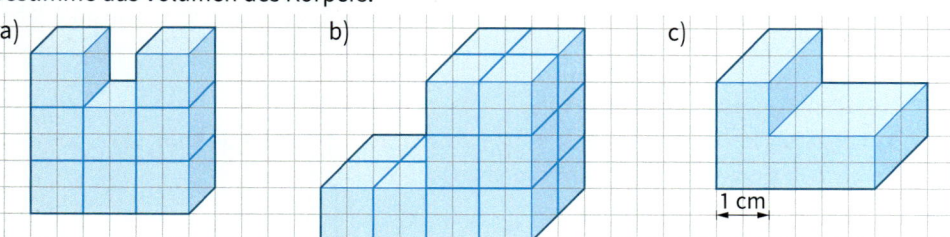

a)   b)   c)

6 ≡ a) Die kleinen Würfel haben die Kantenlänge 1 cm.
Bestimme das Volumen des Körpers.
b) Bestimme die Anzahl kleiner Würfel, die du mindestens ergänzen musst, damit ein Quader entsteht.
c) Gib den Anteil an, den der abgebildete Körper an diesem Quader hat.

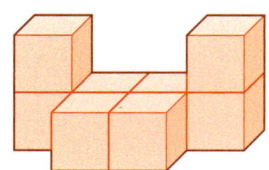

7 ≡ **Volumen von Körpern vergleichen**

Untersuche, ob die Körper dasselbe Volumen haben. Zerlege geschickt und begründe.

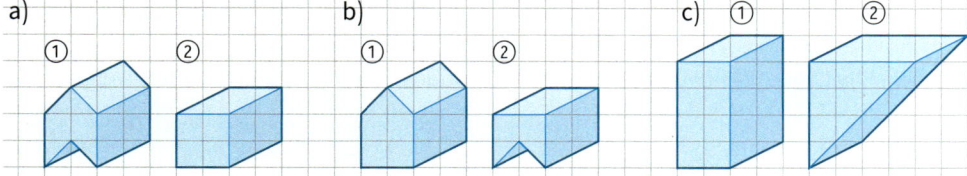

a) ① ②   b) ① ②   c) ① ②

8 ≡ **Körper zeichnen**

Zeichne das Schrägbild von vier verschiedenen Körpern, die ein Volumen von 6 cm³ haben.

Nachschlagen
Schrägbild
Seite 209

9 ≡ **Muster mit Würfeltürmen**

Gib das Volumen der abgebildeten Würfeltürme an.
Jeder Würfel hat das Volumen 1 cm³.
a) Bestimme das Volumen der nächsten drei Würfeltürme.
b) Bestimme das Volumen des 10. Würfelturms.

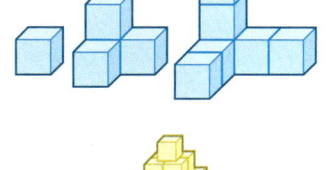

10 ≡ **Würfelpyramide**

Die Würfelpyramide besteht aus 10 „Etagen" und ist aus Würfeln mit der Kantenlänge 1 cm gebaut.
a) Bestimme das Volumen dieser Würfelpyramide.
b) Bestimme das Volumen einer Pyramide aus 15 „Etagen".

Raumvorstellung

1 **Würfelhaus betrachten**

Finn, Sophia, Ahmed und Lin haben auf dem Tisch ein Würfelhaus aufgebaut. Jedes Kind sieht das Würfelhaus von einer anderen Seite.

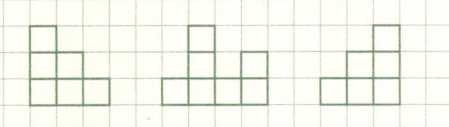

Welches Bild sieht welches Kind?
Ergänze das fehlende Bild.

2 **Würfelhäuser von oben betrachten**

Jana hat die Würfelhäuser A bis F gebaut. Die Würfelhäuser werden nun von oben betrachtet. Dargestellt sind einige Ansichten von oben 1 bis 6.

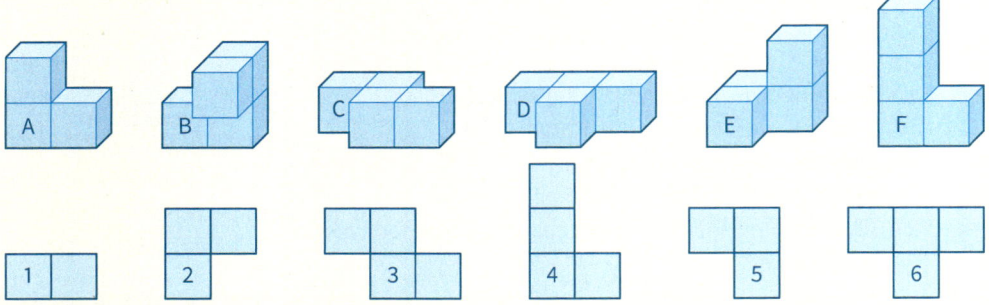

- Ordne den Würfelhäusern die Ansicht von oben zu.
- Für welche Ansicht ist kein Würfelhaus dargestellt? Zeichne ein mögliches Würfelhaus.

3 **Würfelhäuser ergänzen**

Ergänze die Würfelhäuser im Kopf zu einem Quader.
Welche Länge, Breite und Höhe haben die Quader? Wie viele Würfel müssen ergänzt werden?

a)   b)   c)   d)

e)   f)

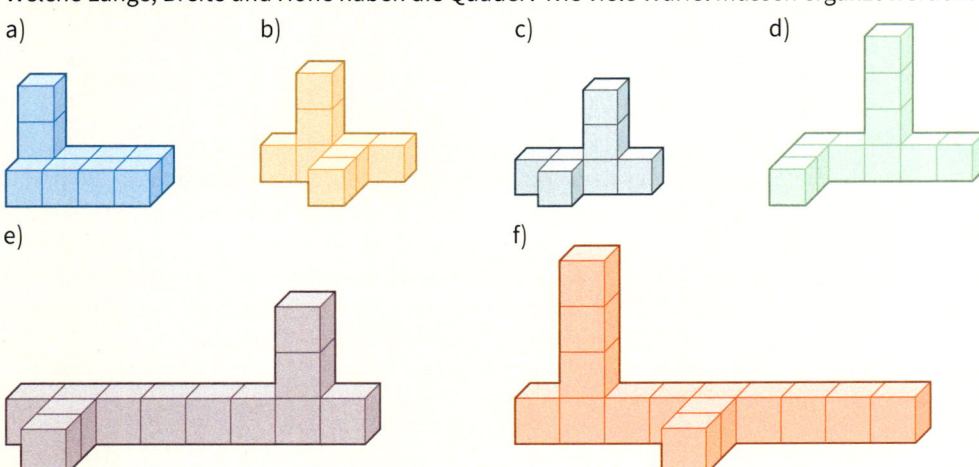

Wie viele Würfel müssen ergänzt werden, damit aus dem Würfelhaus ein Würfel entsteht?

Somawürfel

1 **Würfelteile**

Jan hat aus einer langen Holzstange Würfel abgesägt. Die Würfel hat er zu Würfelteilen zusammengeklebt, die alle „krumm" sind.
- Wie viele einzelne Würfel hat Jan insgesamt zusammengeklebt?
- Jan behauptet, dass dies alle „krummen" Möglichkeiten sind, wenn man höchstens vier Würfel zusammenklebt. Hat er recht?

2 **Bau der 7 Würfelteile**

Baue die sieben abgebildeten Würfelteile aus Aufgabe 1.
Achte darauf, dass die quadratischen Klebeflächen genau aufeinanderpassen.

3 **Einfache Würfelhäuser bauen**

Setze die Körper aus den Würfelteilen zusammen.

a)

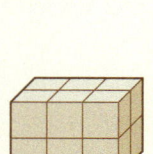

Hocker

b)

Stuhl

c)

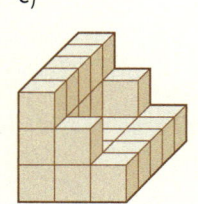

Sofa

d)

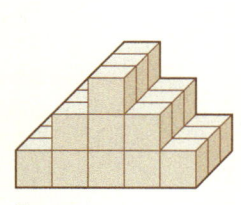

Treppe

4 **Somawürfel bauen**

Alle sieben Würfelteile lassen sich zu einem großen Würfel zusammensetzen. Dieser Würfel aus den sieben Teilen wird Somawürfel genannt. Insgesamt gibt es 240 verschiedene Möglichkeiten, den Würfel zu bauen.
Mit den beiden Darstellungen werden zwei Möglichkeiten gezeigt. Baue diese beiden Möglichkeiten nach. Findest du weitere Möglichkeiten?

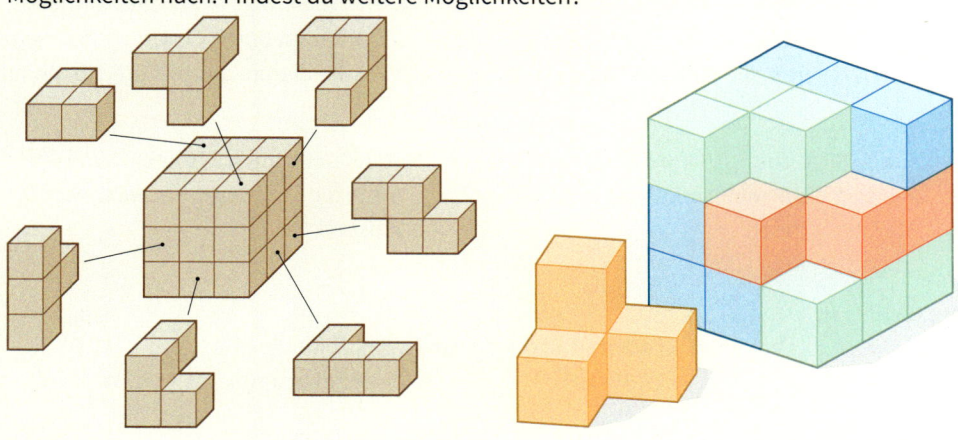

6.2 Volumeneinheiten

Der große Würfel hat die Kantenlänge 1 dm,
die kleinen Würfel sind Einheitswürfel mit
der Kantenlänge 1 cm.
Denisa und Axel wollen herausfinden, wie
viele kleine Würfel in den großen Würfel
hineinpassen.

- Betrachte das Bild und schätze, wie viele
  kleine Würfel den großen Würfel vollständig ausfüllen.
- Denisa hat bereits 197 kleine Würfel
  gestapelt, wie viele Würfel fehlen noch?

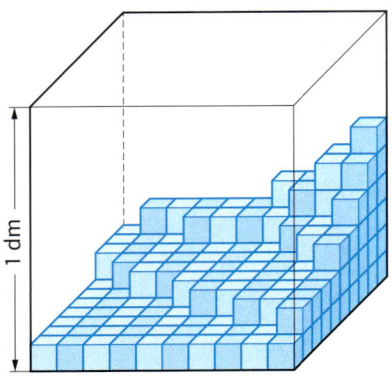

WES-105429-049

Einheiten von Rauminhalten – Volumeneinheiten

1 Kubikmeter $1\,m^3$	1 Kubikdezimeter $1\,dm^3$	1 Kubikzentimeter $1\,cm^3$	1 Kubikmillimeter $1\,mm^3$

Müllcontainer	Tetrapack	Spielwürfel	Stecknadelkopf

Volumeneinheiten umrechnen

Bei Volumeneinheiten ist die Umrechnungszahl 1000.

$\cdot 1000$

$1\,m^3 = 1000\,dm^3$ $1\,dm^3 = 1000\,cm^3$ $1\,cm^3 = 1000\,mm^3$

$:1000$

In einen Würfel der nächstgrößeren Volumeneinheit passen 10 Lagen mit je 100 Würfeln der
kleineren Volumeneinheit, also 1000 Würfel.

Größere Einheit → kleinere Einheit

Die Maßzahl mit der Umrechnungszahl 1000
multiplizieren, die kleinere Einheit nutzen

$\cdot 1000 \qquad \cdot 1000$

$8\,m^3 = 8000\,dm^3 = 8\,000\,000\,cm^3$
Wenn die Einheit kleiner wird, wird die
Maßzahl größer.

Kleinere Einheit → größere Einheit

Die Maßzahl durch die Umrechnungszahl
1000 dividieren, die größere Einheit nutzen

$:1000 \qquad :1000$

$50\,000\,000\,mm^3 = 50\,000\,cm^3 = 50\,dm^3$
Wenn die Einheit größer wird, wird die
Maßzahl kleiner.

8 ist die Maßzahl
m^3 ist die Maßeinheit

1 ☰ **Schätzen**

Schätze das Volumen. In welcher Einheit gibst du das Volumen an?
a) Milchtüte   b) Handy   c) Sandkasten   d) Wolkenkratzer

2 ≡ **Volumeneinheiten zuordnen**

Welches Volumen gehört zu welchem Körper?

245 cm³ 1 cm³ 5 mm³ 729 cm³ 2 mm³ 300 m³

3 ≡ **Umrechnen in die nächstkleinere Einheit**

Nachschlagen
Kommaverschiebung
Seite 44

Rechne in die nächstkleinere Einheit um.

a) 18 dm³   b) 7 m³   c) 280 cm³   d) 88 dm³
e) 370 cm³   f) 1 m³   g) 10 dm³   h) 95 cm³

4 ≡ **Umrechnen in die nächstgrößere Einheit**

Rechne in die nächstgrößere Einheit um.

a) 25 000 cm³   b) 180 000 dm³   c) 7 300 000 mm³   d) 10 000 cm³
e) 3 600 000 dm³ f) 200 000 mm³   g) 568 000 cm³   h) 45 000 dm³

5 ≡ **Volumen umrechnen**

Rechne in die angegebene Einheit um.

a) 37 dm³ in cm³   b) 670 000 mm³ in cm³   c) 36 000 dm³ in cm³   d) 9 m³ in dm³
e) 48 m³ in cm³   f) 96 000 000 cm³ in m³   g) 3 m³ in mm³   h) 8 000 cm³ in dm³

6 ≡ In welcher Einheit sollte das Volumen angegeben werden?

Prüfe dich!
Lösungen auf
Seite 233

a) Zirkuszelt   b) Erbse   c) Rucksack   d) Klassenraum

7 ≡ Rechne in die angegebene Einheit um.

a) 6 dm³ in cm³   b) 20 000 dm³ in m³   c) 3 000 000 cm³ in m³   d) 99 dm³ in mm³

Umrechnen mit der Einheitentabelle

In der Einheitentabelle können die Ziffern eines Volumens eingetragen werden.
Zum Ablesen in einer größeren oder kleineren Einheit gehe zum Einer der entsprechenden
Einheit. Ergänze gegebenenfalls Nullen und ein Komma. Das Komma trennt die Einheiten.

gegeben	m³			dm³			cm³			mm³			größere Einheit	kleinere Einheit
	H	Z	E	H	Z	E	H	Z	E	H	Z	E		
500 dm³				0	5	0	0	0	0	0				0,5 m³	500 000 cm³
84 cm³						0	0	8	4	0	0	0	0,084 dm³	84 000 mm³
9,7 dm³		0	0	0	9	7	0	0					0,0097 m³	9700 cm³
0,04 m³			0	0	4	0								40 dm³

8 ≡ **Volumen mit Komma schreiben**

Gib das Volumen in der nächstgrößeren Einheit mit Komma an.

a) 571 cm³   b) 4271 dm³   c) 87 654 mm³   d) 26 dm³
e) 8 cm³   f) 204 mm³   g) 9613 dm³   h) 100 004 cm³

9 ☰ **Volumen ohne Komma schreiben**

Gib das Volumen in der nächstkleineren Einheit ohne Komma an.

a) $5{,}841\,cm^3$ b) $42{,}93\,dm^3$ c) $871{,}623\,m^3$ d) $0{,}26\,dm^3$
e) $0{,}8\,m^3$ f) $2{,}04\,cm^3$ g) $561{,}3\,dm^3$ h) $10{,}04\,cm^3$

10 ☰ **Aufteilen in gemischte Einheiten**

Gib das Volumen in gemischten Einheiten an.

a) $7428\,cm^3$ b) $91\,304\,dm^3$ c) $1008\,mm^3$
d) $680\,700\,dm^3$ e) $99\,099\,mm^3$ f) $300\,030\,cm^3$

> **Gemischte Einheiten**
> $3591\,dm^3$
> $= 3{,}591\,m^3$
> $= 3\,m^3\,591\,dm^3$

> Nach dem Komma kann man Nullen am Ende weglassen.

11 ☰ **Gemischte Einheiten**

Gib das Volumen in der größeren und in der kleineren Einheit an.

a) $3\,m^3\,234\,dm^3$ b) $15\,dm^3\,289\,cm^3$ c) $6\,cm^3\,315\,mm^3$ d) $50\,dm^3\,200\,cm^3$
e) $35\,m^3\,70\,dm^3$ f) $80\,cm^3\,5\,mm^3$ g) $5\,dm^3\,50\,cm^3$ h) $300\,m^3\,54\,dm^3$
i) $1\,m^3\,100\,dm^3$ j) $2\,dm^3\,300\,mm^3$ k) $90\,cm^3\,9\,mm^3$ l) $40\,dm^3\,3500\,cm^3$

12 ☰ **Gemischte Einheiten und Kommaschreibweise**

Gib das Volumen in gemischten Einheiten und mit Komma in der nächstgrößeren Einheit an.

a) $3146\,dm^3$ b) $2590\,cm^3$ c) $26\,500\,mm^3$ d) $87\,064\,dm^3$
e) $9005\,mm^3$ f) $260\,735\,cm^3$ g) $80\,808\,cm^3$ h) $123\,456\,dm^3$

Prüfe dich!
Lösungen auf
Seite 233

13 ☰ Gib das Volumen in gemischten Einheiten an.

a) $6427\,dm^3$ b) $376\,104\,cm^3$ c) $1001\,dm^3$ d) $260\,045\,dm^3$

14 ☰ Gib das Volumen in der größeren und in der kleineren Einheit an.

a) $8\,m^3\,429\,dm^3$ b) $3\,dm^3\,21\,cm^3$ c) $10\,m^3\,7\,dm^3$ d) $100\,dm^3\,10\,cm^3$

15 ☰ **Fehlersuche**

Prüfe Tinas Hausaufgaben. Wo steckt der Fehler? Erkläre und korrigiere die Aufgaben.

> a) $8\,m^3 = 8000\,cm^3$ b) $7000\,dm^3 = 7\,cm^3$
> c) $23{,}4\,cm^3 = 2340\,mm^3$ d) $7\,m^3\,5\,dm^3 = 7{,}5\,m^3$
> e) $8{,}57\,cm^3 = 85\,700\,mm^3$ f) $3497\,dm^3 = 3\,dm^3\,497\,cm^3$

Nachschlagen
Runden
Seite 40, 188

16 ☰ **Runden**

a) Runde auf ganze m^3: $2347\,dm^3$ $45\,790\,dm^3$ $1299\,dm^3$ $564\,348\,481\,cm^3$ $28{,}48\,m^3$
b) Runde auf ganze cm^3: $52\,510\,mm^3$ $3{,}5022\,cm^3$ $763\,mm^3$ $99{,}74\,cm^3$ $1\,001\,001\,mm^3$
c) Nenne jeweils drei Volumina, die das gerundete Ergebnis haben:
   (1) $4\,cm^3$ (2) $80\,mm^3$ (3) $7{,}3\,dm^3$ (4) $0{,}2\,m^3$

17 ☰ **Rechnen mit Volumina**

a) $70\,m^3 + 345\,m^3$ b) $702\,dm^3 - 54\,dm^3$ c) $3\,m^3 + 72\,000\,cm^3$ d) $50\,dm^3 - 50\,cm^3$
e) $3{,}8\,dm^3 + 20\,cm^3$ f) $6\,dm^3 - 500\,cm^3$ g) $75\,cm^3 \cdot 5$ h) $144\,m^3 : 6$
i) $12{,}5\,m^3 : 25$ j) $13\,dm^3 \cdot 27$ k) $250\,cm^3 \cdot 8$ l) $80\,m^3 : 4\,m^3$

> Vorsicht bei verschiedenen Einheiten!

18 ☰ **Volumen und Gewicht**

$1\,cm^3$ Styropor wiegt $30\,mg$, $1\,cm^3$ Kork ist $0{,}23\,g$ schwer.

a) Berechne, ob du $1\,m^3$ Styropor oder $1\,m^3$ Kork tragen kannst.
b) Gib die Maße eines mit Kork gefüllten Kartons an, den du noch tragen könntest.

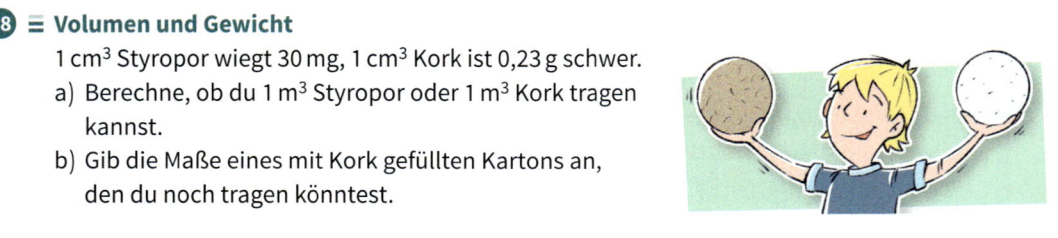

6.3 Flüssigkeiten

Frau Wolf hat den 1-dm³-Würfel aus der letzten Mathestunde mitgebracht. Die 1-Liter-Flasche ist vollgefüllt mit Wasser und Frau Wolf fragt die Kinder ihrer Klasse 6 c, wie viel Wasser sie in den Würfel umfüllen kann.
Manche schätzen, die halbe Flasche, andere glauben, dass alles hineinpasst. Was meinst du?

Passt das? Probiere es aus.

Einheiten von Flüssigkeiten

Flüssigkeiten werden oft in Liter (l) oder Milliliter (ml) gemessen. Die Menge der Flüssigkeit, die in einen Würfel mit der Kantenlänge 10 cm passt, wird 1 Liter genannt.

1 Liter entspricht dem Volumen 1 dm³.   **1 Milliliter** entspricht dem Volumen 1 cm³.

   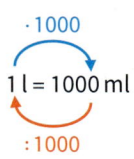   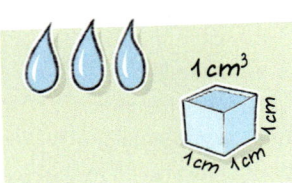

$\cdot 1000$

1 l = 1000 ml

$: 1000$

In 1 Liter passen 1000 Milliliter. Die Umrechnungszahl ist 1000.

WES-105429-050

In Milliliter (ml) umrechnen
8 l = 8000 ml
0,3 l = 300 ml
5 dm³ = 5 l = 5000 ml

In Liter (l) umrechnen
5000 ml = 5 l
750 ml = 0,75 l
20 000 cm³ = 20 dm³ = 20 l

---

1 ≡ **Umrechnen**
Rechne in die angegebene Einheit um.
a) 6 l in ml   b) 350 l in ml   c) 69 000 ml in l   d) 100 000 ml in l
e) 8,4 l in ml   f) 280 ml in l   g) 0,045 l in ml   h) 65 ml in l
i) 80 l in dm³   j) 9 ml in cm³   k) 7000 cm³ in l   l) 3,5 dm³ in ml

2 ≡ **Gemischte Einheiten**
Schreibe gemischt in Liter und Milliliter und anschließend in Liter mit Komma.
a) 67 800 ml   b) 905 600 ml   c) 380 004 ml   d) 6 900 050 ml

3 ≡ **Ordnen**
Ordne der Größe nach. Beginne mit dem größten Volumen.
a) 8 600 dm³   840 000 ml   806 l   8000 cm³   8,25 m³
b) 450 000 cm³   540 l   50 000 ml   550 dm³   0,58 m³

---

4 ≡ Rechne in die angegebene Einheit um.
a) 56 l in ml   b) 2,5 l in ml   c) 180 000 ml in l   d) 100 ml in l
e) 0,8 l in cm³   f) 10 l in dm³   g) 830 cm³ in l   h) 150 000 l in m³

5 ≡ Ordne der Größe nach. Beginne mit dem kleinsten Volumen.
a) 900 ml   1,1 l   1050 cm³   1,5 dm³   b) 990 ml   1 l   0,9 dm³   950 cm³

Prüfe dich!
Lösungen auf
Seite 233

6 ≡ **Leitungswasser**

Paul trinkt pro Tag etwa zwei Liter Wasser. Eine Literflasche stilles Wasser kostet in seinem Supermarkt etwa 0,60 €. Das Leitungswasser kostet 2 € pro Kubikmeter.

a) Berechne, wie viel Paul in einem Jahr sparen kann, wenn er Leitungswasser statt des gekauften Wassers in Flaschen trinkt.

b) Überlege dir, welche weiteren Gründe für Leitungswasser sprechen.

7 ≡ **Wasserwagen**

Für seine Tiere stellt Bauer Pfefferle einen Wasserwagen als Tränke auf seine Weide. Der Wasserwagen hat ein Fassungsvermögen von 5 m³. Zum Auffüllen kann er einen Gartenschlauch nutzen, bei dem 20 Liter Wasser pro Minute fließen. Wenn einen dickeren Schlauch verwendet, so fließen 125 Liter Wasser in der Minute.

Berechne, wie viel Zeit Bauer Pfefferle spart, wenn er den dickeren Schlauch nutzt.

8 ≡ **Wasserverbrauch**

Ein Kubikmeter Trinkwasser kostet etwa 2 €. Zusätzlich sind pro Kubikmeter 3,50 € Abwassergebühren zu zahlen. Schätze, wie viel Liter Wasser du täglich benötigst. Überschlage, wie viel dein Wasserverbrauch monatlich kostet.

Virtueller Wasserverbrauch

In Deutschland verbrauchen wir im Durchschnitt täglich ungefähr 125 Liter Trinkwasser pro Person. Etwa 5 Liter davon verwenden wir für trinken und essen, 120 Liter für sanitäre Zwecke wie z.B. duschen, Wäsche waschen oder die Toilettenspülung.

Aber indirekt verbrauchen wir noch viel mehr Wasser. Denn für die Herstellung von fast allen Produkten, die wir im Alltag benutzen, wurde Wasser verwendet. So steckt in einem T-Shirt auch der Wasserverbrauch für das Bewässern der Baumwollfelder, für die Reinigung der Baumwolle oder für das Färben der Stoffe.

Der gesamte Wasserverbrauch für einen Produktionsprozess wird als virtueller Wasserverbrauch bezeichnet. Er unterscheidet zwischen drei Arten von Wasser:

• Grünes Wasser: Regenwasser, das zur Bewässerung der Pflanzen genutzt wird.

• Blaues Wasser: Grundwasservorkommen zur Bewässerung von Feldern, z.B. aus Brunnen.

• Braunes Wasser: verschmutztes Wasser, das durch die Produktion entsteht.

In Deutschland beläuft sich der virtuelle Wasserverbrauch auf knapp 4000 Liter pro Person und Tag. Maximal die Hälfte davon stammt aus deutschen Wasservorräten, die andere Hälfte verbrauchen wir indirekt in anderen Ländern, in denen teilweise Wasserknappheit herrscht. Der virtuelle Wasserverbrauch variiert je nach Lebensmittel erheblich.

9 ≡ **27 Liter in einem Glas Tee**

a) Erkläre, was mit der Überschrift gemeint ist: Wie passen 27 Liter Wasser in ein Glas Tee?

b) In Deutschland gibt es aktuell keinen Mangel an sauberem Trinkwasser. Erkläre, warum es trotzdem wichtig ist, den virtuellen Wasserverbrauch zu senken.

c) Berechne den virtuellen Wasserverbrauch für ein Käsebrot. Recherchiere dazu den virtuellen Wasserverbrauch der benötigten Lebensmittel.

6.4 Volumen eines Quaders

Sarah will ihrer Freundin Lea einen Karton mit Keksen schicken. Sie hat zwei Kartons zur Auswahl. In welchen Karton passt mehr hinein?

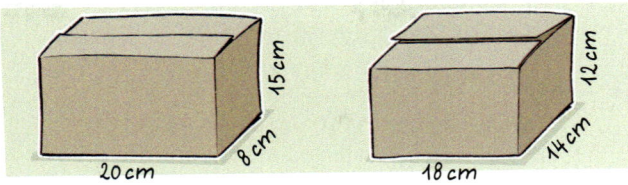

Volumen eines Quaders

In einen Quader mit den Kantenlängen 5 cm, 4 cm und 3 cm passen $5 \cdot 4 \cdot 3 = 60$ Einheitswürfel mit dem Volumen 1 cm³.
Der Quader hat das Volumen $V = 60$ cm³.

Für das Volumen eines Quaders mit den Kantenlängen a, b und c gilt:
„Volumen = Länge mal Breite mal Höhe"
Volumen: $V = a \cdot b \cdot c$
$V = 5 \text{ cm} \cdot 4 \text{ cm} \cdot 3 \text{ cm} = 60 \text{ cm}^3$

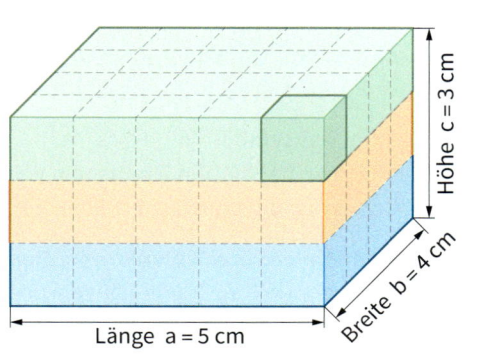

WES-105429-051

Volumen eines Quaders berechnen

Berechne das Volumen des Quaders mit den Kantenlängen a = 40 mm, b = 0,3 dm, c = 2 cm.

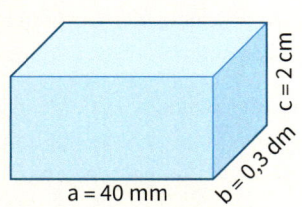

Lösung
Die Kantenlängen in der gleichen Einheit angeben.
a = 40 mm = 4 cm, b = 0,3 dm = 3 cm, c = 2 cm
Volumen: $V = a \cdot b \cdot c = 4 \text{ cm} \cdot 3 \text{ cm} \cdot 2 \text{ cm} = 24 \text{ cm}^3$

---

❶ ≡ Quadervolumen
Berechne das Volumen des Quaders.

a)
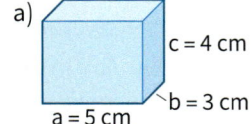

b)
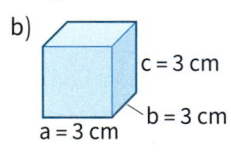

c)
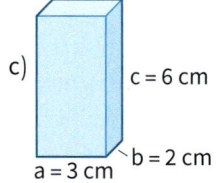

d)
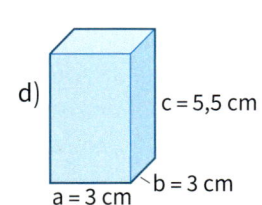

Ein Würfel ist ein besonderer Quader.

❷ ≡ Volumen von Quadern berechnen
Berechne das Volumen des Quaders mit den gegebenen Längen.
a) a = 3 cm, b = 9 cm, c = 2 cm
b) a = 1 cm, b = 5 cm, c = 12 cm
c) a = 5 cm, b = 3 cm, c = 7 cm
d) a = 10 cm, b = 20 cm, c = 6 cm
e) a = 9 cm, b = 9 cm, c = 2 cm
f) a = 4 cm, b = 4 cm, c = 4 cm

❸ ≡ Großer Quader
Berechne das Volumen des Quaders.
Gib das Volumen in Kubikmeter (m³) und in Kubikdezimeter (dm³) an.

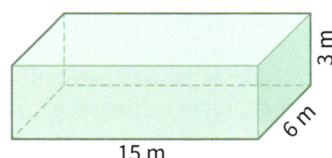

4 ≡ **Baukosten**

Frau Müller will ein Nullenergiehaus bauen. Der Architekt geht davon aus, dass die Kosten 380 € pro Kubikmeter betragen. Das Haus ist 18 m lang, 12 m breit und 3 m hoch. Berechne die Baukosten für das Nullenergiehaus.

5 ≡ **Graben**

Um neue Abwasserrohre legen zu können, müssen die Stadtwerke einen Graben ausheben. Der Graben ist 800 m lang, 2 m breit und 5 m tief. Wie viel Erde muss ausgehoben werden?

6 ≡ **Kantenlängen in verschiedenen Einheiten**

Berechne das Volumen des Quaders.

a) $a = 20$ cm, $b = 0,9$ m, $c = 3$ dm
b) $a = 8$ cm, $b = 2$ cm, $c = 0,4$ dm
c) $a = 5$ cm, $b = 50$ mm, $c = 4$ cm
d) $a = 3$ cm, $b = 20$ mm, $c = 4$ mm
e) $a = 4$ cm, $b = 2,5$ dm, $c = 800$ mm
f) $a = 1$ m, $b = 3$ dm, $c = 50$ cm

7 ≡ **Kann das sein?**

a) Simon hat für sein Zimmer ein Volumen von $30,2$ m³ berechnet.
b) Laura hat für das Badezimmer ein Volumen von $15\,000\,000$ mm³ berechnet.

8 ≡ **Schrägbilder und Volumen von Quadern**

a) Verdopple die Kantenlänge a und zeichne das Schrägbild des Quaders. Wie ändert sich das Volumen dieses Quaders?

b) Verdopple die Kantenlänge c und zeichne das Schrägbild des Quaders. Wie ändert sich das Volumen dieses Quaders?

c) Verdopple die Kantenlängen a, b und c. Zeichne dann das Schrägbild des Quaders. Wie ändert sich das Volumen dieses Quaders?

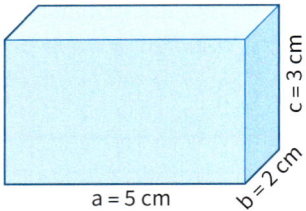

$a = 5$ cm, $b = 2$ cm, $c = 3$ cm

Vorbereiten
Wie viele?
Seite 205

9 ≡ **Quader stapeln**

In einer kleinen Kiste mit den Maßen 10 cm × 5 cm × 4 cm sollen Quader gestapelt werden. Die Quader sind 3 cm lang, 2 cm breit und 1 cm lang. Wie viele Quader passen in die Kiste? Gib an, wie die Quader gestapelt werden können. Probiere verschiedene Möglichkeiten.

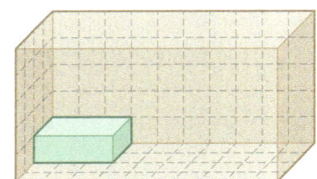

10 ≡ **Umzugskartons stapeln**

Familie Beyer möchte umziehen.

a) Ein Umzugskarton hat die Kantenlängen 67 cm, 35 cm, 35 cm. Gib sein Volumen an.

b) Der gemietete Kleintransporter hat einen Laderaum von ca. 1,68 m Breite, 4,20 m Länge und 1,85 m Höhe. Lea behauptet: *„Da passen bestimmt mehr als 160 Kartons hinein!"* Entscheide, ob sie Recht hat.

c) Wie viele Kartons passen maximal in den Transporter? Wie muss gestapelt werden?

Prüfe dich!
Lösungen auf
Seite 233

11 ≡ Berechne das Volumen des Quaders.

a) $a = 7$ cm; $b = 4$ cm; $c = 3$ cm
b) $a = 30$ mm; $b = 0,5$ dm; $c = 2$ cm

12 ≡ a) Gib an, wie sich das Volumen eines Quaders ändert, wenn man eine Kantenlänge halbiert.

b) In einem Würfel werden alle Kantenlängen halbiert. Beschreibe die Änderung des Volumens.

13 ≡ Eine Lagerhalle ist 30 m lang, 22 m breit und 4 m hoch. Bestimme, wie viele Container untergebracht werden können, wenn ein Container 6 m lang, 2,50 m breit und 3 m hoch ist.

14 ≡ **Reihenhäuser**

Mehrere nebeneinanderliegende Reihenhäuser bilden zusammen eine Reihenhauskette. In der Regel sind Reihenhäuser gleich groß.

a) Für eine Reihenhauskette aus 6 Häusern ist das Gesamtvolumen mit insgesamt $2700\,m^3$ angegeben.
Wie groß ist jedes einzelne Haus?

b) Eine neue Reihenhauskette soll ein Gesamtvolumen von $4400\,m^3$ haben. Für ein Reihenhaus ist ein Volumen von $550\,m^3$ geplant. Wie viele Reihenhäuser können entstehen?

Volumen und Anzahl

Dividierst du ein Volumen durch eine Anzahl, so erhältst du ein Volumen:
$400\,cm^3 : 8 = 50\,cm^3$
Dividierst du ein Volumen durch ein Volumen, so erhältst du eine Anzahl:
$400\,cm^3 : 50\,cm^3 = 8$

Vorbereiten
Typische Fragen
Seite 205

15 ≡ **Wasserbehälter**

a) Im Garten von Familie Hamm steht ein quaderförmiger Behälter, in dem das Regenwasser aufgefangen wird. Der Behälter ist 1,40 m lang, 1 m breit und 80 cm hoch. Der Behälter ist randvoll gefüllt. Berechne die Anzahl Wassereimer, die Frau Hamm abfüllen kann, wenn in einen Wassereimer 10 l hineinpassen.

b) Zum Verlegen eines Wasserrohres wird eine Grube von 5 m Tiefe, 80 cm Breite und 60 m Länge ausgehoben. Zum Abtransport der Erde fährt ein Lkw, der $50\,m^3$ Erde laden kann. Berechne die Anzahl Fahrten, die der Lkw machen muss.

16 ≡ **Fehlende Größen**

a) Ein 8 cm hoher Quader hat ein Volumen von $160\,cm^3$. Berechne den Flächeninhalt der Grundfläche.

b) Ein Quader hat ein Volumen von $48\,cm^3$. Er ist 3 cm lang und 4 cm breit. Berechne die Höhe des Quaders.

c) Ein 4 cm hoher Quader mit quadratischer Grundfläche hat ein Volumen von $25\,cm^3$. Berechne die weiteren Kantenlängen.

Vom Volumen zum Flächeninhalt

Gegeben: $V = 18\,cm^3$; $c = 3\,cm$
Gesucht: Grundfläche A
$18\,cm^3 = a \cdot b \cdot 3\,cm = A \cdot 3\,cm$
$A = 18\,cm^3 : 3\,cm = 6\,cm^2$

Vom Volumen zur Kantenlänge

Gegeben: $V = 20\,cm^3$, $a = 2\,cm$, $b = 5\,cm$
Gesucht: Kantenlänge c
$c = 20\,cm^3 : (2\,cm \cdot 5\,cm) = 2\,cm$

WES-105429-052

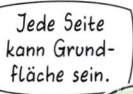

Jede Seite kann Grundfläche sein.

17 ≡ **Fehlende Größen im Quader gesucht**

Länge, Breite, Höhe, Grundfläche, Volumen. Bestimme die fehlenden Größen.

a) $a = 8\,dm$, $b = 6\,dm$, $c = 1\,m$

b) $a = 15\,cm$, $b = 8\,cm$, $V = 1440\,cm^3$

c) $b = 60\,mm$, $c = 70\,mm$, $A = 2100\,mm^2$

d) $a = 25\,dm$, $A = 500\,dm^2$, $V = 5500\,dm^3$

18 ≡ **Grundfläche und Volumen**

a) Ein quaderförmiges Aquarium hat eine Grundfläche von $500\,cm^2$ und ist 50 cm hoch. Berechne das Volumen des Aquariums. Wie viel Liter Wasser kann man höchstens einfüllen?

b) Ein anderes ebenfalls quaderförmiges Aquarium ist mit 25 l Wasser randvoll gefüllt. Es ist 40 cm hoch. Berechne die Größe der Grundfläche.

19 ≡ Berechne die Höhe des Quaders mit $V = 900\,cm^3$ und der Grundfläche $A = 60\,cm^2$.

20 ≡ Mike hat ein 40 cm hohes Aquarium randvoll mit Wasser gefüllt. Dazu hat er 126 l Wasser benötigt. Berechne die Größe der Grundfläche von Mikes Aquarium.

Prüfe dich!
Lösungen auf
Seite 233

21 ≡ **Schwimmbecken**

Ein Schwimmbecken ist 25 m lang, 8 m breit und 2 m tief.
Das Becken wird mit einem Schlauch aufgefüllt, der pro Minute 50 Liter ausschüttet.
Wie lange dauert es, bis das Schwimmbecken bis 20 cm unter der oberen Kante gefüllt ist?

6.5 Zusammengesetzte Körper

Bestimme das Volumen des Hauses auf
zweierlei Weise.
- Zerlege das Haus in zwei Quader.
  Addiere die beiden Volumina.
- Ergänze das Haus zu einem Quader.
  Subtrahiere vom Volumen des Gesamt-
  quaders das Volumen der „leeren Ecke".

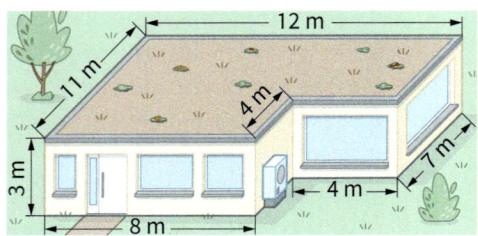

> **Strategien zum Berechnen des Volumens zusammengesetzter Körper**
>
> **Zerlegen und addieren**
> Man zerlegt den Körper in geeignete Quader.
> Dann berechnet man die Volumina der
> einzelnen Quader und addiert diese.
>
> **Ergänzen und subtrahieren**
> Man ergänzt den Körper zu einem Quader.
> Dann berechnet man das Volumen des
> Gesamtquaders und subtrahiert davon das
> Volumen des ergänzten kleinen Quaders.

1 ≡ **Zusammengesetze Körper**

Bestimme das Volumen des abgebildeten Körpers mit den beiden Strategien.

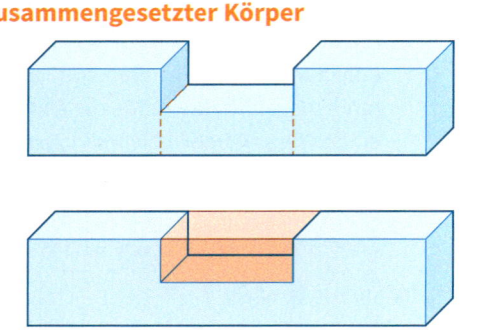

2 ≡ **Anwendung**

a) Der Doppel-T-Träger aus Eisen ist 2,5 m
lang. 1 cm³ Eisen wiegt 8 g.
Wie viel wiegt der Doppel-T-Träger?

b) In der Hofeinfahrt steht ein Blumenkübel
aus Beton. Wie schwer ist der Blumenkübel, wenn 1 cm³ Beton 2,5 g wiegt?

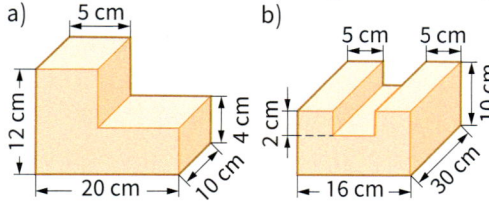
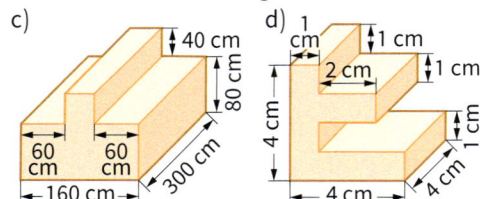
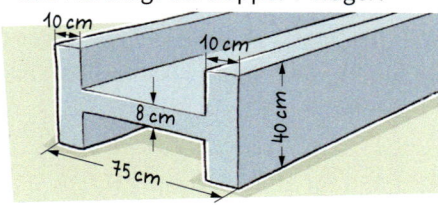

3 ≡ **Gartenbeet**

Damit der Unkrautbewuchs und die Aus-
trocknung gehemmt werden, wird das Beet
gleichmäßig mit einer 5 cm dicken Schicht
Rindenmulch bedeckt. Eine 60 Liter Packung
Rindenmulch kostet 5,49 €.
Berechne die entstehenden Kosten.

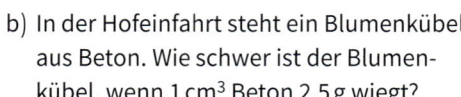

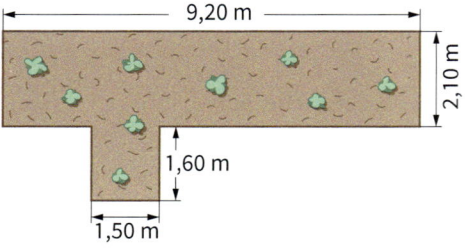

6.6 Oberflächeninhalt eines Quaders

Laura möchte das quaderförmige Kästchen mit Glitzergoldfarbe anmalen. Ein kleines Glas reicht für eine Fläche von 200 cm² aus. Wie viele Gläser muss sie kaufen?

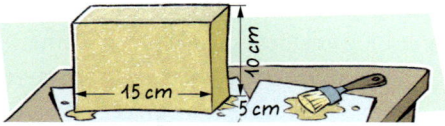

Vorbereiten
Flächen
Seite 203

Um die Oberfläche des Kästchens anzumalen, muss Laura die 6 Außenflächen färben.

Lösung: Die Vorder- und die Rückfläche des Quaders sind gleich große Rechtecke. Ebenso die Grund- und die Deckfläche, wie auch die beiden Seitenflächen.

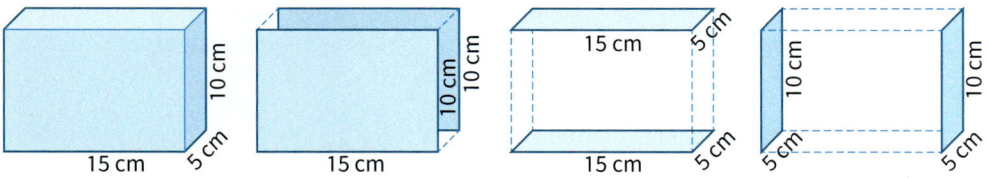

Für den Oberflächeninhalt des Quaders addiert man die Flächeninhalte der 6 Rechtecke.
$O = 2 \cdot (15\,\text{cm} \cdot 10\,\text{cm}) + 2 \cdot (15\,\text{cm} \cdot 5\,\text{cm}) + 2 \cdot (5\,\text{cm} \cdot 10\,\text{cm}) = 550\,\text{cm}^2$
Laura muss also 3 Gläser Glitzergoldfarbe kaufen.

Oberflächeninhalt eines Quaders

Für den Oberflächeninhalt O eines Quaders addiert man die Flächeninhalte der 6 Rechtecke. Gegenüberliegende Rechtecke haben den gleichen Flächeninhalt.

$O = 2 \cdot (a \cdot b) + 2 \cdot (a \cdot c) + 2 \cdot (b \cdot c)$

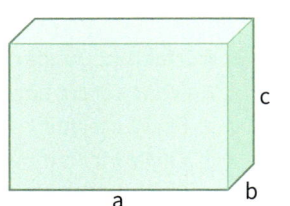

Oberflächeninhalt eines Quaders berechnen
Berechne den Oberflächeninhalt des Quaders mit den Kantenlängen a = 4 cm, b = 3 cm und c = 2 cm.

$O = 2 \cdot (a \cdot b) + 2 \cdot (a \cdot c) + 2 \cdot (b \cdot c)$
$\quad = 2 \cdot (4\,\text{cm} \cdot 3\,\text{cm}) + 2 \cdot (4\,\text{cm} \cdot 2\,\text{cm}) + 2 \cdot (3\,\text{cm} \cdot 2\,\text{cm})$
$\quad = 24\,\text{cm}^2 + 16\,\text{cm}^2 + 12\,\text{cm}^2 = 52\,\text{cm}^2$

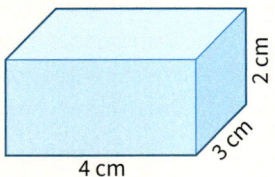

❶ ☰ Oberflächeninhalt eines Quaders
Berechne den Oberflächeninhalt des Quaders.
a) a = 5 cm, b = 6 cm, c = 10 cm
b) a = 3 m, b = 7 m, c = 1 m
c) a = 3 dm, b = 3 dm, c = 8 dm
d) a = 15 mm, b = 40 mm, c = 20 mm
e) a = 50 cm, b = 2 dm, c = 300 mm
f) a = 1,5 m, b = 80 cm, c = 5 dm

❷ ☰ Geschenkverpackungen
Wie viel Geschenkpapier benötigt man mindestens?
a) b) c) d)

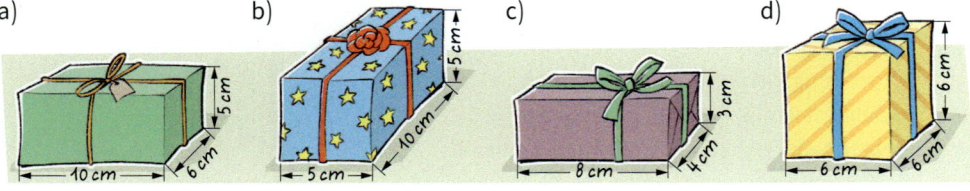

Prüfe dich!
Lösungen auf
Seite 233

3 ≡ Berechne den Oberflächeninhalt des Quaders.
a) $a = 8\,cm$, $b = 10\,cm$, $c = 20\,cm$ b) $a = 4\,dm$, $b = 2\,m$, $c = 5000\,mm$

4 ≡ Die Bauklötze sollen bemalt werden.
Gib an, für wie viel Quadratzentimeter die
Farbe mindestens ausreichen muss.

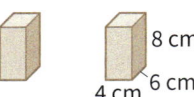

8 cm
4 cm   6 cm

5 ≡ **Kartonmaterial**
Ein Unternehmen möchte Kartons für den Versand von Büchern verwenden. Ein Karton soll
die Maße $30\,cm \times 20\,cm \times 15\,cm$ haben. Wie viel Kartonmaterial wird für die Herstellung eines
Kartons benötigt? Wie viele Kartons kann man aus $135\,000\,cm^2$ herstellen?

6 ≡ **Würfel**
In einer Formelsammlung findest du diese
Formeln zu einem Würfel.
a) Berechne das Volumen und den Oberflächeninhalt eines Würfels mit der
Kantenlänge 8 cm.
b) Begründe die Formeln für das Volumen
und den Oberflächeninhalt eines Würfels.

Würfel

Volumen: $V = a^3$

Oberflächeninhalt:
$O = 6 \cdot a^2$

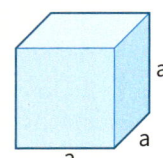

7 ≡ **Würfel und Quader**
Welcher Körper hat den größeren Oberflächeninhalt?
a) Ein Würfel mit Kantenlänge 2 cm oder ein Quader mit $a = 1\,cm$, $b = 2\,cm$, $c = 3\,cm$
b) Ein Würfel mit Kantenlänge 5 cm oder ein Quader mit $a = 10\,cm$, $b = 2\,cm$, $c = 4\,cm$
c) Ein Würfel mit Kantenlänge 8 cm oder ein Quader mit $a = 7\,cm$, $b = 8\,cm$, $c = 10\,cm$

8 ≡ **Oberflächeninhalt und Volumen**
a) Berechne das Volumen und den Oberflächeninhalt der vier Quader. Was fällt dir auf?
Quader A mit $a = 3\,cm$, $b = 4\,cm$, $c = 2\,cm$ Quader B mit $a = 2\,cm$, $b = 6\,cm$, $c = 2\,cm$
Quader C mit $a = 1\,m$, $b = 3\,m$, $c = 3\,m$ Quader D mit $a = 7\,m$, $b = 1\,m$, $c = 1\,m$
b) Zwei Quader haben das gleiche Volumen, aber unterschiedlichen Oberflächeninhalt.
Welche Maße können die beiden Quader haben?
c) Zwei Quader haben den gleichen Oberflächeninhalt, aber unterschiedliches Volumen.
Welche Maße können die beiden Quader haben?

9 ≡ **Zusammengesetzte Körper**
Berechne den Oberflächeninhalt und das
Volumen des zusammengesetzten Körpers.
Nutze dazu eine passende Strategie:
• „Zerlegen und addieren"
• „Ergänzen und subtrahieren"

a)

8 cm   4 cm
7 cm   2 cm   3 cm

b)

4 cm   3 cm
3 cm   3 cm
3 cm   3 cm   3 cm   4 cm

10 ≡ **Taschentuch – Verpackung**
30 Papiertaschentuch-Pakete der Größe
$10\,cm \times 5\,cm \times 2\,cm$ sollen in eine Plastikfolie
eingeschweißt werden. Überlege, welche
Anordnung am günstigsten ist, damit
möglichst wenig Plastikfolie benötigt wird.
Berechne, wie viel Plastikfolie benötigt wird.

Mein Merkzettel

Volumeneinheiten

Seite 128
Seite 131

m^3	$1000\,dm^3 = 1\,m^3$
dm^3	$1000\,cm^3 = 1\,dm^3 = 0,001\,m^3$
l	$1000\,ml = 1\,l$
cm^3	$1000\,mm^3 = 1\,cm^3 = 0,001\,dm^3$
ml	$1\,ml = 0,001\,l$
mm^3	$1\,mm^3 = 0,001\,cm^3$

$1\,ml = 1\,cm^3$, $1\,l = 1\,dm^3$, $1000\,l = 1\,m^3$

Größere Einheit → kleinere Einheit

$$8,5\,m^3 \xrightarrow{\cdot 1000} 8500\,dm^3 \qquad 35\,l \xrightarrow{\cdot 1000} 35\,000\,ml$$

multipliziere mit 1000

Kleinere Einheit → größere Einheit

$$2500\,cm^3 \xrightarrow{:1000} 2,5\,dm^3 \qquad 1350\,ml \xrightarrow{:1000} 1,35\,l$$

dividiere durch 1000

Einheitentabelle zum Umrechnen

Seite 129

gegeben	m^3			dm^3			cm^3			mm^3			größere Einheit	kleinere Einheit
	H	Z	E	H	Z	E	H	Z	E	H	Z	E		
$300\,dm^3$					0	3	0	0	0	0	0		$0,3\,m^3$	$300\,000\,cm^3$
$38\,cm^3$						0	0	3	8	0	0	0	$0,038\,dm^3$	$38\,000\,mm^3$
$4,9\,dm^3$				0	0	0	4	9	0	0			$0,0049\,m^3$	$4900\,cm^3$

Gemischte Einheiten: $4680\,m^3 = 4\,m^3\,680\,dm^3$ $8,5\,l = 8\,l\,500\,ml$

Quader

Seite 133
Seite 137

Volumen:

$V = a \cdot b \cdot c$

$V = 4\,cm \cdot 2\,cm \cdot 1\,cm = 8\,cm^3$

Oberflächeninhalt:

$O = 2 \cdot (a \cdot b) + 2 \cdot (a \cdot c) + 2 \cdot (b \cdot c)$

$O = 2 \cdot 8\,cm^2 + 2 \cdot 4\,cm^2 + 2 \cdot 2\,cm^2 = 28\,cm^2$

Würfel

Seite 133

Volumen:

$V = a \cdot a \cdot a = a^3$

$V = (3\,cm)^3 = 27\,cm^3$

Oberflächeninhalt:

$O = 6 \cdot a^2$

$O = 6 \cdot (3\,cm)^2 = 54\,cm^2$

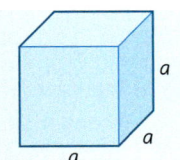

Aus Quadern zusammengesetzte Körper – Volumen

Seite 136

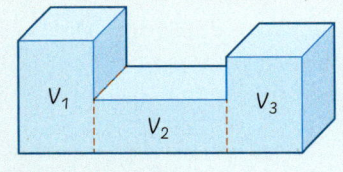

Zerlegen und addieren

$V = V_1 + V_2 + V_3$

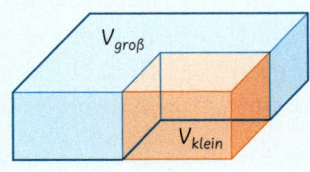

Ergänzen und subtrahieren

$V = V_{groß} - V_{klein}$

Aus Quadern zusammengesetzte Körper – Oberflächeninhalt

Seite 137

Summe aller Außenflächen = 2-mal Grundfläche plus 2-mal Rückfläche plus 2-mal Seitenfläche

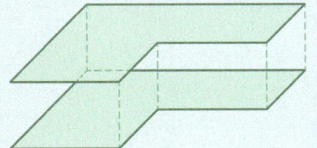

2-mal Grundfläche

2-mal Rückfläche

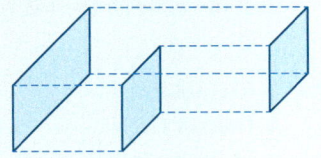

2-mal Seitenfläche

Wiederholen für die Klassenarbeit

Lösungen auf
Seite 234

1 ☰ **Zum Quader ergänzen**

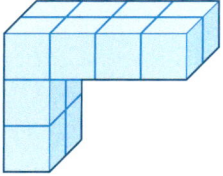

a) Gib das Volumen des Körpers an.
Die kleinen Würfel haben eine Kantenlänge von 1 cm.

b) Bestimme die Anzahl kleiner Würfel, die du mindestens ergänzen musst, damit ein Quader entsteht.

2 ☰ **Umrechnen in eine kleinere Einheit**

Gib das Volumen in der nächstkleineren Einheit an.

a) $47 \, dm^3$ b) $17 \, cm^3$ c) $2800 \, cm^3$ d) $45 \, m^3$

e) $370 \, cm^3$ f) $15 \, l$ g) $108 \, dm^3$ h) $95 \, l$

3 ☰ **Umrechnen in eine größere Einheit**

Gib das Volumen in der nächstgrößeren Einheit an.

a) $25\,000 \, dm^3$ b) $180\,000 \, mm^3$ c) $7\,300\,000 \, mm^3$ d) $75\,000 \, dm^3$

e) $3\,600\,000 \, ml$ f) $670\,000 \, cm^3$ g) $56\,000 \, dm^3$ h) $45\,000 \, ml$

4 ☰ **Umrechnen in andere Einheiten**

Gib das Volumen in der angegebenen Einheit an.

a) $83 \, m^3$ in cm^3 b) $650\,000 \, mm^3$ in cm^3 c) $56\,000 \, dm^3$ in cm^3 d) $90 \, dm^3$ in l

e) $38 \, l$ in mm^3 f) $69\,000\,000 \, cm^3$ in m^3 g) $3 \, m^3$ in l h) $4\,000 \, cm^3$ in mm^3

5 ☰ **Volumen umrechnen**

Rechne das Volumen in die angegebene Einheit um.

a) $5400 \, dm^3$ in m^3 b) $610 \, mm^3$ in cm^3 c) $5,6 \, dm^3$ in cm^3 d) $0,09 \, dm^3$ in cm^3

e) $450 \, ml$ in l f) $7,5 \, l$ in ml g) $7,34 \, m^3$ in dm^3 h) $0,468 \, m^3$ in cm^3

6 ☰ **Runden von Volumina**

a) Runde auf ganze m^3: $6947 \, dm^3$ $23\,611 \, dm^3$ $1499 \, dm^3$ $784\,498\,978 \, cm^3$ $37,47 \, m^3$

b) Runde auf ganze l: $5251 \, ml$ $509 \, ml$ $299\,863 \, ml$ $94\,745 \, ml$ $1\,001\,001 \, ml$

7 ☰ **Monsterzahlen**

Hier hat Simon sehr genau gerechnet. Sein Klassenraum hat einen Rauminhalt von $36\,401\,552\,102 \, mm^3$. Kann das sein? Runde sinnvoll und wähle eine passende Maßeinheit.

8 ☰ **Rechnen mit Volumina**

Berechne. Achte darauf in der gleichen Einheit zu rechnen.

a) $39 \, m^3 + 87 \, m^3$ b) $4 \, dm^3 - 680 \, cm^3$ c) $350 \, ml \cdot 20$ d) $880 \, dm^3 : 11$

e) $630 \, dm^3 + 0,5 \, m^3$ f) $20,6 \, l - 50 \, ml$ g) $2,7 \, m^3 + 0,08 \, m^3$ h) $2 \, l : 5$

i) $2 \, m^3 + 20 \, dm^3$ j) $9,1 \, dm^3 - 7,455 \, dm^3$ k) $0,04 \, l \cdot 24$ l) $200 \, dm^3 : 10 \, dm^3$

9 ☰ **Holzbalken**

Für den Hausbau wird ein Holzbalken benötigt. Er hat ein Volumen von $86,4 \, dm^3$. Ein Kubikzentimeter Holz wiegt 0,5 g. Bestimme die Länge und das Gewicht des Holzbalkens.

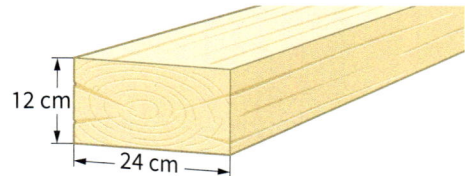

12 cm

24 cm

10 ☰ **Schachteln**

Auf einem Tisch stehen zwei quaderförmige Schachteln. Schachtel 1 ist 30 cm lang, 24 cm breit und hat ein Volumen von $10\,800 \, cm^3$. Schachtel 2 hat eine Grundfläche von $700 \, cm^2$ und ein Volumen von $11\,200 \, cm^3$. Gib an, welche der beiden Schachteln höher ist.

Lösungen auf
Seite 234

11 ≡ **Aquarium**

Familie Rausch hat sich ein quaderförmiges Aquarium gekauft. Es ist 1,20 m lang, 50 cm breit und 8 dm hoch.

a) Berechne das Volumen des Aquariums und gib das Ergebnis in Liter an.

b) Man rechnet pro Fisch mit einem Platzbedarf von 10 dm^3. Bestimme die Anzahl Fische, die Familie Rausch nach dieser Angabe höchstens für ihr Aquarium kaufen sollte.

12 ≡ **Wasserbehälter**

Ein quaderförmiger Behälter ist 20 cm lang, 40 cm breit und 15 cm hoch. Merle füllt 4 Liter Wasser in den Behälter.

a) Berechne die Höhe des Wasserstandes.

b) Gib den Anteil des Behälters an, der noch gefüllt werden muss, damit der Behälter ganz voll ist.

13 ≡ **Umzug**

Familie Gauß möchte umziehen.

a) Ein Umzugskarton hat die Kantenlängen 40 cm, 72 cm, 50 cm. Gib sein Volumen in Liter an.

b) Der gemietete Lkw hat einen Laderaum von ca. 2,40 m Breite, 8 m Länge und 3 m Höhe.
Peter behauptet: *„Da passen bestimmt 400 Kartons hinein!"* Entscheide, ob er Recht hat.

14 ≡ **Quader und Würfel**

Berechne das Volumen und den Oberflächeninhalt des Körpers.

a) Quader mit a = 4 cm, b = 6 cm, c = 8 cm   b) Würfel mit a = 4 cm

c) Quader mit a = b = 5 cm, c = 7 cm   d) Quader mit a = c = 4 cm, b = 10 cm

15 ≡ **Quadermaße**

Übertrage die Tabelle in dein Heft und berechne die fehlenden Größen des Quaders.

Länge a	3 dm	18 cm	▪	▪	3 cm
Breite b	5 dm	9 cm	24 mm	40 dm	▪
Höhe c	6 dm	▪	50 mm	▪	0,3 dm
Grundfläche A = a · b	▪	▪	384 mm^2	6 m^2	9 cm^2
Volumen V	▪	486 cm^3	▪	9 m^3	▪
Oberflächeninhalt O	▪	▪	▪	▪	▪

16 ≡ **Quader gesucht**

Ein Quader hat die Kantenlängen a = 2 cm, b = 6 cm, c = 8 cm.

a) Gib die Kantenlängen eines Quaders an, der das gleiche Volumen, aber einen anderen Oberflächeninhalt hat.

b) Gib die Kantenlängen eines Quaders an, der den gleichen Oberflächeninhalt, aber ein anderes Volumen hat.

17 ≡ **Zusammengesetzter Körper**

a) Berechne das Volumen des Körpers auf zwei Arten: Einmal durch Zerlegen in geeignete Quader und einmal durch Ergänzen.

b) Berechne den Oberflächeninhalt des Körpers.

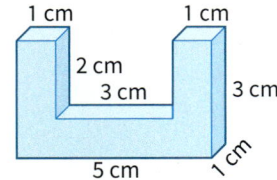

7

Zusammenhänge

2 kg Äpfel kosten 5 €.

4 kg Äpfel kosten dann 10 €.

Kostet die doppelte Menge immer doppelt so viel?

Wie teuer sind dann 3 kg Äpfel? Welche Menge erhalte ich für 3,50 €?

Zusammenhänge wie zwischen Menge und Preis gibt es auch zwischen anderen Größen. Zusammenhänge kann man in Tabellen und auch grafisch darstellen.

In diesem Kapitel

● Wie können Größen miteinander zusammenhängen?

● Wie stellt man den Zusammenhang zwischen Größen dar?

● Wie kann man einen unbekannten Wert aus bekannten Werten berechnen?

7.1 Tabellen und Graphen

Denisa und Chiara lassen Wasser gleichmäßig in eine Vase
laufen. Sie notieren alle 10 Sekunden die Höhe des Wasserstandes. Die Werte werden in einer Tabelle gesammelt.
Am Ende stellen die beiden den Zusammenhang aus Zeit
und Füllhöhe in einem Koordinatensystem dar.
Wie könnte die Grafik von Chiara und Denisa aussehen?

WES-105429-055

Zusammenhänge grafisch darstellen

Einen Zusammenhang zweier Größen kann man in einer **Tabelle** darstellen.
Jedes **Wertepaar** enthält eine Information, die man in Worten beschreiben kann.
Jedem Wertepaar entspricht ein **Punkt** (x-Wert | y-Wert) auf dem **Graphen**.

Tabelle

Zeit in s	0	10	20	30	40	50	...
Füllhöhe in cm	0	3	7	8	9	10	...

Wertepaar: (50 | 10)
In Worten: „Nach 50 s steht das Wasser 10 cm hoch."

Graph

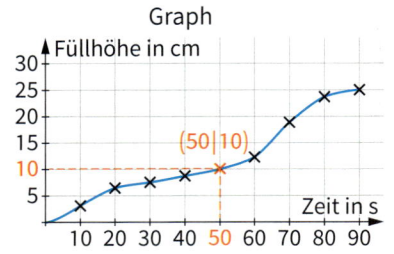

Von der Tabelle zum Graphen

Zurückgelegte Strecke eines Radrennfahrers

x: Zeit in min	10	20	30	40	50	60	70
y: Strecke in km	4	10	18	27	35	42	45

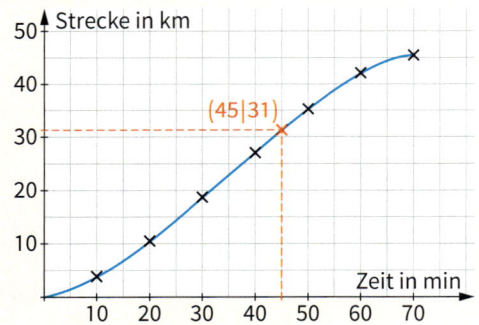

- Achsen festlegen und beschriften
  x-Achse: *Zeit in min*; y-Achse: *Strecke in km*
- Achseneinteilung festlegen
  x-Achse: 1 cm ≙ 10 min; y-Achse: 1 cm ≙ 10 km
- Graphen zeichnen:
  Wertepaare als Punkte eintragen
  Punkte verbinden, wenn es sinnvoll ist
- Weitere Punkte auf dem Graphen ablesen und die Information in Worten beschreiben:
  Punkt (45 | 31): Nach 45 min hat der Radfahrer eine Strecke von 31 km zurückgelegt.

---

1 ☰ **Hammerwurf**

Mit Messgeräten wurden zum Flug eines Hammers einige Wertepaare bestimmt.

Weite in m	0	12	20	35	45	55	65	74
Höhe in m	0,5	6	8,5	11	10,5	8,5	4,5	0

a) Lies aus der Tabelle ab, wie weit und wie hoch der Hammer flog.
b) Zeichne den Graphen und beantworte mithilfe des Graphen die Fragen.
   Welche Höhe hatte der Hammer bei der Weite von 30 m?
   Welche Weite hatte der Hammer bei einer Höhe von 7 m?

2 ≡ **Wasserstände**

Hannes und Hilda haben vor ihrer Klassenfahrt zur Insel Borkum die Wasserstände an der Fischerbalje (Borkums Südküste) recherchiert. Gemessen wurde der Wasserstand in Meter. Für die Uhrzeiten 19 Uhr bis 24 Uhr haben sie keine Messwerte gefunden.

Uhrzeit	1	2	3	4	5	6	7	8	9	10	11	12	13	14	15	16	17	18
Stand in m	6,0	5,9	5,4	4,7	4,2	3,7	3,4	3,7	4,6	5,2	5,6	5,8	6,0	5,9	5,6	5,0	4,5	4,1

a) Zeichne den Graphen.

b) Schätze die fehlenden Werte für die Stunden von 19 Uhr bis 24 Uhr.

3 ≡ **Fragwürdige Zwischenwerte**

Im Supermarkt kostet ein Schokoriegel 1,20 €. Ein Sparpaket mit 5 Riegeln kostet 4,50 €.

a) Wie viel muss Carla bezahlen für 1, 2 … 10 Schokoriegel? Erstelle eine Tabelle.

b) Stelle den Zusammenhang *Anzahl → Preis* für 0 bis 10 Schokoriegel in einem Graphen dar.

c) Im Beispiel ist das Wertepaar (1,5 | 1,8) markiert. Welche Bedeutung hat dieses Wertepaar im Sachzusammenhang? Erkläre, ob es demnach sinnvoll ist, die Punkte zu verbinden.

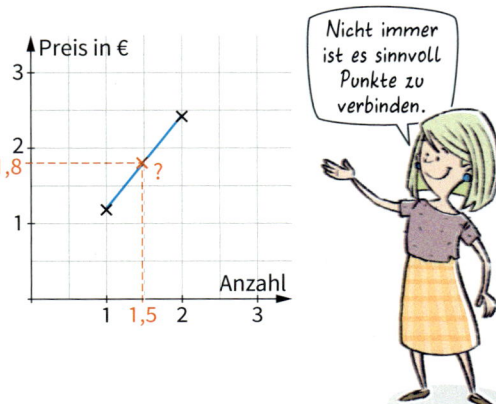

Nicht immer ist es sinnvoll Punkte zu verbinden.

4 ≡ **Graphen erklären**

Finn hat für die Hausaufgaben drei Graphen erstellt.

a) Gib an, zwischen welchen Größen ein Zusammenhang dargestellt ist. Beschreibe den Zusammenhang.

b) Bei welchem Graphen ist es sinnvoll die Punkte zu verbinden, bei welchem sollte man es nicht tun?

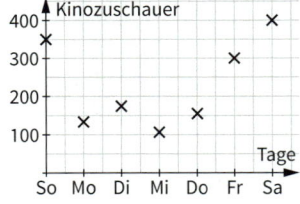
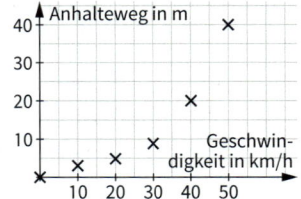
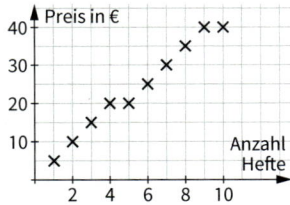

5 ≡ Eine Brezel kostet 90 ct. Heute ist beim Bäcker Brezeltag, es gibt 5 Brezeln für 4 €. Stelle den Zusammenhang *Anzahl → Preis* für die ersten 12 Brezeln in einer Tabelle und in einem Graphen dar. Erkläre, ob man die Punkte im Graphen verbinden darf.

Prüfe dich! Lösungen auf Seite 236

6 ≡ Die Tabelle zeigt die durchschnittliche Körpergröße von Babys.

Alter in Monaten	0	1	2	3	4	6	8
Körpergröße in cm	51	53	57	60	62	66	70

a) Veranschauliche den Zusammenhang *Alter → Körpergröße* in einem Graphen. Achte auf eine sinnvolle Einteilung der Achsen.

b) Lies an deinem Graphen ab und beantworte die Fragen: Wie groß ist ein Baby, das 5 Monate alt ist? Wie alt ist ein Baby, das 68 cm groß ist?

c) Angenommen ein Kind wächst weiterhin so schnell wie in den ersten beiden Monaten. Bestimme, wie groß dann ein einjähriges Kind wäre.

7 ☰ **Vom Graphen zur Tabelle**

In Wetterstationen zeichnet ein automatischer
Temperaturschreiber täglich den Temperaturverlauf
auf, wie hier auf dem abgebildeten Blatt.
a) Welches Wertepaar gehört zur roten Markierung?
   Beschreibe die Information des Wertepaars in
   Worten.
b) Wann betrug die Temperatur 10 °C?
c) Erkläre, wann es am wärmsten und wann es am
   kältesten war und gib diese Temperaturen an.

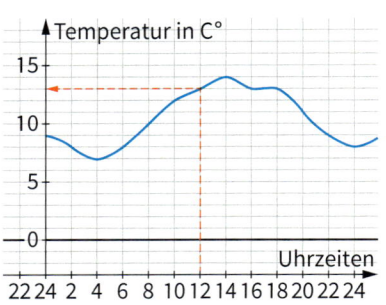

8 ☰ **Mit dem Auto nach Hamburg**

Emilia hat auf der Fahrt zu Oma und Opa Wertepaare
aus Fahrzeit und zurückgelegter Wegstrecke in ein
Koordinatensystem eingetragen.
a) Gib die Beschriftung der Koordinatenachsen an.
b) Wie weit war die Fahrt? Wie lange hat sie gedauert?
c) Wie erkennt man schnelles und langsames Fahren?
d) Bestimme die Zeiträume, in denen Stau gewesen
   sein könnte. Gibt es auch andere Erklärungen?
e) Was spricht dafür, was spricht dagegen, dass die
   Punkte verbunden wurden.

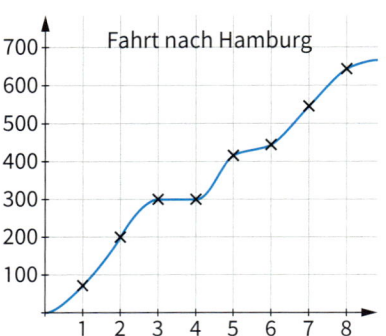

9 ☰ **Lohnerhöhung**

Ein Start-Up-Unternehmen beschäftigt viele Hilfskräfte, Studentinnen und Studenten und
auch feste Arbeitskräfte. Der Lohn wird als Wochenlohn ausgezahlt. Der Wochenlohn soll nun
erhöht werden. Hierfür werden drei Vorschläge diskutiert.

① Jeder Wochen-
lohn wird um
50 € erhöht.

② Jeder Wochen-
lohn wird um ein
Zehntel erhöht.

③ Löhne unter 400 € werden auf
400 € erhöht; alle anderen
Löhne bleiben unverändert.

a) Setze die Tabelle für die alten Löhne 200 €, 300 € …
   bis 1000 € fort.
b) Zeichne für die Vorschläge (1) bis (3) Graphen in
   ein gemeinsames Koordinatensystem.
   Prüfe für die alten Wochenlöhne 350 € und 530 €,
   ob man die Punkte verbinden kann.
c) Für welche Arbeitskräfte ist Vorschlag (1) am günstigsten, für welche der Vorschlag (2)
   und für welche der Vorschlag (3)?

alter Lohn in €	neuer Lohn in €		
	(1)	(2)	(3)
100	150	110	400
200	…	…	…
…	…	…	…

10 ☰ **Geometrische Zusammenhänge**

Wenn man bei einem Kreis den Radius vergrößert, wird der Umfang und auch der Flächeninhalt größer. Die Zusammenhänge zwischen Radius und Umfang sowie zwischen Radius und
Flächeninhalt kann man in Tabellen darstellen.

Kreisumfang:
$2\pi \cdot r \approx 6{,}2 \cdot r$
Flächeninhalt:
$\pi \cdot r^2 \approx 3{,}1 \cdot r^2$

a) Übertrage die Tabellen in dein Heft und
   fülle die Lücken aus.
b) Erstelle zu jeder Tabelle einen Graphen.
   Die x-Achse gibt den Radius an.
c) Beschreibe, wie sich der Umfang und der
   Flächeninhalt ändert, wenn der Radius
   verdoppelt wird.

Radius in cm	Umfang in cm
2	▪
3	▪
4,5	▪
12	▪

Radius in cm	Flächenin- halt in cm²
2	▪
3	▪
4,5	▪
12	▪

Füllgraphen

Gefäße füllen

Sophie und Piet füllen den Erlenmeyerkolben gleichmäßig mit Wasser, bis er überläuft.
Der Graph stellt den Zusammenhang *Zeit → Höhe des Wassers* grafisch dar.

WES-105429-056

Sophie beschreibt den Verlauf des Graphen:
„Der Wasserstand steigt erst langsam, dann immer schneller an, weil das Gefäß nach oben hin enger wird. Gegen Ende nimmt der Wasserstand kurze Zeit gleichmäßig zu, weil das Gefäß oben am Hals gleich breit ist."

Graphen gesucht

Skizziere zu jedem Gefäß einen Füllgraphen
für den Zusammenhang
Zeit → Höhe des Wassers im Gefäß.
Beschreibe jeweils den Verlauf in Worten.

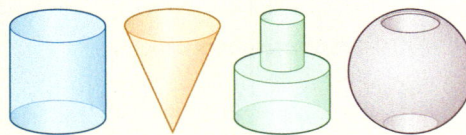

Gefäße gesucht

Hier sind einige Füllgraphen vorgegeben. Skizziere passende Gefäße dazu.

Badewannen leeren

Bei einer Badewanne wird der Stöpsel gezogen. Das Wasser fließt gleichmäßig ab.
Der Graph stellt den Zusammenhang *Zeit → Höhe des Wassers* dar.

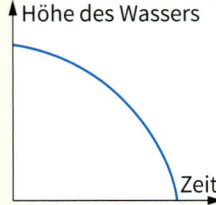
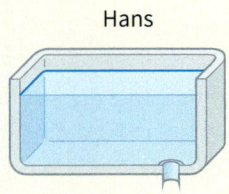
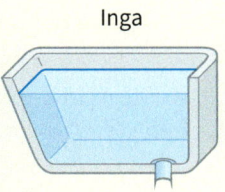
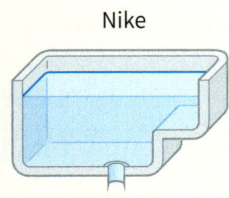

a) Wessen Badewanne passt zum gegebenen Graphen?
b) Skizziere zu den anderen Badewannen jeweils einen Graphen.
c) Erfindet zu dritt lustige Badewannenformen. Eine Person skizziert eine Badewanne, die nächste Person skizzert den Graphen zum „Leeren der Badewanne", die dritte Person skizziert wieder die Badewanne nach dem Graphen. Dann vergleicht ihr die Badewannen.

Graphen mit Tabellenkalkulation

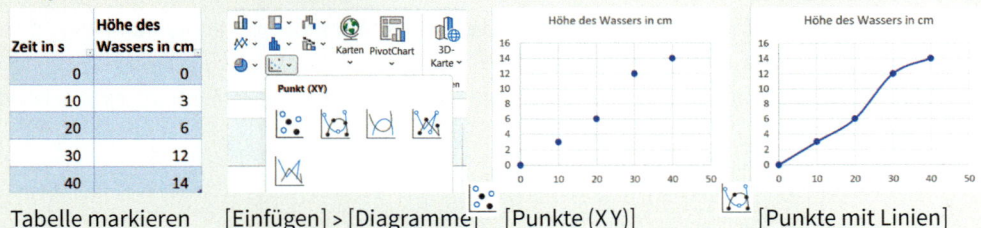

Zeit in s	Höhe des Wassers in cm
0	0
10	3
20	6
30	12
40	14

Tabelle markieren   [Einfügen] > [Diagramme]   [Punkte (XY)]   [Punkte mit Linien]

7.2 „Je mehr – desto ...“-Zusammenhänge

Ein Jugendamt gibt den Eltern diese Empfehlung für das Taschengeld ihrer Kinder.

Alter des Kindes in Jahren	6	8	10	12	14	16	18	20
Taschengeld in Euro pro Monat	7	11	18	22	35	45	75	80

- „Je älter das Kind ist, desto mehr Taschengeld bekommt es.“ Ist die Aussage richtig?
- Warum nimmt das empfohlene Taschengeld nicht gleichmäßig zu?
- Nenne weitere Beispiele für „je mehr – desto mehr“-Zusammenhänge.

WES-105429-057

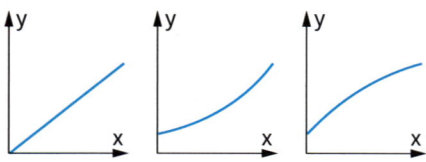

„Je mehr – desto mehr“
Erhöht man den x-Wert,
so erhöht sich der y-Wert.
Der Graph **steigt** immer.

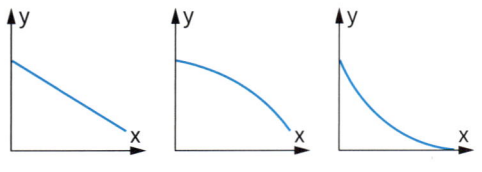

„Je mehr – desto weniger“
Erhöht man den x-Wert,
so verringert sich der y-Wert.
Der Graph **fällt** immer.

Graphen zuordnen

Es regnet und im Garten steht ein Eimer,
der Regenwasser auffängt. Welcher Graph
beschreibt den Zusammenhang
Zeit → Höhe des Wassers im Eimer?

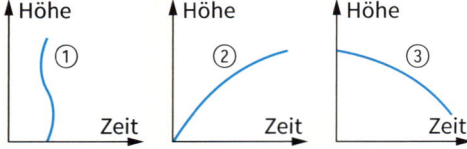

Lösung

Der Graph (2) beschreibt den Zusammenhang *Zeit → Höhe des Wassers im Eimer*.
Die x-Achse gibt die Zeit an. Die Zeit schreitet voran und dabei nimmt die Höhe des Wassers
im Eimer zu. *„Je länger es regnet, desto höher steht das Wasser im Eimer.“*

Bei dem Graphen (1) wurde nicht berücksichtigt, dass die Zeit fortschreitet.
Der Graph (3) stellt einen *„je mehr – desto weniger“*-Zusammenhang dar.

❶ ☰ Abbrennende Kerze

Eine Kerze brennt ab.
Der Graph soll den Zusammenhang
Zeit → Höhe der Kerze beschreiben.
Erkläre, welcher Graph passt.
Wie könnte man die Achsen beschriften?

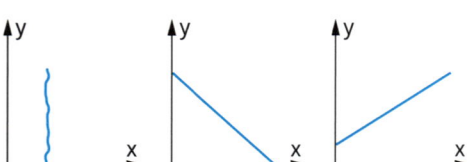

❷ ☰ Wasser erhitzen

Wasser wird in einem Kochtopf erhitzt. Dabei wird die Temperatur im Abstand von 30 Sekunden (0,5 min) gemessen.
Erstelle einen Graphen und beschreibe, um welche Art von Zusammenhang es sich handelt.

Zeit in min	0	0,5	1	1,5	2	2,5	3	3,5	4
Temperatur in °C	18	28	38	47	56	65	73	80	87

3 ≡ **Gletscherschmelze**

Der Vernagtferner ist ein Gletscher in den Ötztaler Alpen. In der Tabelle ist die Entwicklung der Oberfläche des Gletschers dargestellt.

Jahr	1970	1975	1980	1985	1990	1995	2000	2005	2010	2015	2020
Fläche in km²	9,3	9,5	9,4	9,4	9,2	9,2	8,7	8,3	7,9	7,4	6,9

a) Untersuche, ob es sich um einen „*je mehr – desto weniger*“-Zusammenhang handelt.
b) Warum ist es trotzdem sinnvoll, aktuell von „*je mehr – desto weniger*“ zu sprechen?

4 ≡ In der Tabelle wurde die Tageslänge in Ulm am 21. des Monats für jeden Monat eingetragen.

Monat	Januar	Februar	März	April	Mai	Juni
Tageslänge am 21. des Monats in h	8,5	10	12	14	15,5	16

Handelt es sich um einen „*je mehr – desto*“-Zusammenhang?
Erstelle den Graphen und überlege, wie er sich für die folgenden Monate fortsetzen könnte.

Prüfe dich!
Lösungen auf
Seite 236

5 ≡ **Reichweiten**

Bei einem Elektrokleinwagen werden Angaben zur Reichweite in einer Tabelle dargestellt.

Geschwindigkeit in $\frac{km}{h}$	20	40	60	80	100	120	140	160
Reichweite des Autos in km	320	360	350	310	230	180	150	130

a) Handelt es sich um einen „*je mehr – desto*“-Zusammenhang?
b) Erstelle zu der Tabelle einen Graphen (x-Achse: 1 cm ≙ 10 $\frac{km}{h}$; y-Achse: 1 cm ≙ 50 km).

6 ≡ **Zusammenhänge und ihre Graphen**

Gib an, ob es sich um einen „*je mehr – desto mehr*“ oder „*je mehr – desto weniger*“-Zusammenhang oder nichts von beiden handelt. Skizziere jeweils einen Graphen.
* *Gewicht der Äpfel → Preis*
* *Uhrzeit → Temperatur*
* *Anzahl der Gäste auf einer Feier → Anzahl benötigter Kartoffeln*
* *Anzahl der Gäste auf dem Schiff → Tage, wie lange der Kartoffelvorrat reicht*
* *Alter eines Menschen → Körpergröße*
* *Gewicht eines Pakets → Portopreis*

7 ≡ Gib an, ob es sich um einen „*je mehr – desto mehr*“ oder „*je mehr – desto weniger*“-Zusammenhang handelt und skizziere jeweils einen Graphen.
* *Seitenlänge eines Würfels → Volumen*
* *Anzahl der Pumpen → Zeit bis der Pool leer ist*
* *Gigabyte pro Monat → Preis pro Monat*
* *Alter eines Menschen → Gewicht*

Prüfe dich!
Lösungen auf
Seite 236

8 ≡ **Freibad**

Notiere in einer Tabelle, wie viel der Eintritt für eine Gruppe von 2, 3, …, 15 Kindern im günstigsten Fall kostet.
Emilia sagt: „*Das ist ein ‚je mehr – desto mehr‘-Zusammen-hang.*“ Mattis entgegnet: „*Nein, hier erkennt man doch ‚je mehr – desto weniger‘*“. Erkläre, was die beiden denken.

Kinder unter 14 Jahre	
Einzelkarte	2,50 €
Fünferkarte	11,00 €
Zehnerkarte	20,00 €

9 ≡ **Quadrat und Rechteck**

a) Piet sagt: „*Ein Quadrat mit doppelter Seitenlänge hat auch doppelten Flächeninhalt.*“
Prüfe an einem Beispiel, ob Piet recht hat. Skizziere einen Graphen zu dem Zusammenhang *Seitenlänge eines Quadrats → Flächeninhalt des Quadrats*.
b) Ein Rechteck mit den Seitenlängen a und b hat den Flächeninhalt 72 cm². Erstelle skizzenhaft einen Graphen zu *Seitenlänge a → Seitenlänge b* in einem Rechteck mit A = 72 cm².

7.3 Proportionale Zusammenhänge

Am Gemüsestand ist wieder viel los.
4 kg Kartoffeln kosten nur 3,60 €!
Luisa möchte gleich 8 kg kaufen. Katharina
benötigt 2 kg. Emil genügt 1 kg.
- Wie viel müssen sie jeweils zahlen?
- Wie viel bekommt Silas für 5,40 € ?

WES-105429-058

> ### Proportionale Zusammenhänge
>
> Proportionale Zusammenhänge sind besondere „*je mehr – desto mehr*"-Zusammenhänge.
>
> Bei einem **proportionalen Zusammenhang** zweier Größen gilt:
>
> - Verdoppelt sich eine Größe,
>   so verdoppelt sich die andere Größe.
> - Verdreifacht sich eine Größe,
>   so verdreifacht sich die andere Größe.
> - Halbiert sich eine Größe,
>   so halbiert sich die andere Größe.
>
> **Vervielfacht** sich eine Größe, so **vervielfacht** sich die andere Größe entsprechend.

Obst in kg	Preis in €
1	0,90
2	**1,80**
4	3,60
6	5,40

Tabelle für einen proportionalen Zusammenhang

In zwei Tagen laufen durch einen defekten Wasserhahn 4 Liter Wasser aus.

Wie viel Wasser ist in 6 Tagen ausgelaufen?

Zeit in Tagen	Wasser in Liter
2	4
6	12

Nach 6 Tagen sind 12 Liter ausgelaufen.

Nach wie viel Tagen sind 20 l ausgelaufen?

Zeit in Tagen	Wasser in Liter
2	4
10	20

20 Liter sind nach 10 Tagen ausgelaufen.

❶ ☰ Fruchtgummi
1 kg Fruchtgummi kosten 3,50 €.
Wie viel kosten 3 kg Fruchtgummi? Wie viel Fruchtgummi erhält man für 21 €?

❷ ☰ Nougatcreme
1 Esslöffel (15 g) Nougatcreme liefert dem Körper 80 Kalorien.
Welche Menge Nougatcreme liefert 560 Kalorien? Wie viele Kalorien liefern 4 Esslöffel?

❸ ☰ Packpapier
10 m Packpapier von der 1m breiten Rolle kosten 9,90 €.
Welche Länge Packpapier bekommt man für 29,70 €? Wie teuer sind 2 m Packpapier?

❹ ☰ Kopfrechnen
Berechne im Kopf und notiere das Ergebnis.
a) 5 Liter Apfelsaft kosten 7,50 €. Wie viel kosten 15 Liter Apfelsaft?
b) 3 Karussellfahrten dauern 8 Minuten. Wie lange dauern 12 Fahrten?
c) In 3 Torten sind 0,6 kg Zucker. Wie viele Torten kann man mit 3,6 kg Zucker backen?
d) 8 Stifte kosten 4,40 €. Wie viele Stifte erhält man für 1,10 €?

5 ≡ **Lücken füllen**

Der Zusammenhang der Größen ist proportional. Fülle die Lücken.

a)

Menge in kg	Preis in €
1	**4**
2	▦
4	▦
12	▦
20	▦

b)

Volumen in l	Gewicht in kg
1	▦
3	**6**
6	▦
▦	24
30	▦

c)

Fahrkarten	Preis in €
2	▦
▦	16
8	**32**
16	▦
▦	160

6 ≡ **Proportional oder nicht proportional?**

Überprüfe, ob die Größen proportional zusammenhängen.

Obst in kg	Preis in €
2	5
4	7,50
6	10

Anzahl Nägel	Preis in €
4	2
8	4
12	6

Alter in Jahren	Größe in cm
1	75
3	97
4	104

Menge in g	Preis in €
50	0,75
100	1,20

$\cdot 2$ $\rightarrow$ $\cdot 1,6$

Faktoren unterschiedlich, also nicht proportional

7 ≡ Auf dem Markt kosten 2 kg Erdbeeren 6 €.

a) Bestimme den Preis für 6 kg Erdbeeren und für 500 g Erdbeeren.

b) Bestimme, wie viel Erdbeeren man für 3 € und für 24 € erhält.

Prüfe dich!
Lösungen auf Seite 236

8 ≡ Der Zusammenhang der Größen ist proportional. Fülle die Lücken.

Benzin in l	Preis in €
5	8
▦	32
40	▦
50	▦

Zutat in g	Tortenstücke
▦	1
100	5
200	▦
▦	25

Saft in l	Obst in kg
10	▦
30	45
▦	90
120	▦

9 ≡ **Kakao**

Kakaopulver wird in Säcken zu je 30 kg verschifft. Für den Verkauf wird das Kakaopulver in Dosen mit 400 g abgefüllt.

a) Auf einer Palette befinden sich 450 Dosen Kakaopulver. Wie viele Säcke Kakaopulver wurden hierfür benötigt?

b) Das Getränkepulver der Firma Kabiglück besteht zu einem Viertel seiner Masse aus echtem Kakaopulver. Der Rest sind Zucker und andere Zutaten. Wie viel Kilogramm Getränkepulver kann man mit 150 Dosen Kakaopulver herstellen?

10 ≡ **Passstraße**

Fährt man die berühmte Passstraße Stilfser Joch hinauf, gewinnt man durchschnittlich 2 m Höhe auf einer 25 m langen Strecke. Franka kämpft sich mit dem Fahrrad hoch und schafft es, in einer halben Stunde 7000 m weit zu fahren.

a) Bestimme die Höhenmeter, die Franka in einer halben Stunde geschafft hat.

b) Wie lange müsste Franka fahren, um eine Höhe von 28 m oder 2800 m zu überwinden? Ist das rechnerische Ergebnis für Franka realistisch?

11 ≡ **Mathe zum Schmunzeln**

Raul kann in 12 s drei kleine Windbeutel essen.

a) Wie lange braucht er für 730 kleine Windbeutel?

b) Wie viele kleine Windbeutel schafft Simon in 2 Stunden?

7.4 Dreisatz – proportional

Vorbereiten
Teiler und Vielfache
Seite 199

Mayas Lieblingsschokoriegel sind im Angebot.
Sie kauft 3 Schokoriegel und bezahlt dafür 4,20 €.
Ihre Freundin Marie kauft gleich 5 Schokoriegel.
Wie viel muss sie zahlen?
Bestimmt man zuerst den Preis für einen Schokoriegel, so kann man hieraus den Preis für
beliebig viele Schokoriegel bestimmen.

WES-105429-059

Dreisatz für proportionale Zusammenhänge

Der Zusammenhang *Kirschen in kg* → *Preis in €* ist proportional.
3 kg Kirschen kosten 12 €. Wie viel kosten 7 kg?

3 kg Kirschen kosten 12 €.
1 kg Kirschen kostet   4 €.
7 kg Kirschen kosten 28 €.

Kirschen in kg	Preis in €
3	12
1	4
7	28

$:3$ $:3$
$\cdot 7$ $\cdot 7$

Dreisatz für einen proportionalen Zusammenhang

4 kg Äpfel kosten 10 €.

Äpfel in kg	Preis in €
4	10
1	2,5
3	7,5

$:4$ $\cdot 3$ $:4$ $\cdot 3$

Wie viel kosten 3 kg Äpfel?
4 kg Äpfel kosten 10 €.
1 kg Äpfel kostet 2,50 €.
3 kg Äpfel kosten 7,50 €.

Äpfel in kg	Preis in €
4	10
2	5
14	35

$:2$ $\cdot 7$ $:2$ $\cdot 7$

Wie viele Äpfel bekommt man für 35 €?
Für 10 € bekommt man 4 kg.
Für   5 € bekommt man 2 kg.
Für 35 € bekommt man 14 kg.

---

1 ☰ **Eis**
Löse die Aufgabe in einer Tabelle und formuliere dazu drei Sätze. 4 kg Eis kosten 14 €.
a) Wie viel kosten 3 kg Eis?   b) Wie viel Kilogramm Eis erhält man für 21 €?

2 ☰ **Essen zubereiten**
Ein Rezept ist für 4 Personen gedacht. Dafür benötigt man 200 ml Milch.
Wie viel Milch benötigt man für 3 Personen? Für wie viele Personen reichen 700 ml Milch?

3 ☰ **Haus und Garten**
a) 4 m Tapete kosten 32 €. Wie viel kosten 11 m Tapete?
b) Für 12 Balkonkästen werden 4 Säcke Blumenerde verwendet.
   Wie viele Säcke Blumenerde benötigt man für 30 Balkonkästen?
c) Für 500 m² Rasen benötigt man 5 Packungen Rasensamen.
   Wie viele Packungen benötigt man für 1400 m² Rasen?
d) 11 Dielen wiegen 47,30 kg. Wie schwer sind 19 Dielen?

4 ≡ Unterschiedliche Lösungswege

Zur Herstellung von 30 Modellen benötigt ein 3D-Drucker 12 Stunden. Der Zusammenhang *Anzahl der Modelle → Zeit* ist proportional. Nun soll berechnet werden, wie lange derselbe 3D-Drucker für 20 Modelle benötigt.

Übertrage die Tabellen in dein Heft und fülle sie aus. Beschreibe die unterschiedlichen Vorgehensweisen. Welches Vorgehen findest du am geschicktesten?

Mattis

Anzahl	Zeit in h
30	12
1	▪
20	▪

:30, ·20

Denisa

Anzahl	Zeit in h
30	12
5	▪
20	▪

:6, ·4

Hilda

Anzahl	Zeit in h
30	12
60	▪
20	▪

·2, :3

Axel

Anzahl	Zeit in h
30	12
20	▪

·2/3

5 ≡ Geschickten Zwischenschritt wählen

Bestimme den Wert im roten Feld. Wähle den Zwischenschritt geschickt.

x	y
12	30
▪	▪
8	▪

x	y
24	11
▪	▪
36	▪

x	y
65	50
▪	▪
▪	40

x	y
322	14
▪	▪
▪	12

6 ≡ Bonbons

Auf einem Volksfest kann man 250 g lose Bonbons für 4 € kaufen. Berechne den Preis für 600 g Bonbons. Berechne die Menge, die man für 14 € kaufen kann.

7 ≡ Erde abtransportieren

Bei einem Hausbau müssen 210 m³ Aushub abtransportiert werden. Mit 8 Lkw-Fahrten werden 112 m³ Erde abgefahren. Wie viele Fahrten müssen noch gemacht werden?

8 ≡ Herr Haupt verkauft Apfelsaft zum Selbstabfüllen. 4 Liter Apfelsaft kosten 6 €.
a) Wie viel kosten 3 Liter [10 Liter oder 15 Liter] Apfelsaft?
b) Wie viel Liter Apfelsaft kann man für 9 € [15 € oder 21 €] kaufen?

Prüfe dich! Lösungen auf Seite 237

9 ≡ Familie Brecht lässt aus Birnen Saft pressen. Aus 28 kg Birnen ergeben sich 20 Liter Birnensaft. In diesem Jahr betrug die Ernte von den Birnbäumen in ihrem Garten 210 kg. Wie viel Liter Birnensaft wird Familie Brecht erhalten?

10 ≡ E-Auto

Das Elektroauto von Frau Brandl verbraucht etwa 19 kWh Strom auf 100 km.
a) Berechne die Strecke die mit einer vollen 76 kWh Batterie zurückgelegt werden kann. Wie weit kommt sie, wenn die Batterie nur halb voll ist?
b) Die Reserve des Autos reicht für 40 km. Berechne, wie viel kWh das entspricht.

11 ≡ Doppelter Dreisatz – proportional

In einem Bergwerk werden von 1800 Bergleuten in 12 Schichten 25 920 t Erz abgebaut. Wie viele Tonnen Erz können von 1200 Bergleuten in 15 Schichten abgebaut werden?

Tabelle für den doppelten Dreisatz

Bergleute	Schichten	Erz in t
1800	12	25 920

Wenn zwei Größen sich ändern, bleibt die dritte Größe gleich.

7.5 Antiproportionale Zusammenhänge

In einer Mosterei am Bodensee wird der Apfelsaft in 300-Liter-Fässern gelagert. Füllt man den Apfelsaft eines Fasses in 1-Liter-Flaschen um, benötigt man 300 Flaschen.

- Wie viele Flaschen werden benötigt, wenn die Flaschengröße 0,5 l oder 2 l oder 3 l beträgt?
- Mit zwei Schläuchen dauert das Abfüllen 120 Minuten. Wie lange dauert das Abfüllen mit 1, 4 oder 6 Schläuchen?

WES-105429-060

Antiproportionale Zusammenhänge

Ein antiproportionaler Zusammenhang ist ein besonderer *„je mehr – desto weniger"*-Zusammenhang zweier Größen, bei dem eine feste Gesamtmenge aufgeteilt wird.

Für einen **antiproportionalen Zusammenhang** gilt:

- Verdoppelt sich eine Größe, so wird die andere Größe halbiert.
- Verdreifacht sich eine Größe, so wird die andere Größe durch 3 geteilt.
- Halbiert sich eine Größe, so wird die andere Größe verdoppelt.

Flaschengröße in Liter	Anzahl der Flaschen
0,5	600
1	**300**
2	150
3	100

Vervielfacht sich eine Größe, so wird die andere Größe entsprechend **geteilt**.

Tabelle für einen antiproportionalen Zusammenhang
Eine Dose Fischfutter reicht bei 36 Fischen für 24 Tage.

Wie viele Tage reicht eine Dose Fischfutter bei 12 Fischen?

Anzahl Fische	Zeit in Tagen
36	**24**
12	**72**

72 Tage reicht eine Dose Fischfutter bei 12 Fischen.

Wie viele Fische können 96 Tage lang mit einer Dose Fischfutter versorgt werden?

Anzahl Fische	Zeit in Tagen
36	**24**
9	**96**

9 Fische können 96 Tage lang mit einer Dose Fischfutter versorgt werden.

---

❶ ☰ Nahrungsvorrat

Ein Sack Futter reicht bei 12 Enten für 20 Tage. Wie viele Tage reicht das Futter bei 4 Enten? Wie viele Enten können 5 Tage damit gefüttert werden?

❷ ☰ Kopfrechnen – „alles antiproportional"

a) 2 Freunde zahlen für eine 4-Zimmerwohnung pro Person 300 € Miete. Wie viel würden 4 Freunde pro Person bezahlen?

b) 9 Maschinen benötigen 12 Tage, wie lange benötigen 3 Maschinen für die gleiche Arbeit?

c) Wären nur 20 Personen in der Tippgemeinschaft, so würde jede 100 € vom Gewinn erhalten. Jede enthält aber nur 20 €. Wie viele Personen sind in der Tippgemeinschaft?

3 ☰ **Skiausfahrt**

Die SMV möchte für die Skiausfahrt einen Bus mieten. Wenn 30 Personen mitfahren, muss jede Person 40 € bezahlen. Wie teuer wäre es pro Person, wenn nur 10 Personen den Bus nutzen? Wie viel muss eine Person bezahlen, wenn der Bus mit 40 Leuten voll besetzt wird?

4 ☰ **Lücken füllen**

Der Zusammenhang der Größen ist antiproportional. Fülle die Lücken.

a) Tüte mit 60 Lollys

Anzahl der Kinder	Lollys je Kind
1	▪
2	▪
4	**15**
12	▪
▪	1

b) Hauptgewinn 960 €

Anzahl der Spieler	Gewinn je Spieler
▪	960
3	▪
▪	120
12	▪
24	**40**

c) Streckenlänge 32 km

Geschwindigkeit in $\frac{km}{h}$	Fahrzeit in h
2	▪
8	**4**
16	▪
▪	1
64	▪

5 ☰ **Antiproportional oder nicht antiproportional**

Überprüfe, ob die Größen antiproportional zusammenhängen.

Zeit in Tagen	Vorrat in Liter
1	20 000
2	19 100
3	19 100

Anzahl Gäste	Stücke pro Gast
8	42
16	21
24	14

Anzahl Zuflüsse	Füllzeit in h
3	4,5
6	2,25
9	1,5

Antiproportional?

Dauer in min	Länge in cm
1	6
4	3

·4 ⟳ ⟲ :2

Vervierfacht, aber nur halbiert Dieser Zusammenhang ist nicht antiproportional.

6 ☰ Um die Wände der Lagerhalle neu zu streichen benötigen 8 Arbeiter 12 Stunden.

a) Bestimme, wie lange 4 Arbeiter benötigen und wie lange 16 Arbeiter benötigen.

b) Die Arbeit soll in 4 Stunden erledigt sein. Berechne, wie viele Arbeiter man dafür benötigt.

Prüfe dich! Lösungen auf Seite 237

7 ☰ Der Zusammenhang der Größen ist antiproportional. Fülle die Lücken.

Anzahl Gäste	Kuchenstücke pro Gast
2	12
▪	3
12	▪
24	▪

Bandlänge je Schleife in cm	Anzahl Schleifen
▪	24
10	12
20	▪
▪	3

Anzahl der Schläuche	Dauer der Befüllung in h
1	▪
2	0,75
▪	0,25
10	▪

8 ☰ **Glasfaserlampe**

Für eine Glasfaserlampe wurde ein langer, dünner Lichtleiter in 150 kurze Stücke zu je 24 cm Länge geschnitten. Wie ein Blumenstrauß hängen die 150 Stücke zu allen Seiten. Wenn ein solcher Lichtleiter in kurze Stücke der Länge 12 cm geschnitten wird, wie viele Stücke erhält man dann? Wie viele kurze Stücke wären es bei 8 cm langen oder bei 4 cm langen Stücken?

7.6 Dreisatz – antiproportional

Vorbereiten
Teiler und Vielfache
Seite 199

Anna feiert Geburtstag. Ihre Mutter hat eine riesige Dose mit sauren Würmern gekauft, die Anna jetzt auf kleine Geburtstagstüten verteilt. Kommen 12 Kinder zum Geburtstag, bekommt jedes Kind 18 saure Würmer.
Wie viele saure Würmer bekommt jedes Kind, wenn 8 oder 24 Kinder kommen?

WES-105429-061

Dreisatz für antiproportionale Zusammenhänge

Der Zusammenhang *Anzahl der Arbeiter → Zeit in h* ist antiproportional.
10 Arbeiter benötigen 5 Stunden um ein Loch auszuheben. Wie lange brauchen 4 Arbeiter?

10 Arbeiter benötigen   5 h.
 1 Arbeiter benötigt   50 h.
 4 Arbeiter benötigen 12,5 h.

Anzahl der Arbeiter	Zeit in h
10	5
1	50
4	12,5

:10   ·10
·4   :4

Dreisatz für einen antiproportionalen Zusammenhang

Füllt man einen Pool mit 6 Pumpen, so ist der Pool nach 12 Stunden voll.

Anzahl Pumpen	Zeit in h
6	12
2	36
4	18

:3   ·3
·2   :2

In wie vielen Stunden füllen 4 Pumpen den Pool?
6 Pumpen füllen den Pool in 12 Stunden.
2 Pumpen füllen den Pool in 36 Stunden.
4 Pumpen füllen den Pool in 18 Stunden.

Anzahl Pumpen	Zeit in h
6	12
18	4
9	8

:3   ·3
·2   :2

Wie viele Pumpen füllen den Pool in 8 Stunden?
In 12 Stunden füllen   6 Pumpen den Pool.
In   4 Stunden füllen 18 Pumpen den Pool.
In   8 Stunden füllen   9 Pumpen den Pool.

❶ ☰ Dreisatz mit Tabelle und Text
Löse die Aufgabe in einer Tabelle und formuliere dazu drei Sätze.
a) In 5 Tagen mähen 12 Mähdrescher die Felder. Wie viele Mähdrescher benötigt man, wenn die Felder erst nach 12 Tagen gemäht sein müssen?
b) Wie lange brauchen 15 Mähdrescher für das Mähen?

❷ ☰ Dreisatz – Essen und Trinken
a) Ein Wasservorrat reicht bei 7 Personen für 12 Tage. Wie viele Personen könnten 14 Tage mit dem Wasservorrat versorgt werden?
b) Bei 12 Kindern erhält jedes Kind 3 Lollies. Wie viele Kinder sind es, wenn jedes Kind 2 Lollis bekommt?
c) Ein Nahrungsvorrat versorgt 30 Personen 20 Tage lang. Wie viele Personen könnten damit 25 Tage lang versorgt werden?

3 ≡ **Dreisatz – auf der Arbeit**

a) 8 Personen benötigen 12 Stunden zum Auszählen der Wahlzettel. Wie lange benötigen 6 Personen? Wie viele Personen können die Wahlzettel in 6 Stunden auszählen?

b) 6 Arbeitskräfte benötigen zum Verputzen eines Rohbaus 12 Tage. Wie viele Arbeitskräfte benötigt man für den Rohbau, wenn man in 9 Tagen fertig sein möchte?

4 ≡ **Dreisatz anwenden – Vermischtes**

a) 30 Eimer werden jeweils mit 5 Liter Wasser gefüllt. Wie viele Eimer mit 6 Litern Fassungsvermögen können mit derselben Menge Wasser gefüllt werden?

b) Bei einer Tippgemeinschaft mit 10 Spielern erhält jeder 300 € Gewinn. Wie viel Gewinn wäre es bei nur 3 Spielern für jeden gewesen?

c) Bei einer Geschwindigkeit von $18\,\frac{km}{h}$ benötigt man 6 h. Wie lange benötigt man mit einer Geschwindigkeit von $24\,\frac{km}{h}$ für die gleiche Strecke?

5 ≡ **Unterschiedliche Lösungswege**

Der Garten muss einmal umgegraben werden. 9 Personen benötigen für das Umgraben des Gartens 24 Stunden. Es soll berechnet werden, wie lange 12 Personen benötigen.
Übertrage die Tabellen in dein Heft und fülle sie aus. Beschreibe die unterschiedlichen Vorgehensweisen. Welches Vorgehen findest du am geschicktesten?

Mattis

Anzahl	Zeit in h
9	24
1	▪
12	▪

:9 ↓ ·12 ↓

Denisa

Anzahl	Zeit in h
9	24
3	▪
12	▪

:3 ↓ ·4 ↓

Hilda

Anzahl	Zeit in h
9	24
36	▪
12	▪

·4 ↓ :3 ↓

Axel

Anzahl	Zeit in h
9	24
12	▪

$\frac{4}{3}$ ↓

6 ≡ **Zwischenschritt geschickt wählen**

Bestimme den Wert im markierten Feld. Wähle geschickt einen Zwischenschritt.

x	y
10	4500
▪	▪
15	▪

x	y
11	30
▪	▪
3	▪

x	y
7	21
▪	▪
▪	14

x	y
8000	50
▪	▪
▪	40

7 ≡ **Flächeninhalt eines Rechtecks**

Ein Rechteck ist 72 cm lang und 36 cm breit. Wie breit ist ein Rechteck mit dem gleichen Flächeninhalt, wenn es 36 cm, 24 cm, 18 cm, 12 cm, 9 cm oder 4 cm lang ist?

8 ≡ **Wasservorratsbecken**

Ein Wasservorratsbecken wird über 5 gleich starke Pumpen in 30 Stunden gefüllt.

a) Wie lange dauert das Füllen, wenn nur 2 Pumpen funktionieren?

b) Das Becken soll nach 24 Stunden gefüllt sein. Wie viele Pumpen werden benötigt?

Wenn die Rechnung 1,1 Pumpen ergibt, musst du noch aufrunden. Also braucht man 2 Pumpen.

9 ≡ 5 Planierraupen ebnen das Gelände für den Neubau einer Fabrik in 20 Stunden ein.

a) Es stehen jetzt 4 [25, 10, 6] Planierraupen für dieselbe Arbeit zur Verfügung. Wie lange dauert die Arbeit jetzt?

b) Die Arbeit soll in 5 Stunden [8 h, 40 h] fertig sein. Wie viele Planierraupen werden gebraucht?

Prüfe dich!
Lösungen auf Seite 237

10 ≡ **Kanalbau**

Fünf Bagger benötigen zum Ausbaggern eines Kanals 30 Tage. Nach zehn Tagen fällt ein Bagger aus. Wie viele Tage werden nun insgesamt benötigt, bis der Kanal ausgehoben ist?

7.7　Zusammenhänge im Alltag

Vorbereiten
Textaufgaben
Seite 192

Herr Pfiffig möchte Käsespätzle machen.
- Wie viel Spätzle, Käse und Sahne benötigt
  Herr Pfiffig für 10 Personen?
- Wie lange dauert dann die Zubereitungs-
  zeit?

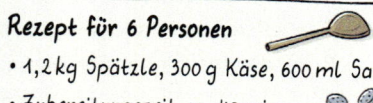

Rezept für 6 Personen
- 1,2 kg Spätzle, 300 g Käse, 600 ml Sahne
- Zubereitungszeit ca. 40 min

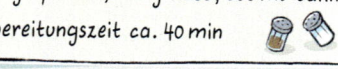

WES-105429-062

> Dreisatz nur für
> proportionale oder
> antiproportionale
> Zusammenhänge

Zusammenhang erkennen – Dreisatz nutzen

30 g Gold kosten 846 €. Wie teuer ist ein 500-g-Goldbarren?

- Zusammenhang welcher Größen?
- Je mehr, desto … ?
- Besonderer Zusammenhang?

Menge Gold in Gramm → Preis in €
Je mehr Gold desto mehr muss man bezahlen.
proportionaler Zusammenhang

- Dreisatz nutzen

Gewicht in g	Preis in €
30	**936**
10	312
500	15 600

:3　·50　　　　:3　·50

- Antwort

Ein 500-g-Goldbarren kostet 15 600 €.

---

① ≡ Rohr teilen

Ein 4 m langes Rohr wird in gleich lange Teile geteilt. Bestimme die Länge der Einzelteile,
wenn man das Rohr in 2 Teile, 5 Teile oder 20 Teile teilt.

② ≡ Eiskugeln

a) 3 Kugeln Eis kosten 3,60 €. Berechne den Preis eines Familien-Eisbechers mit 7 Kugeln Eis.
b) 3 Kugeln Eis kosten 4,80 €, 5 Kugeln Eis mit Sahne kosten 8,60 €. Wie teuer ist die Sahne?

③ ≡ Katzenfutter

Familie Koch muss für ihre drei Katzen alle 14 Tage neues Katzenfutter kaufen. Ihre Nachbarn
geben über die Ferien noch eine Katze zu Familie Koch. Wie lange reicht das Katzenfutter?

④ ≡ Proportional oder Antiproportional?

Entscheide, ob es sich bei den folgenden Zusammenhängen um einen proportionalen, einen
antiproportionalen oder keinen besonderen Zusammenhang handelt. Begründe.
a) Ein Zimmer wird mit Dielen ausgelegt: *Breite einer Diele* und *Anzahl der benötigten Dielen*
b) Ausbrüten eines Hühnereies: *Anzahl der Hühner* und *benötigte Brutzeit*
c) Ein Kuchen wird gegessen: *Menge an Kuchenstücken* und *aufgenommene Kalorien*
d) Eine Radtour dauert 4 Stunden: *Verstrichene Zeit* und *verbleibende Zeit*
e) Beethovens „Für Elise" auf dem Klavier spielen: *Benötigte Zeit* und *Anzahl der Pianisten*

Prüfe dich!
Lösungen auf
Seite 237

⑤ ≡ Die Klassen 6 a und 6 b fahren gemeinsam mit 60 Schülerinnen und Schülern nach Oberst-
dorf. Jeder musste 22 € für die Busfahrt zahlen. Eine Woche später fahren die Klassen 6 c und
6 d mit 48 Schülerinnen und Schüler für den gleichen Gesamtpreis nach Erpfingen.
a) Berechne die Fahrtkosten für eine Schülerin oder einen Schüler der 6 c.
b) Wie viele Schülerinnen und Schüler müssten bei der zweiten Fahrt zusätzlich mitfahren,
   damit die Fahrtkosten auf 24 € pro Person sinken.

6 ≡ **Mountainbike-Fahrt**

Ein Mountainbikefahrer benötigt im Gebirge auf seiner
Trainingsstrecke 16 min, um 200 Höhenmeter zurückzulegen.
a) Wie lange benötigt er für 250, 700, 1200 Höhenmeter?
   Erläutere, welche Voraussetzungen du dabei machst.
b) Wie viel Höhenmeter legt er demnach in 30 min, 40 min,
   74 min zurück?

7 ≡ **Treppenstufen laufen**

Annalena schafft die 50 Treppenstufen in der Schule in
30 Sekunden. Angenommen, ihr geht nie die Puste aus.
a) Wie lange benötigt sie für die 240 Eichenholzstufen der
   Wendeltreppe des Eichbergturms?
b) Wie lange würde sie für die 2046 Stufen beim „TAIPEI 101
   RUN UP" benötigen?

8 ≡ **Sonar**

Um Objekte unter Wasser zu orten, kann ein Sonargerät
verwendet werden. Das Gerät sendet Schallwellen aus,
diese werden an einem Objekt reflektiert und dann wieder
registriert. Bei einer Entfernung von 1500 m dauert das 2 s.
Wie weit entfernt ist das Objekt, wenn die Schallwelle nach
1,5 s [0,1 s; 4,2 s; 0,6 s] registriert wird?

9 ≡ **Veränderte Voraussetzungen bei antiproportionalen Zusammenhängen**

Fünf Zimmerleute benötigen für den Ausbau eines Daches neun Tage. Nach dem dritten
Tag kann ein Zimmermann wegen Krankheit nicht mehr mithelfen. Wie lange benötigen die
restlichen vier Zimmerleute noch für die Arbeit?

10 ≡ **Weidezaunpfähle**

Maxi hilft seinem Onkel beim Aufstellen eines Weidezauns. Wenn er jedes Mal 5 Zaunpfähle
vom Anhänger des Traktors nimmt und verteilt, muss er insgesamt 24-mal gehen.
a) Wie oft müsste er gehen, wenn er 8 Zaunpfähle auf einmal tragen könnte?
b) Nachdem Maxi 8-mal gegangen ist, kommt Anjo dazu und hilft. Wie viele Pfähle müssen sie
   gemeinsam tragen, damit sie nur noch 5-mal gehen müssen?

11 ≡ **Doppelter Dreisatz – proportional und antiproportional**

3 Maschinen fertigen 6 Bauteile in 4 Stunden.
Wie lange dauert es, bis 10 Maschinen 15 Bauteile
produziert haben?

Doppelter Dreisatz

Maschinen	Teile	Zeit in h
3	6	4

12 ≡ **Pool leeren**

Frau Plansch pumpt mit drei Pumpen in zwölf Stunden
3600 l Wasser aus ihrem Pool. Wie viele Liter Wasser
pumpen acht Pumpen in neun Stunden?

13 ≡ **Leerpumpen**

Bei Herrn Fischer dauert es 6 Stunden, 2 Becken mit 2 Pumpen leer zu pumpen.
Wie lange dauert es, 6 Becken mit 3 Pumpen leer zu pumpen?

14 ≡ **Steuerbescheide**

Im Finanzamt Zuffenhausen haben acht Beamte in drei Tagen 500 Steuerbescheide erstellt.
Wie viele Steuerbescheide können sechs Beamte in fünf Tagen erstellen?

Welcher
Zusammenhang ist
hier proportional?
Welcher anti-
proportional?

7.8 Muster aus Figuren und Zahlen

Fliesenleger Leci legt mit speziellen Fliesen ein regelmäßiges Muster aus.
- Wie viele Fliesen fehlen noch im dritten Kreisring?
- Wie viele Fliesen wird der vierte Kreisring enthalten?
- Beschreibe, wie die Anzahl der Fliesen von Ring zu Ring zunimmt.

WES-105429-063

Muster aus Figuren

Ein **Muster** besteht aus Figuren, die schrittweise aufeinander aufbauen.

Durch die Anzahl der Streichhölzer in jeder Figur entsteht eine **Zahlenfolge**.

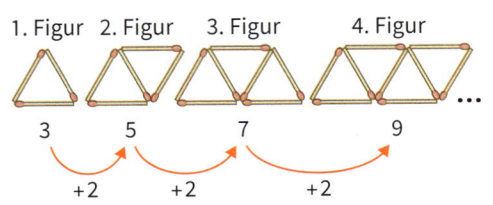

Muster fortsetzen

a) Setze das Muster um eine Figur fort.
b) Aus wie vielen Punkten besteht die fünfte Figur?
c) Beschreibe das Muster in Worten. Wie nimmt die Anzahl der Punkte von Figur zu Figur zu?

Lösung:

a)

b) Die fünfte Figur besteht aus $1 + 2 + 3 + 4 + 5 = 15$ Punkten.

c) *„Der erste Stapel besteht aus einem Punkt. Der nächste Stapel ist immer um 1 größer als der vorherige Stapel. Die Anzahl der Punkte nimmt erst um 2, dann um 3, dann um 4 zu."*

❶ ☰ Punktmuster fortsetzen und beschreiben

Setze das Muster um zwei Figuren fort. Aus wie vielen Punkten besteht die 7. Figur?

a) ...

b) ...

c) ...

d) ...

❷ ☰ Vorschrift finden

a) Zeichne die nächsten beiden Figuren. Aus wie vielen Kreuzen besteht die 6. Figur?

b) Zeichne die nächsten beiden Figuren. Aus wie vielen Dreiecken besteht die 6. Figur?

...   ...

❸ ☰ Vorschrift in Worten

Beschreibe in Worten, wie in dem Muster eine Figur aus der anderen entsteht.
Nutze dazu Wörter wie: „Punkte", „kommen dazu"; „immer"; „am Anfang"; „Seite".

 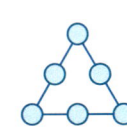 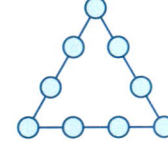

4 ≡ **Würfelmauern**

Zählt man in jeder Figur die Anzahl der
Würfel, so entsteht eine Folge von Zahlen.
Gib die ersten 5 Zahlen der Zahlenfolge an.

5 ≡ Bestimme die Anzahl der Würfel bzw. Punkte in der 5. und der 6. Figur.
Beschreibe jeweils wie das Muster von Figur zu Figur wächst.

Prüfe dich!
Lösungen auf
Seite 238

a)

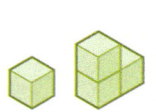   ...

b)

   ...

6 ≡ **Perlenketten**

Setze die Tabelle bis zur 5. Figur fort.

a)

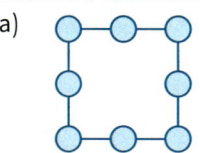

	Seite	Kette
1. Figur	▦	4
2. Figur	3	8
3. Figur	4	▦
...	...	...

b)

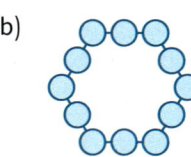

	Seite	Kette
1. Figur	2	▦
2. Figur	3	▦
3. Figur	4	▦
...	...	...

Zahlenfolgen erkennen

Zählt man in einem Muster die Anzahl der Punkte, Würfel, Flächen ... so entsteht eine Folge
von Zahlen. Zahlenfolgen müssen aber nicht aus Mustern von Figuren entstehen. Meist
bestimmen einfache Rechnungen den Aufbau einer Zahlenfolge. Dabei gibt es immer einen
Anfangswert und eine Regeln für die Änderung. Um die Änderung zu bestimmen, muss man
prüfen, welche der Grundrechenarten „plus", „minus", „mal" oder „geteilt" in einer bestimm-
ten Regelmäßigkeit angewandt werden.

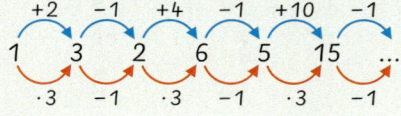

*Betrachte zunächst die einzelnen Schritte
und notiere mögliche Rechnungen. Betrachte
dann alle Zahlen. Bei dieser Zahlenfolge wird
abwechselnd verdreifacht und 1 subtrahiert.*

7 ≡ **Zahlenfolgen**

Setze die Zahlenfolge um drei weitere Zahlen fort.

a) 4; 7; 10; 13; 16 ... b) 2; 4; 8; 16; 32 ... c) 20; 10; 5; 2,5; 1,25 ... d) 4; 9; 8; 13; 12 ...
e) 8; 6; 12; 10; 20 ... f) 3; 6; 4; 8; 6; 12 ... g) $\frac{1}{2}$; $\frac{2}{6}$; $\frac{4}{18}$; $\frac{8}{36}$ ... h) 4; $4\frac{1}{2}$; 9; $9\frac{1}{2}$; 19 ...

Zahlenfolgen mit Tabellenkalkulation

Mithilfe eines Tabellenkalkulationsprogramms kann man die Werte von Zahlenfolgen
berechnen lassen.

- Die erste Zahl in Zelle A1 eintragen.
- In A2 die Formel „= A1 + 3" eintragen.
- Mit geklickter Maustaste das Kreuz nach
  unten ziehen. „= A2 + 3", „= A3 + 3"...
- Zu jeder neu berechneten Zahl der Zahlen-
  folge wird wieder 3 addiert.

	A
1	2
2	=A1+3
3	
4	
5	

	A
1	2
2	=A1+3
3	=A2+3
4	=A3+3
5	=A4+3

	A
1	2
2	5
3	8
4	11
5	14

Mein Merkzettel

Seite 144

Von der Tabelle zum Graphen

- Wertepaare → Punkte im Koordinatensystem

Zeit in s	Füllhöhe in cm
10	4
20	8
30	10
40	12

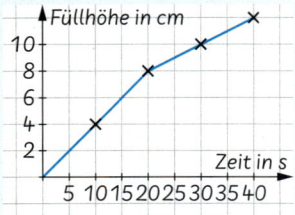

Werte am Graphen ablesen

- Wie hoch stand das Wasser nach 30 s?
  x-Wert gegeben: y-Wert ablesen
- Nach wie viel Sekunden stand das Wasser 6 cm hoch?
  y-Wert gegeben: x-Wert ablesen

Seite 148

„Je mehr – desto mehr"-Zusammenhänge

Erhöht man den x-Wert,
so erhöht sich der y-Wert.
Anzahl Gäste → Getränke

„Je mehr – desto weniger"-Zusammenhänge

Erhöht man den x-Wert,
so verringert sich der y-Wert.
Brenndauer → Höhe der Kerze

Seite 150
Seite 154

Proportionale Zusammenhänge

- „Je mehr – desto mehr"-Zusammenhang
- **Vervielfacht** sich die eine Größe, so **vervielfacht** sich die andere Größe entsprechend.

Antiproportionale Zusammenhänge

- „Je mehr – desto weniger"-Zusammenhang
- **Vervielfacht** sich die eine Größe, so wird die andere Größe entsprechend **geteilt**.

Seite 152
Seite 156

Dreisatz – Proportionaler Zusammenhang

2 Äpfel kosten 1,60 €.
Anzahl Äpfel → Preis in €

Wie viel kosten 7 Äpfel?

Äpfel	Preis
2	1,60
1	0,80
7	5,60

:2 · 7   :2 · 7

7 Äpfel kosten 5,60 €.

Wie viele Äpfel bekommt man für 7,20 €?

Äpfel	Preis
2	1,60
1	0,80
9	7,20

:2 · 9   :2 · 9

Für 7,20 € bekommt man 9 Äpfel.

Dreisatz – Antiproportionaler Zusammenhang

12 Arbeiter benötigen 60 h für eine Aufgabe.
Anzahl Arbeiter → benötigte Zeit in h

Wie lange benötigen 18 Arbeiter?

Arbeiter	Zeit in h
12	60
6	120
18	40

:2 · 3   · 2 : 3

18 Arbeiter benötigen 40 h für die Aufgabe.

Wie viele Arbeiter schaffen die Aufgabe in 48 h?

Arbeiter	Zeit in h
12	60
120	6
15	48

· 10 : 8   : 10 · 8

In 48 h schaffen 15 Arbeiter die Aufgabe.

Seite 160

Muster

1. Figur   2. Figur   3. Figur   4. Figur

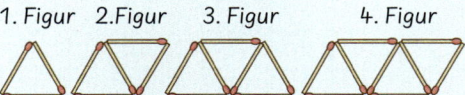

Zahlenfolge

„Startwert 3, dann kommen immer 2 dazu."

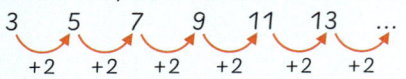

3   5   7   9   11   13   …
+2 +2 +2 +2 +2   +2

Wiederholen für die Klassenarbeit

Lösungen auf Seite 238

1 ≡ **Von der Tabelle zum Graphen**

Familie Bernecker möchte Urlaub auf einem Campingplatz in Italien machen.
Sie vergleichen den Campingplatz in Cavallino mit dem in Ravenna.

Anzahl der Nächte	1	2	5	7	8	10	12	14
Preis in Cavallino in €	90	230	400	550	750	850	1050	1150
Preis in Ravenna in €	150	300	550	700	800	800	950	1100

a) Zeichne die Graphen zu *Anzahl der Nächte → Preis* für beide Orte in ein gemeinsames Koordinatensystem. (x-Achse: 1 Nacht pro Kästchen; y-Achse: 50 Euro pro Kästchen)

b) Bestimme den Zeitraum, in dem der Urlaub in Cavallino günstiger ist.

c) Pauline verbindet die Punkte der Graphen. Erkläre, ob das sinnvoll ist.

2 ≡ **Information am Graphen ablesen**

a) Bestimme mithilfe des Graphen die Temperatur um 10 Uhr und um 18 Uhr.

b) Gib zu der tiefsten und der höchsten Temperatur die Wertepaare aus Zeitpunkt und Temperatur an.

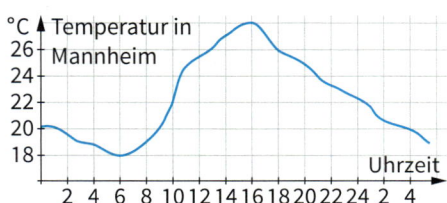

3 ≡ **„*Je mehr – desto*"-Zusammenhänge**

Die Kosten für das Parken sind in den Städten Karlsruhe und Paris sehr unterschiedlich.

a) Erkläre, warum es sich bei dem Zusammenhang *Parkdauer → Kosten* um einen „*je mehr – desto mehr*"-Zusammenhang handelt.

b) Untersuche, ob es sich bei dem Zusammenhang *Parkdauer → Preis für die letzte Parkstunde* auch um einen „*je mehr - desto mehr*"-Zusammenhang handelt. Finde eine Begründung für die unterschiedliche Gestaltung der Parkgebühren in den einzelnen Städten.

Karlsruhe: Parkhaus im Zentrum

Parkdauer in Stunden	Kosten
1	3,00 €
2	5,50 €
3	7,50 €
4	9,50 €
5	11,00 €
6	12,50 €

Paris: Parkhaus im Zentrum

Parkdauer in Stunden	Kosten
1	5,00 €
2	11,00 €
3	18,00 €
4	26,00 €
5	35,00 €
6	45,00 €

4 ≡ **Proportional oder antiproportional**

Gib an, ob es sich um einen „*je mehr – desto mehr*"- oder einen „*je mehr – desto weniger*"-Zusammenhang handelt. Begründe, ob dieser auch proportional oder antiproportional ist.

a) *Menge an Walnüssen* und *Preis in Euro*

b) *Anzahl der Stürmer im Fußballteam* und *Tore, die in einer Saison geschossen werden*

c) *Anzahl Kuchenstücke eines Kirschkuchens* und *Anzahl enthaltener Kirschen*

d) *Anzahl der Personen bei einer Expedition* und *Menge des benötigten Essens*

e) *Anzahl der zulässigen Personen im Fahrstuhl* und *Durchschnittsgewicht der Personen*

f) *Anzahl der gekauften Bücher* und *Preis je Buch*

g) *Anzahl gleich großer Beete im Schulgarten* und *Flächeninhalt eines Beetes*

h) *Zurückgelegte Distanz mit dem E-Auto* und *Ladestand des Akkus*

Lösungen auf
Seite 239

5 ≡ **Der Dreisatz geht doch immer – oder?**

Meriam behauptet: „*Sobald ich weiß, dass ein Zusammenhang proportional oder antiproportional ist, kann ich den Dreisatz anwenden.*" Kim sagt: „*Es gibt auch proportionale Zusammenhänge, bei denen das nicht geht.*" Nimm Stellung.

6 ≡ **Rechteck – Umfang**

Ein Rechteck soll den Umfang 36 cm haben.
a) Eine Seite ist 10 cm lang, bestimme die Breite des Rechtecks.
b) Erstelle eine Tabelle mit weiteren Längen und Breiten und untersuche, ob der Zusammenhang zwischen der Länge und der Breite antiproportional ist.

7 ≡ **Dreisatz – Proportional**

Der Zusammenhang der Größen ist proportional. Fülle die Lücken.

a)

Geld in Euro	getauscht in US-Dollar
100	112
▦	▦
175	▦

b)

Menge Bonbons	Preis in €
250	3
▦	▦
▦	10,50

c)

gepresste Äpfel in kg	Apfelsaft in l
14	10
▦	▦
63	▦

8 ≡ **Dreisatz – Antiproportional**

Der Zusammenhang der Größen ist antiproportional. Fülle die Lücken.

a)

Sparen auf ein Fahrrad	
Spardauer in Monaten	monatlicher Geldbetrag
25	60
▦	▦
15	▦

b)

Ein Haus wird gestrichen	
Anzahl der Maler	Arbeitszeit in Stunden
6	18
▦	▦
4	▦

c)

Wasservorrat für die Tiere	
Anzahl der Tiere	Für so viele Tage reicht es
3	4
▦	▦
▦	6

9 ≡ **Grundstückspreis**

In einem neuen Baugebiet werden die Grundstücke zu einem festen Preis pro Quadratmeter verkauft. Ein 30 m langes und 20 m breites Grundstück kostet 81 000 €.
Wie viel kostet dort ein 24 m langes und 18 m breites Grundstück?

10 ≡ **Schülercafé**

Die Schülervertretung betreibt ein Schülercafé. Aus Erfahrungen weiß man, dass für 50 Brötchen 1200 g Käse, 250 g Butter und 2 Gurken gebraucht werden.
a) Für eine Theateraufführung sollen 120 [180, 250] Brötchen geschmiert werden.
   Berechne die Menge der einzelnen Zutaten.
b) Anna hat vom Hofladen 3 kg [2500 g, 6 kg] Käse mitgebracht.
   Wie viele Brötchen können damit belegt werden?

11 ≡ **Getränkeabfüllmaschine**

In einer Getränkefabrik sollen 1000 Flaschen Saft abgefüllt werden. Vier Abfüllmaschinen brauchen dafür 24 Minuten. Wie lange dauert das Abfüllen, wenn zwei [12, 6, 1, 3] Maschinen gleichzeitig arbeiten?

12 ≡ **Vogelfutter**

Mira kauft in einer Zoohandlung besonderes Vogelfutter, das dort abgepackt wird.
a) 75 g Vogelfutter kosten 2,10 €. Wie viel kosten 150 g [50 g, 350 g, 70 g] Vogelfutter?
b) Eine große Tüte dieses Vogelfutters reicht für 10 Kanarienvögel 12 Tage.
   Wie lange reicht sie, wenn 20 [5, 15, 3] Kanarienvögel gefüttert werden?

13 ≡ **Rechengeschichte schreiben**

In der Tabelle ist ein Zusammenhang dargestellt. Erfinde dazu eine Geschichte mit einer Fragestellung, die hier gelöst ist.

a)
■	■
5	9,00
1	1,80
3	5,40

b)
■	■
12	9
3	36
18	6

Lösungen auf Seite 240

14 ≡ **Auf der Baustelle**

Drei Lastwagen transportieren einen Schuttberg ab. Jeder Wagen muss 36-mal fahren.
a) Es stehen vier Lastwagen zur Verfügung. Wie oft muss jeder Lastwagen fahren?
b) Jeder Lastwagen soll höchstens achtmal fahren. Wie viele Lastwagen sind erforderlich?

15 ≡ **Keller mauern**

Für das Mauern eines Kellers benötigen 6 Maurer 12 Arbeitstage.
a) Wie viele Maurer müssen eingesetzt werden, wenn der Keller innerhalb von 10 Arbeitstagen fertig werden soll?
b) Wie lange benötigen 9 Maurer für dieselbe Arbeit?
c) Prüfe folgende Behauptung: „*Wenn die Anzahl der Maurer um die Hälfte ansteigt, muss die benötigte Arbeitszeit um die Hälfte absinken.*"
d) Wie lange dauern die Maurerarbeiten an diesem Keller, wenn zunächst 3 Tage lang 6 Maurer arbeiten und vom 4. Tag an zusätzlich 2 weitere Maurer eingesetzt werden?

16 ≡ **Doppelter Dreisatz – Hühner**

8 Hühner legen in 8 Tagen genau 32 Eier.
a) Bestimme, wie viele Eier 6 Hühner in 8 Tagen legen.
b) Bestimme, wie viele Eier 3 Hühner in 6 Tagen legen.

17 ≡ **Doppelter Dreisatz – Pflaster**

6 Arbeiter pflastern eine Fläche von 80 m² in 10 Stunden.
a) Bestimme, wie lange 5 Arbeiter für die 80 m² große Fläche benötigen.
b) Bestimme, wie lange 3 Arbeiter für eine 128 m² große Fläche benötigen.

18 ≡ **Punktmuster**

In der Tabelle sind zu drei Mustern A, B und C jeweils die ersten drei Figuren abgebildet.
a) Zeichne zu jedem Muster die 4. Figur.
b) Beschreibe jeweils, wie die Muster wachsen.
c) Erstelle zu jedem Muster eine Tabelle für den Zusammenhang *Nummer der Figur* und *Anzahl der Punkte*. Bestimme die Anzahl der Punkte der 10. Figur.

	A	B	C
1.	ooo	oooo	o
2.	ooo ooo	oo oooo	ooo
3.	ooo ooo ooo	oo oo oooo	o ooo ooooo

19 ≡ **Fünfeckszahlen**

Bildet man Punktmuster aus wachsenden Fünfecken und zählt die Anzahl der Punkte in jeder Figur, entsteht die Folge der Fünfeckszahlen.
a) Zeichne die 4. Figur.
b) Beschreibe das Muster in Worten, besonders wie die Anzahl der Punkte von Figur zu Figur zunimmt. Bestimme damit die Anzahl der Punkte für die 5. und 6. Figur.

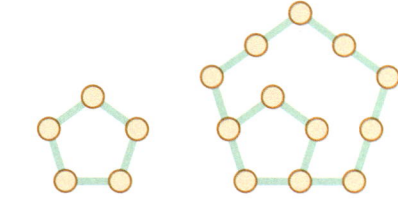

8 Statistische Daten

Bei statistischen Untersuchungen werden häufig große Datenmengen erhoben. Diese werden dann, um den Überblick zu haben in Tabellen zusammengefasst und grafisch in Diagrammen veranschaulicht.
Eine Tabellenkalkulation kann dabei sehr behilflich sein.

In diesem Kapitel

- Wie lassen sich Daten in Diagrammen veranschaulichen?

- Welche Wirkung kann mit Diagrammen erzeugt werden?

- Wie lassen sich Daten beschreiben und vergleichen?

8.1 Absolute und relative Häufigkeiten

Vorbereiten
Anteile
Seite 200
Prozente
Seite 201

In den sechsten Klassen wurde eine Umfrage zum Schulweg durchgeführt.
- Wie kommen die Kinder zur Schule?
- Bestimme die Klassengrößen.

	Zu Fuß	Bus	Fahrrad	Sonstige
6a	8	7	6	4
6b	5	6	6	3

Lisa sagt: *„Mit dem Fahrrad kommen in beiden Klassen gleich viele Kinder zur Schule, aber der Anteil ist in der Klasse 6 b größer."* Was meinst du dazu?

WES-105429-064

Absolute und relative Häufigkeiten

Die **absolute Häufigkeit** gibt die Anzahl an, wie oft etwas vorkommt.

Die **relative Häufigkeit** gibt den Anteil einer absoluten Häufigkeit an der Gesamtzahl an:

$$\text{relative Häufigkeit} = \frac{\text{absolute Häufigkeit}}{\text{Gesamtzahl}}$$

Die Gesamtzahl ist die Summe aller absoluten Häufigkeiten: $8 + 7 + 6 + 4 = 25$

	absolute Häufigkeit	relative Häufigkeit als Bruch	in Prozent
Zu Fuß	8	$\frac{8}{25} = \frac{32}{100}$	32 %
Bus	7	$\frac{7}{25}$	28 %
Fahrrad	6	$\frac{6}{25}$	24 %
Sonstige	4	$\frac{4}{25}$	16 %
Gesamt	25	$\frac{25}{25}$	100 %

Relative Häufigkeiten gibt man als Bruch (Anteil an der Gesamtzahl) oder in Prozent an. Die Summe der relativen Häufigkeiten ist 1, also 100 %.

---

❶ ☰ Relative Häufigkeiten

Berechne zu den absoluten Häufigkeiten der Umfrage die relativen Häufigkeiten.

a)
Lieblingstier	Anzahl
Koala	11
Elefant	8
Delfin	4
Sonstige	2

b)
Lieblingsessen	Anzahl
Pizza	20
Nudeln	10
Schnitzel	6
Sonstige	4

c)
Lieblingsfarbe	Anzahl
rot	36
blau	22
gelb	10
Sonstige	12

❷ ☰ Von der Strichliste zu relativen Häufigkeiten

Eine 6. Klasse wurde gefragt: *„An wie vielen Arbeitsgemeinschaften nimmst du teil?"* Bestimme die relativen Häufigkeiten.

keine	1 AG	2–3 AGs	mehr als 3 AGs
⊞⊞⊞	⊞I	⊞II	IIII

❸ ☰ Absolute Häufigkeiten berechnen

Die 720 Schülerinnen und Schüler der Gaußschule kommen aus den Stadtteilen Süd-, West-, Nord- und Oststadt. $\frac{1}{3}$ der Schülerinnen und Schüler kommt aus der Weststadt, $\frac{1}{4}$ aus der Südstadt und $\frac{1}{5}$ aus der Oststadt.
a) Bestimme den Anteil der Schülerinnen und Schüler aus der Nordstadt.
b) Bestimme die Anzahl der Schülerinnen und Schüler aus den einzelnen Stadtteilen.

Prüfe dich!
Lösungen auf
Seite 242

❹ ☰ Die Kinder der Klasse 6 c haben eine Umfrage zu ihrem Lieblingshaustier durchgeführt. Bestimme die relativen Häufigkeiten. Prüfe, ob die Summe der relativen Häufigkeiten 1 ergibt.

Haustier	Hund	Katze	Hamster	Kaninchen	Wellensittich
Häufigkeit	8	6	1	7	3

Absolute Häufigkeiten und relative Häufigkeiten vergleichen

„In der Klasse 6 a sind 25 Kinder, 6 Kinder kommen mit dem Fahrrad zur Schule."

„In der Klasse 6 b sind 20 Kinder, 6 Kinder kommen mit dem Fahrrad zur Schule."

Vergleiche die absoluten und relativen Häufigkeiten.

Absolute Häufigkeiten vergleichen: Klasse 6 a: 6 Kinder   Klasse 6 b: 6 Kinder

„In beiden Klassen kommen 6 Kinder mit dem Fahrrad."

Relative Häufigkeiten vergleichen: Klasse 6 a: $\frac{6}{25}$ = 24 %   Klasse 6 b: $\frac{6}{20}$ = 30 %

„In der Klasse 6 b ist der Anteil der Kinder, die mit dem Fahrrad kommen, größer als in der 6 a."

---

5 ☰ **Lieblingsgetränke vergleichen**

Die Lieblingsgetränke in den Klassenstufen 6 und 7 wurden erfragt.

a) Erstelle eine Tabelle mit den relativen Häufigkeiten. Gib diese als Bruch und in Prozent an.

b) In welcher Klassenstufe ist Wasser beliebter?

	Kl. 6	Kl. 7
Milch	16	8
Saftschorle	40	24
Wasser	30	28
Limonade	14	20

6 ☰ **Lea-ärgere-dich-nicht**

Lea und Robert spielen ein Würfelspiel. Im ersten Spiel hat jeder 150-mal gewürfelt, im zweiten Spiel hat jeder 300-mal gewürfelt.

a) Erstelle eine Tabelle mit den relativen Häufigkeiten.

b) Lea hat sich im ersten Spiel sehr über die vielen 6-er von Robert geärgert. Was könnte man Lea sagen?

	Anzahl 6-er	
	Lea	Robert
1. Spiel	18	33
2. Spiel	66	45

---

7 ☰ In Mühldorf und in Neuhausen wurden Personen nach ihrem Lieblingsobst gefragt. Erstelle eine Tabelle, in der die relativen Häufigkeiten als Bruch und in Prozent angegeben sind. In welchem Dorf sind Äpfel beliebter? Vergleiche die absoluten und relativen Häufigkeiten.

Prüfe dich!
Lösungen auf
Seite 242

Lieblingsobst	Erdbeeren	Äpfel	Birnen	Bananen	Himbeeren
Mühldorf	30	48	24	12	6
Neuhausen	36	56	40	16	12

---

8 ☰ **Gesamtzahl bestimmen**

a) In einer Umfrage geben 28 Personen an, am liebsten Vanilleeis zu essen. Das sind $\frac{2}{5}$ der Befragten. Bestimme die Gesamtzahl der Befragten.

b) In einer Klasse geben 8 Schülerinnen und Schüler an, Kirschen zu mögen. Dies sind $\frac{2}{7}$ der Schülerinnen und Schüler. Bestimme die Gesamtzahl der Schülerinnen und Schüler.

c) Als Lieblingsverein geben 144 Personen den SC Freiburg an. Das sind 12 % der Befragten. Bestimme die Gesamtzahl der Befragten.

9 ☰ **Lieblingssportarten**

In der Klasse 6 b wurde eine Umfrage zu den Lieblingssportarten der Schülerinnen und Schüler durchgeführt. In der Pause wischt Tim einige Einträge weg.
Ergänze die fehlenden Zahlen.

Lieblings-sportarten	absolute Häufigkeit	relative Häufigkeit
Fußball		
Basketball	5	25 %
Badminton		20 %
Handball	1	

8.2   Daten darstellen

Vorbereiten
Winkel
Seite 71, 73, 74

Die Konditorei Zuckerguss hat letzten Monat 600 Torten verkauft. Im Schaufenster hängt ein Tortenbild, das die Anteile der verkauften Kuchen zeigt.
Wie viele Erdbeerkuchen, Blaubeerkuchen, Mandarinenkuchen und Schokokuchen wurden verkauft?

WES-105429-065

Das Kreisdiagramm

Relative Häufigkeiten kann man in einem **Kreisdiagramm** darstellen.
Die relative Häufigkeit entspricht dem Anteil des Kreisausschnitts am ganzen Kreis.
Der Mittelpunktswinkel eines Kreisausschnitts entspricht dem Anteil am Vollwinkel (360°).

„Mittelpunktswinkel = relative Häufigkeit $\cdot$ 360°"

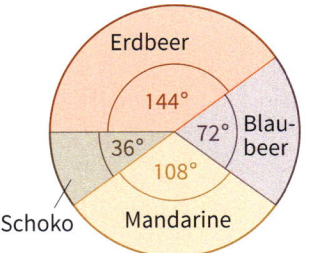

Kuchen	Erdbeer	Schoko	Mandarine	Blaubeer
relative Häufigkeit	$\frac{4}{10}$	$\frac{1}{10}$	$\frac{3}{10}$	$\frac{2}{10}$
Mittelpunktswinkel	$\frac{4}{10} \cdot 360°$ $= 144°$	$\frac{1}{10} \cdot 360°$ $= 36°$	$\frac{3}{10} \cdot 360°$ $= 108°$	$\frac{2}{10} \cdot 360°$ $= 72°$
Farbe	rot	braun	gelb	blau

Von den absoluten Häufigkeiten zum Kreisdiagramm mit relativen Häufigkeiten

1. Gesamtzahl bestimmen
2. Relative Häufigkeiten bestimmen
3. Mittelpunktswinkel bestimmen,
   zum Beispiel für Grün gilt: $\frac{3}{30} \cdot 360° = 36°$
4. Kreisdiagramm zeichnen

Farbe	grün	blau	rot	gelb	Gesamt
absolute Häufigkeit	3	10	12	5	30
relative Häufigkeit	$\frac{3}{30}$	$\frac{10}{30}$	$\frac{12}{30}$	$\frac{5}{30}$	1
Winkel	36°	120°	144°	60°	360°

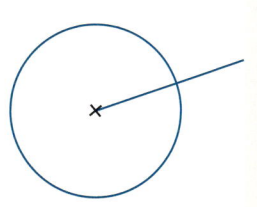

Zeichne einen Kreis und einen Schenkel.

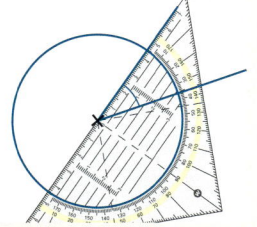

Zeichne den 36° weiten Winkel an den Schenkel.

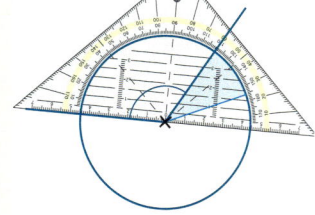

Setze dies fort mit den nächsten Winkeln.

❶ ☰ Kreisdiagramm zeichnen

Stelle das Ergebnis der Umfrage in einem Kreisdiagramm dar.

a)

Geschwister	0	1	2	3 oder mehr
relative Häufigkeit	$\frac{1}{4}$	$\frac{1}{2}$	$\frac{1}{6}$	$\frac{1}{12}$

b)

Obst	Apfel	Banane	Kiwi	Birne
relative Häufigkeit	30 %	35 %	20 %	15 %

2 ≣ **Von absoluten Häufigkeiten zum Kreisdiagramm**

Berechne die relativen Häufigkeiten und zeichne ein Kreisdiagramm.

a)

Urlaub	Meer	Hof	Berge	See
absolute Häufigkeit	10	9	5	6

b)

Fach	Sport	Kunst	Mathe	Bio
absolute Häufigkeit	11	7	4	8

3 ≣ Fülle die Tabelle aus. Rechne um.

Prüfe dich!
Lösungen auf
Seite 242

relative Häufigkeit	▨	▨	$\frac{3}{5}$	▨	$\frac{5}{6}$	▨
Prozent	10 %	▨	▨	25 %	▨	▨
Mittelpunktswinkel	▨	270°	▨	▨	▨	80°

4 ≣ Die Schuhgrößen der Schülerinnen und Schülern der sechsten Klassen wurden notiert. Bestimme die relativen Häufigkeiten als Bruch und erstelle ein Kreisdiagramm.

Schuhgröße	34	35	36	37	38	39
Absolute Häufigkeit	6	8	18	15	8	5

5 ≣ **Kreisdiagramm aus Säulendiagramm**

Die Schülerinnen und Schüler der 6 c haben ihre Körpergröße in cm gemessen.

a) Lies die absoluten Häufigkeiten aus dem Säulendiagramm ab und berechne die relativen Häufigkeiten.

b) Erstelle ein Kreisdiagramm.

Nachschlagen
Diagramme
Seite 194

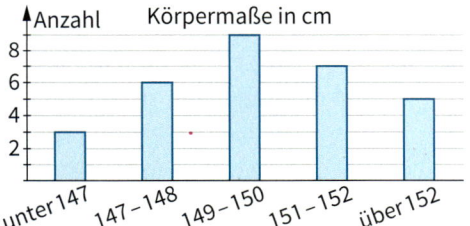

6 ≣ **Gesunde Ernährung**

Die Ernährungspyramide zeigt, was man essen sollte, um gesund zu bleiben. An der Spitze stehen die Nahrungsmittel, die nur in geringer Menge gegessen werden sollten. Unten sind die Nahrungsmittel eingetragen, die zu bevorzugen sind.

a) Stelle die Angaben in einem Kreisdiagramm dar.

b) Erstelle ein Kreisdiagramm zu deinen eigenen Essgewohnheiten.

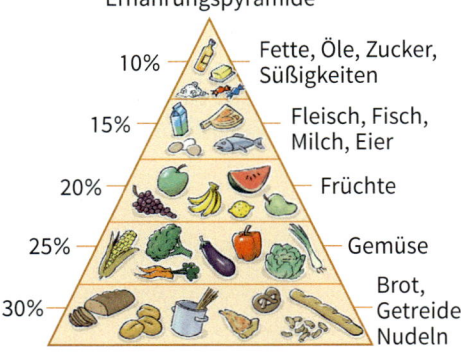

7 ≣ **Daten ablesen**

Strom kann aus erneuerbaren Energien erzeugt werden. Zu den erneuerbaren Energien werden zum Beispiel Wind, Wasser, Sonne oder Biomasse gezählt.

a) Ein Politiker sagt: „Biomasse macht ein Viertel der Stromerzeugung aus erneuerbaren Energien aus." Was sagst du dazu?

b) Bestimme die Anteile der einzelnen erneuerbaren Energien.

c) Die Daten stammen aus dem Jahr 2022. Recherchiere, ob sich etwas geändert hat.

8 ≡ **Abstimmung in der Dörfergemeinschaft**

In den Dörfern Arburg, Beberg und Cetal wurde darüber abgestimmt, ob man sich zu einer ABC-Gemeinde mit einer zentralen Gemeindeverwaltung zusammenschließen soll.

a) Gib jeweils das Abstimmungsergebnis in Prozent an.

b) In Arburg stimmten doppelt so viele Personen ab wie in Beberg und Cetal. Bestimme die Anzahl der Personen, die in den einzelnen Dörfern mit Nein gestimmt haben. Gehe von 500 abgegebenen Stimmen in Beberg aus.

c) Bestimme den Gesamtanteil der Ja-Stimmen.

Abstimmungsergebnis Arburg   Abstimmungsergebnis Beberg   Abstimmungsergebnis Cetal

Prüfe dich!
Lösungen auf
Seite 243

9 ≡ In der Klasse 6a sind 24, in der Klasse 6b sind 30 Kinder. In beiden Klassen wurde gefragt, wer in der Stadtmitte, am Stadtrand, in einem Dorf oder auf dem Land wohnt. Überprüfe die Aussagen mithilfe der absoluten Häufigkeiten. Korrigiere die Aussagen gegebenenfalls.

(1) In der Klasse 6a gibt es mehr Kinder, die am Stadtrand leben als in der Klasse 6b.

(2) In der Klasse 6b leben mehr Kinder in der Stadtmitte als in der Klasse 6a.

(3) In beiden Klassen gibt es 4 Kinder, die auf dem Land wohnen.

(4) In der Klasse 6b leben doppelt so viele Kinder in einem Dorf als in der Klasse 6a.

10 ≡ **Ortseinfahrt**

An einer Ortseinfahrt wird die Höchstgeschwindigkeit auf $50\frac{km}{h}$ begrenzt.

Die Polizei kontrolliert die Geschwindigkeit der Fahrzeuge. Hier ist das Ergebnis:

Geschwindigkeit in $\frac{km}{h}$	bis 40	über 40 bis 50	über 50 bis 60	über 60 bis 70	über 70
Anzahl der Fahrzeuge	5	92	66	13	4

a) Zeichne zu den Daten ein Kreisdiagramm.

b) Wie viel Prozent der Überprüften sind bis zu $10\frac{km}{h}$ zu schnell gefahren?

c) Zwei Wochen später werden an derselben Stelle 200 Autos kontrolliert. Die Daten sind im Kreisdiagramm dargestellt. Berechne die absoluten Häufigkeiten.

d) Kann man aufgrund der zweiten Verkehrskontrolle sagen, dass sich die Autofahrer mittlerweile besser an die Verkehrsregeln halten?

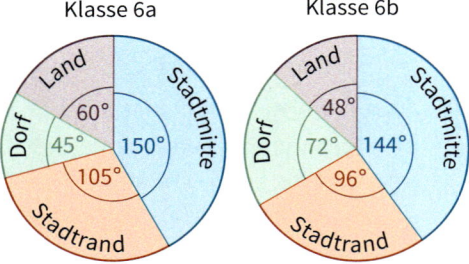

Verkehrskontrolle nach zwei Wochen

□ bis 40
□ über 40 bis 50
□ über 50 bis 60
□ über 60 bis 70
□ über 70

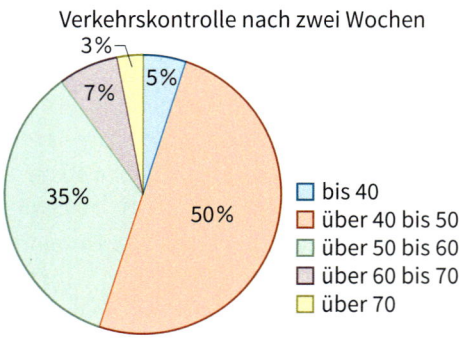

Das Streifendiagramm

Relative Häufigkeiten kann man auch in einem **Streifendiagramm** darstellen.
Die relativen Häufigkeiten entsprechen dem Anteil eines Streifenstücks am Streifen.

1. Gesamtlänge des Streifens festlegen:
   Man wählt meist 100 mm.

2. Relative Häufigkeit bestimmen

3. Länge der Streifenstücke bestimmen,
   zum Beispiel Grün: $\frac{3}{25} \cdot 100\,mm = 12\,mm$

4. Streifendiagramm zeichnen

WES-105429-066

Farbe	grün	blau	rot	gelb
absolute Häufigkeit	3	7	11	4
relative Häufigkeit	$\frac{3}{25}$ = 12 %	$\frac{7}{25}$ = 28 %	$\frac{11}{25}$ = 44 %	$\frac{4}{25}$ = 16 %
Länge des Streifens	12 mm	28 mm	44 mm	16 mm

12%	28%	44%	16%

11 ☰ **Streifendiagramm zeichnen**

Zeichne ein Streifendiagramm der Länge 100 mm.

a)

Internetzeiten	mehr als 1 Stunde	bis zu 1 Stunde	gar nicht
Anteil	$\frac{4}{25}$	$\frac{18}{25}$	$\frac{3}{25}$

b)

Lieblingsland	Deutschland	Spanien	Frankreich	Dänemark	andere
rel. Häufigkeit	45%	20%	15%	10%	10%

c)

Lieblingsfächer	Deutsch	Musik	Geschichte	Biologie	andere
rel. Häufigkeit	0,38	0,26	0,14	0,12	0,10

d)

Sammelgebiete	Bändchen	Karten	Münzen	Magnete	andere
rel. Häufigkeit	18%	20%	14%	16%	32%

12 ☰ **Von absoluten Häufigkeiten zum Streifendiagramm**

Berechne die relativen Häufigkeiten und zeichne ein Streifendiagramm.

a)

Lieblingseis	Erdbeer	Vanille	Mango
absolute Häufigkeit	10	8	7

b)

Haustier	Vogel	Hund	Fische	Katze
absolute Häufigkeit	6	18	4	12

13 ☰ **Verkaufsoffener Sonntag**

In einer Stadt wurden 1170 Personen zum Thema „verkaufsoffener Sonntag" befragt.

a) Zeichne ein passendes Streifendiagramm.
b) Zeichne ein passendes Kreisdiagramm.
c) Berechne die absoluten Häufigkeiten und
   zeichne ein passendes Säulendiagramm.

Lehne ich ab	50 %
Finde ich gut	30 %
Ist mir egal	20 %

14 ☰ **Naturflächen**

In drei deutschen Städten wurde der Anteil der Naturflächen gemessen. Beschreibe die
Streifendiagramme und vergleiche die Städte.

Hamburg

Berlin

Stuttgart

☐ Wald
☐ Wiesen
☐ Wasser
☐ Andere

Diagramme mit Tabellenkalkulation

Ein Tabellenkalkulationsprogramm ist eine Software, mit der man Berechnungen durchführen und Diagramme erstellen kann.

Ein Säulendiagramm erstellen

Zuerst werden die Daten in eine Tabelle eingetragen. Für die grafische Darstellung der absoluten Häufigkeiten (Anzahl) ist ein Säulendiagramm geeignet.

- Tabelle markieren (Zellen mit Inhalten auswählen)
- In der Menüleiste [Einfügen] auswählen
- [Diagramme] > [Säulendiagramme] > [2D-Säulen]
- Schon erscheint das Säulendiagramm.

	A	B	C
1	Anbindung an Bus/Bahn		
2	Meinung	Anzahl	
3	zufrieden	364	
4	teils/teils	146	
5	unzufrieden	58	
6	weiß nicht	32	
7			

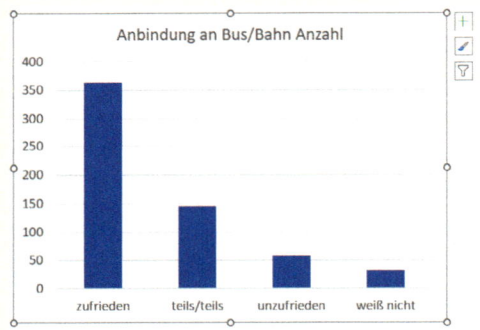

Das Diagramm gestalten

- Titel ändern: Doppelklick auf die Diagrammüberschrift
- Schriftgröße und Schriftart im Diagramm ändern: Einen Bereich anklicken und in der Menüleiste [Start] auswählen und die Schriftart und die Schriftgröße anpassen
- Elemente im Diagramm ergänzen, Säulenbreite und Farbe ändern: Klick auf das Diagramm und das Plus ⊞ oder den Pinsel 🖌.

Relative Häufigkeiten berechnen

	A	B	C	D	E
1	Anbindung an Bus/Bahn				
2	Meinung	Anzahl	relative Häufigkeit	Winkel in °	Streifen in mm
3	zufrieden	364	=B3/B7	=C3*360	=C3*100
4	teils/teils	146	=B4/B7	=C4*360	=C4*100
5	unzufrieden	58	=B5/B7	=C5*360	=C5*100
6	weiß nicht	32	=B6/B7	=C6*360	=C6*100
7	Gesamt	=SUMME(B3:B6)			

	A	B	C	D	E
1	Anbindung an Bus/Bahn				
2	Meinung	Anzahl	relative Häufigkeit	Winkel in °	Streifen in mm
3	zufrieden	364	61 %	218	61
4	teils/teils	146	24 %	88	24
5	unzufrieden	58	10 %	35	10
6	weiß nicht	32	5 %	19	5
7	Gesamt	600			

- Jede Zelle einer Tabelle hat eine Adresse, die aus einem Buchstaben (Spalte) und einer Zahl (Zeile) besteht. Hier steht die „364" in Zelle B3.
- Jede Rechnung, Formel oder Funktion beginnt mit „=".
- Rechenzeichen: „= 3 + 5" „= 10 – 8" „= 2 * 4" „= 16 / 2"
- Adressen von Zelle kann man durch Klicken auf die Zelle in die Rechnung einfügen:
  „= B3 / B7" „= C3 *360" „= C3 * 100"
- In Zelle B7 wird die Summe der Zahlen aus den Zellen B3 bis B6 berechnet.
- In Zelle C3 wird die relative Häufigkeit von „zufrieden" berechnet. „= B3/B7"

Zahlen formatieren

- Zahlen als „Prozent" formatieren:
  Die Zellen der Spalte „relative Häufigkeit"
  markieren und mit einem Rechtsklick auf
  der Maus das Kontextmenü öffnen:
  [Zellen formatieren]
  > [Zahlen: Prozent]
  > [0 Stellen nach dem Komma]

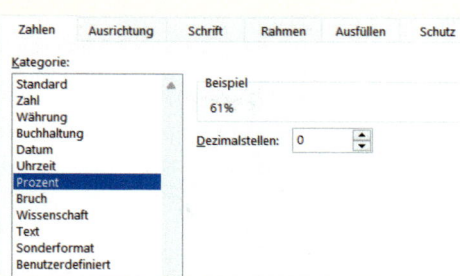

Relative Häufigkeiten im Diagramm darstellen

Um relative Häufigkeiten in einem Kreis- oder Streifendiagramm darzustellen, muss man
zunächst die Winkelweiten oder die Breite der Streifen berechnen. Eine Tabellenkalkulation
führt diese Berechnungen im Hintergrund aus.

Ein Kreisdiagramm erstellen

- In der Tabelle wie beim Säulendiagramm die Spalten „Meinung" und „Anzahl" markieren.
- In der Menüleiste [Einfügen] auswählen
- [Diagramme] > [Kreisdiagramme] > [2D-Kreis] > [Kreis] wählen
  oder [Diagramme] > [Empfohlene Diagramme] > [Kreisdiagramm]
- Anschließend das Diagramm gestalten.

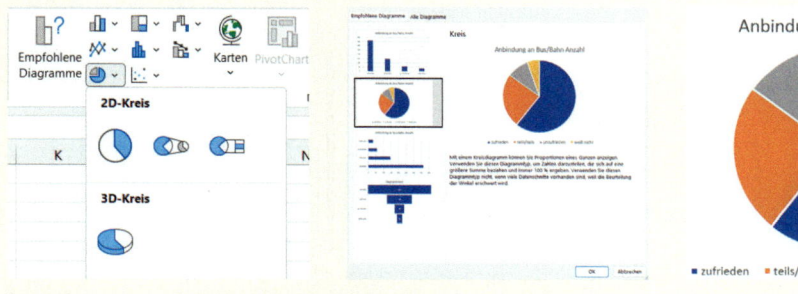
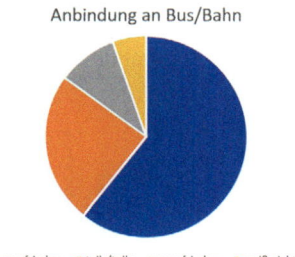

[Kreis] direkt auswählen   oder   [Empfohlene Diagramme]   Kreisdiagramm gestalten

Ein Streifendiagramm erstellen

- In der Tabelle wie beim Säulendiagramm die Spalten „Meinung" und „Anzahl" markieren.
- In der Menüleiste [Einfügen] auswählen
- [Diagramme] > [Säulendiagramme] > [Weitere Säulendiagramme …]
                               > [Balken]
                               > [Gestapelte Balken (100 %)]
- Streifendiagramme sind hier *„gestapelte Balken auf 100 % skaliert"*.

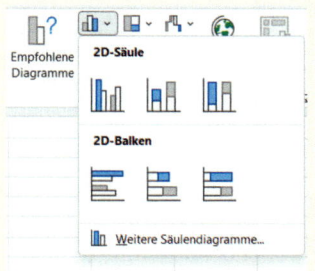
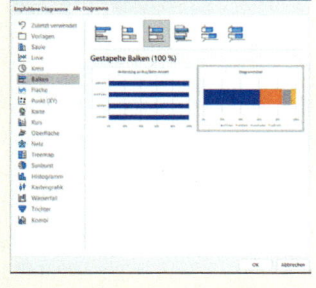
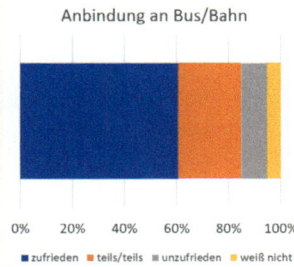

[Weitere Säulendiagramme …]   [Alle Diagramme] > [Balken]   Streifendiagramm gestalten
                               > [Gestapelte Balken (100 %)]

8.3 Wirkung von Diagrammen

Vorbereiten
Diagramme
Seite 194

Der Reporter Herr Nowak soll einen Zeitungsbericht über die Einbruchszahlen in Baden-Württemberg schreiben. Er findet dazu verschiedene Diagramme.

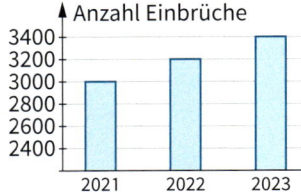

Beschreibe die in den Diagrammen dargestellte Entwicklung der Einbruchszahlen.
Welche Wirkung erzielen die einzelnen Diagramme? Worin unterscheiden sie sich?

WES-105429-068

Wirkung von Diagrammen

Die Art, wie Daten in einem Diagramm dargestellt werden, erzeugt eine bestimmte Wirkung.
So können Leserinnen und Leser beeinflusst werden.

Jahr	Anzahl
2018	95
2019	65
2020	80
2021	55
2022	100

Die y-Achse beginnt nicht bei Null.
Eine größere Änderung wird vorgetäuscht.

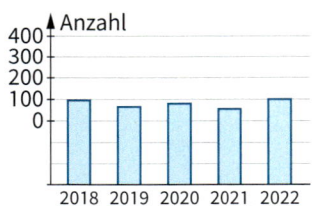

Die Skalierung auf der y-Achse ist geändert.
Eine geringe Änderung wird vorgetäuscht.

Ein Teil der Daten wird weggelassen.
Ein Trend wird vorgetäuscht.

❶ ☰ Diagramme zuordnen

In zwei Zeitungen sind Artikel zum Ehrenamt in Deutschland erschienen.
Ordne die Diagramme den Artikeln zu. Begründe deine Entscheidung.

Das Ende des Ehrenamts?
Freiwillige Feuerwehr, Vereine, Erste-Hilfe-Kurse – sie alle zählen auf das Engagement von ehrenamtlichen Helferinnen und Helfern. Doch der Anteil der Bevölkerung, der sich ehrenamtlich engagiert, ist in den letzten Jahren drastisch gesunken.

Deutschland – Land des Ehrenamts
Das Ehrenamt gehört für viele Deutsche zu einer positiven Gestaltung des Lebens dazu. Fast jeder Vierte engagiert sich freiwillig.
Dabei ist die Zahl der Ehrenamtlerinnen und Ehrenamtler seit Jahren stabil.

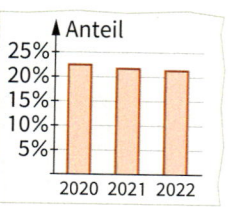

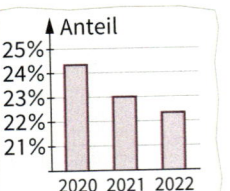

2 ☰ **Veränderte Diagramme**

Eines der beiden Diagramme wurde verändert, um eine bestimmte Wirkung zu erzeugen.
Welches Diagramm wurde verändert und was sollte damit erreicht werden?

a) Unfälle in Malstadt

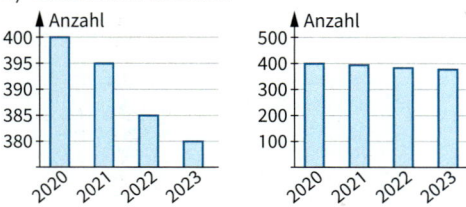

b) Verkaufszahlen der Luftmatratze „Wolke"

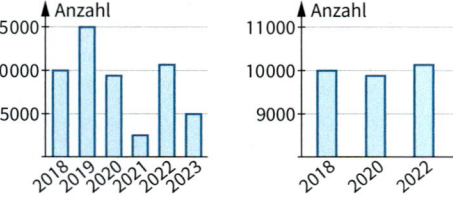

3 ☰ **Wirkungsvolle Diagramme erstellen**

Zeichne ein passendes Diagramm zur
Aussage:

a) Deutsche produzieren wenig Müll.
b) Deutsche produzieren viel Müll.

	Müll pro Kopf in kg
Dänemark	850
Deutschland	632
Luxemburg	790
Polen	346

4 ☰ Der Unterrichtsbeginn am Moll-Gymnasium
soll neu festgelegt werden. Die Schulleiterin
und die SMV haben die gleiche Studie zur
Leistungskurve von Menschen gelesen.
Die SMV erstellt daraus ein Säulendiagramm,
die Schulleiterin aber ein ganz anderes.
Erkläre die unterschiedlichen Meinungen
und Argumente.

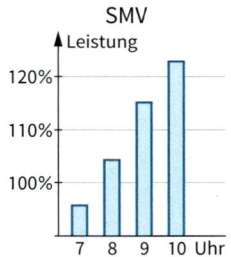

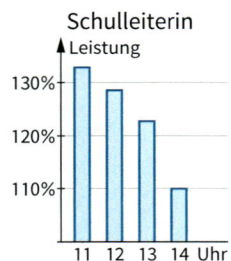

Prüfe dich!
Lösungen auf
Seite 243

5 ☰ **Wirkung von Bildern**

Die Anzahl der verkauften Bücher eines Verlages hat sich in den letzten fünf Jahren verdoppelt. Dies soll in einer Zeitschrift mithilfe einer Grafik veröffentlicht werden.
Welche Darstellung passt dazu, welche Darstellung täuscht etwas vor? Erkläre.

6 ☰ **Bilddiagramme durchschauen**

In der Tabelle ist die Anzahl der Menschen
pro Kontinent für das Jahr 2021 angegeben.

Afrika	1 373 000 000
Amerika	1 027 000 000
Asien	4 651 000 000
Europa	744 000 000
Australien und Ozeanien	43 000 000

Beschreibe den Eindruck, der durch das Bild
entsteht.

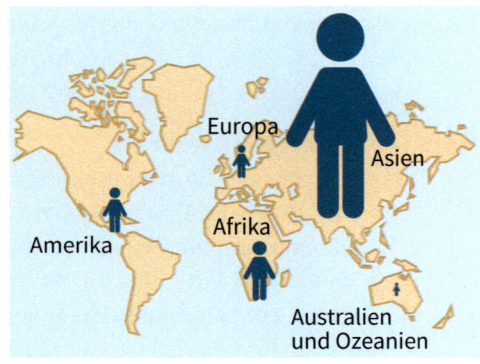

8.4 Kenngrößen von Daten

Liegestütze
Montag 5
Dienstag 12
Mittwoch 7
Donnerstag 12
Freitag 6
Samstag 4
Sonntag 10

Sarah macht jeden Morgen Liegestütze.
Sie notiert die Anzahl der Liegestütze.
Gib die größte und die kleinste Anzahl der Liege-
stütze an, die Sarah an einem Tag geschafft hat.
„Im Durchschnitt schaffe ich 8 Stück."
Wie kommt Sarah zu der Aussage?

WES-109211-069

Kenngrößen von Daten: Maximum, Minimum, Spannweite und arithmetisches Mittel

Die in der **Urliste** gesammelten Werte
können in einer Tabelle dargestellt werden.

	Mo	Di	Mi	Do	Fr	Sa	So
Liegestütze	5	12	7	12	6	4	10

Daten auswerten
„Wie viele Werte gibt es?"   **Anzahl** der Werte: 7
„Welches ist der größte Wert?"   **Maximum**: 12
„Welches ist der kleinste Wert?"   **Minimum**: 4
*„Was ist die Differenz aus größtem und
kleinstem Wert?"*   **Spannweite:** $12 - 4 = 8$

Arithmetisches Mittel $\overline{x}$ berechnen

$$\overline{x} = \frac{\text{Summe aller Werte}}{\text{Anzahl der Werte}}$$

$$\overline{x} = \frac{5 + 12 + 7 + 12 + 6 + 4 + 10}{7} = \frac{56}{7} = 8$$

Sarah schafft im Durchschnitt 8 Liegestütze pro Tag, maximal 12 und minimal 4 Liegestütze.
Die Spannweite beträgt 8.

Das arithmetische
Mittel muss nicht
Teil der Daten sein.

Daten auswerten

In der Tabelle findest du die Daten zu einem 50 m-Lauf. Werte die Tabelle aus.

Schüler	Zeit in s
Alex	11,2
Felix	8,1
Chris	9,4
Damian	10,8
Emil	14,0

Anzahl der Werte: 5
Maximum: 14,0 s   Minimum: 8,1 s
Spannweite: $14{,}0\,\text{s} - 8{,}1\,\text{s} = 5{,}9\,\text{s}$
Arithmetisches Mittel: $\overline{x} = \frac{11{,}2 + 8{,}1 + 9{,}4 + 10{,}8 + 14{,}0}{5} = \frac{53{,}5}{5} = 10{,}7$

Felix war mit 8,1 s am schnellsten. Emil war mit 14,0 s am langsamsten.
Im Durchschnitt liefen die Schüler 10,7 s. Die Spannweite beträgt 5,9 s.

❶ ☰ Daten auswerten

Bestimme das Maximum, das Minimum, die Spannweite und das arithmetische Mittel.

a) 3; 5; 6; 8; 3; 4; 6   b) 10; 8; 12; 6; 3; 9   c) 2; 2; 0,5; 3,5; 4
d) 6 s; 7 s; 2 s; 5 s; 8 s; 5 s; 9 s   e) 130 €; 100 €; 138 €; 78 €   f) 1,2 kg; 783 g; 786 g; 1876 g

❷ ☰ Mittelwert beim Bäcker

Das Gewicht eines Roggenmischbrots ist mit 500 g angegeben. Diese Werte wurden gemessen.

a) Bestimme das arithmetische Mittel. Erkläre, warum das
arithmetische Mittel eine wichtige Kenngröße ist.
b) Bestimme das Maximum, das Minimum und die Spannweite. Erkläre, warum dies wichtige Kenngrößen sind.

502 g   513 g   504 g
512 g   503 g   514 g   498 g
495 g   500 g   507 g
515 g   499 g   509 g
520 g   518 g   507 g
516 g   522 g   503 g   505 g

3 ≡ **Wert gesucht**

Der Mittelwert ist gegeben. Finde den fehlenden Wert.

a) 9, 7, ■ mit $\bar{x} = 7$ b) 2, 2, 4, ■ mit $\bar{x} = 2,5$ c) 5, 2, 2, 4, 8, ■ mit $\bar{x} = 4$

4 ≡ Bestimme das Maximum, das Minimum und den Mittelwert.

a) 3, 9, 4, 6, 10, 1, 3, 5   b) 18, 23, 20, 28, 17, 13, 7   c) 7,50 €; 7,15 €; 7,97 €; 7,10 €

Prüfe dich! Lösungen auf Seite 243

5 ≡ Der Mittelwert ist gegeben. Finde den fehlenden Wert.

a) 3, 10, 5, ■ mit $\bar{x} = 6$ b) 4, 4, 1, 7, ■ mit $\bar{x} = 5$ c) 1, 23, 11, 4, ■ mit $\bar{x} = 9$

6 ≡ Der jährliche Wasserverbrauch pro Kopf wurde in verschiedenen Ländern bestimmt.

Gib an, wer am meisten und wer am wenigsten Wasser verbraucht. Berechne den Mittelwert.

Land	China	Kenia	Deutschland	USA	Estland
Verbauch in l	420 000	80 000	297 000	1 207 000	1 357 000

7 ≡ **Urlisten gesucht**

a) Gib zwei Urlisten mit 6 Werten an, deren Mittelwert 12 ist.

b) Gib zwei Urlisten mit 6 Werten an, deren Minimum 4 und deren Maximum 20 ist.
Die Mittelwerte der Urlisten sollen gleich sein.

8 ≡ **Ausgleichseigenschaft des Mittelwerts**

Die Klasse 6a hat in sieben Gruppen (I - VII) Spenden gesammelt. Die Sammelergebnisse sind in dem Säulendiagramm dargestellt. Die rote Linie ist auf der Höhe des Mittelwerts.

a) Manche Säulen enden oberhalb, manche enden unterhalb der roten Linie. Vergleiche die Abweichungen.

b) Kann es auch ein Säulendiagramm geben, bei dem nur eine Säule über der roten Linie endet? Erkläre.

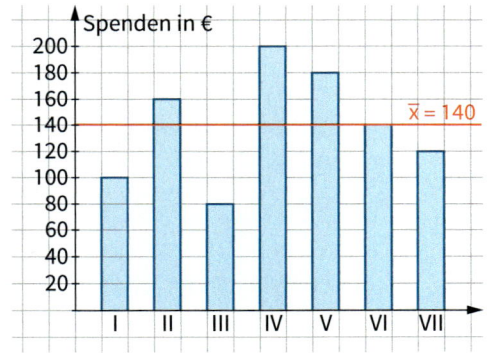

9 ≡ **Notendurchschnitt berechnen**

Berechne den Notendurchschnitt.

a)

Note	1	2	3	4	5	6
Anzahl	5	10	7	2	1	1

b)

Note	1	2	3	4	5	6
Anzahl	7	10	4	5	2	2

Durchschnitt berechnen

Note	1	2	3	4	5	6
Anzahl	4	7	8	3	2	1

$\bar{x} = (4 \cdot 1 + 7 \cdot 2 + 8 \cdot 3 + 3 \cdot 4 + 2 \cdot 5 + 1 \cdot 6) : 25$
$= 2,8$

10 ≡ **Handynutzung**

Carla notiert 13 Tage lang, wie viele Stunden sie das Handy am Tag nutzt.

Dabei entsteht diese Urliste: 1,5 h   2 h   1 h   2,5 h   2 h   1 h   1,5 h   1,5 h   2 h   3 h   0,5 h   0 h   1 h

a) Vervollständige die Tabelle in deinem Heft. Bestimme den Mittelwert.

Handyzeit in h	0	0,5	1	1,5	2	2,5	3

b) Erstelle ein Säulendiagramm mit drei Säulen. Wähle dazu folgende Zeitspannen: unter 1 Stunde | 1 bis 2 Stunden | mehr als 2 Stunden.

c) Carla gefällt das Säulendiagramm nicht. Sie möchte die Zeiten in andere Zeitspannen aufteilen, bevor die das Diagramm ihren Eltern zeigt. Erstelle ein Säulendiagramm, das Carla besser gefallen könnte.

11 ≡ **Taschengeld**

Ein Fußballtrainer fragt die Spieler seiner Mannschaft, wie viel Taschengeld sie monatlich bekommen, da ein gemeinsames Trainingslager ansteht. Es ergibt sich folgendes Bild:

Taschengeld	5 €	10 €	15 €	20 €	25 €	30 €
Anzahl	1	2	2	3	3	3

a) Berechne, wie viel Taschengeld die Spieler der Mannschaft durchschnittlich bekommen.

b) Die Gruppe fragt den Trainer, wie viel „Taschengeld" er im Monat verdient. Er antwortet mit 2720 €. Berechne, wie sich das arithmetische Mittel durch diese Angabe ändert.

c) Das Trainingslager wird von einem Fußballprofi geleitet, der 29 000 € im Monat verdient. Berechne das sich nun ergebende arithmetische Mittel. Erkläre, warum einzelne Angaben großen Einfluss auf das arithmetische Mittel haben. Begründe auch mit der Spannweite.

12 ≡ **Häufigster Wert – Modalwert**

Bestimme den Modalwert.

a) In der Tabelle sind Schuhgrößen angegeben.

Schuhgröße	35	36	37	38	39	40
Anzahl	3	6	9	9	5	4

> **Häufigster Wert – Modalwert**
>
> Der Modalwert ist der Wert, der am häufigsten vorkommt.
> Kommen mehrere Werte gleich häufig vor, gibt es mehrere Modalwerte.

b) In der Tabelle findest du die Daten zu der Notenverteilung bei einer Klassenarbeit.

Note	sehr gut	gut	befriedigend	ausreichend	mangelhaft	ungenügend
Anzahl	2	10	8	6	3	1

13 ≡ **Schlittschuhe**

Die Klasse 6 d möchte einen Ausflug auf die Schlittschuhbahn machen. Der Anbieter bittet darum anzugeben, welche Schuhgrößen in der Klasse auftreten. Die Abfrage ergibt:

Schuhgröße	35	36	37	38	39	40	41	45
Anzahl	2	5	7	5	3	7	2	1

Die Klasse diskutiert nun, welche Daten dem Anbieter durchgegeben werden.

Vorschlag 1: Es werden arithmetisches Mittel und die Spannweite der Daten genannt.

Vorschlag 2: Es werden die Modalwerte sowie das Minimum und das Maximum genannt.

a) Bestimme alle für die Vorschläge notwendigen statistischen Daten.

b) Beurteile, welcher der beiden Vorschläge in dieser Situation sinnvoller ist.

Prüfe dich!
Lösungen auf
Seite 243

14 ≡ Bestimme das arithmetische Mittel und den Modalwert. Vergleiche jeweils die berechneten Mittelwerte. Kannst du Unterschiede begründen?

a)
T-Shirt Größe	Anzahl
140	2
146	5
152	8
158	8
164	7

b)
Zeit für 50 m	Anzahl
8 s	6
9 s	6
10 s	3
11 s	2
12 s	8

c)
Taschengeld	Anzahl
10 €	5
20 €	10
30 €	6
50 €	2
150 €	1

15 ≡ **Größen und geeignete statistische Maße**

Entscheide, ob sich eher Modalwert oder arithmetisches Mittel zur Beschreibung der Größen eignet. Recherchiere gegebenenfalls, welche benutzt werden.

a) Anzahl der Stimmen bei einer Wahl

b) Höhe einer Pflanze nach dem Aussähen

c) Kopfumfang von Kindern gleichen Alters

d) Einkommen der Bewohner einer Stadt

WES-105429-070

Kenngrößen mit Tabellenkalkulation

Mit einem Tabellenkalkulationsprogramm kann man einfache Berechnungen durchführen.
Es bietet aber auch Funktionen für die Summe, für das arithmetische Mittel, für andere
Kenngrößen und für vieles mehr an.

Funktionen der Tabellenkalkulation nutzen

- Zuerst die Daten in eine Tabelle eintragen.
- Die Funktionen können mit einem „=" startend in die Zellen eingetragen werden.
  In den Klammern wird der Bereich der Tabelle angegeben, in dem die Daten stehen.

	A	B	C	D	E	F
1		Haushaltsabfälle 2020 pro Person				
2		Menge in kg	relative Häufigkeit		**Kenngröße**	
3	Hausmüll	160	=B3/B7		**Minimum**	=MIN(B3:B6)
4	Wertstoffe	152	=B4/B7		**Maximum**	=MAX(B3:B6)
5	Biomüll	128	=B5/B7		**arithm. Mittel**	=MITTELWERT(B3:B6)
6	Sperrmüll	34	=B6/B7		**Modalwert**	=MODUS.EINF(B3:B6)
7	**Gesamt**	=SUMME(B4:B7)				
8						

Funktionen mit dem Assistenten zusammenstellen

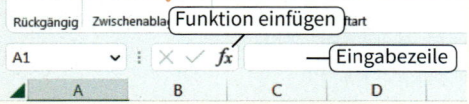

- In eine Zelle klicken, zum Beispiel Zelle F5.
- [fx] anklicken. Es öffnet sich das Fenster
  „Funktionen einfügen".
- Die ersten Buchstaben der gesuchten
  Funktion eintippen. Mit [OK] bestätigen.
- Die Funktion aus der Liste auswählen.
- Die Funktion „MITTELWERT" berechnet
  das arithemtische Mittel von Zahlen.
- In das Feld neben [Zahl1] klicken und
  anschließend die Daten in der Tabelle
  markieren. Mit [OK] bestätigen.
- Für den markierten Bereich B2:B6 wird das
  arithmetische Mittel berechnet.

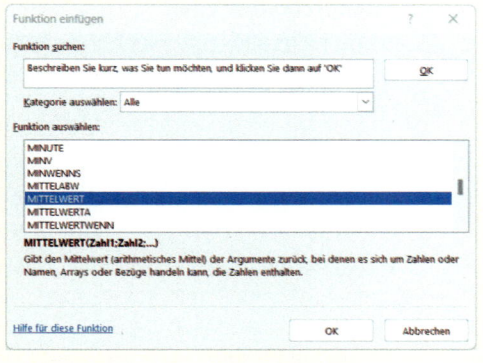

❶ Daten mithilfe von Kenngrößen vergleichen

Lisa und Sara haben ihre Ergebnisse beim Weitsprung in Meter aufgeschrieben.

Lisa	2,8	2,7	3	2,8	2,9	3,1	2,8	2,5	3,2
Sara	2,7	2,6	2	2,8	2,7	3,4	2,4	3,2	3

a) Bestimme mit einer Tabellenkalkulation das Maximum, das Minimum, das arithmetische
   Mittel und den Modalwert.
b) Erstelle ein Säulendiagramm.
c) Die Sportlehrerin wird eine von den beiden zu den Stadtmeisterschaften mitnehmen.
   Für wen sollte sie sich entscheiden?

8.5   Daten erheben und auswerten

Um eine Fragestellung zu untersuchen, kann das Erheben von Daten helfen. Je nach Fragestellung bietet es sich an, die Daten durch Beobachtungen, durch Befragungen oder durch
Experimente zu erheben.

Oft kann man nur eine kleine Anzahl von Daten aufnehmen. Daher beschränkt man sich auf
eine Stichprobe: eine Auswahl von Beobachtungen, Personen oder Experimente.

Diese Auswahl sollte ähnlich wie die Gesamtheit zusammengesetzt sein.

Die erhobenen Daten werden anschließend ausgewertet. Daraus können dann Schlüsse zur
Beantwortung der Fragestellung gezogen werden.

WES-109211-071

Daten erheben

Ziel der Datenerhebung festlegen
Welche Fragestellung möchtest du untersuchen?

Methode der Datenerhebung auswählen
Umfrage, Beobachtung oder Experiment

Stichprobe festlegen
Da du nicht alles untersuchen kannst, lege eine Auswahl fest,
die ähnlich wie die Gesamtheit zusammengesetzt ist.

Durchführung der Datenerhebung planen
- Fragebogen oder Erhebungsbogen planen und erstellen.
- Zeitpunkt und Ort der Datenerhebung festlegen.
- Alle notwendigen Materialien und Hilfsmittel bereitstellen.

Daten auswerten
- Die erhobenen Daten in Strichlisten oder Häufigkeitstabellen
  aufbereiten.
- Kenngrößen je nach Fragestellung bestimmen.
- Diagramme erstellen.

Schlüsse ziehen
- Versuche die Fragestellung mithilfe der Kenngrößen zu
  beantworten.
- Welche Kenngrößen beschreiben die Daten sinnvoll?
- Welche Fehler traten auf?

Mögliche Fehler vermeiden
- Fragen, Ort und Zeit müssen zur Fragestellung passen.
- Die Datenerhebung darf das Ergebnis nicht verfälschen.
- Die Datenerhebung muss geeignete Daten liefern.
- Die Daten müssen auswertbar sein.

Daten durch Umfragen erheben

Ziel der Datenerhebung festlegen
Für ein Drittel der Kinder in den Jahrgangsstufen 5 bis 9 soll aufgrund der Entfernung zur Schule ein Fahrtkostenzuschuss gezahlt werden. Ab welcher Entfernung vom Wohnort zur Schule ist ein Zuschuss möglich?

Methode der Datenerhebung auswählen
Umfrage: Informationen einer Gruppe von Menschen erfragen

Stichprobe festlegen
Es sollen nur die Schülerinnen und Schüler der Klasse 6a befragt werden.

Durchführung der Datenerhebung planen
Fragebogen erstellen: „*Wie weit wohnst du von der Schule entfernt?*"
Die Entfernungen werden auf ganze Kilometer gerundet.

Datenerhebung durchführen

Schulweg in km	0	1	2	3	4	5	6	7	8	9	10	11	12	13	14
Anzahl	1	2	6	3	5	4	2	1	3	0	2	0	0	0	1

Daten auswerten

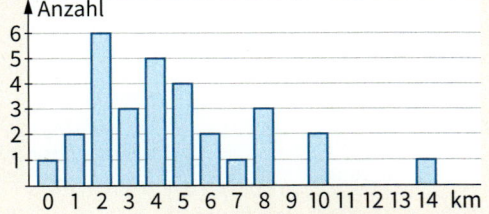

Kenngrößen

Kenngrößen	Entfernung
Minimum	0 km
Maximum	14 km
Spannweite	14 km
$\bar{x}$	4,67 km

Es wurden 30 Entfernungen notiert. Ein Drittel umfasst damit 10 Werte.
Das arithmetische Mittel $\bar{x} \approx 4{,}67$ km gibt eine grobe Orientierung.
Weitere Kenngrößen haben für die Fragestellung keinen Mehrwert.

Schlüsse ziehen
Mit mindestens 6 km gibt es 9 Kinder in der Klasse 6 a, also fast ein Drittel. Bei mindestens 5 km würde ein Drittel in der Klasse 6 a mit 14 von 30 Kindern deutlich überschritten werden. Ab 6 km könnte der Umfrage nach ein Fahrtkostenzuschuss gezahlt werden.

Mögliche Fehler
Die Aussage, mindestens 6 km ist nur dann auf die Klassenstufen 5 bis 9 übertragbar, wenn in der Klasse 6 a keine besonderen Auffälligkeiten bezüglich der Schulweglänge auftreten. Befragungen in weiteren Klassen sind hilfreich.

1 ≡ Umfragen planen
Plant eine Datenerhebung durch eine Umfrage.

Soll der Unterrichtsbeginn verlegt werden? Welcher Beginn ist sinnvoll?	*Sollen im Schulkiosk Süßigkeiten angeboten werden?*	*Ist Cybermobbing in der Mittelstufe verbreiteter als in der 5. und 6. Klasse?*

Daten durch Beobachtungen erheben

Ziel der Datenerhebung festlegen
In Deutschland sitzen im Durchschnitt 1,42 Personen in jedem Pkw. Sitzen morgens auf der Straße vor der Schule mehr Personen im Auto als im Durchschnitt?

Methode der Datenerhebung auswählen
Beobachtung: Situationen in der Umgebung ohne Einflussnahme erfassen

Stichprobe festlegen
Es sollen alle Autos, die am Schulgebäude vorbeifahren oder vor dem Schulgebäude anhalten betrachtet werden. Da das zu viele werden und auch sehr unübersichtlich wird, werden nur die Autos betrachtet werden, die stadteinwärts fahren.

Durchführung der Datenerhebung planen
Es werden die im Auto sitzenden Personen gezählt. Die Beobachtung wird 30 min vor Unterrichtsbeginn durchgeführt.
Standorte für die Zählung festlegen; Erhebungsbogen zum Notieren der Ergebnisse erstellen.

Datenerhebung durchführen
Die Daten der einzelnen Erhebungsbogen werden in einer Tabelle zusammengefasst.

Anzahl Personen im Pkw	1	2	3	4	5	Summe
Anzahl Pkw	35	90	45	26	4	200

Daten auswerten

1 Person	2 Personen	3 Personen	4 Pers.	5 Personen im Pkw
17,5 %	45 %	22,5 %	13 %	2 %

Arithmetisches Mittel berechnen: $\dfrac{1 \cdot 35 + 2 \cdot 90 + 3 \cdot 45 + 4 \cdot 26 + 5 \cdot 4}{200} \approx 2,37$
Im Durchschnitt saßen 2,37 Personen in jedem Auto.

Schlüsse ziehen
Das arithmetische Mittel mit 2,37 Personen pro Pkw ist deutlich höher als der Bundesdurchschnitt. Dies kann daran liegen, dass vor Unterrichtsbeginn viele Kinder mit dem Auto zur Schule gefahren werden. In diesen Fällen sind mindestens zwei Personen im Pkw. Die Aussage ist auch auf die stadtauswärts fahrenden Pkw übertragbar. Weitere Zählungen sind hilfreich.

Mögliche Fehler
Zum Beispiel: übersehene Pkw, verdunkelte Scheiben

2 ≡ Beobachtung planen
Plant eine Datenerhebung durch Beobachtungen.

Werfen 12-jährige mit dem Schlagball weiter als 13-Jährige an deiner Schule?	*Kommen mehr Kinder mit dem Bus zur Schule als mit dem Auto?*	*Reicht die Anzahl der Fahrradständer vor deiner Schule?*

Daten durch Experimente erheben

Ziel der Datenerhebung festlegen

In der Anleitung für den Bau eines von einer Mausefalle angetriebenen Autos steht, dass dieses 10 m weit fährt. Stimmt diese Aussage in der Anleitung?

Methode der Datenerhebung auswählen

Experiment: Einen Zusammenhang untersuchen

Stichprobe festlegen

Es sollen 10 Autos gebaut werden und jedes Auto soll einmal die Teststrecke fahren.

Durchführung der Datenerhebung planen

Material für den Bau der Autos besorgen. Zehn Autos nach der Anleitung bauen. Eine Teststrecke festlegen. Einen Erhebungsbogen zum Notieren der Daten erstellen.

Datenerhebung durchführen

Die 10 Weite werden in einer Tabelle eingetragen.

Auto	1	2	3	4	5	6	7	8	9	10
Fahrstrecke in m	9,2	10,2	8,4	11,0	7,6	10,8	9,8	9,0	9,5	10,5

Daten auswerten

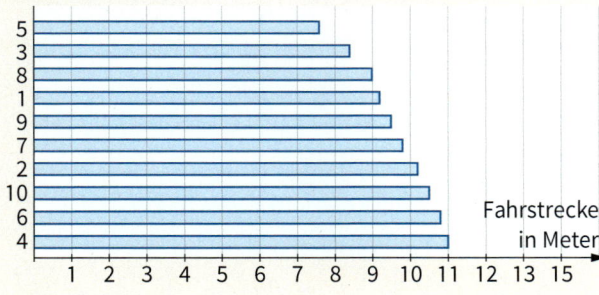

Kenngrößen

Kenngrößen	Fahrstrecke
Minimum	7,6 m
Maximum	11,0 m
Spannweite	3,4 m
$\overline{x}$	9,6 m

Schlüsse ziehen

Von den 10 Autos haben 6 Autos die angegebenen 10 m nicht erreicht.

Das arithmetische Mittel mit 9,6 m zeigt, dass die Autos im Durchschnitt knapp unter der angegebenen Streckenlänge von 10 m liegen.

Das Minimum mit 7,6 m liegt aber deutlich unter den 10 m. Das lässt vermuten, dass die Qualität der gebauten Autos stark variiert.

Es deutet einiges darauf hin, dass die Angabe in der Anleitung nicht stimmt.

Mögliche Fehler

Um genauere Aussagen treffen zu können, sollten mehr Autos gebaut werden und die Autos sollten die Teststrecke mehrfach fahren.

3 ☰ **Experimente planen**

Plant eine Datenerhebung durch geeignete Experimente.

> *Ist die Pulsfrequenz – Anzahl der Herzschläge in einer Minute – im Liegen niedriger als im Stehen?*

> *Ist die die Atemfrequenz – Anzahl der Atemzüge in einer Minute – im Sitzen höher als im Stehen?*

> *Wie weit fliegen selbst gebaute Papierflieger? Schaffen sie 15 m?*

> Bauanleitungen für „Mausefallenautos" findest du im Internet.

Mein Merkzettel

Seite 168

Absolute und relative Häufigkeiten

- absolute Häufigkeiten aufschreiben
- Gesamtzahl berechnen: Summe der absoluten Häufigkeiten
- relative Häufigkeiten berechnen: relative Häufigkeit = $\frac{\text{absolute Häufigkeit}}{\text{Gesamtzahl}}$

	grün	rot	blau	gesamt
absolute Häufigkeit	6	9	15	30
relative Häufigkeit	$\frac{6}{30} = \frac{1}{5}$	$\frac{9}{30} = \frac{3}{10}$	$\frac{15}{30} = \frac{1}{2}$	1
Mittelpunktswinkel	72°	108°	180°	360°
Streifenlänge	20 mm	30 mm	50 mm	100 mm

$6 + 9 + 15 = 30$ ✓

$\frac{1}{5} + \frac{3}{10} + \frac{1}{2} = 1$ ✓

$72° + 108° + 180 = 360°$ ✓

$20\,mm + 30\,mm + 50\,mm = 100\,mm$ ✓

Seite 170

Kreisdiagramm zeichnen

- einen Schenkel zeichnen
- Mittelpunktswinkel berechnen: $\frac{\text{absolute Häufigkeit}}{\text{Gesamtzahl}} \cdot 360°$
- mit dem Geodreieck nacheinander die Mittelpunktswinkel abtragen

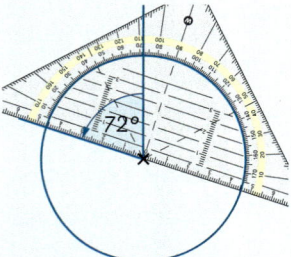

Seite 173

Streifendiagramm zeichnen

- Gesamtlänge z. B. 100 mm; Streifenstück: $\frac{\text{absolute Häufigkeit}}{\text{Gesamtzahl}} \cdot 100\,mm$

20 mm	30 mm	50 mm

Seite 178

Kenngrößen
Daten auswerten

- Anzahl der Werte zählen
- Minimum, Maximum, Spannweite bestimmen
- Modalwert ermitteln (häufigster Wert)
- Arithmetisches Mittel berechnen:
  $\overline{x} = \frac{\text{Summe aller Werte}}{\text{Anzahl der Werte}}$
  Das arithmetische Mittel muss nicht Teil der Daten sein.

Sandras Weiten beim Tauchen
Urliste: 7 m; 4 m; 7 m; 1 m ; 11 m ; 9 m; 2 m; 3 m
Anzahl der Werte: 8

Minimum: 1 m　　　　　Maximum: 11 m
Spannweite: 10 m　　　Modalwert: 7 m
Arithmetisches Mittel:
$\overline{x} = \frac{7 + 4 + 7 + 1 + 11 + 9 + 2 + 3}{8} = 5{,}5$

Die längste Tauchstrecke ist 11 m, die kürzeste 1 m. Im Durchschnitt taucht Sandra 5,5 m.

Seite 176

Wirkung von Diagrammen

Original

Jahre wurden weggelassen

y-Achse beginnt bei 60

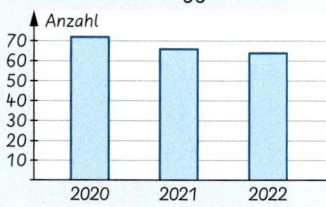

Daten wirken gleich bleibend

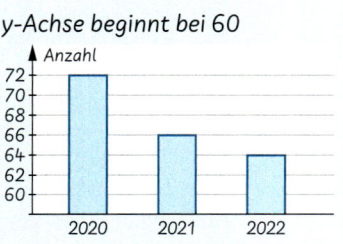

Daten wirken stark fallend

Wiederholen für die Klassenarbeit

Lösungen auf
Seite 244

1 ≡ **Relative Häufigkeiten berechnen**

Berechne die relativen Häufigkeiten.

a) Ergebnis der Klassensprecherwahl

Name	Justin	Max	Kim	Lucie
Stimmen	9	7	5	4

b) Ergebnis der AG-Wahl

AG	Schach	Fechten	Nähen	Football
Anzahl	18	24	36	42

2 ≡ **Absolute Häufigkeiten aus relativen Häufigkeiten berechnen**

Von 120 Kindern haben $\frac{2}{5}$ ein Geschwisterkind, $\frac{1}{5}$ zwei Geschwister, $\frac{1}{10}$ drei oder mehr und der Rest keine Geschwister. Berechne die absoluten Häufigkeiten.

3 ≡ **Kreisdiagramm und Streifendiagramm**

Wofür wird das Taschengeld ausgegeben?

a) Erstelle ein Kreisdiagramm.

b) Erstelle ein Streifendiagramm.

Shopping	50 %
Essen und Trinken	25 %
Freizeitaktivitäten	20 %
Sonstiges	5 %

4 ≡ **Klicks auf die Schulhomepage**

Welches Diagramm passt zu den Daten? Begründe.

Mai	Juni	Juli
9 986	10 027	10 045

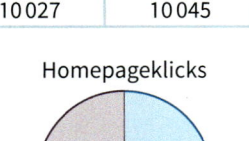

5 ≡ **Daten auswerten**

Bestimme das Maximum, das Minimum, die Spannweite und das arithmetische Mittel.

a) 8; 3; 7; 3; 4; 12; 10; 1   b) 93 cm; 2,2 m; 213 cm; 1,7 m   c) 98 g; 0,8 kg; 1,05 kg; 540 g

6 ≡ **Reichweite eines Elektroautos**

Die Reichweite eines Elektroautos wurde mehrfach gemessen. Bestimme die Kenngrößen.

432 km; 481 km; 471 km; 453 km, 460 km; 448 km

7 ≡ **Wert ergänzen**

Das arithmetische Mittel ist gegeben. Finde den fehlenden Wert.

a) 12; 5; ▪   mit $\overline{x} = 8$ b) 4; 7; 21; ▪   mit $\overline{x} = 8,5$ c) 76; 1; 18; 9; ▪   mit $\overline{x} = 25$

8 ≡ **Entwicklung am Diagramm darstellen**

In beiden Diagrammen wird der Anteil der Personen in Baden-Württemberg angegeben, die von Armut bedroht sind. Die Entwicklung von 2011 bis 2019 ist dargestellt. Schreibe zu jedem Diagramm eine Schlagzeile für eine Zeitung. Erkläre die unterschiedliche Wirkung.

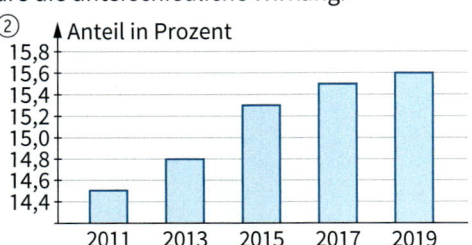

Vorbereiten und Wiederholen

Du hast schon viel Neues gelernt.

Mit den 3-Minuten-Runden hältst du dein Wissen im Unterricht wach.

Im Wissensspeicher findest du wichtige Inhalte kompakt zusammengefasst.

Die Aufgaben zum Vorbereiten erleichtern dir den Einstieg in neue Themen.

Die Lösungen kannst du selbständig zur Kontrolle deiner Rechnungen nutzen.

In diesem Kapitel

- **3-Minuten-Runden zum Wachhalten für den Unterricht**
- **Vorbereiten auf ein neues Thema**
- **Symbole und Sprechweisen**
- **Lösungen zur Selbstkontrolle**

3-Minuten-Runden

1 Quadratzahlen
Nenne die Quadratzahlen von 1 bis 20.

2 Maßstab $1:50\,000$

Karte	Wirklichkeit
5 cm	▪
▪	20 km

3 Flächeninhalt gesucht
Quadrat: $a = 12\,cm$
Rechteck:
$a = 2{,}5\,cm \quad b = 8\,cm$

4 Multipliziere schriftlich
$436 \cdot 7 \qquad 572 \cdot 68$
$509 \cdot 34$

5 Ordne der Größe nach
$20\,\% \qquad \frac{1}{4} \qquad \frac{1}{3}$
$0{,}5 \qquad \frac{3}{10}$

6 Dividiere schriftlich
$474 : 3$
$4248 : 6$
$2247 : 7$

7 Primzahlen
Gib alle Primzahlen kleiner als 30 an.

8 Rechne um
$3\,min$ in s
$2\,a$ in m^2
$1{,}609\,km$ in m

9 Multipliziere
$2377 \cdot 4$
$2477 \cdot 4$
$3477 \cdot 4$

10 Dividiere
$954 : 6$
$354 : 6$
$1467 : 9$

11 Zerlege in Primfaktoren
$20 \qquad 36 \qquad 42$
$45 \qquad 60$

12 Berechne
$\frac{1}{3} + \frac{1}{4} \qquad \frac{1}{3} - \frac{1}{4}$
$\frac{1}{3} \cdot \frac{1}{4} \qquad \frac{1}{3} : \frac{1}{4}$

13 Runde auf Zehner
$867, 2095, 374$
Runde auf Hunderter
$281, 2351, 9962$

14 Wahr oder falsch?
„Jedes Parallelogramm ist ein Rechteck."
„Jedes Rechteck ist ein Parallelogramm."

15 Setze fort
$1, 4, 9, 16 \dots$
$1, \frac{1}{2}, \frac{1}{4}, \frac{1}{8} \dots$
$4, 8, 12, 16 \dots$

16
$47 - \blacksquare = 29$
$7 \cdot \blacksquare = 84$
$\blacksquare : 6 = 12$
$56 : \blacksquare = 8$

17 Berechne
$\frac{3}{5} + \frac{3}{10} \qquad \frac{1}{6} + \frac{3}{10}$
$\frac{2}{3} + \frac{3}{2} \qquad \frac{3}{4} + \frac{2}{3}$

18 Berechne
$\frac{4}{5} \cdot \frac{3}{4} \qquad \frac{7}{10} \cdot \frac{3}{5}$
$\frac{7}{8} \cdot \frac{4}{7} \qquad \frac{1}{4} \cdot \frac{1}{6}$

Berechne 19

$$\frac{3}{4} : 2 \qquad \frac{3}{4} \cdot \frac{2}{3}$$

$$\frac{3}{4} \cdot \frac{1}{2} \qquad \frac{3}{4} \cdot \frac{3}{2}$$

Als Dezimalzahl 20

$$\frac{3}{10} \qquad \frac{3}{100} \qquad \frac{3}{1000}$$

$$\frac{16}{10} \qquad \frac{16}{100}$$

$$\frac{30}{10} \qquad \frac{55}{50} \qquad \frac{150}{20}$$

Berechne 21

$$0{,}5 + 0{,}1$$

$$0{,}5 \cdot 0{,}1 \qquad 0{,}5 - 0{,}1$$

$$0{,}5 : 0{,}1$$

Berechne 22

$$(5 + 35) \cdot 6$$

$$48 \cdot 4 : 6 \qquad 2 \cdot 56 \cdot 5$$

$$13 + 76 + 87$$

23

Gib drei dreistellige Zahlen an, die 2, 3 und 5 als **Teiler** haben.

Fehlende Seite b im Rechteck 24

$$u = 42\,\text{cm}; \quad a = 5\,\text{cm}$$

$$A = 56\,\text{m}^2; \quad a = 7\,\text{m}$$

Als Dezimalzahl 25

$$\frac{1}{2} \qquad \frac{1}{3} \qquad \frac{1}{4}$$

$$\frac{1}{5} \qquad \frac{1}{6}$$

$$\frac{1}{8} \qquad \frac{1}{9} \qquad \frac{1}{10}$$

26

Bestimme P', wenn $P(3|4)$ an $Z(6|6)$ **gespiegelt** wird.

Zeichne einen Kreis 27

um $M(0|0)$

durch $P(8|6)$.

Gib den Radius an.

Gib die Winkeltypen an. 28

$$135° \quad 65° \quad 205°$$

$$180° \quad 30°$$

$$350°$$

29

Gib die **Winkelweiten** an, die die Uhrzeiger um 14 Uhr bilden.

Wahr oder falsch? 30

„Jedes Quadrat ist ein Rechteck."

„Jedes Trapez ist ein Parallelogramm"

Zahl in der Mitte 31

Rechenausdruck 32

Subtrahiere 12 von $-4{,}5$

Addiere -8 zu $-10{,}5$

Berechne 33

$$0{,}5 - 6{,}4$$

$$-3{,}2 \cdot (-3)$$

$$0{,}6 : (-2)$$

$$-7{,}5 : (-1{,}5)$$

34

Gib alle Zahlen an, die den **Betrag** 5 haben.

Addiere alle ganzen Zahlen von -3 bis 3.

Wahr oder falsch? 35

„In jedem Drachen schneiden sich die Diagonalen im rechten Winkel."

36

Die Temperatur sinkt von $-4{,}5°C$ um $3{,}7°C$.

Die Temperatur steigt von $-10{,}4°C$ um $6{,}5°C$.

Subtrahiere   37

81 − 77

      65 − 38

209 − 26

      183 − 69

Anteile   38

10 % von 150

$\frac{1}{3}$ von 150

20 % von 360

Kürze die Brüche   39

$\frac{6}{8}$ $\frac{12}{20}$ $\frac{18}{9}$

$\frac{16}{32}$ $\frac{14}{49}$ $\frac{26}{65}$

Wahr oder falsch?   40

„Beim Kürzen wird ein Bruch kleiner, beim Erweitern wird er größer."

Potenzen   41

2^3 3^3

$(-2)^2$ $(-3)^2$

$(-2)^5$ $(-3)^3$

   42

Gib die Formeln an:

Flächeninhalt und Umfang eines Parallelogramms

Schreibe als Bruch   43

0,1   0,05   0,32

1,25   2,58

0,009

   44

Ordne der Größe nach

-2 $-\frac{1}{2}$ $\frac{2}{3}$

    -4 $\frac{1}{3}$

   45

Bestimme den Betrag

-6 3 $\frac{1}{2}$

   $-\frac{2}{3}$ $-\frac{1}{6}$

Zeitspannen   46

10:42 Uhr bis 12:09 Uhr

16:17 Uhr bis 20:43 Uhr

Teilbarkeit   47

Prüfe, ob die Zahlen durch 3 oder 9 teilbar sind.

23   36   45   57   63

Gib in Kilogramm an   48

2 t

7000 g   65 000 g

250 000 mg

Flächeninhalt   49

Berechne den Flächeninhalt des Dreiecks ABC mit c = 4 cm, h = 6 cm

---

Gib die Formeln an   50

Flächeninhalt und Umfang eines Kreises

Wahr oder falsch?   51

„Jede Raute ist ein Parallelogramm."

Berechne den Flächeninhalt   52

Rechne um   53

1 dm³ in cm³

0,5 m³ in dm³

200 mm³ in cm³

Rechne um   54

3 Liter in dm³

250 ml in Liter

5300 ml im cm³

Wie lang? Wie viele? 55
Teile 1,50 m Draht in
4 gleich lange Stücke.
Teile 1,50 m Draht in
25 cm lange Stücke.

Wie lang? Wie viele? 56
Teile 18 m Band in
4 gleich lange Stücke.
Teile 18 m Band in
75 cm lange Stücke.

Wahr oder falsch? 57
3 ist Teiler von 63
6 ist Teiler von 46
12 ist Teiler von 112

Berechne 58
$0,4 + \frac{2}{3}$
$1,5 - \frac{1}{3}$
$\frac{2}{5} + 0,25$

Teilbarkeit 59
Welche Zahlen sind
durch 6 teilbar?
12 21 56 48 72

Maßstab 60
Wie lang sind 5 cm auf
der Karte in Wirklichkeit?
1:2000   1:30 000
1:500 000

Quadervolumen 61
$a = 0,2$ dm
$b = 3$ cm
$c = 40$ mm

Oberflächeninhalt 62
eines Würfels mit der
Kantenlänge 5 cm.

**Fehlende Kantenlänge
gesucht** 63
$V = 400$ cm^3
$a = 8$ cm $b = 5$ cm

64
Teile eine 12 cm lange
Strecke im **Verhältnis**
7 zu 5,
1 zu 1.

Stelle den Anteil dar. 65
$\frac{5}{6}$ $\frac{3}{4}$
$\frac{4}{9}$ $\frac{9}{12}$

Rechenausdruck 66
Subtrahiere von der
Summe der Zahlen 64
und 36 die Differenz der
Zahlen 68 und 26.

Zahl gesucht 67
Das Dreifache einer Zahl
ist 96.
Die um 7 vergrößerte
Zahl ist 25.

Rechenausdruck 68
Subtrahiere vom
Produkt aus 12 und 5
die Zahl 27.

Berechne 69
$\frac{2}{5} : 2$ $2 \cdot \frac{2}{7}$
$\frac{9}{4} : 3$ $15 \cdot \frac{3}{5}$
$\frac{7}{9} : 2$ $3 \cdot \frac{7}{9}$

Bestimme $\bar{x}$ 70
A: 3, 4, 8, 12
B: 17, 34, 12, 88, 13

Rechne um 71
$3 a$ in m^2
$500 000$ cm^2 in dm^2
8 km^2 in ha

Berechne 72
8 m^2 − 50 dm^2
5 ha − 750 m^2
3 km^2 − 150 ha

WES-105429-101

Natürliche Zahlen

Zahlen auf dem Zahlenstrahl markieren

Markiere die Zahlen 70, 85, 110, 125, 140 auf einem Ausschnitt des Zahlenstrahls.

- *Ausschnitt des Zahlenstrahls von 70 bis 140*
- *Schrittlänge: 2 Kästchen ≙ 10 Schritte*
- *Auf gleiche Abstände achten!*

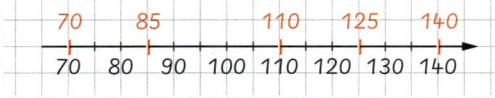

Zahlen runden

- *Ziffer nach Rundungsstelle 0, 1, 2, 3 oder 4:*
  Abrunden – *Rundungsstelle bleibt gleich*
  Stellen rechts durch 0 ersetzen
- *Ziffer nach Rundungsstelle 5, 6, 7, 8, oder 9:*
  Aufrunden – *Rundungsstelle plus 1*
  Stellen rechts durch 0 ersetzen

Potenzen

Exponent (Hochzahl)

$$2^7 = 2 \cdot 2 \cdot 2 \cdot 2 \cdot 2 \cdot 2 \cdot 2$$

7 Faktoren

Basis (Grundzahl)

Quadratzahlen

$11^2 = 121$	$12^2 = 144$	$13^2 = 169$	$14^2 = 196$
$15^2 = 225$	$16^2 = 256$	$17^2 = 289$	$18^2 = 324$
$19^2 = 361$	$20^2 = 400$	$25^2 = 625$	$30^2 = 900$

WES-105429-102

Diagramme

Säulendiagramme

- *Größten Wert beachten (Höhe)*
- *Anzahl der Antworten beachten (Breite)*
- *Ordentlich beschriften*

Tabelle

	Anzahl
Roller	5
Fahrrad	6
Inliner	3
Einrad	1

Damit fahre ich am liebsten

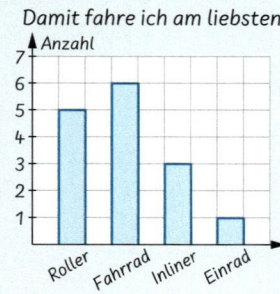

❶ Zahlen ablesen

Lies die markierten Zahlen ab.

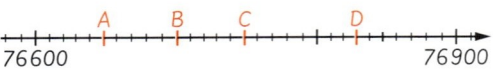

❷ Zahlenstrahl zeichnen

Markiere die Zahlen auf einem geeigneten Ausschnitt des Zahlenstrahls.
a) 83, 85, 102   b) 300, 550, 700

❸ Zahl in der Mitte

Rot ist die Mitte - Gib die fehlende Zahl an.

❹ Runden

Runde die Zahlen auf Hunderter, Tausender und Zehntausender.
a) 53 198   b) 575 408   c) 9073

❺ Potenzen

Schreibe als Potenz und berechne.
a) $2 \cdot 2 \cdot 2 \cdot 2 \cdot 2$ b) $12 \cdot 12$ c) $5 \cdot 5 \cdot 5 \cdot 5$

❻ Potenz gesucht

Welche Zahl ergibt das?
a) Die Basis ist 3, der Exponent ist 2
b) Die Zahl 10 wird potenziert mit 5

❶ Klassenarbeit

Erstelle ein Säulendiagramm. Wie viele Kinder haben die Klassenarbeit geschrieben?

Note	1	2	3	4	5	6
Anzahl	4	8	7	4	3	1

❷ Informationen ablesen

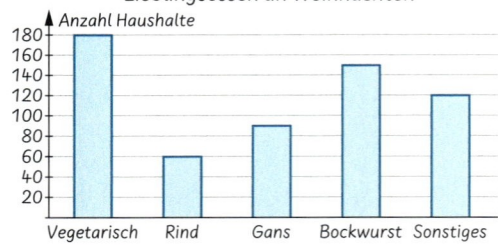

a) Wie viele Haushalte haben abgestimmt?
b) In der Zeitung steht: „Deutschland isst am liebsten vegetarisch". Nimm Stellung.

Regeln und Gesetze

Vorfahrtsregeln

- Klammern zuerst berechnen
  $47 - (22 + 15) = 47 - 37$
- Potenzrechnung vor Punktrechnung
  $4 \cdot 7^2 = 4 \cdot 49$
- Punktrechnung vor Strichrechnung
  $72 - 8 \cdot 4 = 72 - 32$
- Von links nach rechts
  $56 - 13 + 8 = 43 + 8$

Assoziativgesetz – Die Reihenfolge ist egal
$384 + 620 + 380 = 384 + (620 + 380)$
$13 \cdot 4 \cdot 25 = 13 \cdot (4 \cdot 25)$

Kommutativgesetz – Vertauschen ist erlaubt
$73 + 59 + 27 = 73 + 27 + 59$
$5 \cdot 37 \cdot 2 = 5 \cdot 2 \cdot 37$

Distributivgesetz – Ausmultiplizieren
„Aus einem Produkt wird eine Summe"
$6 \cdot (12 + 9) = 6 \cdot 12 + 6 \cdot 9$

- Jeden Summanden mit dem Vorfaktor multiplizieren.

Bei Division gilt das Distributivgesetz ebenso:
$(54 + 90) : 9 = 54 : 9 + 90 : 9 = 6 + 10 = 16$

Distributivgesetz – Ausklammern
„Aus einer Summe wird ein Produkt"
$5 \cdot 7 + 5 \cdot 8 = 5 \cdot (7 + 8)$

- Den Faktor, der in jedem Summanden vorkommt, vor die Klammer als Vorfaktor stellen.

Rechnen mit der Null

- Addition: $78 + 0 = 78$ „bleibt gleich"
- Subtraktion: $37 - 0 = 37$ „bleibt gleich"
- Multiplikation: $24 \cdot 0 = 0$ „wird null"
  Ist ein Faktor null, so ist das Produkt null.
- Division: $0 : 24 = 0$
        „0 geteilt durch eine Zahl ist immer null."

$24 : 0$ ist verboten! Denn $0 \cdot \blacksquare = 24$ geht nicht.
Durch Null darf man nicht dividieren!

① Rechenregeln beachten
Berechne.
a) $18 + 12 \cdot 7$ b) $30 - 5 : 5$ c) $49 : 7 + 3 \cdot 2$
d) $60 - 2 \cdot (6 + 3)$ e) $75 - 5 \cdot 13$ f) $56 : 4 + 6$
g) $68 : 4 + 16 : 8$ h) $36 + 14 : (7 + 7) - 7 \cdot 3 + 7$

② Vom Text zum Rechenausdruck
Stelle einen Rechenausdruck auf. Berechne.
a) Addiere zum Produkt der Zahlen 9 und 10 den Quotienten der Zahlen 85 und 5.
b) Subtrahiere von der Differenz der Zahlen 98 und 41 die Summe der Zahlen 21 und 4.
c) Dividiere die Differenz von 74 und 58 durch das Produkt aus 2 und 4.

③ Vom Rechenausdruck zum Text
Schreibe in Worten. Berechne dann.
a) $9 + 3 \cdot 2$ b) $3 \cdot (9 + 2) - 7$ c) $8 : 4 + (7 - 3)$

④ Ausmultiplizieren
Löse die Klammer auf. Berechne dann.
a) $8 \cdot (8 + 20)$ b) $5 \cdot (24 + 140)$ c) $(18 + 53) \cdot 2$
d) $(32 + 17) \cdot 2$ e) $(39 - 14) \cdot 6$ f) $(66 - 39) : 3$

⑤ Ausklammern
Klammere aus. Berechne dann.
a) $8 \cdot 96 + 8 \cdot 4$ b) $4 \cdot 84 - 4 \cdot 34$
c) $96 : 12 - 72 : 12$ d) $135 : 15 + 15 : 15$

⑥ Geschickt rechnen
Berechne geschickt, nutze dazu die Regeln.
a) $40 \cdot 37 \cdot 25$ b) $87 + 859 + 13$
c) $27 \cdot 43 - 43 \cdot 17$ d) $12 \cdot 988 + 12 \cdot 12$
e) $72 : 4 + 28 : 4$ f) $36 + 45 : (4 + 5)$

⑦ Zahlenrätsel
„Wenn ich das Quadrat der Zahl mit 2 multipliziere und vom Ergebnis 10 subtrahiere, erhalte ich das Achtfache der Zahl."

⑧ Erlaubt oder verboten?
Fülle die Lücken, wenn möglich.
a) $37 \cdot 0 = \blacksquare$ b) $\blacksquare \cdot 0 = 8$ c) $25 : \blacksquare = 0$
d) $45 : 0 = \blacksquare$ e) $\blacksquare : 5 = 0$ f) $18 \cdot \blacksquare = 0$

⑨ Vorteilhaft rechnen
Berechne geschickt, nutze dazu die Regeln.
a) $5 \cdot (57 - 27)$ b) $(200 - 2) \cdot 9$ c) $(16 + 17) \cdot 2$
d) $(17 + 23) \cdot 6$ e) $26 : 7 - 5 : 7$ f) $187 : 17$
g) $23 + 7 \cdot 0$ h) $(23 + 7) \cdot 0$ i) $(23 + 0) \cdot 7$

WES-105429-104

Schriftlich Rechnen

Schriftliches Addieren

- *Einer unter Einer, Zehner unter Zehner …*
- *von rechts beginnen, stellenweise addieren*
- *Übertrag notieren und hinzuaddieren*

		6	2	4	3	Summand
+				8	2	Summand
+	9	7	3	2	7	Summand
+			1	5	3	Summand
	1		2	1		Übertrag
1	0	3	8	0	5	Summe

Schriftliches Subtrahieren

- *Einer unter Einer, Zehner unter Zehner …*
- *Summe der Subtrahenden bilden*
- *Geliehene Stellen passend notieren und zu den Subtrahenden hinzuaddieren*

	4	1	9	0	3	Minuend
−	1	8	1	4	2	Subtrahend
−		7	3	8	5	Subtrahend
	2		2	1		Übertrag
	1	6	3	7	6	Differenz

Schriftliches Multiplizieren

- *Nacheinander mit jeder Ziffer multiplizieren*
- *Stellenwerte übereinander, Nullen ergänzen*
- *Produkte anschließend addieren*

5	2	7	·	4	3	Faktor · Faktor
2	1	0	8	0		527 · 40
	1	5	8	1		527 · 3
			1			Übertrag
	2	2	6	6	1	Produkt

Schriftliches Dividieren

- *Links beginnen: „Wie oft passt … hinein?"*
- *Produkt bilden, Produkt notieren*
- *Subtrahieren*
- *Nächste Ziffer an den Rest hängen*
  Dividend : Divisor = Quotient

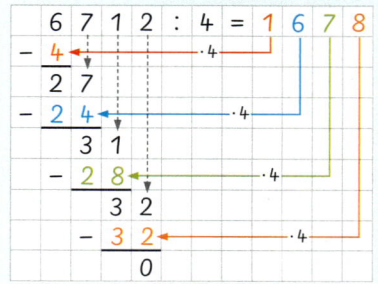

---

❶ Kopfrechnen
Notiere das Ergebnis.
a) 213 + 412   b) 455 − 199   c) 44 − 32 + 16
d) 123 + 87   e) 66 − 47   f) 117 − 89

❷ Additionsmauern
Im oberen Stein steht die Summe der beiden darunterliegenden Zahlen. Fülle die Zahlenmauer aus.

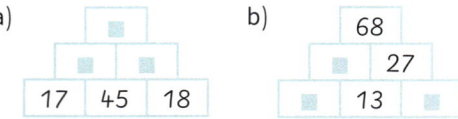

❸ Addieren und Subtrahieren
Mache zunächst einen Überschlag und rechne dann schriftlich.
a) 375 + 4198 + 22   b) 907 − 122 + 785
c) 710 − (15 + 76 + 91)   d) 202 + 3003 + 40004

❹ Zwei Subtrahenden
Berechne schriftlich.
a) 12 345 − 2233 − 1112   b) 62 320 − 62 − 13 013
c) 5 856 − 1 967 − 2 059   d) 8 613 − 2879 − 3987

❺ Schriftlich multiplizieren
a) 38 · 9   b) 7 · 45   c) 303 · 47
d) 17 · 71   e) 27 · 27   f) 1234 · 91

❻ Schriftlich dividieren
a) 2128 : 7   b) 8112 : 52   c) 4305 : 35
d) 6225 : 25   e) 1024 : 16   f) 12342 : 6

❼ Veränderungen
a) Wie verändert sich ein Produkt, wenn man jeden Faktor verdoppelt?
b) Wie verändert sich eine Differenz, wenn man den Minuenden und den Subtrahenden um 5 erhöht?

❽ Vom Text zum Rechenausdruck
Notiere die Rechnung und berechne.
a) Differenz von 78 und 17
b) Quotient aus 275 und 11
c) Produkt aus 17 und 18
d) Der Subtrahend ist 95, der Minuend ist 108.

❾ Lücken füllen

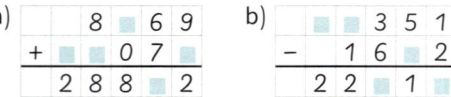

Zahlen und Rechenwege beschreiben

Rechenausdruck in Worten beschreiben

Addieren:	Summand plus Summand, Summe
Subtrahieren:	Minuend minus Subtrahend, Differenz
Multiplizieren:	Faktor mal Faktor, Produkt
Dividieren:	Dividend geteilt durch Divisor, Quotient

7 + 5: „Die Summe der Zahlen 7 und 5 ist 12."

12 – 3: „Wenn man 3 von 12 subtrahiert, erhält man als Differenz 9."

Rechenwege beschreiben

„zuerst"- „dann" - „zerlegen" - „ist gleich" - „ergibt" - „erhalten" - „Reihenfolge vertauschen" - „Zwischenergebnis" - „Ergebnis"…

780 + 325: „Für 780 + 325 zerlege ich 325 in die Summe 300 + 25. Nun addiere ich zuerst 25 zu 780, das ergibt 805. Dann addiere ich noch 300 zum Zwischenergebnis 805 und erhalte 1105."

347 + 198: „198 ist 200 – 2. Um 347 + 198 zu rechnen, addiere ich zuerst 200 zu 347, das ergibt 547, dann subtrahiere ich noch 2 vom Zwischenergebnis 547 und erhalte 545."

Vom Rechenausdruck zur Rechengeschichte

30 – (8 + 3): „Leon hat gestern 30 € Taschengeld gekommen. Er hat bereits für 8 € ein Buch gekauft und 3 € für Spiele ausgegeben. Jetzt hat Leon noch 19 €."

Anteile beschreiben

„teilen" - „gleich große Teile" - „nehmen" - „zählen" - „verteilen" - „aufteilen" - „ergibt" …

$\frac{2}{5}$ **eines Ganzen**

„Man teilt das Ganze in 5 gleich große Teile und nimmt 2 davon, das ergibt $\frac{2}{5}$."

$\frac{5}{3}$ **als Verteilen beschreiben**

„5 ganze Pizzen werden an 3 Kinder gerecht verteilt. Dazu kann jede Pizza in 3 gleich große Teile geteilt werden und jedes Kind erhält 5 Drittel Pizza, also $\frac{5}{3}$ einer ganzen Pizza."

---

❶ Rechnung in Worten
Gib die Rechnung mit ihrer Lösung in Worten an. Nutze dazu die Fachbegriffe.
a) 17 + 18   b) 45 – 28   c) 8 · 7   d) 27 : 3

❷ Unterschiedliche Wege
a) Beschreibe, wie die beiden gerechnet haben. Nutze Fachbegriffe.

b) Man kann auch anders rechnen. Erkläre jeweils einen anderen Rechenweg, nutze die Fachbegriffe.

❸ Rechenwege beschreiben
Diese Aufgaben kann man gut im Kopf ausrechnen. Rechne geschickt.
Beschreibe in Worten, wie du rechnest.
a) 198 + 701   b) 43 – 19   c) 67 + 89 – 17
d) 7 · (1 + 20)   e) (88 – 16) : 8   f) 999 · 7

❹ Rechengeschichten
Berechne und erfinde eine Rechengeschichte zu dem Rechenausdruck.
a) 185 – (40 + 19)   b) 80 – 17 + 100 : 2
c) 800 – (43 – 3)   d) 7 · (3 + 9) – 16

❺ Anteile beschreiben
Das Ganze ist das große Rechteck. Erkläre, wie der Anteil gebildet wird.

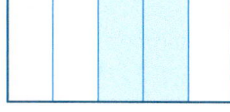

❻ Wie viel bekommt jeder?
Beschreibe das Vorgehen beim Aufteilen und gib das Ergebnis als Bruch an.
a) 7 Pfannkuchen werden für 3 Kinder gebacken. Jedes Kind isst gleich viel.
b) 12 Personen essen 16 Flammkuchen, es wird gerecht aufgeteilt.
c) 2 Torten stehen für 16 Gäste bereit.
d) 10 Äpfel werden unter 8 Kindern aufgeteilt.

Textaufgaben

WES-105429-105

Von der Textaufgabe zum Rechenausdruck

Eine Textaufgabe beschreibt eine Situation.
Die Schlüsselwörter können dir helfen, den
Text in einen Rechenausdruck zu übersetzen.

+ *plus*	− *minus*
„kommt hinzu"	„verringert sich"
„wird mehr"	„wird weniger"
„vermehrt sich"	„gibt ab"
„nimmt zu"	„nimmt ab"
„ergibt zusammen"	„bleibt übrig"

25 Kinder sind im Bus. Es kommen 17 Kinder
hinzu. Wie viele Kinder sind nun im Bus?
Rechnung: 25 + 17 = 42

· *mal*	: *geteilt*
„wird vervielfacht"	„wird verteilt"
„wird verdoppelt"	„wird halbiert"
„von einem Tag auf	„wird aufgeteilt"
sieben Tage"	„von 7 Tagen auf 1 Tag"
	„durchschnittlich"

Sophia isst jeden Tag 2 Brötchen.
Wie viele Brötchen isst sie in einer Woche?
Rechnung: 2 · 7 = 14

Textaufgaben verstehen und lösen

Aufgabe sorgfältig durchlesen.
1. Was ist gesucht?
2. wichtige Angaben notieren,
   nicht benötigte Angaben weglassen
3. Angaben in Rechenarten übersetzen
4. Rechenausdruck aufstellen und berechnen
5. Lösung am Text kontrollieren
6. Antwortsatz formulieren

Auf einem Parkplatz mit 4 Einfahrten stehen
97 Autos. In den nächsten 2 Stunden fahren
36 Autos weg und 73 kommen hinzu.
Wie viele Autos stehen nun auf dem Parkplatz?

1. *Anzahl der Autos jetzt auf dem Parkplatz*
2. *„97 Autos parken",   „36 fahren weg",*
                            „73 kommen dazu"
    nicht benötigt: 4 Einfahrten, 2 Stunden
3. *„36 fahren weg"   bedeutet „– 36"*
    „73 kommen dazu"   bedeutet „+ 73"
4.   *97 – 36 + 73 = 134*
5.   *134 kann stimmen, denn es sind mehr*
     hinzugekommen als weggefahren.
6.   *Auf dem Parkplatz stehen jetzt 134 Autos.*

1 Anzahlen bestimmen

a) In einem Theater gibt es 15 Sitzreihen. In
   jeder Reihe können 20 Personen sitzen.
   Bestimme die Anzahl der Sitzplätze.
b) 25 Kinder der 5 a und 28 Kinder der 5 b
   fahren mit 4 Begleitpersonen auf Klassenfahrt. Berechne die Anzahl der Personen,
   die auf der Klassenfahrt sind.

2 Preise und Geld

a) Ein Stuhl kostete bisher 40 €. Der Preis hat
   sich verdoppelt. Berechne den neuen Preis.
b) Max hat 20 €. Nun kauft er für 13,65 € ein.
   Berechne, wie viel Geld übrigbleibt.
c) Eine Eintrittskarte kostet 15 €. Es wurden
   2400 € eingenommen. Bestimme die Anzahl
   der verkauften Eintrittskarten.
d) Lina hat 800 €. Sie kauft sich einen Computer für 499 €, einen Monitor für 129 €, eine
   Festplatte für 59 € und eine kabellose Maus
   für 12 €. Berechne, wie viel Geld übrigbleibt.

3 Badewanne füllen

Eine Badewanne ist mit 200 l Wasser gefüllt.
Es werden 60 l herausgelassen, dann 40 l
nachgefüllt. Anschließend fließt die Hälfte des
Wassers ab. Berechne, wie viel Liter Wasser
nun in der Badewanne sind.

4 In gleiche Teile aufteilen

a) Opa Werner gibt seinen 5 Enkeln insgesamt
   75 €. Diese sollen gerecht aufgeteilt werden.
   Berechne, wie viel jedes Kind erhält.
b) Franzi ist in einer Woche insgesamt 154 km
   mit dem Fahrrad gefahren. Berechne, wie
   viele Kilometer sie durchschnittlich pro Tag
   gefahren ist.
c) Ein Buch hat 294 Seiten. Emma möchte das
   Buch in einer Woche durchlesen. Berechne,
   wie viele Seiten Emma dazu durchschnittlich pro Tag lesen muss.

5 Knobeln

a) Pauls Oma ist 55 Jahre alt. In fünf Jahren
   ist sie fünfmal so alt wie Paul heute ist.
   Berechne, wie alt Paul heute ist.
b) Julia gibt Paula 5 Münzen. Nun hat Paula
   20 Münzen und damit halb so viele Julia.
   Berechne, wie viele Münzen Julia hatte.

Teiler und Vielfache

WES-105429-106

Teiler und Vielfache

6 ist Teiler von 18, denn $6 \cdot 3 = 18$

18 ist durch 6 ohne Rest teilbar.

6, 12, 18, 24, … sind Vielfache von 6

Teilermenge von 18:

$18 = 1 \cdot 18$

$18 = 2 \cdot \ 9$

$18 = 3 \cdot \ 6$ $\qquad\qquad T_{18} = \{1, 2, 3, 6, 9, 18\}$

Teilbarkeitsregeln – Endstellenregeln

Zahl ist teilbar	Endstellenregeln
durch 2	Letzte Ziffer ist 0, 2, 4, 6 oder 8
durch 5	Letzte Ziffer ist 0 oder 5
durch 10	Letzte Ziffer ist 0
durch 4	Die Zahl aus den letzten zwei Ziffern ist ein Vielfaches von 4.

Teilbarkeitsregeln – Quersummenregeln

Zahl ist teilbar	Endstellenregeln
durch 3	Quersumme ist teilbar durch 3
durch 9	Quersumme ist teilbar durch 9

Quersumme von 1234: $1 + 2 + 3 + 4 = 10$

Teilbarkeitsregeln kombinieren

Eine Zahl ist durch 6 teilbar,
wenn sie durch 2 und durch 3 teilbar ist.

Teiler von Summen, Differenzen, Produkten

7 teilt 21 und 84, deshalb ist 7 auch Teiler …

… von der Summe $\ 21 + 84 = 105 \qquad = 15 \cdot 7$

… von der Differenz $\ 84 - 21 = 63 \qquad = 9 \cdot 7$

… von dem Produkt $\ 21 \cdot 84 = 1764 \quad = 252 \cdot 7$

Primzahlen

Zahlen, die genau zwei Teiler haben,
nämlich nur 1 und sich selbst:
2, 3, 5, 7, 11, 13, 17, 19, 23, 29, 31, 37 …

Primfaktorzerlegung

Zerlegung einer Zahl in ein Produkt von Primzahlen.

$84 = 2 \cdot 42 \qquad\qquad 36 = 2 \cdot 18$

$ = 2 \cdot 2 \cdot 21 \qquad\quad\ \ = 2 \cdot 2 \cdot 9$

$ = 2 \cdot 2 \cdot 3 \cdot 7 \qquad = 2 \cdot 2 \cdot 3 \cdot 3$

1 **Lücken füllen**

a) $T_{12} = \{1, 2, 3, \blacksquare, \blacksquare, \blacksquare\}$

b) $T_{\blacksquare} = \{1, 3, \blacksquare, 15\}$ $\qquad$ c) $T_{\blacksquare} = \{1, 2, 11, \blacksquare\}$

2 **Teilermengen**

Bestimme die Teilermengen.

a) von 34, 36 und 38 $\qquad$ b) von 23, 24 und 25

3 **Gemeinsame Vielfache**

Gib alle Zahlen von 100 bis 150 an, die durch beide Zahlen teilbar sind.

a) 2 und 3 $\quad$ b) 3 und 5 $\quad$ c) 3 und 4 $\quad$ d) 2 und 9

4 **Teilbarkeit prüfen**

Prüfe, ob die Zahlen teilbar sind …

a) durch 2, 4, 5 oder 10: 25, 30, 164, 2360

b) durch 3 oder 9: $\qquad$ 123, 199, 3024

c) durch 6 oder 12: $\qquad$ 18, 60, 72, 252

5 **Primfaktorzerlegung**

Zerlege in Primfaktoren.

a) 20, 25 und 30 $\qquad\qquad$ b) 120, 140 und 160

6 **Weitere Teilbarkeitsregeln**

Erkläre, wann eine Zahl durch 6 [12, 15] teilbar ist.

7 **Teiler von Summe und Produkt**

a) Es gilt: $42 + 4200 = 4242$. Prüfe 4242 auf Teilbarkeit durch 7 und durch 6. Begründe.

b) Es gilt: $42 \cdot 42 = 1764$. Prüfe 1764 auf Teilbarkeit durch 7 und durch 6. Begründe.

8 **Aussagen prüfen und begründen**

a) Von zwei aufeinanderfolgenden Zahlen ist immer eine durch 2 teilbar.

b) Von zwei aufeinanderfolgenden Zahlen ist immer eine durch 3 teilbar.

c) Von drei aufeinanderfolgenden Zahlen ist immer eine durch 3 teilbar.

9 **Zahlendetektiv**

Gib eine oder mehrere passende Zahlen an.

a) Ich bin eine gerade Primzahl.

b) Ich bin teilbar durch 6, aber nicht durch 12.

c) Ich bin teilbar durch 18, aber nicht durch 4.

d) Ich bin kleiner als 25, habe aber mehr als 7 Teiler.

e) Ich habe nur einen Teiler.

f) Ich bin eine Primzahl, die größer ist als 100.

WES-105429-107

Brüche 1

Bruch als Anteil eines Ganzen

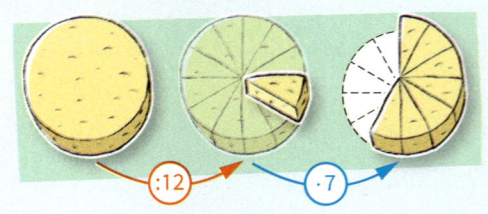

„1 Ganzes in 12 Teile teilen, 7 davon nehmen"

Bruchbegriffe

$\dfrac{7}{12}$

7 — Zähler: gibt an, wie viele Teile man nimmt
— Bruchstrich
12 — Nenner: gibt an, wie man die Teile nennt

„sieben Zwölftel"

Kürzen

$$\dfrac{12}{16} = \dfrac{3}{4}$$ (·4 ... :4)

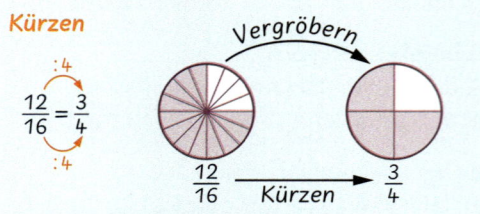

Der Wert des Bruchs bleibt gleich.

Erweitern

$$\dfrac{3}{4} = \dfrac{12}{16}$$ (·4 ... ·4)

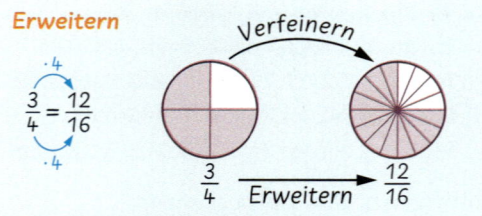

Der Wert des Bruchs bleibt gleich.

Brüche größer als 1 – gemischte Schreibweise

 $1 + 1 + \dfrac{2}{5} = 2\dfrac{2}{5}$
„zwei, zwei Fünftel"

Unechte Brüche
Der Nenner ist größer als der Zähler.

Unechter Bruch → gemischter Schreibweise
$\dfrac{14}{3}$ in gemischter Schreibweise schreiben:
3 passt 4-mal in 14, übrig bleiben $\dfrac{2}{3}$,
also: $\dfrac{14}{3} = 4 + \dfrac{2}{3} = 4\dfrac{2}{3}$

Gemischter Schreibweise → unechter Bruch
$1\dfrac{9}{12} = 1 + \dfrac{9}{12} = \dfrac{12}{12} + \dfrac{9}{12} = \dfrac{21}{12} = \dfrac{7}{4}$

---

① Anteil eines Ganzen als Bruch
Gib den Anteil der gefärbten Fläche als Bruch
an. Kürze den Bruch, wenn möglich.

a) 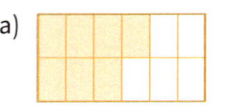   b)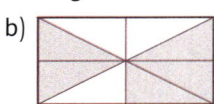

c) 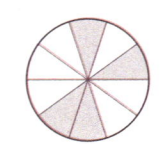   d)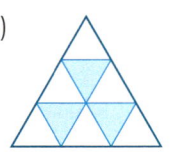

② Zum Ganzen ergänzen
Übertrage in dein Heft, ergänze zum Ganzen.

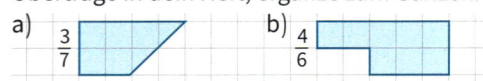

a) $\dfrac{3}{7}$ b) $\dfrac{4}{6}$

③ Vollständiges Kürzen
Kürze so weit wie möglich.

a) $\dfrac{4}{8}$ b) $\dfrac{15}{30}$ c) $\dfrac{15}{45}$ d) $\dfrac{9}{30}$

e) $\dfrac{36}{90}$ f) $\dfrac{48}{72}$ g) $\dfrac{80}{180}$ h) $\dfrac{39}{42}$

④ Brüche gesucht
Gib zwei Brüche mit dem Nenner 36 an,
a) … die man kürzen kann.
b) … die man nicht kürzen kann.
c) … die man genau zweimal kürzen kann.

⑤ Größer als 1
Gib den dargestellten Bruch als unechten
Bruch und in der gemischten Schreibweise an.

a)    b)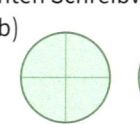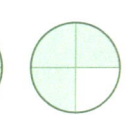

⑥ Gemischte Schreibweise
Schreibe in der gemischten Schreibweise.
a) $\dfrac{13}{5}$ b) $\dfrac{55}{12}$ c) $\dfrac{17}{3}$ d) $\dfrac{15}{3}$

⑦ Unechter Bruch
Schreibe als unechten Bruch.
a) $3\dfrac{1}{2}$ b) $5\dfrac{1}{4}$ c) $9\dfrac{3}{10}$ d) $3\dfrac{3}{9}$

⑧ Anteile von Größen
Gib den Anteil ohne Bruch in der kleineren
Einheit an.
a) $\dfrac{3}{2}$ m   b) $4\dfrac{3}{4}$ kg   c) $\dfrac{7}{3}$ h   d) $2\dfrac{2}{5}$ km

Brüche 2

Brüche vervielfachen – Anteile vervielfachen

Zähler mit der Zahl multiplizieren.

$$7 \cdot \frac{5}{9} = \frac{7 \cdot 5}{9} = \frac{35}{9} \qquad \frac{8}{15} \cdot 9 = \frac{8 \cdot \overset{3}{\cancel{9}}}{\underset{5}{\cancel{15}}} = \frac{8 \cdot 3}{5} = \frac{24}{5}$$

Wenn möglich beim Multiplizieren kürzen.

- sprich: „7 mal 5 Neuntel ergibt 35 Neuntel".
- sprich: „Das Neunfache von 8 Fünfzehntel ergibt 72 Fünfzehntel, das sind 24 Fünftel".

Brüche teilen – Anteile aufteilen

Nenner mit der Zahl multiplizieren.

$$\frac{12}{7} : 9 = \frac{12}{7 \cdot 9} = \frac{\overset{4}{\cancel{12}}}{7 \cdot \underset{3}{\cancel{9}}} = \frac{4}{7 \cdot 3} = \frac{4}{21}$$

Manchmal kann man den Zähler dividieren.

$$\frac{8}{9} : 4 = \frac{8 : 4}{9} = \frac{2}{9}$$

Brüche vergleichen

$\frac{3}{4}$ und $\frac{2}{3}$ *vergleichen.*

- gemeinsamen Nenner finden: $4 \cdot 3 = 12$
- erweitern auf einen gemeinsamen Nenner
$$\frac{3 \cdot 3}{4 \cdot 3} = \frac{9}{12} \quad und \quad \frac{2 \cdot 4}{3 \cdot 4} = \frac{8}{12}$$
- nun die Zähler vergleichen
$$\frac{8}{12} < \frac{9}{12}, \text{ also: } \frac{2}{3} < \frac{3}{4}$$

Gleiche Zähler – Nenner vergleichen

$$\frac{5}{11} < \frac{5}{8}$$

Je größer der Nenner, desto kleiner die Teile.

Brüche und Prozente

Prozente *sind Brüche mit dem Nenner 100:*

$$\frac{1}{100} = 1\,\% \qquad \frac{100}{100} = 1 = 100\,\%$$

$$\frac{4}{5} = \frac{80}{100} = 80\,\%$$

Größe eines Anteils bestimmen

$\frac{3}{5}$ *von 30 Gummibärchen sind rot.*
Rechne: $\frac{3}{5} \cdot 30 = \frac{3 \cdot 30}{5} = 18$

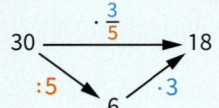 oder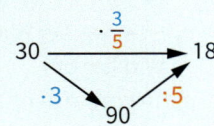

---

① Rechnung im Bild

Schreibe die passende Rechnung in dein Heft.

a) 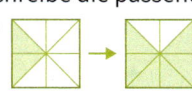 b)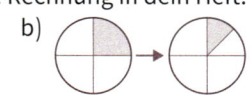

② Erklären

Erkläre den Unterschied zwischen Erweitern und Vervielfachen (zwischen Kürzen und Teilen). Nutze Begriffe wie: mehr, weniger, gleicher Wert, verfeinern, aufteilen, …

③ Vervielfachen und teilen

Berechne. Kürze frühzeitig, wenn möglich.

a) $\frac{7}{8} \cdot 8$ b) $\frac{7}{8} \cdot 16$ c) $\frac{7}{8} \cdot 4$ d) $\frac{21}{8} : 3$

e) $\frac{7}{8} : 3$ f) $\frac{56}{49} : 8$ g) $\frac{56}{49} : 7$ h) $9 \cdot \frac{5}{3}$

i) $12 \cdot \frac{8}{27}$ j) $\frac{9}{3} \cdot 3$ k) $\frac{9}{5} : 3$ l) $\frac{9}{12} : 24$

④ Kleinster gemeinsamer Nenner

Mache die Brüche gleichnamig. Der gemeinsame Nenner soll möglichst klein sein.

a) $\frac{7}{8}, \frac{3}{4}$ b) $\frac{5}{6}, \frac{3}{8}$ c) $\frac{4}{15}, \frac{2}{9}$ d) $\frac{4}{12}, \frac{5}{18}$

⑤ Größenvergleich

Untersuche, welcher Bruch größer ist. Nutze verschiedene Möglichkeiten.

a) $\frac{5}{6}, \frac{2}{3}$ b) $\frac{3}{5}, \frac{3}{7}$ c) $\frac{7}{24}, \frac{13}{36}$ d) $\frac{8}{7}, \frac{9}{8}$

⑥ Anteil als Bruch und in Prozent

Gib den Anteil als Bruch und in Prozent an.

a) 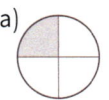 b) c) 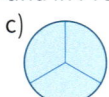 d)

⑦ Anteile vergleichen

Im Sportverein SC-Kräherwald spielen 120 von 500 Mädchen Fußball. Im SV-Boxberg sind es 21 von 75 Mädchen. Vergleiche die Anteile. Gib beide Anteile auch als Prozent an.

⑧ Prozente

Gib die Prozentzahlen als gekürzten Bruch an.

a) 25 %   b) 75 %   c) 80 %   d) 45 %

⑨ Größe eines Anteils bestimmen

a) Ein Mensch besteht zu $\frac{7}{10}$ aus Wasser. Frau Meier wiegt 65 kg. Bestimme, wie viel Liter Wasser ihr Körper enthält.

b) Von 32 Kindern haben $\frac{7}{8}$ schon einmal ihr Geodreieck verloren.

Längen

WES-105429-109

Längeneinheiten

Kilometer	1000 m = 1 km	
Meter	10 dm = 1 m	= 0,001 km
Dezimeter	10 cm = 1 dm	= 0,1 m
Zentimeter	10 mm = 1 cm	= 0,1 dm
Millimeter	= 1 mm	= 0,1 cm

Größere Einheit → kleinere Einheit

Einheit wird kleiner → Maßzahl wird größer

$\cdot 10 \qquad \cdot 10$

50 m = 500 dm = 5000 cm

Kleinere Einheit → größere Einheit

Einheit wird größer → Maßzahl wird kleiner

$: 10 \qquad : 10$

8000 cm = 800 dm = 80 m

Einheitentabelle zum Umrechnen

km			m			dm	cm	mm
H	Z	E	H	Z	E			
				5	0	4	0	
	0	0	0	8	0	0	0	
	0	0	3	0	0			

Das Komma trennt die Einheiten (dicke Linie).

gegebene Länge	größere Einheit	kleinere Einheit
504 dm	50,4 m	5040 cm
8 m	0,008 km	8000 mm
30 m	0,03 km	300 dm

Verkleinerung im Maßstab 1 : 5000

1 cm in der Zeichnung entsprechen 5000 cm in der Wirklichkeit. Die Maßstabszahl ist 5000.

Von der Zeichnung zur Wirklichkeit
- mit der Maßstabszahl multiplizieren
- in die größere Einheit umrechnen

Zeichnung	Wirklichkeit
6 cm	6 cm · 5000 = 30 000 cm = **300 m**

Von der Wirklichkeit zur Zeichnung
- in die kleinere Einheit umrechnen
- durch die Maßstabszahl dividieren

Wirklichkeit	Zeichnung
750 m	75 000 cm : 5000 = **15 cm**

❶ Längen umrechnen
Rechne in die angegebene Einheit um.
a) in m: 200 cm   250 dm   2,5 km   2000 cm
b) in dm: 30 cm   50 m   450 mm   1 km
c) in cm: 1,5 m   1 km   25 dm   130 mm

❷ Längen ordnen
Ordne die Längen der Größe nach. Beginne mit der kleinsten Länge.
a) 350 cm   4 m   1 km   30 000 mm
b) 150 m   2000 mm   500 dm   15 000 cm

❸ Gemischte Einheiten
Gib die Länge in beiden Einheiten an.
a) 1 km 300 m   b) 12 m 50 cm
c) 20 m 5 cm   d) 0,5 km 250 m

❹ Anteile von Längen
Gib den Anteil in einer kleineren Einheit an.
a) $\frac{1}{4}$ km   b) $\frac{1}{10}$ m   c) $\frac{3}{4}$ m   d) $\frac{9}{10}$ km
e) $\frac{1}{5}$ dm   f) $\frac{1}{2}$ m   g) $\frac{1}{8}$ km   h) $\frac{4}{5}$ m

❺ Textaufgaben
a) Schnecke Anton legt an drei Tagen folgende Strecken zurück: 125 cm, 15 dm, 1 m 12 cm. Bestimme die Gesamtstrecke.
b) Ein 2 m 40 cm langer Draht soll in 15 gleich lange Teile geschnitten werden. Bestimme die Länge eines Teils.

❻ Auf der Karte und in der Wirklichkeit
Übertrage die Tabelle und fülle sie aus.
a) Maßstab 1 : 20 000   b) Maßstab 1 : 250 000

Karte	Wirklich-keit
1 cm	▦
5 cm	▦
▦	2 km
▦	10 km
▦	500 m

Karte	Wirklich-keit
1 cm	▦
5 cm	▦
▦	10 km
▦	100 km
▦	500 m

❼ Maßstab bestimmen
Bestimme den Maßstab.
a) 7 cm auf der Karte entsprechen 350 000 cm in der Wirklichkeit.
b) 5 cm auf der Karte entsprechen 4 km in der Wirklichkeit.
c) 10 cm auf der Karte entsprechen 10 km in der Wirklichkeit.

Flächen

WES-105429-110

Flächeneinheiten

km^2	$100\,ha$	$= 1\,km^2$	
ha („Hektar")	$100\,a$	$= 1\,ha$	$= 0,01\,km^2$
a („Ar")	$100\,m^2$	$= 1\,a$	$= 0,01\,ha$
m^2	$100\,dm^2$	$= 1\,m^2$	$= 0,01\,a$
dm^2	$100\,cm^2$	$= 1\,dm^2$	$= 0,01\,m^2$
cm^2	$100\,mm^2$	$= 1\,cm^2$	$= 0,01\,dm^2$
mm^2		$1\,mm^2$	$= 0,01\,cm^2$

Größere Einheit → kleinere Einheit

Einheit wird kleiner → Maßzahl wird größer

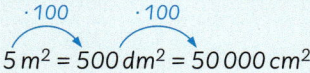

$$5\,m^2 = 500\,dm^2 = 50\,000\,cm^2$$

Kleinere Einheit → größere Einheit

Einheit wird größer → Maßzahl wird kleiner

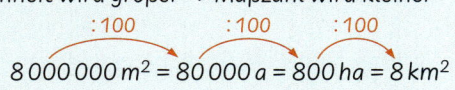

$$8\,000\,000\,m^2 = 80\,000\,a = 800\,ha = 8\,km^2$$

Einheitentabelle zum Umrechnen

km^2		ha		a		m^2		dm^2		cm^2		mm^2	
Z	E	Z	E	Z	E	Z	E	Z	E	Z	E	Z	E
						0	0	0	5	0	0	0	0
		2	0	0	0	0	0	0	0				
						0	0	5	0	1			
0	0	8	5	0	0	0	0						

Das Komma trennt die Einheiten (dicke Linie).

gegebene Einheit	größere Einheit	kleinere Einheit
$50\,cm^2$	$0,005\,m^2$	$5\,000\,mm^2$
$200\,000\,m^2$	$20\,ha$	$20\,000\,000\,dm^2$
$5,01\,dm^2$	$0,0501\,m^2$	$501\,cm^2$
$8,5\,ha$	$0,085\,km^2$	$85\,000\,m^2$

Flächeninhalte besonderer Figuren

Rechteck	$A = a \cdot b$	$u = 2 \cdot a + 2 \cdot b$
Quadrat	$A = a \cdot a$	$u = 4 \cdot a$
rechtwinkliges Dreieck	$A = \dfrac{a \cdot b}{2}$	$u = a + b + c$

Zusammengesetzte Figuren

Zerlegen
$A = A_1 + A_2$

Ergänzen
$A = A_{groß} - A_{klein}$

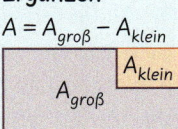

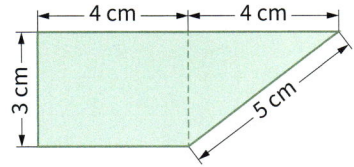

---

1 Flächen umrechnen

Rechne in die angegebene Einheit um.
a) in m^2: $500\,dm^2$ $30\,000\,cm^2$ $25\,a$
b) in ha: $15\,a$ $2000\,m^2$ $1\,km^2$
c) in cm^2: $500\,mm^2$ $0,25\,dm^2$ $15\,m^2$

2 Flächeninhalte ordnen

Ordne die Flächen der Größe nach. Beginne mit der kleinsten.
a) $5\,m^2$ $250\,cm^2$ $2000\,dm^2$ $350\,dm^2$
b) $1,5\,m^2$ $520\,dm^2$ $2000\,mm^2$ $6,5\,cm^2$

3 Flächeninhalte addieren und subtrahieren

Berechne.
a) $25\,m^2 + 2,5\,a$ b) $0,5\,ha - 200\,m^2$
c) $4,7\,m^2 + 4,7\,dm^2$ d) $1,5\,m^2 - 50\,cm^2$

4 Restflächen

Bestimme den Flächeninhalt, der noch zur vorgegebenen Größe fehlt.
a) zu 1 ha: $80\,a$ $800\,m^2$ $950\,000\,dm^2$
b) zu $25\,m^2$: $16\,m^2$ $14000\,cm^2$ $1\,dm^2$

5 Flächeninhalt und Umfang

Bestimme den Flächeninhalt und den Umfang des Rechtecks.
a) $a = 2\,m$, $b = 4\,m$ b) $a = 2,5\,m$, $b = 5\,m$

6 Fehlende Seitenlänge

Berechne die fehlende Seitenlänge des Rechtecks.
a) $A = 64\,m^2$, $a = 4\,m$ b) $A = 196\,m^2$, $b = 14\,m$

7 Fehlende Größen im Quadrat

Ergänze die Tabelle.

a	5 cm		
A		$36\,cm^2$	
u			12 cm

8 Rechtwinkliges Dreieck

Bestimme den Flächeninhalt des rechtwinkligen Dreiecks. a und b sind orthogonal.
a) $a = 4\,cm$, $b = 7\,cm$ b) $a = 3\,cm$, $b = 12\,cm$

9 Zusammengesetzte Figuren

Berechne den Flächeninhalt und den Umfang.

Massen (Gewichte)

Masseneinheiten

Tonne	1000 kg	=	1 t	
Kilogramm	1000 g	=	1 kg	= 0,001 t
Gramm	1000 mg	=	1 g	= 0,001 kg
Milligramm			1 mg	= 0,001 g

Größere Einheit → kleinere Einheit
Einheit wird kleiner → Maßzahl wird größer

$$2,3\,t \xrightarrow{\cdot 1000} 2300\,kg \xrightarrow{\cdot 1000} 2\,300\,000\,g$$

Kleinere Einheit → größere Einheit
Einheit wird größer → Maßzahl wird kleiner

$$52\,000\,mg \xrightarrow{:1000} 52\,g \xrightarrow{:1000} 0,052\,kg \left(= \frac{52}{1000}kg\right)$$

Einheitentabelle zum Umrechnen

	t			kg			g			mg	
	Z	E	H	Z	E	H	Z	E	H	Z	E
		0	0	7	5	0	0	0			

1 **Massen umrechnen**
Rechne in die angegebene Einheit um.
a) in kg: 7500 g   1 t   64 000 g
b) in g: 2,5 kg   2500 mg   1 t

2 **Massen ordnen**
Ordne die Massen der Größe nach. Beginne mit der kleinsten.
a) 250 kg   0,5 t   6000 kg
b) 1500 mg   2,5 g   0,3 kg

3 **Massen addieren und subtrahieren**
Berechne.
a) 2,5 kg + 750 g   b) 4 kg – 200 g
c) 5 t – 250 kg   d) 1,5 g + 50 mg

4 **Fehlersuche**
Finde den Fehler.
a) 15 t = 1500 kg   b) 50 kg = 50 000 g
c) 0,7 kg = 700 g   d) 1,45 g = 145 mg

5 **Sachaufgabe**
Eine Tomatendose wiegt 450 g. Wie viel wiegen 12 Tomatendosen?

Zeiten und Zeitpunkte

Zeiteinheiten

Tag		24 h	=	1 d	
Stunde		60 min	=	1 h	$= \frac{1}{24}d$
Minute		60 s	=	1 min	$= \frac{1}{60}h$
Sekunde				1 s	$= \frac{1}{60}min$

Größere Einheit → kleinere Einheit
Einheit wird kleiner → Maßzahl wird größer

$$1\,h \xrightarrow{\cdot 60} 60\,min \xrightarrow{\cdot 60} 3600\,s$$

Kleinere Einheit → größere Einheit
Einheit wird größer → Maßzahl wird kleiner

$$2880\,min \xrightarrow{:60} 48\,h \xrightarrow{:24} 2\,d$$

Zeitpunkte und Zeitspannen

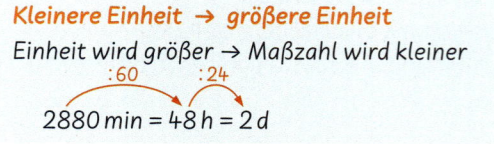

1 **Zeiten umrechnen**
Rechne in die angegebene Einheit um.
a) in h: 240 min   90 min   30 min
b) in min: 2 h   600 s   2,5 h
c) in s: 5 min   30 min   45 min

2 **Zeitspannen**
Gib die Zeitspanne an.
a) Von 7:45 Uhr bis 8:30 Uhr
b) Von 10:50 Uhr bis 12:25 Uhr
c) Von 18:30 Uhr bis 20:07 Uhr
d) Von 23:39 Uhr bis 2:16 Uhr

3 **Fragen zu Zeiten**
a) Es ist 7:55 Uhr. Wie spät ist es in 1 h 20 min?
b) Es ist 19:20 Uhr. Wie spät war es vor 1 h 45 min?
c) Es ist 15:40 Uhr. Wie lang ist die Zeitspanne bis 20:15 Uhr?

4 **Schall**
Der Schall legt in einer Sekunde in der Luft ungefähr 330 m zurück. In einem Gewitter hörst du den Donner, 6 Sekunden nachdem du den Blitz gesehen hast.
Bestimme die Entfernung des Gewitters.

Typische Fragen zu Größen

Wie lang? – Länge der Stücke bestimmen
Teile einen 2,40 m langen Stab in 6 gleich lange Stücke. Bestimme die Länge der Stücke.
Gegeben: 240 cm
Gesucht: Länge der Stücke
Rechnung: 240 cm : 6 = 40 cm
Jedes Teilstück ist 40 cm lang.

Wie viele? – Anzahl der Stücke bestimmen
Teile einen 2,40 m langen Stab in 30 cm lange Teilstücke. Bestimme die Anzahl der Stücke.
Gegeben: 240 cm
Gesucht: Anzahl der Stücke
Rechnung: 240 cm : 30 cm = 8
Es sind 8 Stücke.

Wie groß? – Flächengröße bestimmen
Teile ein 3600 m² großes Grundstück in 4 gleich große Flächen. Bestimme die Größe der Flächen.
Gegeben: 3600 m²
Gesucht: Größe der Teilflächen
Rechnung: 3600 m² : 4 = 90 m²
Jede Teilfläche ist 90 m² groß.

Wie viele? – Anzahl der Flächen bestimmen
Teile ein 3600 m² großes Grundstück in 450 m² große Flächen. Bestimme die Anzahl der Flächen.
Gegeben: 3600 m²
Gesucht: Anzahl der Teilflächen
Rechnung: 3600 m² : 450 m² = 8
Es sind 8 Teilflächen.

Vom Flächeninhalt zur Seitenlänge
Gegeben: Rechteck mit A = 600 m²; a = 15 m
Gesucht: Seitenlänge b
$15\,m \cdot b = 600\,m^2$
$\quad\quad b = 600\,m^2 : 15\,m = 40\,m$
Die Seite b ist 40 m lang.

Vom Umfang zur Seitenlänge
Gegeben: Rechteck mit u = 300 m; a = 50 m
Gesucht: Seitenlänge b
$2 \cdot 50\,m + 2 \cdot b = 300\,m$
$\quad\quad\quad b = (300\,m - 100\,m) : 2 = 100\,m$
Die Seite b ist 100 m lang.

❶ Länge oder Anzahl
Gib an, ob eine Länge oder eine Anzahl bestimmt wird und berechne.
a) Ein 1,80 m langes Brett wird in 15 cm lange Stücke zerschnitten.
b) Eine 4,50 m lange Leiste wird in 18 Stücke zerschnitten.
c) 350 cm : 50 cm   4 m : 16   1 km : 25 m
d) 3000 m : 150 m   50 dm : 4 cm   24 m : 60

❷ Masse oder Anzahl
Gib an, ob eine Masse oder eine Anzahl bestimmt wird und berechne.
a) 12 kg Apfelmus werden in 16 gleich schwere Portionen aufgeteilt.
b) Teile 16 kg Kartoffelsalat in 400 g schwere Portionen.
c) 350 kg : 25   40 kg : 200 g   650 g : 50
d) 3,2 kg : 16   90 kg : 1,5 kg   8 t : 64

❸ Flächengröße oder Anzahl
Gib an, ob eine Fläche oder eine Anzahl bestimmt wird und berechne.
a) Frau Simon baut auf einer 5 m² großen Fläche vier verschiedene Kräuter auf gleich großen Teilflächen an.
b) Eine 168 m² große Fläche soll als Stellfläche für E-Bikes genutzt werden. Jedes E-Bike benötigt 2 m² Abstellfläche.
c) 200 m² : 25   4 ha : 50 m²   15 a : 50 m²
d) 16 m² : 25 dm²   2,5 m² : 20   9 dm² : 4 cm²

❹ Seitenlänge berechnen
Berechne im Rechteck die fehlende Seitenlänge.
a) A = 56 cm²; a = 7 cm   b) A = 225 m²; b = 15 m
c) A = 196 m²; a = 14 cm   d) A = 40 m²; b = 10 dm

❺ Seitenlänge aus dem Umfang berechnen
Berechne im Rechteck die fehlende Seitenlänge.
a) u = 56 m; a = 7 m   b) u = 28 m; b = 5 cm
c) u = 1 m; a = 16 cm   d) u = 1,5 m; b = 0,20 m

❻ Flächeninhalt und Umfang
a) Der Flächeninhalt eines Rechtecks beträgt 60 cm², die Breite 15 cm. Bestimme den Umfang.
b) Der Umfang eines Rechtecks beträgt 48 cm, die Breite 6 cm. Bestimme den Flächeninhalt.

Geodreieck nutzen

Orthogonale Gerade: zeichnen oder prüfen
Die Mittellinie auf eine der beiden Geraden legen.

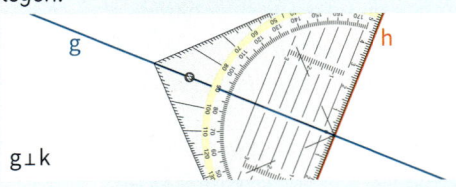

g⊥k

Parallele Gerade: zeichnen oder prüfen
Eine Parallele des Geodreiecks auf g oder h legen.

g‖h

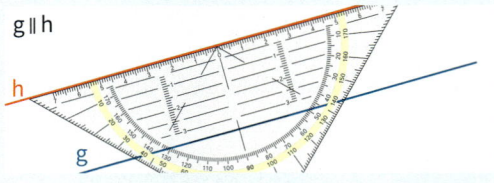

Abstand zwischen Punkten messen
Die Null an den Punkt A legen und die Länge der Strecke $\overline{AB}$ messen.

$\overline{AB} = 6\,cm$

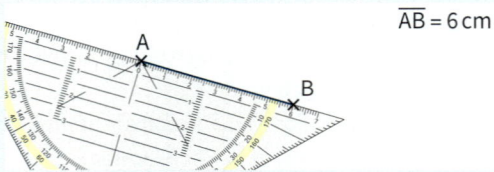

Abstand vom Punkt P zur Geraden g messen
Die Mittellinie mit der Null auf die Gerade legen und die Länge der Strecke zu P messen.

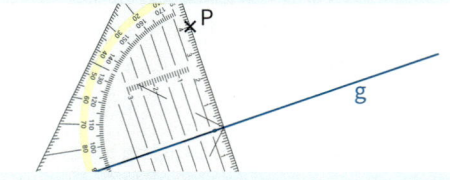

Abstand der Parallelen g und h messen
Die Mittellinie auf g legen und die Länge der Strecke von der Null bis zur Geraden h messen.

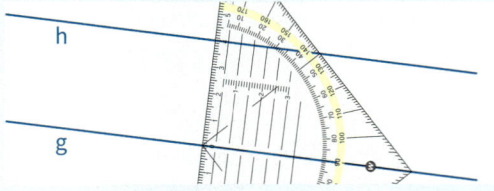

---

1 **Geraden untersuchen**
Überprüfe, welche Graden parallel und welche orthogonal zueinander sind.

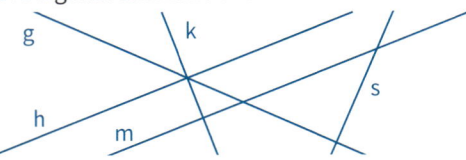

2 **Geraden zeichnen**
a) Zeichne eine Gerade g. Zeichne eine Parallele h im Abstand von 4 cm zu g. Begründe, dass es mehrere Möglichkeiten gibt.
b) Zeichne eine Gerade g und zwei zu g orthogonale Geraden h und k. Beschreibe, wie die Geraden h und k zueinander liegen.

3 **Orthogonale und parallele Geraden**
Wie liegen die Geraden g und h zueinander?
a) g‖k und k‖h   b) g⊥k und k‖h
c) g‖k und k⊥h   d) g⊥k und k⊥h

4 **Abstand eines Punktes von einer Geraden g**
Mit welcher Skizze wird der Abstand „Punkt – Gerade" richtig bestimmt?

(1)   (2)

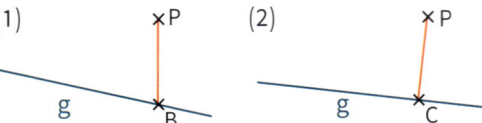

5 **Abstände von Punkten zu Geraden**
Bestimme den Abstand der Punkte P, Q, R und S zu den Geraden g und h.

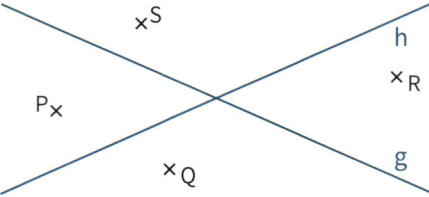

6 **Abstände von Punkten und Geraden**

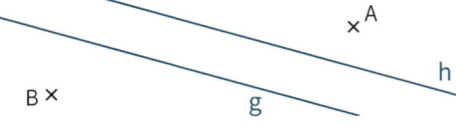

a) Bestimme den Abstand der Punkte A und B.
b) Bestimme den Abstand der Geraden g und h.
c) Bestimme die Abstände von Punkt A zu g und h, sowie von Punkt B zu g und h.

Koordinatensytem

Punkte im Koordinatensystem

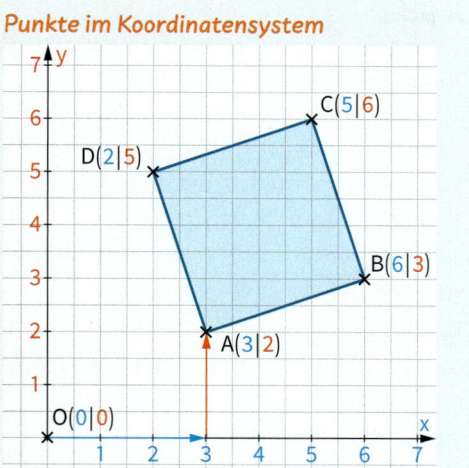

erst x-Koordinate, dann y-Koordinate

x-Koordinate: *Gehe 3 Einheiten nach rechts.*

y-Koordinate: *Gehe 2 Einheiten nach oben.*

Punkt P mit Koordinaten angeben: P(3|2)

Symmetrie

Auf Achsensymmetrie prüfen

Achse einzeichnen. Punkte und Spiegelpunkte auf gleichen Abstand zur Achse prüfen.

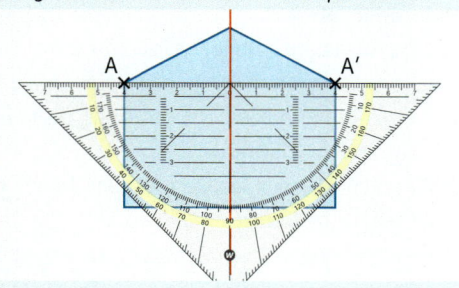

Auf Punktsymmetrie prüfen

Z einzeichnen. Punkte und Spiegelpunkte auf gleichen Abstand zu Z prüfen.

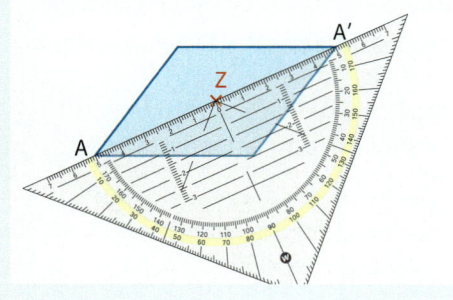

WES-105429-115

❶ Koordinaten ablesen

Gib die Koordinaten der Eckpunkte an.

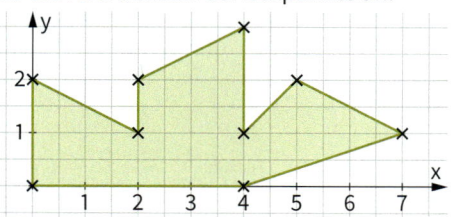

❷ Punkte einzeichnen

Trage die Punkte ein und verbinde sie.
Verbinde den letzten Punkt mit A.

a) A(1|1), B(11|1), C(9|6), D(3|6)

b) A(2|6), B(5|3), C(8|6), D(5|9)

c) A(1|2), B(5|2), C(5|6), D(3|8), E(1|6)

❸ Besondere Punkte

Trage in ein Koordinatensystem fünf Punkte
ein, die die Bedingung erfüllen.

a) x-Wert und der y-Wert sind gleich groß.

b) Der x-Wert ist immer 2.

c) Der x-Wert ist um 3 größer als der y-Wert.

❶ Auf Achsensymmetrie prüfen

Untersuche, ob die eingezeichneten Linien
Symmetrieachsen sind.

a)   b)

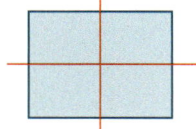   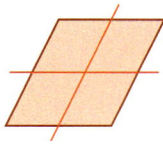

WES-105429-116

❷ Symmetrische Figuren

Ist die Figur symmetrisch? Zeichne im Heft
die Symmetrieachsen oder das Symmetrie-
zentrum ein.

a)   b)

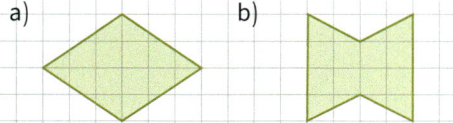

❸ Symmetrische Vierecke

(A) Quadrat (B) Rechteck (C) Parallelogramm

(D) Raute   (E) Drachen   (F) Trapez

a) Welche Vierecke sind achsensymmetrisch?
   Gib die Anzahl der Symmetrieachsen an.

b) Welche Vierecke sind punktsymmetrisch
   zum Schnittpunkt der Diagonalen?

WES-105429-117

Vierecke und Dreiecke

Begriffe zum Beschreiben

Seiten	**Diagonalen**
gleich lang	halbieren sich
gegenüberliegend	gleich lang
parallel, orthogonal	orthogonal
Winkel	**Symmetrie**
rechter Winkel	Symmetrieachse
gleich groß	Symmetriezentrum

Besondere Vierecke

Quadrat

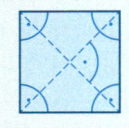 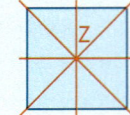

Rechteck

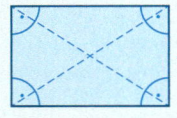 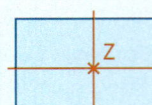

Parallelo-gramm

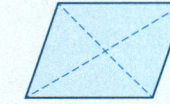 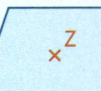

Raute

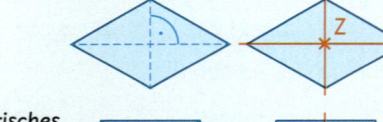

Symmetrisches Trapez

Drachen

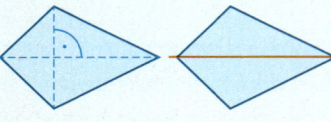

Dreiecke

Allgemeines Dreieck

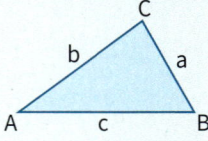

Rechtwinkliges Dreieck

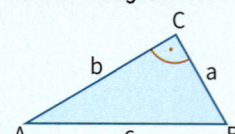

Gleichschenkliges Dreieck

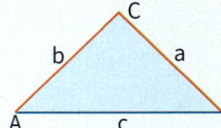

Gleichseitiges Dreieck

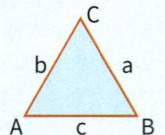

1 Vierecke
a) Zeichne ein Rechteck mit den Seitenlängen 3 cm und 5 cm.
b) Zeichne ein Quadrat mit der Seitenlänge 4 cm.
c) Zeichne ein Parallelogramm mit den Seitenlängen 3 cm und 5 cm.
d) Zeichne einen Drachen mit den Diagonalen e = 6 cm und f = 3 cm.

2 Vierecke beschreiben
Beschreibe das Viereck . Nutze die „Begriffe zum Beschreiben".
a) Quadrat b) Rechteck
c) Raute d) Parallelogramm
e) Drachen f) symmetrisches Trapez

3 Vierecke im Koordinatensystem
Zeichne die Vierecke in ein Koordinatensystem. Welchen Viereckstyp erhältst du?
a) A(2|0), B(3|1), C(2|2), D(1|1)
b) A(3,5|0,5), B(6|0), C(7|1,5), D(4,5|2)
c) A(2|2,5), B(6|2,5), C(4,5|4), D(3,5|4)
d) A(1|3,5), B(2,5|4,5), C(3,5|6), D(2|5)
e) A(9|−1), B(11|0), C(9|4), D(7|3)
f) A(12|1), B(13|2,5), C(12|5), D(11|2,5)

4 Wahr oder falsch?
Welche Aussagen sind wahr? Gib für die falschen Aussagen ein Gegenbeispiel an.
a) Wenn ein Viereck ein Rechteck ist, dann ist es auch ein Quadrat.
b) Wenn ein Viereck ein Quadrat ist, dann ist es auch eine Raute.
c) Wenn ein Viereck ein Parallelogramm ist, dann ist es auch ein symmetrisches Trapez.
d) Wenn ein Dreieck gleichseitig ist, dann ist es auch ein gleichschenkliges Dreieck.

5 Rechtwinkliges Dreieck zeichnen
a) Zeichne ein rechtwinkliges Dreieck ABC mit den orthogonalen Seiten a = 3 cm und b = 4 cm.
b) Bestimme die Länge der Seite c.
c) Berechne den Umfang des Dreiecks.

6 Gleichschenkliges Dreieck zeichnen
Zeichne ein gleichschenkliges Dreieck mit den Seitenlängen 4 cm, 4 cm und 6 cm.

Geometrische Körper

Begriffe zum Beschreiben

Ecken, Kanten, Flächen

Geometrische Körper

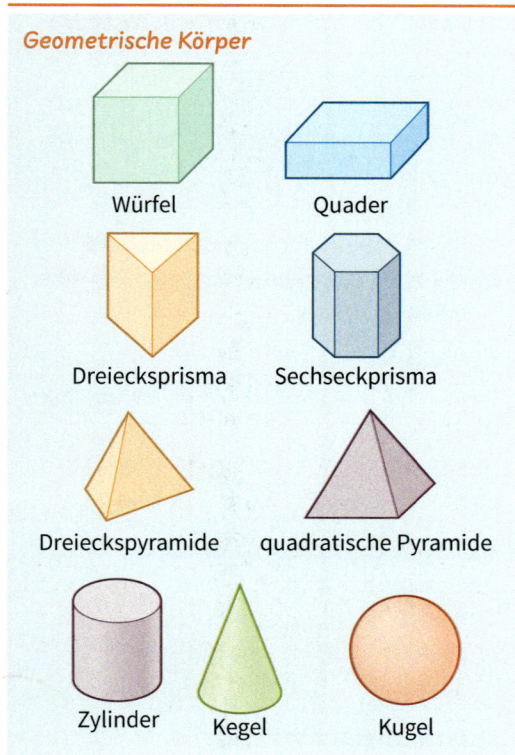

Würfel Quader

Dreiecksprisma Sechseckprisma

Dreieckspyramide quadratische Pyramide

Zylinder Kegel Kugel

Netze

Würfel Quader

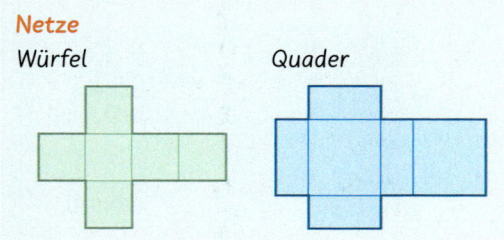

Schrägbild zeichnen

Zeiche das Schrägbild eines Würfels.

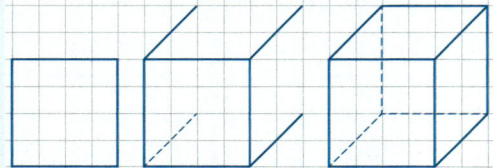

1. Vorderfläche zeichnen.
2. Nach hinten laufende Kanten verkürzt zeichnen,
   die verdeckte Kante gestrichelt zeichnen.
   Für 1 cm jeweils 1 Kästchendiagonale.
3. Weitere Kanten ergänzen, verdeckte gestrichelt.

---

1 **Ecken, Kanten und Flächen**

Gib für den Körper die Anzahl der Ecken,
der Kanten und der Flächen an.
a) Würfel b) Dreiecksprisma
c) Quader d) quadratische Pyramide

2 **Körperdetektiv**

Welcher Körper ist gemeint?
a) Meine Seitenflächen bestehen nur aus
   Rechtecken.
b) Meine Seitenflächen bestehen aus zwei
   Dreiecken und drei Rechtecken.
c) Mein Kantenmodell hat 8 gleich lange
   Kanten und 5 Ecken.

3 **Netze zeichnen**

Zeichne ein Netz des Körpers.
a) Würfel b) Dreiecksprisma
c) Quader d) quadratische Pyramide

4 **Passendes Quadernetz finden**

Gib das passende Netz an.

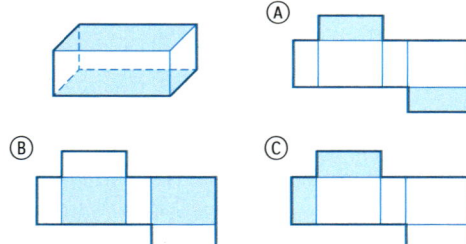

5 **Schrägbilder zeichnen**

a) Zeichne das Schrägbild eines Würfels mit
   der Kantenlänge 4 cm.
b) Zeichne das Schrägbild eines Quaders.
   Länge 5 cm, Breite 4 cm, Höhe 2 cm

6 **Schrägbild eines Quaders**

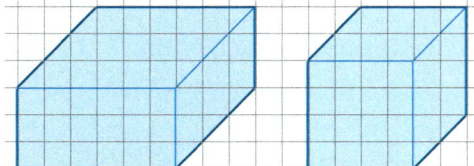

a) Ergänze die verdeckten Kanten in deinem
   Heft. Gib die Maße des Quaders an.
   1 cm entspricht zwei Kästchen.
b) Bestimme für beide Quader die Länge des
   Drahts für ein Kantenmodell aus Draht.

Beschreiben in der Geometrie

Figuren beschreiben

Quadrat, Recheck, Dreieck, Raute, Trapez, Drachen, Kreis und zusammengesetzte Figuren

> „Seiten"- „Ecken" - „aneinanderstoßende" -
> „senkrecht zueinander" – „gegenüberliegende"
> - „parallel" - „gleich lang" - „im rechten Winkel"
> - „achsensymmetrisch" - „punktsymmetrisch"
> - „Symmetrieachse" – „Symmetriezentrum"…

Einen Drachen beschreiben.

„Ein Drachen ist ein Viereck mit zwei Paaren gleich langer Seiten, die aneinanderstoßen. Die Diagonalen sind orthogonal zueinander und eine Diagonale wird durch die andere halbiert. Ein Drachen hat eine Symmetrieachse."

Geometrische Körper beschreiben

Würfel, Quader, Prisma, Pyramide, Zylinder, Kegel, Kugel und zusammengesetzte Körper

> „Flächen" - „Rechteck" - „Dreieck" - „Kreis"
> - „gleich groß" - „aneinanderstoßende" -
> „gegenüberliegende" - „senkrecht zueinander"
> - „parallel" - „Kanten" - „Ecken" …

Einen Quader beschreiben.

„Ein Quader hat 12 Kanten und 8 Ecken. Ein Quader hat 6 Flächen, die alle Rechtecke sind. Die aneinanderstoßenden Flächen stehen senkrecht zueinander. Gegenüberliegende Flächen sind gleich große Rechtecke."

Was passiert, wenn …?

Umfang, Flächeninhalt, Volumen

> „verdoppeln" - „halbieren" - „Seitenlänge" -
> „Doppelte" - „Hälfte" - „vervierfachen" -
> „wenn …, dann …" …

Was passiert mit dem Umfang und dem Flächeninhalt eines Rechtecks, wenn die Seitenlängen verdoppelt werden?

„Wenn die Seiten verdoppelt werden, dann sind alle vier Seiten doppelt so lang. Da der Umfang die Summe der vier Seitenlängen ist, verdoppelt sich der **Umfang** *des Rechtecks."*

„Wenn die Seiten verdoppelt werden, dann sind die Länge und die Breite 2-mal so lang. Der **Flächeninhalt** *ist das Produkt aus Länge und Breite, damit ist er 4-mal so groß."*

❶ Figuren beschreiben

Beschreibe die Figur.
a) Quadrat   b) Parallelogramm
c) Raute   d) symmetrisches Trapez

❷ Vierecke im Koordinatensystem

Zeichne ein Koordinatensystem in dein Heft (1 Längeneinheit entspricht 1 cm) und trage die Punkte A(1|3), B(1|1), C(4|1), D(4|3), E(6|1), F(6|4) und G(4|6) ein.
a) Zeichne die Vierecke ABCD und DEFG.
b) Beschreibe, welche besonderen Vierecke entstanden sind.

❸ Lage von Geraden

Beschreibe, wie die Geraden g und h zueinander liegen.
a) $g \parallel k$ und $k \parallel h$ b) $g \perp k$ und $k \parallel h$
c) $g \parallel k$ und $k \perp h$ d) $g \perp k$ und $k \perp h$

❹ Geometrische Körper beschreiben

Beschreibe den Körper.
a) Würfel   b) quadratische Pyramide
c) Zylinder   d) Dreiecksprisma
e) Kegel   f) Dreieckspyramide

❺ Zusammengesetzte Körper

Beschreibe die Teilkörper.
a)   b)

❻ Im Koordinatensystem

In einem Koordinatensystem sind die Eckpunkte einer Figur gegeben.
Was passiert mit der Figur, wenn …
a) alle x-Koordinaten um 1 erhöht werden?
b) alle y-Koordinaten um 1 erhöht werden?
c) alle x-Koordinaten und alle y-Koordinaten jeweils um 1 erhöht werden?

❼ Im rechtwinkligen Dreieck

In einem rechtwinkligen Dreieck werden die beiden orthogonalen Seitenlängen halbiert. Wie verändert sich der Flächeninhalt des Dreiecks? Begründe.

Mathematische Symbole und Sprechweisen

Zahlen

Symbol		Sprechweise
10^3 =	1 000	„tausend"
10^6 =	1 000 000	„eine Million"
10^9 =	1 000 000 000	„eine Milliarde"
10^{12} =	1 000 000 000 000	„eine Billion"
10^{15} =	1 000 000 000 000 000	„eine Billiarde"
10^{18} =	1 000 000 000 000 000 000	„eine Trillion"

Symbol	Sprechweise
2,34	„zwei Komma drei vier"
$0,\overline{3}$	„null Komma Periode drei"
$0,1\overline{6}$	„null Komma eins Periode sechs"
$\frac{2}{3}$	„zwei Drittel"
$1\frac{2}{5}$	„ein zwei Fünftel"
-24	„minus vierundzwanzig"

Mathematische Schreib- und Sprechweisen

Symbol	Beispiel	Sprechweise
+	8 + 4	„**addiere** 8 **und** 4" „**addiere** 4 **zu** 8" „**zu** 8 **addiere** 4"; „bilde die **Summe aus** 8 und 4"
−	7 − 2	„**subtrahiere** 2 **von** 7" „**von** 7 **subtrahiere** 2"; „bilde die **Differenz aus** 7 und 2"
·	5·6	„**multipliziere** 5 **mit** 6" „**multipliziere** 5 und 6"; „bilde das **Produkt aus** 5 und 6"
:	9:3	„**dividiere** 9 **durch** 3" „bilde den **Quotienten aus** 9 und 3"
<	7 < 19	„7 ist **kleiner** als 19."
>	2 > 1	„2 ist **größer** als 1."
=	6 = 2·3	„6 ist **gleich** 2 mal 3."
≈	197 ≈ 200	„197 ist **ungefähr** 200."
$\blacksquare^5$	$2^5 = 32$	„2 **hoch** 5 ist 32."
$\blacksquare^2$	$3^2 = 9$	„3 zum **Quadrat** ist 9."
| |	|−4| = 4	„Der **Betrag** von −4 ist gleich 4."
{…}	{1, 4, 9}	„Die **Menge** besteht aus 1, 4 und 9."
$T_{\blacksquare}$	$T_6 = \{1, 2, 3, 6\}$	„Die **Teilermenge** von 6 besteht aus 1, 2, 3 und 6."
ggT	ggT(8, 12) = 4	„Der **größte gemeinsame Teiler** von 8 und 12 ist 4."
$(\blacksquare)_2$	$(101)_2$	„eins-null-eins im **Zweiersystem**"
%	10 %	„10 **Prozent**"
$\overline{x}$	$\overline{x} = 3$	„Das **arithmetische Mittel** ist 3."

Griechisches Alphabet

α	β	γ	δ, Δ	ε	ζ	η	θ, ϑ
„Alpha"	„Beta"	„Gamma"	„Delta"	„Epsilon"	„Zeta"	„Eta"	„Theta"

ι	κ	λ	μ	ν	ξ	o	π
„Iota"	„Kappa"	„Lambda"	„Mü"	„Nü"	„Xi"	„Omikron"	„Pi"

ρ	σ, Σ	τ	υ	φ, Φ	χ	ψ	ω, Ω
„Rho"	„Sigma"	„Tau"	„Ypsilon"	„Phi"	„Chi"	„Psi"	„Omega"

Geometrie

Symbol	Beispiel	Sprechweise
P	$P(3\|4)$	*„Der **Punkt** P mit den Koordinaten 3 und 4"*
AB	$g = AB$	*„**Gerade** g durch A und B"*
$\overline{AB}$	$a = \overline{AB}$	*„**Strecke** a von A nach B"*
$\overline{AB}$	$\overline{AB} = 4\,cm$	*„Die Strecke $\overline{AB}$ ist 4 cm lang."*
∥	$g \parallel h$	*„g ist **parallel** zu h."* oder *„Die Geraden g und h sind parallel zueinander."*
⊥	$g \perp h$	*„g ist **senkrecht** zu h."* oder *„g ist **orthogonal** zu h."* oder *„Die Geraden g und h sind orthogonal zueinander."* oder *„Die Geraden g und h stehen senkrecht aufeinander."*
ABC	Dreieck ABC	*„Das Dreieck mit den Eckpunkten A, B und C"*
ABCD	Viereck ABCD	*„Das Viereck mit den Eckpunkten A, B, C und D"*
a, b, …	$a = 5\,cm$	*„Die Seitenlänge von a ist 5 cm lang."*
u	$u = 12\,cm$	*„Der **Umfang** ist 12 cm."*
A	$A = 2\,cm^2$	*„Der **Flächeninhalt** ist 2 cm²."*
O	$O = 24\,cm^2$	*„Der **Oberflächeninhalt** ist 24 cm²."*
V	$V = 8\,cm^3$	*„Das **Volumen** ist 8 cm³."* oder *„Der **Rauminhalt** ist 8 cm³."*
▪°	$\gamma = 105°$	*„Gamma gleich 105 Grad"* oder *„Die Winkelweite von Gamma beträgt 105 Grad."* oder *„Der Winkel Gamma ist 105 Grad groß."*
∢	$\sphericalangle(BAC)$	„Winkel BAC" oder „Winkel BAC mit dem Scheitelpunkt A"
∢	$\sphericalangle(g,h)$	„Winkel g, h"
⌐·	⌐·	*„rechter Winkel"*

Masseneinheiten und ihre Umrechnungen
Die Umrechnungszahl für Masseneinheiten ist 1000.

Symbol	Beispiel	Sprechweise
mg	1 mg = 0,001 g	*„Ein Milligramm ist ein Tausendstel Gramm."*
g	1 g = 1000 mg	*„Ein Gramm ist 1000 Milligramm."*
kg	1 kg = 1000 g	*„Ein Kilogramm ist 1000 Gramm."*
t	1 t = 1000 kg	*„Eine Tonne ist 1000 Kilogramm."*

Zeiteinheiten und ihre Umrechnungen

Symbol	Beispiel	Sprechweise
ms	1 ms = 0,001 s	*„Ein Millisekunde ist eine Tausendstel Sekunde."*
s	1 s = 1000 ms	*„Eine Sekunde ist 1000 Millisekunden lang."*
min	1 min = 60 s	*„Eine Minute ist 60 Sekunden lang."*
h	1 h = 60 min	*„Eine Stunde ist 60 Minuten lang."*
d	1 d = 24 h	*„Ein Tag ist 24 Stunden lang."*
m	1 m = 30 d	*„Ein Monat hat 30 Tage."* Info: Banken rechnen für jeden Monat 30 Tage.
a	1 a = 12 m	*„Ein Jahr hat 12 Monate."*

Längeneinheiten und ihre Umrechnungen

Die Umrechnungszahlen für Längeneinheiten sind 10 und 1000.

Symbol	Beispiel	Sprechweise
mm	1 mm	„ein Millimeter"
cm	1 cm = 10 mm	„Ein Zentimeter ist zehn Millimeter lang."
dm	1 dm = 10 cm	„Ein Dezimeter ist zehn Zentimeter lang."
m	1 m = 10 dm	„Ein Meter ist zehn Dezimeter lang."
km	1000 m = 1 km	„Ein Kilometer ist 1000 Meter lang."
m in cm	1 m = 100 cm	„Ein Meter ist 100 Zentimeter lang."
m in mm	1 m = 1000 mm	„Ein Meter ist 1000 Millimeter lang."

Flächeneinheiten und ihre Umrechnungen

Die Umrechnungszahl für Flächeneinheiten ist 1000.

Symbol	Beispiel	Sprechweise
mm^2	$1\,mm^2$	„ein Quadratmillimeter"
cm^2	$1\,cm^2 = 100\,mm^2$	„Ein Quadratzentimeter ist 100 Quadratmillimeter groß."
dm^2	$1\,dm^2 = 100\,cm^2$	„Ein Quadratdezimeter ist 100 Quadratzentimeter groß."
m^2	$1\,m^2 = 100\,dm^2$	„Ein Quadratmeter ist 100 Quadratdezimeter groß."
a	1 a = 100 m^2	„Ein Ar ist 100 Quadratmeter groß."
ha	1 ha = 100 a	„Ein Hektar ist 100 Ar groß."
km^2	$1\,km^2 = 100\,ha$	„Ein Quadratkilometer ist 100 Hektar groß."
m^2 in cm^2	$1\,m^2 = 10\,000\,cm^2$	„Ein Quadratmeter ist 10 000 Quadratzentimeter groß."
ha in m^2	$1\,ha = 10\,000\,m^2$	„Ein Hektar ist 10 000 Quadratmeter groß." Tipp: „Ein Hektar ist 100 Meter mal 100 Meter."
km^2 in m^2	$1\,km^2 = 1\,000\,000\,m^2$	„Ein Quadratkilometer ist eine Million Quadratmeter groß." Tipp: „Ein Quadratkilometer ist 1000 Meter mal 1000 Meter."

Volumeneinheiten und ihre Umrechnungen

Die Umrechnungszahl für Volumeneinheiten ist 1000.

Symbol	Beispiel	Sprechweise
mm^3	$1\,mm^3$	„ein Kubikmillimeter"
cm^3	$1\,cm^3 = 1000\,mm^3$	„Ein Kubikzentimeter ist 1000 Kubikmillimeter groß."
dm^3	$1\,dm^3 = 1000\,cm^3$	„Ein Kubikdezimeter ist 1000 Kubikzentimeter groß."
m^3	$1\,m^3 = 1000\,dm^3$	„Ein Kubikmeter ist 1000 Kubikdezimeter groß." Tipp: „Ein Kubikmeter ist 1 Meter mal 1 Meter mal 1 Meter."
ml in cm^3	1 ml = 1 cm^3	„ein Milliliter"
l in ml	1 l = 1000 ml	„Ein Liter entspricht 1000 Millilitern."
l in cm^3	1 l = 1000 cm^3	„Ein Liter entspricht 1000 Kubikzentimetern."
l in dm^3	1 l = 1 dm^3	„Ein Liter entspricht einem Kubikdezimeter."
m^3 in l	1 m^3 = 1000 l	„Ein Kubikmeter entspricht 1000 Litern."
km^3 in m^3	$1\,km^3 = 1\,000\,000\,000\,m^3$	„Ein Kubikkilometer ist eine Billion Kubikmeter groß." Tipp: „1000 Meter mal 1000 Meter mal 1000 Meter "

1 Rechnen mit Brüchen

Lösungen zu Seite 10

5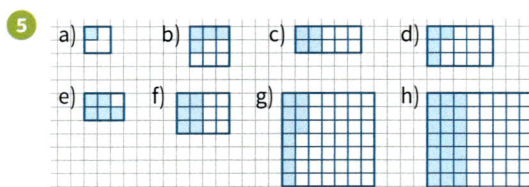

6 a) $\frac{4}{10} = \frac{2}{5}$ b) $\frac{6}{15} = \frac{2}{5}$ c) $\frac{12}{30} = \frac{2}{5}$
 d) $\frac{26}{39} = \frac{2}{3}$ e) $\frac{40}{56} = \frac{5}{7}$ f) $\frac{52}{117} = \frac{4}{9}$
 g) $\frac{210}{525} = \frac{2}{5}$ h) $\frac{150}{1050} = \frac{1}{7}$

Man kann einen Bruch mit allen gemeinsamen Primfaktoren der Primfaktorzerlegungen von Zähler und Nenner kürzen. Das heißt, wenn man jeweils mit einem gemeinsamen Primfaktor kürzt, dann kann man so oft kürzen, wie es gemeinsame Primfaktoren von Zähler und Nenner gibt.

Lösungen zu Seite 11

11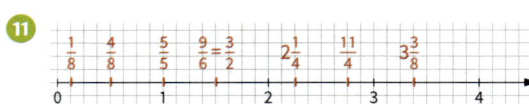

12 a) B = 3 b) B = $\frac{5}{6}$ c) A = $\frac{11}{12}$ d) C = $\frac{30}{16}$

Lösungen zu Seite 12

20 a) 390 Kinder; 75 % b) 90 Hasen; 60 %
 c) 196 Fische; 35 % d) 18 Katzen; 60 %

21 a) 55 b) 27 c) $\frac{36}{5}$ d) $\frac{3}{2}$
 e) $\frac{15}{11}$ f) $\frac{15}{8}$ g) $\frac{10}{3}$

Lösungen zu Seite 13

25 2 Personen: Jeder erhält 2 l Saft.
 3 Personen: Jeder erhält $\frac{4}{3}$ l Saft.
 4 Personen: Jeder erhält 1 l Saft.
 5 Personen: Jeder erhält $\frac{4}{5}$ l = 0,8 l Saft.
 6 Personen: Jeder erhält $\frac{2}{3}$ l Saft.

Lösungen zu Seite 15

8 a) $\frac{3}{8}$ b) $\frac{1}{4}$ c) $\frac{7}{6}$
 d) $\frac{7}{3}$ e) $\frac{11}{12}$ f) $\frac{1}{9}$

9 a) $\frac{8}{12} = \frac{2}{3}$ b) $\frac{10}{9}$ c) $\frac{13}{30}$
 d) $\frac{33}{700}$ e) $\frac{51}{175}$ f) $\frac{2}{35}$

Lösungen zu Seite 16

15 a) $\frac{13}{40}$ kg b) $\frac{3}{8}$ km c) $\frac{5}{4}$ cm d) $24\frac{1}{2}$ m²

16 $\frac{5}{6}$ kg $-$ $\frac{1}{9}$ kg = $\frac{15}{18}$ kg $-$ $\frac{2}{18}$ kg = $\frac{13}{18}$ kg
 Omi hat $\frac{13}{18}$ kg Kartoffeln gekauft.

Lösungen zu Seite 17

20 a) 6 b) $2\frac{3}{8}$ c) $2\frac{3}{4}$ d) $8\frac{2}{9}$
 e) $3\frac{3}{4}$ f) $5\frac{3}{4}$ g) $2\frac{3}{5}$ h) $2\frac{2}{5}$
 i) $1\frac{4}{9}$ j) $\frac{5}{8}$ k) $\frac{1}{4}$ l) $\frac{4}{9}$

Lösungen zu Seite 19

7 Erst $\frac{5}{7} : 3 = \frac{5}{21}$, dann $\frac{5}{21} \cdot 2 = \frac{10}{21}$, insgesamt $\frac{5}{7} \cdot \frac{2}{3} = \frac{10}{21}$

8 a) $30 \cdot \frac{2}{3} = 20$ $20 \cdot \frac{3}{5} = 12$
 12 Mädchen kommen mit dem Bus zur Schule.
 b) $\frac{2}{3} \cdot \frac{3}{5} = \frac{2}{5}$
 $\frac{2}{5}$ der Klasse 5 a sind Mädchen, die mit dem Bus zur Schule kommen.

Lösungen zu Seite 19

11 a) $\frac{1}{9}$ b) $\frac{6}{5}$ c) 1 d) 1
 e) $\frac{10}{9}$ f) $\frac{2}{3}$ g) $\frac{1}{4}$ h) $\frac{3}{5}$
 i) $\frac{16}{45}$ j) 5 k) 37 l) $\frac{3}{2}$

Lösungen zu Seite 20

16 a) $\frac{21}{8}$ b) $\frac{3}{2}$ c) $\frac{4}{3}$ d) $\frac{3}{2}$
 e) $\frac{25}{8}$ f) 14 g) $\frac{13}{2}$ h) $\frac{99}{7}$
 i) 6 j) 3 k) 0 l) 2

17 a) A = 4 m² b) A = $\frac{3}{2}$ cm²
 c) A = 2 cm² d) A = $\frac{5}{3}$ m²

Lösungen zu Seite 22

6 a) 3 b) 12 c) $\frac{8}{7}$
 d) $\frac{2}{3}$ e) $\frac{1}{10}$ f) 15

Lösungen zu Seite 22

10 a) b = $\frac{9}{7}$ cm b) b = $\frac{8}{5}$ cm
 c) a = $1\frac{1}{2}$ cm d) a = $\frac{3}{4}$ cm

11 a) $\frac{\mathbf{2}}{\mathbf{7}} : \frac{8}{21} = \frac{3}{4}$ b) $\frac{5}{6} : \frac{\mathbf{10}}{\mathbf{3}} = \frac{1}{4}$

c) $\frac{3}{14} : \frac{12}{\mathbf{14}} = \frac{1}{4}$ d) $3 : \frac{\mathbf{1}}{\mathbf{5}} = 15$

Lösungen zu Seite 23

19 a) 0 b) $\frac{14}{15}$ c) 0

d) 0 e) nicht möglich f) 7

20 Immer wenn der Divisor größer als 1 ist, ist der Quotient (das Ergebnis) kleiner als der Dividend.

a) Quotient ist größer als der Dividend

b) Quotient ist kleiner als der Dividend

c) Quotient ist größer als der Dividend.

d) Quotient ist größer als der Dividend.

e) Quotient ist kleiner als der Dividend.

f) Quotient ist größer als der Dividend.

21 $\frac{12}{5} l : \frac{3}{20} l = 16$

Es können noch 16 Cocktails gemischt werden.

Lösungen zu Seite 27

8 a) $\frac{1}{10} + \frac{7}{10} + \frac{1}{15} = \frac{4}{5} + \frac{1}{15} = \frac{13}{15}$

b) $\frac{1}{16} + \frac{7}{24} + \frac{11}{24} = \frac{1}{16} + \frac{3}{4} = \frac{13}{16}$

c) $5\frac{1}{2} + \frac{1}{7} + 1\frac{1}{4} + \frac{6}{7} = 5 + 1 + \frac{1}{2} + \frac{1}{4} + \frac{1}{7} + \frac{6}{7} = 7\frac{3}{4}$

d) $\frac{3}{8}$ e) 2

9 a) $\frac{3}{4} \cdot \frac{5}{7} + \frac{3}{4} \cdot \frac{2}{7} = \frac{3}{4} \cdot \left(\frac{5}{7} + \frac{2}{7}\right) = \frac{3}{4}$

b) $5 \cdot \frac{2}{3} + \frac{2}{15} \cdot 5 = \frac{10}{3} + \frac{2}{3} = 4$

c) $\left(\frac{5}{2} + \frac{5}{4}\right) \cdot \frac{4}{15} = \frac{15}{4} \cdot \frac{4}{15} = 1$

d) $\frac{4}{9} \cdot \left(\frac{3}{8} + \frac{9}{24}\right) = \frac{4}{9} \cdot \frac{6}{8} = \frac{1}{3}$

e) $\left(\frac{3}{4} - \frac{3}{8}\right) : \frac{9}{8} = \left(\frac{3}{4} - \frac{3}{8}\right) \cdot \frac{8}{9} = \frac{3}{8} \cdot \frac{8}{9} = \frac{1}{3}$

Lösungen zu Seite 28

12 $1\frac{1}{4} kg + 12 \cdot \left(1\frac{1}{2} kg + \frac{1}{6} kg\right) = 1\frac{1}{4} kg + 12 \cdot \frac{5}{3} kg$

$\qquad = 1\frac{1}{4} kg + 20 kg = 21\frac{1}{4} kg$

Der Kasten wiegt mit vollen Flaschen $21\frac{1}{4}$ kg.

Lösungen zu Seite 29

18 a) $\left(\frac{2}{3} + \frac{3}{4}\right) \cdot 24 = 34$

b) $\frac{8}{9} \cdot \frac{3}{4} - \left(\frac{2}{3} - \frac{1}{2}\right) = \frac{2}{3} - \frac{1}{6} = \frac{1}{2}$

19 a) $\left(\frac{1}{2} + \frac{1}{4}\right) \cdot 4 = 3$

b) keine Klammersetzung notwendig, Rechnung ist so richtig.

c) $(5 - 2) \cdot \frac{1}{6} + 1\frac{1}{2} = 2$ d) $\frac{3}{4} + \left(\frac{2}{7} - \frac{3}{14}\right) : \frac{2}{7} = 1$

Wiederholen für die Klassenarbeit

Lösungen zu Seite 32

1 Zahlenstrahl

a) $A = \frac{2}{5}$, $B = \frac{6}{5}$ b) $A = \frac{1}{6}$, $B = \frac{7}{6}$

c) $A = \frac{3}{4}$, $B = \frac{7}{4}$ d) $A = \frac{3}{8}$, $B = \frac{7}{8}$

2 Drei Zahlen im gleichen Abstand

a) $\frac{5}{8}$ b) $3\frac{2}{3}$ c) $\frac{4}{35}$ d) $\frac{35}{12}$

3 Wie viel sind es?

a) 240 von 400 Kindern lieben Schokoladeneis.

b) In der Schulmensa werden pro Woche 1712 vegetarische Essen ausgegeben.

c) Familie Konz hat letztes Jahr 720 € für Warmwasser ausgegeben.

4 Wie viele waren es?

a) $13\,560 € : 5 = 2712 €$ $2712 € \cdot 12 = 32\,544 €$

Die Gesamtkosten lagen bei 32 544 €.

b) $80 \, kg : 5 = 16 \, kg$ $16 \, kg \cdot 4 = 64 \, kg$

Ein 80 kg schwerer Mensch besteht aus 64 kg Wasser.

5 Lücken füllen

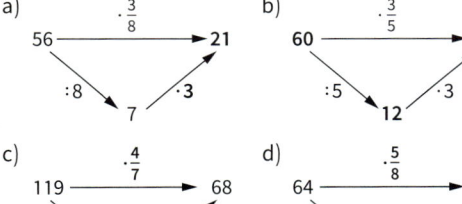

6 Brüche vervielfachen

a) $\frac{6}{7}$ b) $\frac{5}{8}$ c) $\frac{10}{9}$

d) $\frac{5}{3}$ e) 10 f) 14

7 Anteile berechnen

a) $\frac{3}{4} \cdot 5 = \frac{15}{4}$; $3\frac{3}{4} kg$ b) $\frac{2}{7} \cdot 28 = 8$; 8 Kinder

c) $\frac{3}{8} \cdot 10 = \frac{15}{4}$; $3\frac{3}{4} l$ d) $\frac{3}{5} \cdot 4 = \frac{12}{5}$; $2\frac{2}{5} t$

e) $\frac{7}{10} \cdot 2 = \frac{7}{5}$; $1\frac{2}{5} km$ f) $\frac{1}{5} \cdot 12 = \frac{12}{5}$; $2\frac{2}{5} kg$

g) $\frac{3}{20} \cdot 50 = \frac{15}{2}$; $7\frac{1}{2} m$ h) $\frac{24}{100} \cdot 200 = 48$; 48 l

8 Gerechte Verteilung

a) Jedes Kind bekommt $\frac{16}{12} = \frac{4}{3}$ Bananen.

b) Jedes Kind bekommt $\frac{3}{5}$ einer Pizza.

c) Jeder Gast bekommt $\frac{1}{8}$ Torte.

d) Jedes Kind isst $\frac{10}{4} = 2\frac{1}{2}$ Pfannkuchen.

9 **Summe und Differenz**

a) $\frac{7}{12}$ b) $\frac{13}{24}$ c) $\frac{7}{10}$ d) $\frac{19}{40}$

e) $\frac{47}{100}$ f) $\frac{11}{36}$ g) $\frac{4}{9}$ h) $\frac{12}{35}$

i) $\frac{11}{20}$ j) $\frac{7}{36}$ k) $\frac{1}{14}$ l) $\frac{23}{54}$

Lösungen zu Seite 33

10 **Addieren und subtrahieren mit gemischten Zahlen**

a) $7\frac{1}{2}$ b) $3\frac{1}{8}$ c) $7\frac{4}{15}$ d) $3\frac{9}{20}$

e) $5\frac{11}{12}$ f) $21\frac{19}{40}$ g) $1\frac{1}{10}$ h) $16\frac{5}{18}$

i) $11\frac{1}{2}$ j) $2\frac{19}{24}$ k) $10\frac{1}{2}$ l) $8\frac{59}{100}$

11 **Der König vererbt**

$\frac{1}{2} + \frac{1}{4} + \frac{1}{8} = \frac{7}{8}$ $1 - \frac{7}{8} = \frac{1}{8}$

Es bleibt noch $\frac{1}{8}$ seines Vermögens für die Diener übrig.

12 **Onkel Theodor gewinnt im Lotto**

a) $\frac{2}{5} + \frac{1}{3} = \frac{11}{15}$

Die Neffen Kai und Dirk erhalten zusammen $\frac{11}{15}$ des Gewinns.

b) $1 - \frac{11}{15} = \frac{4}{15}$ Die Nichte erhält $\frac{4}{15}$ des Gewinns.

c) $80\,000\,€ : \frac{4}{15} = 300\,000\,€$

Der Lottogewinn war $300\,000\,€$.

13 **Multiplizieren mit natürlichen Zahlen**

a) $4 \cdot \frac{3}{15} = \mathbf{\frac{12}{15}}$ b) $3 \cdot \mathbf{\frac{3}{10}} = \frac{9}{10}$ c) $\mathbf{5} \cdot \frac{2}{11} = \frac{10}{11}$

d) $\frac{4}{5} \cdot \mathbf{6} = \frac{24}{5}$ e) $\frac{2}{9} \cdot \mathbf{9} = 2$ f) $\mathbf{\frac{6}{5}} \cdot 5 = 6$

g) $\mathbf{60} \cdot \frac{1}{20} = 3$ h) $\mathbf{\frac{1}{100}} \cdot 100 = 1$ i) $\frac{2}{9} \cdot \mathbf{18} = 4$

j) $\frac{3}{7} = \frac{1}{14} \cdot \mathbf{6}$ k) $\mathbf{3} \cdot 1\frac{1}{2} = 4\frac{1}{2}$ l) $\mathbf{6} \cdot \frac{2}{9} = 1\frac{1}{3}$

14 **Dividieren und Probe machen**

a) 6   Probe: $6 \cdot \frac{1}{4} = \frac{3}{2}$

b) 16   Probe: $16 \cdot \frac{1}{2} = 8$

c) $\frac{1}{6}$ Probe: $\frac{1}{6} \cdot 2 = \frac{1}{3}$

d) $\frac{4}{3}$ Probe: $\frac{4}{3} \cdot \frac{2}{3} = \frac{8}{9}$

e) $\frac{3}{4}$ Probe: $\frac{3}{4} \cdot \frac{8}{21} = \frac{2}{7}$

f) $\frac{1}{5}$ Probe: $\frac{1}{5} \cdot 4 = \frac{4}{5} = \frac{8}{10}$

g) 8   Probe: $8 \cdot \frac{1}{4} = 2$

h) 11   Probe: $11 \cdot \frac{1}{4} = \frac{11}{4} = 2\frac{3}{4}$

i) 3   Probe: $3 \cdot \frac{1}{9} = \frac{1}{3}$

j) 2   Probe: $2 \cdot \frac{6}{9} = \frac{12}{9} = \frac{4}{3}$

k) $\frac{75}{32}$ Probe: $\frac{75}{32} \cdot \frac{4}{5} = \frac{15}{8}$

l) $\frac{2}{5}$ Probe: $\frac{2}{5} \cdot \frac{15}{11} = \frac{30}{55}$

15 **Frühzeitiges Kürzen hilft**

a) 3   b) $\frac{5}{6}$ c) $\frac{3}{4}$ d) $\frac{2}{3}$

e) 1   f) $\frac{5}{2}$ g) $\frac{4}{9}$ h) $\frac{1}{3}$

i) $\frac{1}{2}$ j) $\frac{19}{9} = 2\frac{1}{9}$ k) $\frac{23}{12} = 1\frac{11}{12}$ l) $\frac{11}{18}$

16 **Multiplizieren und Dividieren**

a) $\frac{3}{4}$ b) 2   c) 6   d) 16

e) 9   f) $\frac{10}{27}$ g) $\frac{5}{3}$ h) $\frac{5}{4}$

i) 3   j) $\frac{2}{3}$ k) $\frac{1}{5}$ l) $\frac{4}{5}$

m) $\frac{1}{6}$ n) 6   o) $\frac{9}{4}$ p) 18

q) 2   r) $\frac{1}{18}$

17 **Anteile**

a) $18 : \frac{2}{3} = 27$

In der Klasse sind insgesamt 27 Kinder.

b) $2\,l \cdot \frac{4}{5} = \frac{8}{5}\,l$

Sie benötigt $\frac{8}{5}$ l Hafermilch.

c) $5\frac{1}{2}\,km : \frac{5}{12} = \frac{66}{5}\,km = 13\frac{1}{5}\,km$

Die gesamte Wanderstrecke ist $13\frac{1}{5}$ km lang.

d) $6200\,g : 4 = 1550\,g;$ $1550\,g \cdot 7 = 10\,850\,g = 10,85\,kg$

$20\,min : 4 = 5\,min,$ $5\,min \cdot 7 = 35\,min$

Er benötigt 35 Minuten und pflückt dabei insgesamt 10,85 kg Äpfel.

Lösungen zu Seite 34

18 **Anteile von Anteilen im Garten**

$300\,m^2 \cdot \frac{2}{3} = 200\,m^2$ $200\,m^2 \cdot \frac{2}{5} = 80\,m^2$

Der Kopfsalat ist auf $80\,m^2$ Fläche gepflanzt.

19 **Anteile von Anteilen im Chor**

$12 : \frac{2}{5} = 30$ $30 : \frac{3}{8} = 80$

Es sind 80 Schülerinnen und Schüler in der Kursstufe.

20 **Altersrätsel**

a) $16\frac{1}{6} + 2\frac{5}{12} = 18\frac{7}{12}$ 18 Jahre 7 Monate

$16\frac{1}{6} - 3\frac{1}{4} = 12\frac{11}{12}$ 12 Jahre 11 Monate

Ben ist 18 Jahre 7 Monate alt und Emma ist 12 Jahre 11 Monate alt.

b) $18\frac{7}{12} - 12\frac{11}{12} = 5\frac{8}{12}$ 5 Jahre 8 Monate

Ben und Emma sind 5 Jahre 8 Monate auseinander.

21 Verteilungsrätsel

Damit Tina von jeder Glasgröße gleich viele volle Gläser erhält, müssen immer alle 3 Gläser gefüllt werden: $\frac{1}{2}l + \frac{1}{4}l + \frac{1}{8}l = \frac{7}{8}l$

$7l : \frac{7}{8}l = 8$

Es können 8 Gläser der drei Glasgrößen abgefüllt werden. Das sind zusammen 24 Gläser.

22 Alle Rechenarten

a) $\frac{3}{16}$ b) $\frac{1}{2}$ c) 3   d) 1

e) $\frac{5}{4}$ f) $\frac{5}{9}$ g) $\frac{3}{2}$ h) $\frac{1}{6}$

i) $\frac{1}{12}$ j) $\frac{1}{2}$ k) $\frac{9}{8}$ l) $\frac{17}{12}$

m) $\frac{2}{15}$ n) $\frac{8}{15}$ o) $\frac{6}{5}$ p) $\frac{22}{15}$

q) $\frac{11}{24}$ r) $\frac{5}{16}$ s) $\frac{29}{24}$ t) $\frac{20}{9}$

u) $\frac{7}{90}$ v) $\frac{9}{20}$ w) $\frac{43}{60}$ x) $\frac{35}{8}$

23 Brüche in gemischter Schreibweise

a) 26   b) 38   c) $4\frac{1}{4}$

d) $3\frac{3}{4}$ e) $\frac{10}{3} = 3\frac{1}{3}$ f) $\frac{5}{2} = 2\frac{1}{2}$

24 Lückenfüllen

a) $2\frac{3}{7} - \mathbf{1}\frac{3}{7} = 1$ b) $\frac{8}{9} - \frac{\mathbf{6}}{\mathbf{9}} = \frac{2}{9}$

c) $\frac{1}{2} = \frac{\mathbf{7}}{\mathbf{16}} + \frac{1}{16}$ d) $\frac{\mathbf{25}}{\mathbf{10}} - \frac{3}{10} = 2\frac{1}{5}$

e) $3\frac{1}{7} - \frac{\mathbf{1}}{\mathbf{7}} = 3$ f) $\frac{5}{8} + \frac{\mathbf{39}}{\mathbf{40}} = \frac{8}{5}$

g) $\frac{\mathbf{3}}{\mathbf{4}} \cdot \frac{2}{3} = \frac{1}{2}$ h) $\frac{4}{5} \cdot \frac{\mathbf{7}}{\mathbf{6}} = \frac{14}{15}$

i) $\frac{2}{3} \cdot \frac{\mathbf{16}}{\mathbf{27}} = \frac{9}{8}$ j) $\frac{\mathbf{9}}{\mathbf{10}} : \frac{2}{5} = \frac{9}{4}$

k) $\frac{\mathbf{3}}{\mathbf{2}} \cdot \frac{3}{2} = 2\frac{1}{4}$ l) $\frac{3}{14} : \frac{\mathbf{1}}{\mathbf{2}} = \frac{3}{7}$

m) $\frac{5}{8} + \frac{1}{2} \cdot \frac{\mathbf{3}}{\mathbf{4}} = 1$ n) $\frac{1}{2} \cdot \left(\frac{\mathbf{1}}{\mathbf{2}} + \frac{1}{4}\right) = \frac{3}{8}$

o) $\left(\frac{\mathbf{1}}{\mathbf{5}} + \frac{1}{10}\right) : \frac{3}{5} = \frac{1}{2}$

25 Vorsicht mit der Null

a) 0

b) Rechnung nicht erlaubt, da Division durch 0 nicht möglich ist.

c) Rechnung nicht erlaubt, da Division durch 0 nicht möglich ist.

d) Rechnung nicht erlaubt, da Division durch 0 nicht möglich ist.

e) 0

f) Rechnung nicht erlaubt, da Division durch 0 nicht möglich ist.

26 Holzplatten

a) $3\,cm^2 : \frac{9}{2}\,cm = \frac{2}{3}\,cm$ b) $4\,cm^2 : \frac{5}{3}\,cm = \frac{12}{5}\,cm$

c) $3\,cm^2 : \frac{7}{2}\,cm = \frac{6}{7}\,cm$ d) $\frac{7}{2}\,cm^2 : \frac{9}{4}\,cm = \frac{14}{9}\,cm$

27 Wasserspender

$5l - \left(7 \cdot \frac{1}{4}l + 3 \cdot \frac{1}{8}l\right) = \frac{23}{8}l = 2\frac{7}{8}l$

Es bleiben noch $2\frac{7}{8}l$ im Wasserspender.

28 Aussagen beurteilen

a) Die Aussage ist falsch. Gegenbeispiel: $2 \cdot \frac{1}{2} = 1 < 2$

b) Die Aussage ist falsch. Gegenbeispiel: $\frac{1}{2} : \frac{1}{4} = 2 > \frac{1}{2}$

c) Die Aussage ist wahr, denn ein unechter Bruch ist immer größer als 1. Damit ist auch die Summe größer als 1. Beispiel: $\frac{11}{5} + \frac{3}{2} = \frac{37}{10} > 1$

d) Die Aussage ist falsch.
Gegenbeispiel: $\frac{2}{3} + \frac{5}{24} = \frac{21}{24} = \frac{7}{8}$

e) Die Aussage ist falsch. Gegenbeispiel: $\frac{1}{2} + \frac{1}{2} = 1$

29 Versunkenes Dorf

a) $1 - \frac{2}{3} - \frac{5}{24} = \frac{3}{24} = \frac{1}{8}$

$\frac{1}{8}$ sind im Seeboden verschwunden,

das bedeutet $\frac{1}{8}$ entsprechen 4,5 m.

$4\frac{1}{2}\,m \cdot 8 = 36\,m$ Der Kirchturm ist 36 m hoch.

b) $36\,m \cdot \frac{5}{24} = \frac{15}{2}\,m = 7\frac{1}{2}\,m$

Das Wasser ist an dieser Stelle 7,5 m tief.

30 Geschickt rechnen

a) $\left(\frac{4}{7} + \frac{3}{7}\right) + \frac{1}{2} = \frac{3}{2}$

b) $\frac{1}{3}$

c) $\frac{3}{8} + \frac{6}{8} - \frac{1}{8} - \frac{8}{8} = 0$

d) $5 - \frac{5}{6} + \frac{1}{12} - 4 = 4\frac{1}{6} + \frac{1}{12} - 4 = 4\frac{3}{12} - 4 = \frac{1}{4}$

31 Vom Text zum Rechenausdruck

a) $\left(5 + \frac{3}{4}\right) \cdot \frac{1}{8} - \frac{1}{2} = \frac{7}{32}$

b) $\frac{1}{2} : \frac{2}{5} - \frac{1}{2} \cdot \frac{2}{5} = \frac{21}{20} = 1\frac{1}{20}$

c) $\left(2\frac{1}{8} + 3\frac{1}{2}\right) : \frac{1}{8} = \left(5\frac{5}{8}\right) \cdot 8 = 45$

32 Vom Rechenausdruck zum Text

a) Multipliziere die Summe aus $\frac{3}{4}$ und $\frac{1}{8}$ mit $\frac{5}{7}$ und addiere dann 7.

b) Bilde das Produkt aus $\frac{2}{3}$ und $\frac{9}{14}$ und subtrahiere davon $\frac{1}{7}$.

c) Subtrahiere $\frac{2}{3}$ vom Quotienten aus 5 und $\frac{1}{2}$.

d) Addiere zur Differenz aus $1\frac{3}{4}$ und $\frac{3}{8}$ das Produkt aus $\frac{2}{5}$ und $\frac{5}{8}$.

33 Distributivgesetz nutzen

a) $4 \cdot \frac{3}{2} + 4 \cdot \frac{1}{4} = 6 + 1 = 7$

b) $\frac{3}{2} \cdot \frac{5}{6} - \frac{3}{2} \cdot \frac{1}{3} = \frac{5}{4} - \frac{1}{2} = \frac{3}{4}$

c) $\frac{2}{3} \cdot \frac{9}{4} - \frac{2}{3} \cdot \frac{3}{8} = \frac{3}{2} - \frac{1}{4} = \frac{5}{4}$

d) $\frac{4}{5} \cdot \frac{10}{4} + \frac{4}{5} \cdot \frac{15}{4} = 2 + 3 = 5$

e) $\frac{5}{7} \cdot 42 - \frac{5}{21} \cdot 42 = 5 \cdot 6 - 5 \cdot 2 = 20$

f) $\frac{6}{10} \cdot \frac{5}{3} - \frac{6}{10} \cdot \frac{20}{33} = 1 - \frac{4}{11} = \frac{7}{11}$

g) $\frac{9}{21} \cdot \frac{7}{12} - \frac{9}{21} \cdot \frac{1}{6} = \frac{1}{4} - \frac{1}{14} = \frac{7}{28} - \frac{2}{28} = \frac{5}{28}$

h) $\frac{9}{20} \cdot \frac{5}{3} - \frac{3}{15} \cdot \frac{5}{3} = \frac{3}{4} - \frac{1}{3} = \frac{5}{12}$

34 Distributivgesetz umgekehrt

a) $18 \cdot \left(\frac{5}{8} - \frac{1}{8} \right) = 18 \cdot \frac{1}{2} = 9$

b) $\frac{5}{9} \cdot \left(\frac{5}{11} + \frac{6}{11} \right) = \frac{5}{9}$

c) $\frac{2}{9} \cdot \left(\frac{17}{3} - \frac{7}{6} \right) = \frac{2}{9} \cdot \frac{27}{6} = 1$

d) $\frac{3}{8} \cdot \frac{16}{25} = \frac{6}{25}$

35 Terme – Allerlei

a) $20 + \frac{5}{3} - 10 = 11 \frac{2}{3}$

b) $\frac{7}{3} + \frac{16}{3} - \frac{28}{9} = \frac{21}{9} + \frac{48}{9} - \frac{28}{9} = \frac{41}{9} = 4 \frac{5}{9}$

c) $\frac{3}{5} + \frac{1}{2} - \frac{4}{5} = \frac{3}{10}$

d) $\frac{2}{3} - \frac{1}{3} \cdot 1 = \frac{1}{3}$

e) $\frac{2}{5} \cdot 1 - \frac{1}{3} = \frac{6}{15} - \frac{5}{15} = \frac{1}{15}$

f) $\frac{3}{11} + \frac{24}{77} : 6 = \frac{21}{77} + \frac{4}{77} = \frac{25}{77}$

g) $\frac{5}{9} \cdot \frac{20}{20} = \frac{5}{9} \cdot 1 = \frac{5}{9}$

h) $\frac{1}{4} \cdot \frac{5}{9} \cdot 8 = \frac{10}{9} = 1 \frac{1}{9}$

2 Dezimalzahlen

7 a) $0{,}35 = \frac{35}{100}$ b) $0{,}006 = \frac{6}{1000}$

c) $1{,}07 = \frac{107}{100} = 1 \frac{7}{100}$ d) $0{,}305 = \frac{305}{1000}$

e) $4{,}62 = \frac{462}{100} = 4 \frac{62}{100}$

f) $10{,}009 = \frac{10\,009}{1000} = 10 \frac{9}{1000}$

8 a) $\frac{65}{100} = 0{,}65$ b) $1 \frac{3}{10} = 1{,}3$

c) $\frac{1}{4} = 0{,}25$ d) $\frac{205}{100} = 2{,}05$

e) $3 \frac{12}{1000} = 3{,}012$ f) $\frac{22}{50} = \frac{44}{100} = 0{,}44$

12 a) $0{,}25 \quad 0{,}52 \quad 1{,}03 \quad 1{,}25 \quad 1{,}30$

b) $1{,}098 \quad 1{,}0998 \quad 1{,}976 \quad 1{,}98 \quad 1{,}984$

17 a) $A = 0{,}42$ $B = 0{,}48$ $C = 0{,}51$

b) $A = 1{,}989$ $B = 1{,}997$ $C = 1{,}999$

18 Beispiele für Lösungen:

a) 0,11; 0,12; 0,13; 0,14; 0,15 Mitte: 0,15

b) 4,51; 4,52; 4,53; 4,54; 4,55 Mitte: 4,55

c) 1,971; 1,972; 1,973; 1,974; 1,975 Mitte: 1,975

d) 4,991; 4,992; 4,993; 4,994; 4,995 Mitte: 4,995

21 a) $3{,}1748 = 3{,}175$ b) $3{,}1748 = 3{,}17$ c) $3{,}1748 = 3{,}2$

d) $4{,}009 = 4{,}0$ e) $4{,}009 = 4{,}01$ f) $3{,}97 = 4{,}0$

4 a) ÜS: $1{,}3 + 2 = 3{,}3$ Ergebnis: 3,3333

b) ÜS: $3{,}7 - 1{,}5 = 2{,}2$ Ergebnis: 2,2222

c) ÜS: $14 - 4 = 10$ Ergebnis: 9,8765

d) ÜS: $0{,}4 + 0{,}1 + 0{,}7 = 1{,}2$ Ergebnis: 1,2345

e) ÜS: $1{,}8 - 0{,}3 - 0{,}2 = 1{,}3$ Ergebnis: 1,2345

f) ÜS: $5{,}3 - 1{,}8 + 2 = 5{,}5$ Ergebnis: 5,555

9 a) $3{,}6 + \mathbf{5{,}7} = 9{,}3$ b) $14{,}7 - \mathbf{9{,}2} = 5{,}5$

c) $2{,}23 + \mathbf{1{,}86} = 4{,}09$ d) $\mathbf{8{,}9} + 8{,}2 = 17{,}1$

e) $\mathbf{6{,}55} - 5{,}8 = 0{,}75$ f) $7 - \mathbf{2{,}3} = 4{,}7$

Lösungen zu Seite 42

12 178,32 € – 35,86 € – 2,80 €

```
    1 7 8, 3 2
  -   3 5, 8 6
  -      2, 8 0
         1 2 1
    1 3 9, 6 6
```

Das neue Guthaben beträgt 139,66 €.

Lösungen zu Seite 44

5 a) 39 · 60 = 2340; eine Nachkommastelle,
   also 3,9 · 60 = 234,0

   b) 402 · 6 = 2412; eine Nachkommastelle,
   also 402 · 0,6 = 241,2

   c) 25 · 14 = 350; drei Nachkommastellen,
   also 2,5 · 0,14 = 0,35

   d) 108 · 24 = 2592; drei Nachkommastellen,
   also 1,08 · 2,4 = 2,592

Lösungen zu Seite 45

10 a) 8,02   b) 7849   c) 0,082   d) 9280

11 a) 0,0304 · 1000 = 30,4   b) 7403 · 0,01 = 74,03
                                 7403 : 100 = 74,03

Lösungen zu Seite 45

14 0,045 mm · 300 + 1 mm · 2 = 15,5 mm
   Das Buch ist 15,5 mm dick.

15 46 mm – 2 · 1,5 mm = 43 mm
   43 mm : 1000 = 0,043 mm
   Ein Blatt des Buchs ist 0,043 mm dick.

Lösungen zu Seite 46

4 a)
```
    2, 0 7 : 3 = 0, 6 9
  - 1 8
      2 7
    - 2 7
        0
```
   Überschlag: 2,1 : 3 = 0,7

   b)
```
    9, 3 6 : 8 = 1, 1 7
  - 8
    1 3
  -    8
       5 6
     - 5 6
         0
```
   Überschlag: 9,6 : 8 = 1,2

c)
```
    7 2, 0 9 : 9 = 8, 0 1
  - 7 2
      0 0
    -    0
         0 9
       -   9
           0
```
Überschlag: 72 : 9 = 8

d)
```
    0, 7 1 4 : 3 = 0, 2 3 8
  - 0
    0 7
  -   6
      1 1
    -   9
        2 4
      - 2 4
          0
```
Überschlag: 0,72 : 3 = 0,24

e)
```
    4, 3 1 5 : 5 = 0, 8 6 3
  - 0
    4 3
  - 4 0
      3 1
    - 3 0
        1 5
      - 1 5
          0
```
Überschlag: 4,5 : 5 = 0,9

f)
```
    0, 6 0 9 : 7 = 0, 0 8 7
  - 0
    0 6
  -   0
      6 0
    - 5 6
        4 9
      - 4 9
          0
```
Überschlag: 0,63 : 7 = 0,9

Lösungen zu Seite 48

13 a) 3,6 : 1,2 = 36 : 12 = 3

   b) 0,12 : 0,4 = 1,2 : 4 = 0,3

   c) 32 : 0,16 = 3200 : 16 = 200

   d) 2,4 : 0,05 = 240 : 5 = 48

   e) 2,7 : 0,15 = 270 : 15 = 18

   f) 0,4 : 0,08 = 40 : 8 = 5

14 a) 6,75 : 1,5 = 675 : 15 = 4,5
      1 kg Brot kostet 4,50 €.

   b) 29,1 : 7,5 = 291 : 75 = 3,88
      1 m² Tapete kostet 3,88 €.

Lösungen zu Seite 50

5 a) $500 : 0,05 = 10\,000$

Für 500 g Nektar sind 10 000 Flüge notwendig.

b) Anzahl Tablets pro Paket: $96 : 8 = 12$

Gewicht der Tablets in einem Paket:

$12 \cdot 0,473\,g = 5676\,g$

Jedes Paket wiegt je ungefähr 6 kg.

Lösungen zu Seite 52

8 a) $\frac{75}{100} = \frac{3}{4}$ b) $\frac{8}{100} = \frac{2}{25}$ c) $\frac{25}{100} = \frac{1}{4}$ d) $8\frac{1}{2}$

e) $20\frac{2}{100} = 20\frac{1}{50}$ f) $\frac{625}{1000} = \frac{25}{40} = \frac{5}{8}$

9 a) $\frac{7}{5} = 1,4$ b) $\frac{11}{25} = 0,44$ c) $\frac{25}{11} = 2,\overline{27}$

d) $\frac{9}{8} = 1,125$ e) $\frac{8}{99} = 0,\overline{08}$ f) $\frac{5}{14} = 0,3\overline{571428}$

f)
```
 5  :  1 4  =  0, 3 5 7 1 4 2 8 ...
-0
 5 0
-4 2
   8 0
  -7 0
   1 0 0
    -9 8
       2 0
      -1 4
         6 0
        -5 6
           4 0
          -2 8
           1 2 0
          -1 1 2
               8
             -...
```

Wiederholen für die Klassenarbeit

Lösungen zu Seite 56

1 Stellenwerte in Dezimalzahlen
a) Zehntel
b) Hundertstel
c) Zehner
d) Tausendstel
e) Zehntausendstel
f) Zehner

2 Nicht benötigte Nullen
a) 0,3
b) 0,28
c) 3030
d) 2,001
e) 20
f) 7,001 01

3 Dezimalzahlen ordnen
a) $0,25 < 0,52 < 1,03 < 1,30 < 2,75$
b) $0,07 < 1,0998 < 1,976 < 1,98 < 1,984$

4 Dezimalzahlen auf dem Zahlenstrahl
a) Der Abstand zwischen zwei Strichen ist $\frac{1}{50} = 0,02$

A = 0,06 B = 0,15 C = 0,29

D = 0,92 E = 1,21 F = 1,5

G = 1,84 H = 2,08 I = 2,36

b)
```
  +--+--+--+--+--+--+--+--+--+--+--+-->
 0,4 0,5 0,6 0,7 0,8 0,9  1  1,1 1,2 1,3 1,4 1,5
```

5 Zahlen in der Mitte
a) 7,5 b) 2,35 c) 4,375 d) 8,995

6 Dezimalzahlen runden
a) 4,2 b) 12,03 c) 5,556 d) 0

7 Welche Zahlen wurden gerundet?
a) Zum Beispiel: 1,35; 1,44999; 1,41058
b) Zum Beispiel: 1,055; 1,064999; 1,06325

8 Addieren und subtrahieren im Kopf
a) 7,5 b) 5,7 c) 1,15 d) 4,94
e) 6,48 f) 1,18 g) 1,15 h) 19,3

9 Schriftlich addieren und subtrahieren

a)
```
   1 9, 3 5 6
 +    7, 8 9
   ----------
      1 1 1
   2 7, 2 4 6
```

b)
```
    0, 2 4 3
 + 0, 7 7 8 5
   ----------
      1 1 1
   1, 0 2 1 5
```

c)
```
   3 2, 7 5 3
 -     5, 3 2 5
   ----------
      1     1
   2 7, 4 2 8
```

d)
```
   9 5, 7
 - 3 9, 1 8 3
   ----------
      1   1 1
   5 6, 5 1 7
```

10 Zahlenrätsel
a) $43,05 - 17,8 = 25,25$; also $17,8 + \mathbf{25,25} = 43,05$
b) $3,37 + 14,96 = 18,33$; also $18,33 - \mathbf{3,37} = 14,96$
c) $10,7 - 0,38 = 10,32$; also $10,7 - \mathbf{10,32} = 0,38$

11 Reicht das Geld?

$1,25\,€ + 1,10\,€ + 0,75\,€ + 6,50\,€ = 9,60\,€$

Insgesamt benötigt Susa 9,60 €, ihr Geld (9,80 €) reicht damit.

Lösungen zu Seite 57

12 Multiplizieren und dividieren im Kopf
a) 156,7 b) 0,7834 c) 0,034711 d) 3,69
e) 15 f) 3,74 g) 0,005 h) 40

13 Schriftlich multiplizieren und dividieren

Berechne schriftlich.

a)
```
 1 2, 4 3  ·  3 2
     3 7 2 9
     2 4 8 6
         1
     3 9 7, 7 6
```

b)
```
 1 3, 2  ·  4, 7
       5 2 8
       9 2 4
       1 1
       6 2, 0 4
```

c)

9	5,	7	·	2,	3
	1	9	1	4	
	2	8	7	1	
	1	1	1		
	2	2	0,	1	1

d)

1	8,	6	5	·	1	7,	2
		1	8	6	5		
	1	3	0	5	5		
		3	7	3	0		
		1	1	1			
	3	2	0,	7	8	0	

e)

```
  1 6 2, 7 2 : 1 2 = 1 3, 5 6
- 1 2
    4 2
  - 3 6
      6 7
    - 6 0
        7 2
      - 7 2
          0
```

f)

```
  1, 0 5 3 : 3, 9
  1 0, 5 3 : 3 9 = 0, 2 7
-   0
  1 0 5
  -  7 8
     2 7 3
   - 2 7 3
         0
```

g)

```
  1 2 9, 1 0 8 : 8, 4
  1 2 9 1, 0 8 : 8 4 = 1 5, 3 7
-   8 4
    4 5 1
  - 4 2 0
      3 1 0
    - 2 5 2
        5 8 8
      - 5 8 8
            0
```

h)

```
  1 0, 6 4 : 0, 1 9
  1 0 6 4 :   1 9 = 5 6
-   9 5
    1 1 4
  - 1 1 4
        0
```

14 Umkehraufgabe

a) $4,6 \cdot \mathbf{100} = 460$

b) $\mathbf{10} \cdot 0,76 = 7,6$

c) $\mathbf{10} \cdot 0,03 = 0,3$

d) $73 \cdot \mathbf{0,001} = 0,073$

e) $5,7 \cdot \mathbf{0,1} = 0,57$

f) $\mathbf{0,01} \cdot 2,55 = 0,0255$

g) $0,23 \cdot \mathbf{1000} = 230$

h) $\mathbf{10\,000} \cdot 3,05 = 30\,500$

15 Größer oder Kleiner?

a) $1,1 \cdot 1,2 > 1$

b) $0,7 \cdot 0,7 < 0,7$

c) $0,9 \cdot 1 = 0,9$

d) $1,1 \cdot 1,1 > 1,1$

e) $0,5 \cdot 1,2 < 1$

f) $0,9 \cdot 2 < 2$

g) $1,1 \cdot 0,9 < 1$

h) $1,2 \cdot 1,1 > 1$

16 Klassenfest

$51,75 \,€ : 25 = 2,07 \,€$

Die geteilten Kosten betragen 2,07 €.

17 Dachziegel transportieren

3 t = 3000 kg

$3000 : 2,5 = 30\,000 : 25 = 1200$

Der Lkw darf 1200 Dachziegel laden.

18 Schwimmbecken

1 Boden: $9,50 \,m \cdot 4,50 \,m = 42,75 \,m^2$

2 Seitenflächen lang: $2 \cdot 9,50 \,m \cdot 1,80 \,m = 34,20 \,m^2$

2 Seitenflächen breit: $2 \cdot 4,50 \,m \cdot 1,80 \,m = 16,20 \,m^2$

Gesamt: $42,75 \,m^2 + 34,20 \,m^2 + 16,20 \,m^2 = 93,15 \,m^2$

Die zu streichende Fläche ist 93,15 m² groß.

19 Periodische Dezimalzahlen

a) $0,\overline{57}$

b) $1,0\overline{712}$

c) $3,210\overline{457}$

20 Von der Dezimalzahl zum Bruch

a) $\frac{3}{4}$

b) $\frac{5}{8}$

c) $\frac{6}{10} = \frac{3}{5}$

d) $3\frac{8}{1000} = 3\frac{1}{125}$

e) $2\frac{12}{100} = 2\frac{3}{25}$

f) $0,\overline{6} = \frac{2}{3}$

21 Vom Bruch zur Dezimalzahl

a) $\frac{3}{5} = 0,6$

b) $\frac{11}{20} = 0,55$

c) $\frac{10}{6} = 1,\overline{6}$

d) $\frac{5}{8} = 0,625$

e) $\frac{3}{11} = 0,\overline{27}$

f) $\frac{5}{7} = 0,\overline{714285}$

22 Zahlen ordnen

a) $0,6 < 0,66 < 0,\overline{6}$

b) $1,\overline{08} < 1,08 < 1,80$

c) $\frac{5}{3} = 1,\overline{6}$ und $\frac{13}{9} = 1,\overline{4}$ damit: $1,3 < 1,\overline{4} < 1,\overline{6}$

23 Entstehung periodischer Dezimalzahlen erforschen

a) $\frac{1}{6} = 0,1\overline{6}$; $\frac{2}{6} = \frac{1}{3} = 0,\overline{3}$; $\frac{3}{6} = 0,5$; $\frac{4}{6} = \frac{2}{3} = 0,\overline{6}$; $\frac{5}{6} = 0,8\overline{3}$

Bei Brüchen mit dem Nenner 6 können in der Dezimalzahldarstellung drei Fälle unterschieden werden.

Abrechende Dezimalzahlen:

$\frac{3}{6} = \frac{1}{2} = 0,5$; $\frac{9}{6} = 1\frac{1}{2} = 1,5$; $\frac{15}{6} = 2,5 \ldots$

$\frac{6}{6} = 1$; $\frac{12}{6} = 2 \ldots$

Periodische Dezimalzahlen:

Periodenlänge 1, direkt nach dem Komma.

$\frac{2}{6} = \frac{1}{3} = 0,\overline{3}$; $\frac{8}{6} = \frac{4}{3} = 1,\overline{3}$; $\frac{14}{6} = \frac{7}{3} = 2,\overline{3} \ldots$

$\frac{4}{6} = \frac{2}{3} = 0,\overline{6}$; $\frac{10}{6} = \frac{5}{3} = 1,\overline{6}$; $\frac{16}{6} = \frac{8}{3} = 2,\overline{6} \ldots$

Periodenlänge 1, ab der 2. Nachkommastelle.

$\frac{1}{6} = 0,1\overline{6}$; $\frac{7}{6} = 1,1\overline{6}$; $\frac{13}{6} = 2,1\overline{6} \ldots$

$\frac{5}{6} = 0,8\overline{3}$; $\frac{11}{6} = 1,8\overline{3}$; $\frac{17}{6} = 2,8\overline{3} \ldots$

b) $\frac{3}{7} = 0,\overline{428571}$

Bei der Division durch 7 gibt es 6 verschiedene Reste. Nach 6 Divisionsschritten erhält man wieder den ersten Rest 4. Somit wiederholen sich die bisherigen Reste. Die Periodenlänge ist genau 6.

3 Geometrie

6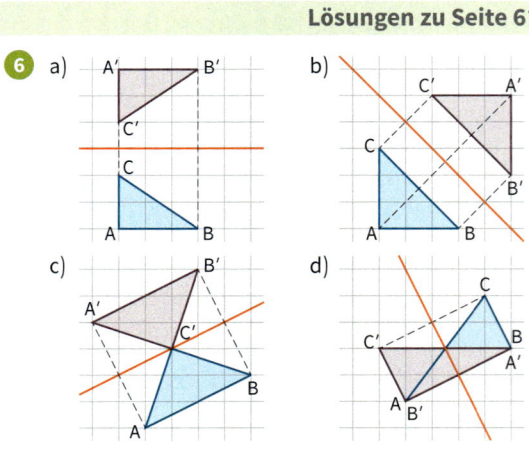

7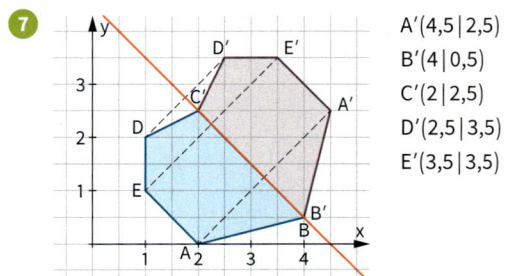

A'(4,5 | 2,5)
B'(4 | 0,5)
C'(2 | 2,5)
D'(2,5 | 3,5)
E'(3,5 | 3,5)

10

11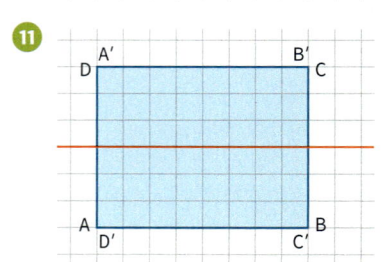

5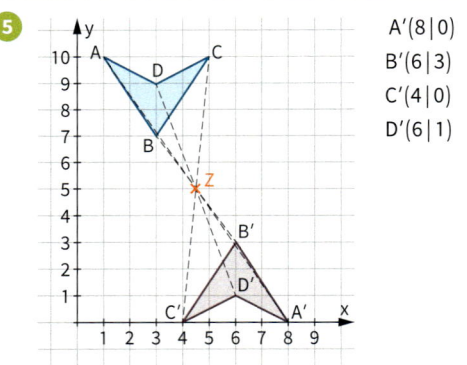

A'(8 | 0)
B'(6 | 3)
C'(4 | 0)
D'(6 | 1)

9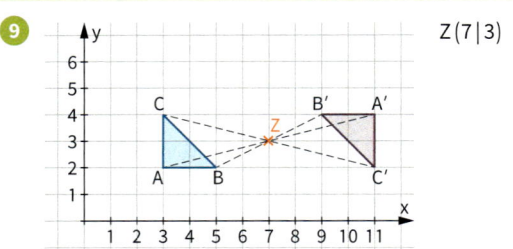

Z(7 | 3)

5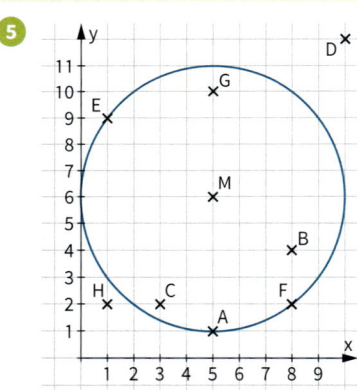

6 a)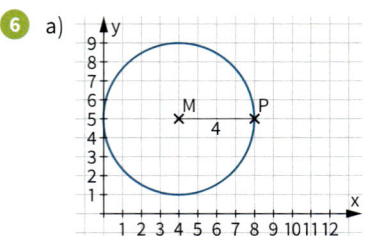

b)

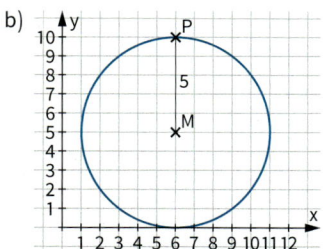

c)

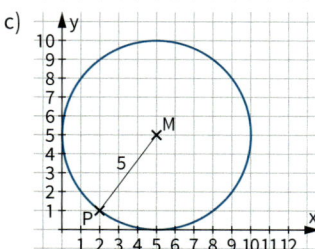

d)

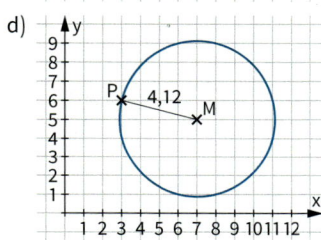

Lösungen zu Seite 67

9

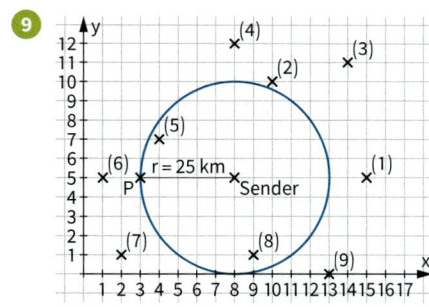

a) Die Schiffe (5) und (8) sind im Sendebereich.

b) Kein Schiff befindet sich auf der Grenze.

Lösungen zu Seite 68

15

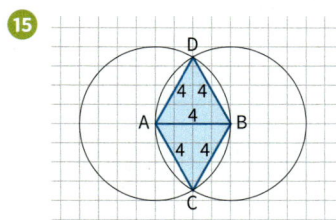

Beide Dreiecke sind gleichseitig.

Lösungen zu Seite 70

4

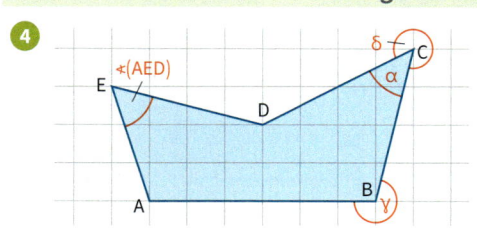

Lösungen zu Seite 73

9 a)

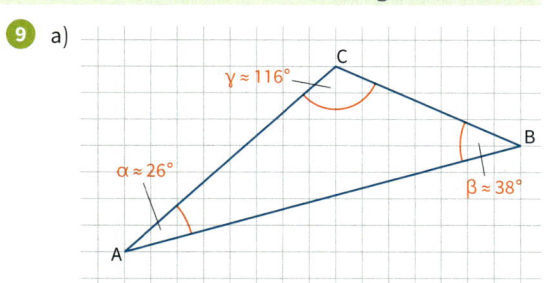

Alle Winkel sind auf ganze Grad gerundet.

b)

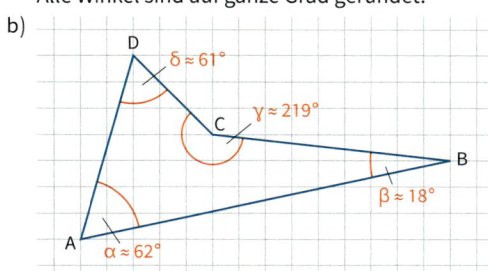

Alle Winkel sind auf ganze Grad gerundet.

Lösungen zu Seite 74

17 a)

b)

c)

d)

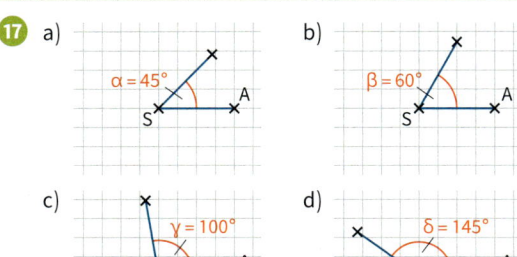

e)

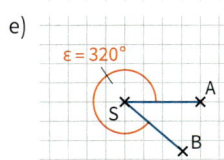

18 a)

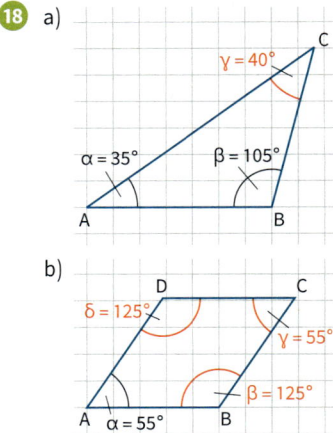

b)

Wiederholen für die Klassenarbeit

Lösungen zu Seite 79

1 Spiegeln an einer Spiegelachse

a) b)

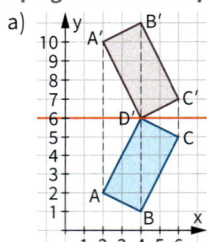

c)

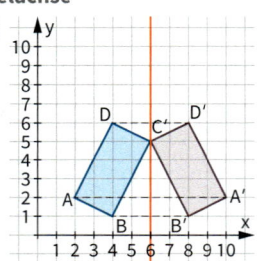

2 Spiegeln an Spiegelzentren

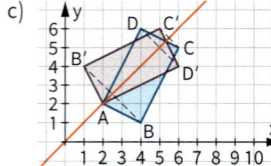

3 Spiegelachse finden

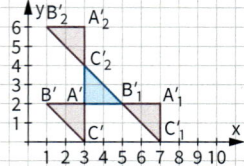

4 Spiegelachsen

a) Der Bildpunkt von A ist zu weit von der Spiegelachse entfernt.

b) Hier wurde eine Punktspiegelung statt einer Achsenspiegelung ausgeführt.

c) Hier wurde das Dreieck verschoben und gedreht.

5 Spiegeln an einem Punkt

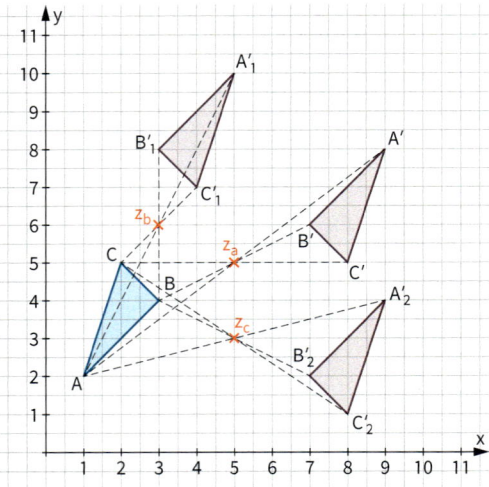

6 Spiegelachsen in Vierecken

a) Quadrat: Rechteck oder Dreieck
Drachen: Dreieck
Symmetrisches Trapez: Trapez
Rechteck: Rechteck
Raute: gleichschenkliges Dreieck

b) Quadrat: Rechteck oder Dreieck
Parallelogramm: Dreieck
Raute: gleichschenkliges Dreieck

7 Kreise zeichnen

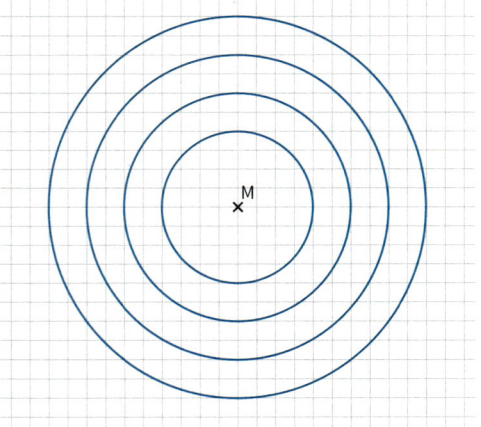

8 Kreis im Koordinatensystem

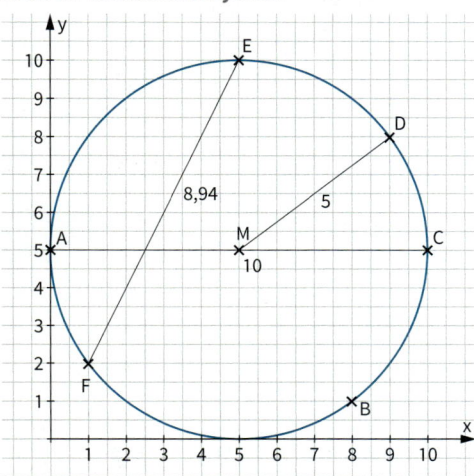

a) M(5|5)
b) Die Strecke $\overline{EF}$ geht nicht durch den Mittelpunkt und ist daher kürzer als der Durchmesser.
$\overline{EF} \approx 8,9$ LE (LE für Längeneinheiten)

9 Punkte gesucht

a)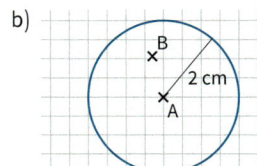

Die Punkte liegen auf einem Kreis um A mit dem Radius 3 cm.

b)

Die Punkte liegen innerhalb eines Kreises um A mit dem Radius 2 cm.

c)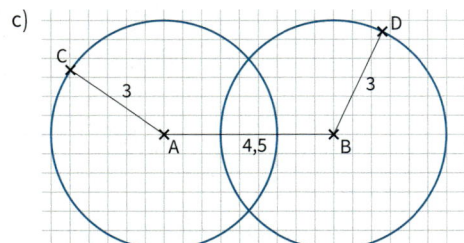

Diese Punkte sind die Schnittpunkte der Kreise um A und um B. Wenn A und B weiter als 6 cm auseinander liegen, schneiden sich die Kreise nicht mehr.

10 Winkel zeichnen

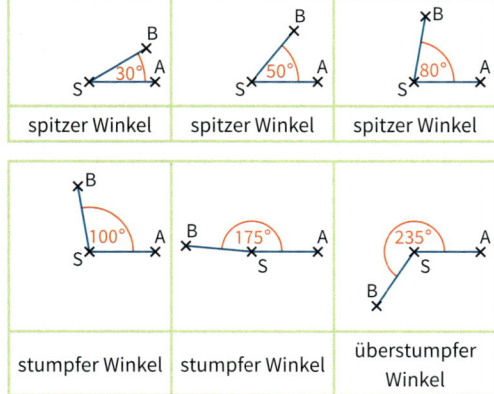

| spitzer Winkel | spitzer Winkel | spitzer Winkel |

| stumpfer Winkel | stumpfer Winkel | überstumpfer Winkel |

11 Winkeltypen

spitzer Winkel	rechter Winkel	stumpfer Winkel
0° < α < 90°	α = 90°	90° < α < 180°

gestreckter Winkel	überstumpfer Winkel	Vollwinkel
α = 180°	180° < α < 360°	α = 360°

12 Winkel in Vierecken

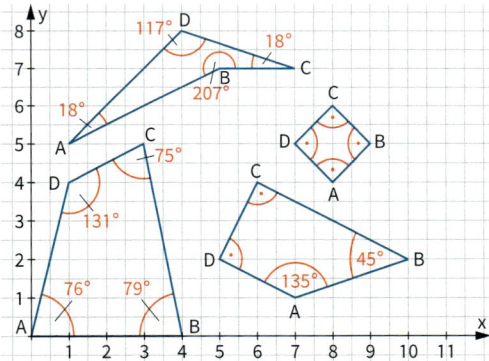

Alle Winkel sind auf ganze Grad gerundet, daher kann die Summe größer als 360° sein.

13 Winkel markieren

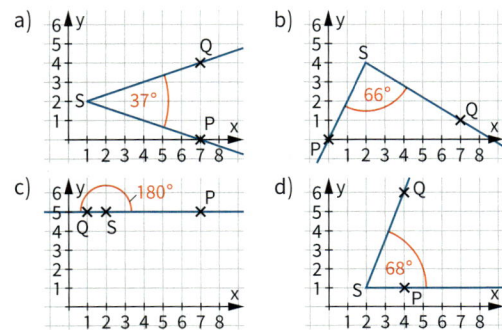

Alle Winkel sind auf ganze Grad gerundet.

14 Rechte Winkel

a) Ja, zum Beispiel das Dreieck ABC mit A(1|1), B(5|1) und C(1|5) ist rechtwinklig.

b) Nein, da bei einem „Dreieck" mit zwei rechten Winkeln die beiden Schenkel des dritten „Winkels" parallel sind und damit keinen Schnittpunkt (Scheitelpunkt) haben.

c) • Viereck ABCD mit einem rechten Winkel: zum Beispiel A(1|1), B(5|1), D(1|5) und C(4|4)
   • Viereck ABCD mit zwei rechten Winkel: zum Beispiel A(1|1), B(5|1), D(1|5) und C(5|4)
   • Viereck ABCD mit vier rechten Winkeln: zum Beispiel A(1|1), B(5|1), D(1|5) und C(5|5)
   • Für jedes Viereck, das drei rechte Winkel hat, sind die gegenüberliegenden Seiten parallel. Damit ist auch der vierte Winkel ein rechter Winkel.

15 Uhrzeiger

a) 15:00 Uhr: 90° (360°:4) und
                     270° (360° − 90°)
   5:00 Uhr: 150° (180° − 30°) und
                     210° (360° − 150°)

b) Der kleine Zeiger steht in der Mitte zwischen 4 und 5 und der große Zeiger zeigt auf 6.
   Also 30° + 15° = 45°

c) 10:30 Uhr: 4·30° + 15° = 135° und 225°
   1:30 Uhr: 4·30° + 15° = 135° und 225°

d) 2:00 Uhr, 10:00 Uhr

16 Pizzateilung

Anzahl gleich großer Stücke	Winkelweite eines Stücks
2	360° : 2 = 180°
3	360° : 3 = 120°
4	360° : 4 = 90°
5	360° : 5 = 72°
6	360° : 6 = 60°
8	360° : 8 = 45°
10	360° : 10 = 36°

Lösungen zu Seite 81

17 Spiegeln eines Kreises

Man spiegelt den Mittelpunkt M und einen Punkt P des Kreises. Nun kann man den Bildkreis um M′ durch P′ zeichnen.

18 Winkelsituationen

a)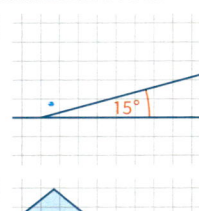

b)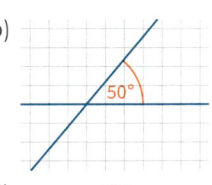

c)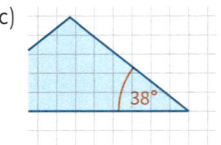

d)

19 Winkel in Figuren messen

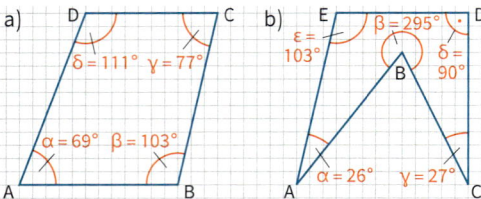

Alle Winkel sind auf ganze Grad gerundet.

a) α: spitz
   β: stumpf
   γ: spitz
   δ: stumpf

b) α: spitz
   β: überstumpf
   γ: spitz
   δ: rechter Winkel
   ε: stumpf

20 Winkelweiten bestimmen

a) α + β + γ = 180°
   γ = 180° − (85° + 50°) = 45°

b) α + β = γ
   β = 80° − 30° = 50°

c) α + β + δ = γ
   δ = 115° − 35° − 40° = 40°

21 Regelmäßige Figuren

a) Regelmäßiges Sechseck: α = 360° : 6 = 60°
   Regelmäßiges Achteck: α = 360° : 8 = 45°
   Regelmäßiges Fünfeck: α = 360° : 5 = 72°

b) Zeichne einen Kreis mit dem Radius 5 cm um den Mittelpunkt M. Trage nun mehrfach die Mittelpunktswinkel α ab. Verbinde die Schnittpunkte der Schenkel mit dem Kreis zum regelmäßigen Vieleck.

c) Bestimme die Winkelweiten der Innenwinkel β zum Beispiel durch Messen.
   Regelmäßiges Sechseck: β = 120°
   Regelmäßiges Achteck: β = 135°
   Regelmäßiges Fünfeck: β = 108°

4 Rationale Zahlen

Lösungen zu Seite 85

4 $A = -1,5$ $B = -0,5$ $C = 0,5$ $D = 0,9$

$E = 1,2$ $F = -1,8$ $G = -1,4$ $H = -0,8$

$I = -0,2$ $J = 0,2$

5

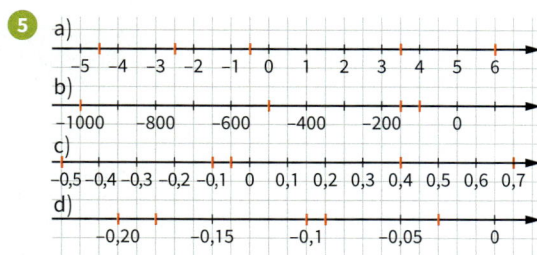

6 a) $-2,5 < -\frac{9}{10} < -0,01 < 0,02 < 3,1$

b) $-\frac{1}{2} < -0,45 < -\frac{2}{5} < -\frac{3}{8} < 1,2$

Lösungen zu Seite 86

10 Beispiele für dazwischenliegende Zahlen:

a) $-0,99$; $-0,5$; $-\frac{1}{3}$; $-\frac{1}{6}$; $-0,001$

b) $-\frac{1}{3}$; $-\frac{1}{6}$; 0; $0,1$; $0,3$

c) $-1,11$; $-1,111$; $-1,12$; $-1,18$; $-1,123456$

d) $-0,3$; $-0,29$; $-\frac{1}{4}$; $-0,21$; $-\frac{1}{5}$

11 a) $-4,5$ b) $-0,75$ c) $-2,25$ d) $-3,2$

Lösungen zu Seite 87

4 $\left|-\frac{1}{7}\right| < |-3| < |-3,5| < |5,1|$

5 a) Die Zahlen 20 und -20 haben den Betrag 20.

b) Der Betrag von allen Zahlen zwischen -1 und 1 ist kleiner als 1. Zum Beispiel: 0; $-0,1$; 0,999

c) Für alle Zahlen zwischen -6 und -3 oder zwischen 3 und 6 ist der Betrag größer als 3 und kleiner als 6.

Lösungen zu Seite 89

6

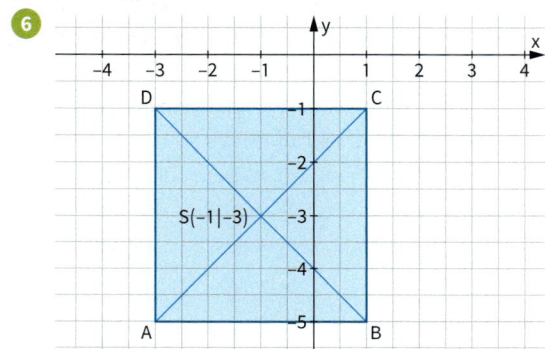

7

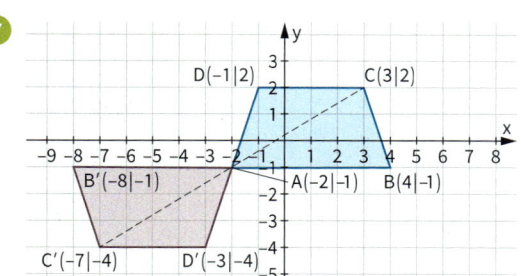

8 a) $A'(-6|-8)$ b) $A'(6|8)$

c) $A'(6|-8)$ d) $A'(6|-8)$

Lösungen zu Seite 91

6 a) Am Abend beträgt die Temperatur $-4°C$.

b) Die Temperaturänderung beträgt $+14°C$.

c) Die Höhle liegt 17 m tiefer als der Felsen.

Lösungen zu Seite 94

5 a) $(-14) + (-18) = -14 - 18 = -32$

b) $32 + (-6) = 32 - 6 = 26$

c) $(-2,5) + 6 = -2,5 + 6 = 3,5$

d) $-3,3 + (-2,7) = -3,3 - 2,7 = -6$

e) $\left(-\frac{3}{4}\right) + \left(-\frac{1}{2}\right) = -\frac{3}{4} - \frac{1}{2} = -\frac{5}{4} = -1\frac{1}{4}$

f) $-\frac{4}{5} - \left(-\frac{1}{10}\right) = -\frac{4}{5} + \frac{1}{10} = -\frac{7}{10}$

g) $\frac{3}{5} + \left(-\frac{2}{3}\right) = \frac{3}{5} - \frac{2}{3} = \frac{9}{15} - \frac{10}{15} = -\frac{1}{15}$

h) $\frac{1}{6} - \left(-\frac{1}{3}\right) = \frac{1}{6} + \frac{1}{3} = \frac{1}{2}$

Lösungen zu Seite 95

11 a) $-17,5 + (-0,8) = -18,3$ b) $-35 - 12,5 = -47,5$

c) $-10,4 + 4,8 = -5,6$ d) $27,1 - 26,3 = 0,8$

e) $16,2 + (-16,8) = -0,6$ f) $-27,5 - (-20,5) = -7$

12 a) $-4,5 + \blacksquare = -10$

$\blacksquare = -10 + 4,5 = -5,5$

b) $\frac{1}{3} - \blacksquare = -\frac{1}{2}$; also $\blacksquare = \frac{1}{3} + \frac{1}{2} = \frac{5}{6}$

c) $-100 + \blacksquare = 95,3$

$\blacksquare = 95,3 + 100 = 195,3$

Lösungen zu Seite 97

8 a) -12 b) 20 c) 0

d) $-6,6$ e) $\frac{3}{8}$ f) $-\frac{1}{5}$

g) $\frac{3}{8}$ h) $-\frac{5}{16}$ i) $-\frac{1}{2}$

14 a) -64 b) 256 c) $-\dfrac{8}{27}$

d) -16 e) $-\dfrac{1}{125}$

15 $(-2)^4 = (-2)\cdot(-2)\cdot(-2)\cdot(-2) = 16$

Der Exponent ist gerade, das Ergebnis ist daher positiv. Der Betrag halbiert sich.

12 a) $18 + 5 = 23$ b) $8 - 10 = -2$

c) $(-5)\cdot(-4) = 20$ d) $9 - 5 - 4 = 0$

e) $2 - 4 + \dfrac{1}{3} = -1\dfrac{2}{3}$ f) $-4 + 5 + \dfrac{1}{2} = 1\dfrac{1}{2}$

g) $-1 + 1\dfrac{2}{3} = \dfrac{2}{3}$ h) $-1 - 6 = -7$

18 a) $-2 : 0,1 = -2 : \dfrac{1}{10} = -20$

b) $-\dfrac{1}{4} - \dfrac{3}{4} + \dfrac{3}{2} = -1 + \dfrac{3}{2} = \dfrac{1}{2}$

c) $1\cdot(-1) = -1$

d) $3^2 : (-5) = -\dfrac{9}{5} = -1\dfrac{4}{5}$

e) $3\cdot(-1,6 - 0,4) = -6$

f) $(-5)\cdot(7 - 2) = -25$

g) $(-6,7)\cdot 2 : 10 = -13,4 : 10 = -1,34$

h) $\dfrac{1}{5}\cdot(-5) - 14\cdot(-5) = -1 + 70 = 69$

19 a) $(10 - (-5)) + (-7) = (10 + 5) + (-7) = 15 - 7 = 8$

b) $(-7,5 + 8)\cdot(-3) = 0,5\cdot(-3) = -1,5$

Wiederholen für die Klassenarbeit

1 **Zahlen auf der Zahlengeraden**

a) $A = -3$ $B = -1,5$ $C = -0,5$ $D = 1,5$

b) $A = -1,75$ $B = -1,25$ $C = -0,75$ $D = 0,25$

2 **Zahlen markieren**

a)

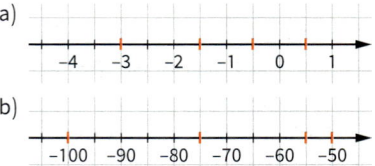

b)

3 **Vorgänger und Nachfolger von ganzen Zahlen**

a) Vorgänger: -13 Nachfolger: -11

b) -6 hat den Vorgänger -7.

c) -1 hat den Vorgänger -2.

Der Nachfolger von -1 ist die Zahl 0.

4 **Zahl in der Mitte**

a) $(-8 + 2) : 2 = -3$ b) $(-5 + (-4)) : 2 = -4,5$

c) $(-2,5 + 0,5) : 2 = -1$ d) $(-12 + 25) : 2 = 6,5$

5 **Beträge**

a) $|0,1| < |-0,5| < |-2,1| < |2,5| < |-3,7|$

b) Die Aussage ist falsch.

Gegenbeispiel: $a = -3$ und $b = 3$

$|a + b| = |-3 + 3| = |0| = 0$

$|a| + |b| = |-3| + |3| = 3 + 3 = 6$

6 **Koordinatensystem**

a) Das Viereck ist ein Quadrat. Bildpunkte:

$A'(1 | 2)$; $B'(-2 | 1)$; $C'(-1 | -2)$; $D'(2 | -1)$

b) Das Viereck ist ein Parallelogramm. Bildpunkte:

$A(3 | 2)$; $B(1 | 2,5)$; $C(-4 | -1,5)$; $D(-2 | -2)$

7 **Temperaturänderungen**

Anf.	$-3\,°C$	$-5\,°C$	**$-11\,°C$**	$-2,8\,°C$	$-3,5\,°C$	**$1,6\,°C$**
Änd.	$+8\,°C$	**$+6\,°C$**	$+4\,°C$	$+5,2\,°C$	**$-4,7\,°C$**	$-6,1\,°C$
End.	**$5\,°C$**	$1\,°C$	$-7\,°C$	**$2,4\,°C$**	$-8,2\,°C$	$-4,5\,°C$

8 **Kontobuchungen**

$1378 + (-2045) = 1378 - 2045 = -667$

neuer Kontostand: $-667,00\,€$

$-356,8 + (-148) = -356,8 - 148 = -504,8$

neuer Kontostand: $-504,80\,€$

$-128,5 + 243,5 = 115$

neuer Kontostand: $-115,00\,€$

9 **Kontobewegungen**

a) $152,50\,€ - 73,20\,€ - 47,40\,€ = 31,90\,€$

Neuer Kontostand: $31,90\,€$

b) $205,76\,€ + \blacksquare = -37,45\,€$

$-37,45\,€ - 205,76\,€ = -243,21\,€$

Kontobewegung: $243,21\,€$ wurden abgehoben.

c) $243,73\,€ + 82,09\,€ - 61,45\,€ = 387,27\,€$

Neuer Kontostand: $387,27\,€$

d) $\blacksquare + 65,10\,€ + 20,95\,€ = 105,96\,€$

$\blacksquare + 86,05\,€ = 105,96\,€$

$\blacksquare = 105,96\,€ - 86,05\,€ = 19,91\,€$

Alten Kontostand: $19,91\,€$

Lösungen zu Seite 103

10 **Addieren und Subtrahieren**

a) $25 + (-14) - (-50) = 25 + 50 - 14 = 61$

b) $(-2,4) + 5,8 - (-7,6) = 5,8 + 7,6 - 2,4 = 11$

c) $-81 - (-19) + 21 = -81 + 19 + 21 = -41$

d) $-\frac{3}{2} - \left(-\frac{1}{2}\right) + 16 = -\frac{3}{2} + \frac{1}{2} + 16 = 15$

e) $-18 - 0,5 - 2,5 = -18 - 3 = -21$

f) $-\frac{2}{3} + \left(-\frac{1}{6}\right) - \left(-\frac{5}{12}\right) = -\frac{8}{12} - \frac{2}{12} + \frac{5}{12} = -\frac{5}{12}$

11 **Zahlenrätsel**

a) $\blacksquare + 17 - 23 = -15$

$-15 + 23 - 17 = -9$

Die Zahl ist -9.

b) $-2 - 16,5 + 10 = -8,5$

Die Zahl ist $-8,5$.

12 **Multiplizieren und dividieren**

Berechne im Kopf und notiere das Ergebnis.

a) 24   b) -35 c) -3 d) 12

e) -24 f) -6 g) -11 h) 56

13 **Geschickt multiplizieren und dividieren**

a) $(-2,5) \cdot 0,4 = -(2,5 \cdot 4 : 10) = 1$

b) $\left(-\frac{9}{4}\right) \cdot 8 = -(9 \cdot 2) = 18$

c) $\frac{1}{6} : \left(-\frac{5}{8}\right) = -\left(\frac{1}{6} \cdot \frac{8}{5}\right) = -\left(\frac{1}{3} \cdot \frac{4}{5}\right) = -\frac{4}{15}$

d) $-0,25 : (-0,5) = 0,25 : 0,5 = 0,25 \cdot 2 = 0,5$

e) $\left(-\frac{2}{3}\right) \cdot \frac{9}{7} = -\left(\frac{2}{3} \cdot \frac{9}{7}\right) = -\left(\frac{2}{1} \cdot \frac{3}{7}\right) = -\frac{6}{7}$

f) $(-3,6) : (-0,9) = 3,6 : 0,9 = 36 : 9 = 4$

g) $\left(-\frac{3}{5}\right) : \left(\frac{9}{4}\right) = -\left(\frac{3}{5} \cdot \frac{4}{9}\right) = -\left(\frac{1}{5} \cdot \frac{4}{3}\right) = -\frac{4}{15}$

h) $-28 : \left(-\frac{4}{7}\right) = 28 \cdot \frac{7}{4} = 7 \cdot 7 = 49$

14 **Fülle die Lücken**

a) $-12 \cdot \mathbf{(-6)} = 72$, denn $72 : (-12) = -6$

b) $\mathbf{(-9)} \cdot (-3) = 27$, denn $27 : (-3) = -9$

c) $\mathbf{(-8)} \cdot (-125) = 1000$, denn $1000 : (-125) = -8$

d) $-5 \cdot (-15) = \mathbf{75}$

15 **Potenzschreibweise**

a) $(-1)^6 = 1$

b) $(-10)^5 = -10\,000$

c) $(-0,1)^5 = -0,000\,01$

d) $(-4)^5 = -1024$

e) $\left(-\frac{1}{3}\right)^3 = -\frac{1}{27}$

f) $\left(\frac{2}{5}\right)^3 = \frac{8}{125}$

16 **Wahr oder falsch?**

a) Wahr, da der Exponent 75 ungerade ist.

b) Falsch, da das Minus vor der Potenz 47^{28} steht.

c) Falsch, da die Basis -91 negativ ist und der Exponent 21 ungerade ist.

d) Falsch, da der Exponent 48 gerade ist.

e) Falsch, da $0^5 = 0$ und $(-715)^{39}$ negativ ist.

f) Falsch, da der Exponent 5 ungerade ist und $-34^5 < -23^5$.

g) Wahr, da der Exponent 6 gerade ist und $12^6 < 17^6$.

h) Wahr, da die Exponenten gerade sind und $15^4 < 15^6$.

17 **Klammern auflösen**

a) $-8 - (-12 + 3) = -8 - (-9) = -8 + 9 = 1$

b) $-10 + (-2,5 - 6) = -10 - 2,5 - 6 = -18,5$

c) $12 + (-0,25 + 3) = 12 + 3 - 0,25 = 14,75$

d) $-(-25 - 6,5) + 1,5 = 25 + 6,5 + 1,5 = 25 + 8 = 33$

e) $\frac{2}{3} + \left(-\frac{1}{3} + \frac{1}{4}\right) = \frac{2}{3} - \frac{1}{3} + \frac{1}{4} = \frac{1}{3} + \frac{1}{4} = \frac{4}{12} + \frac{3}{12} = \frac{7}{12}$

f) $-\frac{2}{5} - \left(-\frac{2}{10} - 2\right) = -\frac{2}{5} + \frac{1}{5} + 2 = 2 - \frac{1}{5} = 1\frac{4}{5} = 1,8$

g) $15 - \left(-\frac{1}{5} - \frac{7}{10}\right) = 15 + \frac{2}{10} + \frac{7}{10} = 15\frac{9}{10} = 15,9$

h) $\frac{3}{8} - \left(\frac{1}{4} - \frac{3}{4}\right) = \frac{3}{8} - \left(-\frac{1}{2}\right) = \frac{3}{8} + \frac{4}{8} = \frac{7}{8} = 0,875$

18 **Ausmultiplizieren und Ausklammern**

Berechne geschickt und achte auf das Vorzeichen.

a) $16 \cdot \left(-\frac{1}{2} - \frac{3}{8}\right) = 16 \cdot \left(-\frac{1}{2}\right) - 16 \cdot \frac{3}{8} = -8 - 6 = -14$

$= 16 \cdot \left(-\frac{7}{8}\right) = -16 \cdot \frac{7}{8} = -14$

b) $-\frac{2}{3} \cdot \left(-\frac{9}{2} - \frac{3}{4}\right) = \frac{2}{3} \cdot \left(\frac{9}{2} + \frac{3}{4}\right) = \frac{2}{3} \cdot \frac{9}{2} + \frac{2}{3} \cdot \frac{3}{4} = 3 + \frac{1}{2} = 3\frac{1}{2}$

c) $-6 \cdot (-4) + 8 \cdot (-4) = -4 \cdot (8 - 6) = -4 \cdot 2 = -8$

d) $25 \cdot 0,25 - 9 \cdot 0,25 = (25 - 9) \cdot 0,25 = 16 \cdot \frac{1}{4} = 4$

19 **Rechenregeln anwenden**

a) $(-8) \cdot (8 + 6) = -8 \cdot (10 + 4) = -80 - 32 = -112$

b) $(-3)^3 \cdot (2 - 5) = (-3)^3 \cdot (-3) = (-3)^4 = 3^4 = 81$

c) $(-2) \cdot 12 \cdot (-5) = (2 \cdot 5) \cdot 12 = 120$

d) $40 : 8 : (-2) = 5 : (-2) = -2,5$

20 **Erst denken, dann rechnen**

a) Das Ergebnis ist 0, denn es ergeben sich immer Paare von Zahlen, die den gleichen Betrag haben, aber ein unterschiedliches Vorzeichen, z. B. -50 und 50. Diese Paare addieren sich jeweils zu 0.

b) Das Ergebnis ist 0, denn ein Faktor in dem Produkt ist 0 und somit ergibt das gesamte Produkt 0.

5 Flächeninhalt von Figuren

6 a) Falsch, da die Linie nicht senkrecht zur Grundseite steht.

b) Richtig.

c) Falsche, da beide Linien nicht senkrecht zu ihrer Grundseite stehen.

7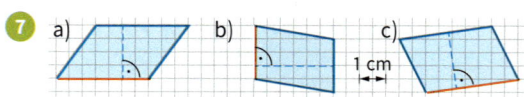

a) $A = 3{,}5\,cm \cdot 2\,cm = 7\,cm^2$

b) $A = 2\,cm \cdot 3\,cm = 6\,cm^2$

c) $A \approx 3{,}54\,cm \cdot 2{,}12\,cm \approx 7{,}50\,cm^2$

10 a) $A = a \cdot h_a = 2\,cm \cdot 5\,cm = 10\,cm^2$

$u = 2 \cdot a + 2 \cdot b = 16\,cm$

b) $A = b \cdot h_b = 3{,}2\,cm \cdot 3\,cm = 9{,}6\,cm^2$

$u = 2 \cdot a + 2 \cdot b = 14{,}4\,cm$

c) $A = a \cdot h_a = 5\,cm \cdot 6{,}4\,cm = 32\,cm^2$

$u = 2 \cdot a + 2 \cdot b = 26\,cm$

d) $A = b \cdot h_b = 2\,cm \cdot 2{,}5\,cm = 5\,cm^2$

$u = 2 \cdot a + 2 \cdot b = 9\,cm$

11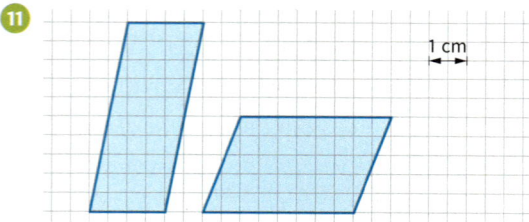

6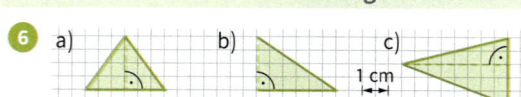

a) $A = \frac{1}{2} \cdot c \cdot h_c = \frac{1}{2} \cdot 3\,cm \cdot 2\,cm = 3\,cm^2$

b) $A = \frac{1}{2} \cdot c \cdot h_c = \frac{1}{2} \cdot 3\,cm \cdot 2\,cm = 3\,cm^2$

c) $A = \frac{1}{2} \cdot a \cdot h_a = \frac{1}{2} \cdot 2{,}5\,cm \cdot 4\,cm = 5\,cm^2$

12

g	4 cm	**4 cm**	3 cm	20 cm	**0,2 m**
h	1,5 cm	4 cm	**12 cm**	50 cm	10 m
A	**3 cm²**	8 cm²	18 cm²	**500 cm²**	1 m²

13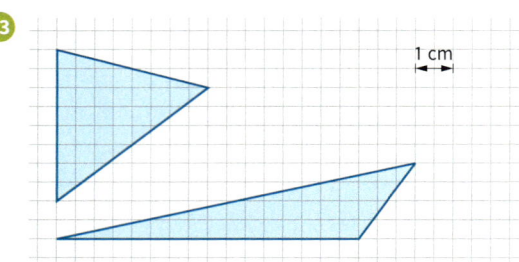

7 a) $A = \frac{1}{2} \cdot (a + c) \cdot h$

$= \frac{1}{2} \cdot (9\,cm + 3\,cm) \cdot 5\,cm = 30\,cm^2$

b) $A = \frac{1}{2} \cdot (a + c) \cdot h$

$= \frac{1}{2} \cdot (6{,}1\,cm + 3{,}5\,cm) \cdot 3\,cm = 14{,}4\,cm^2$

8 a) $20\,cm^2 = \frac{1}{2} \cdot (4\,cm + 1\,cm) \cdot h_a = 2{,}5\,cm \cdot h$

$h = 20\,cm^2 : 2{,}5\,cm = 8\,cm$

b) $10{,}8\,cm^2 = \frac{1}{2} \cdot (4{,}4\,cm + c) \cdot 1{,}6\,cm$

das heißt $21{,}6\,cm^2 = (4{,}4\,cm + c) \cdot 1{,}6\,cm$

das heißt $21{,}6\,cm^2 : 1{,}6\,cm = 4{,}4\,cm + c$

das heißt $13{,}5\,cm = 4{,}4\,cm + c$

das heißt $13{,}5\,cm - 4{,}4\,cm = c$

das heißt $9{,}1\,cm = c$

Oder mit der Formel aus Aufgabe 5:

$c = 2 \cdot A : h - a$

$= 2 \cdot 10{,}8\,cm^2 : 1{,}6\,cm - 4{,}4\,cm$

$= 13{,}5\,cm - 4{,}4\,cm = 9{,}1\,cm$

6 a) $A = 4{,}25\,cm^2$, zum Beispiel:

$1{,}5 \cdot 2 + \frac{1}{2} \cdot \frac{1}{2} \cdot 2 + \frac{1}{2} \cdot 1{,}5 \cdot 1 = 3 + 0{,}5 + 0{,}75 = 4{,}25$

b) $A = 5\,cm^2$, zum Beispiel: $3 \cdot 2 - \frac{1}{2} \cdot 2 \cdot 1 = 6 - 1 = 5$

c) $A = 3{,}5\,cm^2$, zum Beispiel:

$\frac{1}{2} \cdot 2{,}5 \cdot 1 + \frac{1}{2} \cdot (2{,}5 + 2) \cdot 1 = 1{,}25 + 2{,}25 = 3{,}5$

d) $A = 4{,}5\,cm^2$, zum Beispiel:

$2 \cdot 1 + \frac{1}{2} \cdot 1 \cdot 1 + \frac{1}{2} \cdot 2 \cdot 1 + 1 \cdot 1 = 2 + 0{,}5 + 1 + 1 = 4{,}5$

5 a) $u = 6{,}2 \cdot r = 6{,}2 \cdot 6\,cm = 37{,}2\,cm$

b) $u = 3{,}1 \cdot d = 3{,}1 \cdot 20\,cm = 62\,cm$

6 $21{,}7\,cm = 6{,}2 \cdot r$, also $r = 21{,}7\,cm : 6{,}2 = 3{,}5\,cm$

damit $d = 2 \cdot 3{,}5\,cm = 7\,cm$

Oder $21{,}7\,cm = 3{,}1 \cdot d$, also $d = 21{,}7\,cm : 3{,}1 = 7\,cm$

damit $r = 7\,cm : 2 = 3{,}5\,cm$

13 a) $A = 3,1 \cdot r^2 = 3,1 \cdot 7^2 \, cm^2 = 3,1 \cdot 49 \, cm^2 = 151,9 \, cm^2$

b) $r = 16 \, m : 2 = 8 \, m$

$A = 3,1 \cdot r^2 = 3,1 \cdot 8^2 \, cm^2 = 3,1 \cdot 64 \, m^2 = 198,4 \, m^2$

c) $r = 68,2 \, cm : 6,2 = 11 \, cm$

$A = 3,1 \cdot r^2 = 3,1 \cdot 11^2 \, cm^2 = 375,1 \, cm^2$

14 a) Quadrat – Kreis:

$A = 16 \, cm^2 - 3,1 \cdot 2^2 \, cm^2$

$ = 16 \, cm^2 - 12,4 \, cm^2 = 3,6 \, cm^2$

Quadrat + Kreis:

$u = 4 \cdot 4 \, cm + 3,1 \cdot 4 \, cm = 28,4 \, cm$

b) Halbkreis:

$A = \frac{1}{2} \cdot 3,1 \cdot 2^2 \, cm^2 = \frac{1}{2} \cdot 12,4 \, cm^2 = 6,2 \, cm^2$

$u = \frac{1}{2} \cdot 3,1 \cdot 4 \, cm + 4 \, cm = 10,2 \, cm$

c) Fläche wie in a) Quadrat – Kreis: $A = 3,6 \, cm^2$

Kreis + 2 Seiten:

$u = 3,1 \cdot 4 \, cm + 2 \cdot 4 \, cm = 20,4 \, cm$

d) Kreis: $A = 3,1 \cdot 2^2 \, cm^2 = 12,4 \, cm^2$

Umfang wie in a) Quadrat + Kreis:

$u = 4 \cdot 4 \, cm + 3,1 \cdot 4 \, cm = 28,4 \, cm$

Wiederholen für die Klassenarbeit

1 Flächeninhalt von Parallelogrammen

a) $A = a \cdot h_a = 6 \, cm \cdot 2 \, cm = 12 \, cm^2$

b) $A = b \cdot h_b = 5 \, cm \cdot 3 \, cm = 15 \, cm^2$

c) $A = c \cdot h_c = 0,2 \, m \cdot 4 \, cm = 20 \, cm \cdot 4 \, cm = 80 \, cm^2$

2 Parallelogramme zeichnen

Das Parallelogramm mit dem größten Flächeninhalt ist das Rechteck. Die Seite b ist dann gleichzeitig die Höhe auf a. Für alle anderen Parallelogramme ist die Höhe h_a kleiner als b.

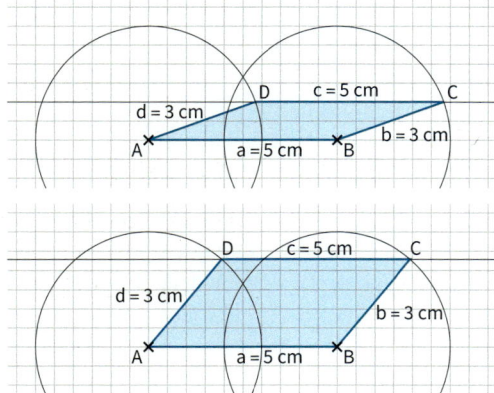

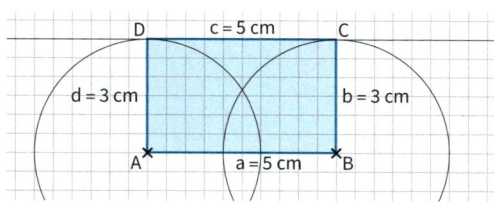

3 Höhen und Umfang eines Parallelogramms

a) $24 \, cm^2 = 8 \, cm \cdot h_a$, also $h_a = 24 \, cm^2 : 8 \, cm = 3 \, cm$

b) $20 \, cm^2 = 4 \, cm \cdot h_a$, also $h_a = 20 \, cm^2 : 4 \, cm = 5 \, cm$

$20 \, cm^2 = 6 \, cm \cdot h_b$, also $h_b = 20 \, cm^2 : 6 \, cm = 3\frac{1}{3} \, cm$

$u = 2 \cdot a + 2 \cdot b = 2 \cdot 4 \, cm + 2 \cdot 6 \, cm = 20 \, cm$

4 Dreiecksberechnungen

Berechne die fehlenden Größen.

g	4 cm	**8 cm**	6 cm	2,5 cm
h	2 cm	3 cm	**8 cm**	10 mm
A	**4 cm²**	12 cm²	24 cm²	**1,25 cm²**

5 Flächeninhalt eines Dreiecks

$A_2 = \frac{1}{2} \cdot 4 \, cm \cdot 3 \, cm$ $\qquad A_5 = \frac{3 \, cm \cdot 4 \, cm}{2}$

6 Trapezberechnungen

a) $A = \frac{1}{2} \cdot (a + c) \cdot h = \frac{1}{2} \cdot (3 \, cm + 7 \, cm) \cdot 3 \, cm$

$ = 5 \, cm \cdot 3 \, cm = 15 \, cm^2$

b) $10 \, cm^2 = \frac{1}{2} \cdot (a + 4 \, cm) \cdot 2 \, cm$

das heißt $20 \, cm^2 = (a + 4 \, cm) \cdot 2 \, cm$

das heißt $20 \, cm^2 : 2 \, cm = a + 4 \, cm$

das heißt $10 \, cm = a + 4 \, cm$

das heißt $10 \, cm - 4 \, cm = a$

das heißt $6 \, cm = a$

7 Flächeninhalt von Figuren

Rechteck: $A = 1,5 \, cm \cdot 2,5 \, cm = 3,75 \, cm^2$

Dreieck: $A = \frac{1}{2} \cdot 3 \, cm \cdot 2,5 \, cm = 3,75 \, cm^2$

Trapez: $A = \frac{1}{2} \cdot (4 \, cm + 2 \, cm) \cdot 2,5 \, cm = 7,5 \, cm^2$

Parallelogramm: $A = 3,8 \, cm \cdot 2,5 \, cm = 9,5 \, cm^2$

8 Figuren im Koordinatensystem

a)

Paralellogramm

$A = g \cdot h$

$ = 8 \cdot 4$

$ = 32$

$A = 32 \, cm^2$

b)

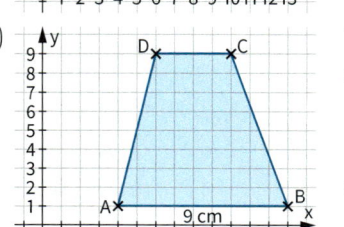

Trapez

$A = \frac{1}{2} \cdot (a + c) \cdot h$

$ = \frac{1}{2} \cdot (9 + 4) \cdot 8$

$ = 52$

$A = 52 \, cm^2$

c)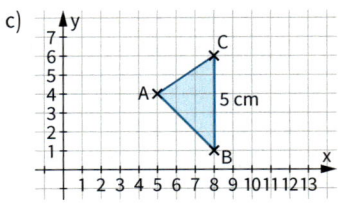

Dreieck

$A = \frac{1}{2} \cdot a \cdot h_a$

$\quad = \frac{1}{2} \cdot 5 \cdot 3$

$\quad = 7,5$

$A = 7,5\,cm^2$

d)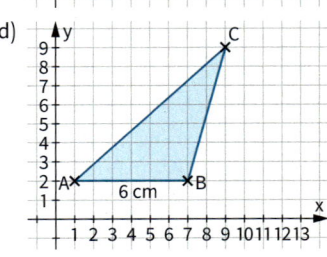

Dreieck

$A = \frac{1}{2} \cdot c \cdot h_c$

$\quad = \frac{1}{2} \cdot 6 \cdot 7$

$\quad = 21$

$A = 21\,cm^2$

Lösungen zu Seite 121

9 **Trapezförmige Arbeitsplatte**

a) 1 Kästchen entspricht 10 cm

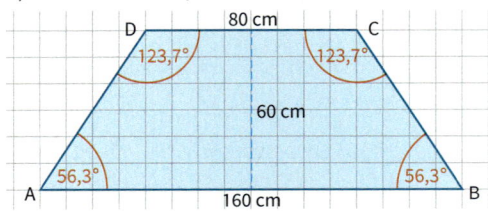

b) $A = \frac{1}{2} \cdot (160\,cm + 80\,cm) \cdot 60\,cm = 7200\,cm^2$

$\qquad\qquad\qquad\qquad\qquad\qquad = 0,72\,m^2$

c) Innenwinkel: siehe Grafik.

10 **Flächeninhalt von Vielecken**

a) $A = 14\,cm^2$

Trapez: $\frac{1}{2} \cdot (2,5 + 4,5) \cdot 4 = 3,5 \cdot 4 = 14$

b) $A = 8\,cm^2$

2 Dreiecke: $\frac{1}{2} \cdot 4 \cdot 2 + \frac{1}{2} \cdot 4 \cdot 2 = 8$

b) $A = 11,25\,cm^2$

2 Dreiecke: $\frac{1}{2} \cdot 4,5 \cdot 3 + \frac{1}{2} \cdot 4,5 \cdot 2 = 6,75 + 4,5 = 11,25$

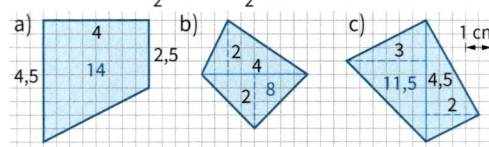

11 **Kreisgrößen**

a) $r = 15\,cm$ $\qquad\qquad d = 30\,cm$

$u = 3,1 \cdot d = 3,1 \cdot 30\,cm = 93\,cm$

$A = 3,1 \cdot r^2 = 3,1 \cdot 225\,cm^2 = 697,5\,cm^2$

b) $r = 12\,cm$ $\qquad\qquad d = 24\,cm$

$u = 3,1 \cdot d = 3,1 \cdot 24\,cm = 74,4\,cm$

$A = 3,1 \cdot r^2 = 3,1 \cdot 144\,cm^2 = 446,4\,cm^2$

b) $r = 55,8\,cm : 6,2 = 9\,cm$ $\qquad d = 18\,cm$

$u = 55,8\,cm$

$A = 3,1 \cdot r^2 = 3,1 \cdot 81\,cm^2 = 251,1\,cm^2$

12 **Flächeninhalt und Umfang von Figuren.**

a) Halbkreis:

$A = \frac{1}{2} \cdot 3,1 \cdot 3^2\,cm^2 = \frac{1}{2} \cdot 27,9\,cm^2 = 13,95\,cm^2$

$u = \frac{1}{2} \cdot 3,1 \cdot 6\,cm + 6\,cm = 15,3\,cm$

c) Halbkreis – Halbkreis:

$A = \frac{1}{2} \cdot 3,1 \cdot 2^2\,cm^2 - \frac{1}{2} \cdot 3,1 \cdot 1^2\,cm^2$

$\quad = 6,2\,cm^2 - 1,55\,cm^2 = 4,65\,cm^2$

$u = \frac{1}{2} \cdot 3,1 \cdot 4\,cm + \frac{1}{2} \cdot 3,1 \cdot 2\,cm + 1\,cm + 1\,cm$

$\quad = 6,2\,cm + 3,1\,cm + 1\,cm + 1\,cm = 11,3\,cm$

c) Anteil eines Kreises:

$A = \frac{30}{360} \cdot 3,1 \cdot 6^2\,cm^2 = \frac{30 \cdot 36}{360} \cdot 3,1\,cm^2 = 9,3\,cm^2$

$u = \frac{30}{360} \cdot 6,2 \cdot 6\,cm + 2 \cdot 6\,cm$

$\quad = 3,1\,cm + 12\,cm = 15,1\,cm$

13 **Anstoßkreis**

$A = 3,1 \cdot 9^2\,m^2 = 3,1 \cdot 81\,m^2 = 251,1\,m^2$

Fläche Anstoßkreis geteilt durch Fläche pro Person:

$251,1\,m^2 : \frac{1}{4}\,m^2 = 251,1 \cdot 4 = 1004,4$

Es passen ungefähr 1004 Personen in den Anstoß-kreis.

14 **Größenvergleich**

a) Pia: $A = 3,1 \cdot 10^2\,cm^2 = 310\,cm^2$

Ben: $A = 2 \cdot 3,1 \cdot 5^2\,cm^2 = 155\,cm^2$

Da der Radius quadriert wird, also $10^2 > 2 \cdot 5^2$, ist Pias Kreisscheibe größer als Bens Kreis-scheiben zusammen.

b) Pia: $u = 6,2 \cdot 10\,cm = 62\,cm$

Ben: $u = 2 \cdot 6,2 \cdot 5\,cm = 62\,cm$

Die Umfänge sind gleich groß.

15 **Verkehrsschild**

Beide Flächen berechnen und vergleichen:

Radius der weißen Fläche: $r_w = 42\,cm : 2 = 21\,cm$

Weiße Fläche:

$A_w = 3,1 \cdot 21^2\,cm^2 = 3,1 \cdot 441\,cm^2 = 1367,1\,cm^2$

Radius der weißen und roten Fläche zusammen:

$r_r = 21\,cm + 8\,cm = 29\,cm$

Weiße und rote Fläche zusammen:

$A_{w+r} = 3,1 \cdot 29^2\,cm^2 = 3,1 \cdot 841\,cm^2 = 2607,1\,cm^2$

Rote Fläche:

$A_{w+r} - A_w = 2607,1\,cm^2 - 1367,1\,cm^2 = 1240\,cm^2$

Die rote Fläche ist kleiner als die weiße Fläche.

• Für die Enscheidung, welche Fläche größer ist, genügt auch ein Vergleich von $21^2 = 441$ (weiß) mit der Differenz von $29^2 - 21^2 = 841 - 441 = 400$ (rot).

6 Rauminhalt von Körpern

Lösungen zu Seite 125

5 a) $8\,cm^3$　　b) $16\,cm^3$　　c) $8\,cm^3$

6 a) $8\,cm^3$
b) 8 Würfel müssen mindestens ergänzt werden.
c) Der abgebildete Körper ist halb so groß wie der Quader. Der Anteil ist $\frac{8}{16} = \frac{1}{2}$.

Lösungen zu Seite 129

6 a) Zirkuszelt in m^3　　　b) Erbse in mm^3
c) Rucksack in dm^3　　　d) Klassenraum in m^3

7 a) $6\,dm^3 = 6\,000\,cm^3$
b) $20\,000\,dm^3 = 20\,m^3$
c) $3\,000\,000\,cm^3 = 3\,m^3$
d) $99\,dm^3 = 99\,000\,000\,mm^3$

Lösungen zu Seite 130

13 a) $6427\,dm^3 = 6\,m^3\,427\,dm^3$
b) $376\,104\,cm^3 = 376\,dm^3\,104\,cm^3$
c) $1001\,dm^3 = 1\,m^3\,1\,dm^3$
d) $260\,045\,dm^3 = 260\,m^3\,45\,dm^3$

14 a) $8\,m^3\,429\,dm^3 = 8{,}429\,m^3 = 8\,429\,dm^3$
b) $3\,dm^3\,21\,cm^3 = 3{,}021\,dm^3 = 3021\,cm^3$
c) $10\,m^3\,7\,dm^3 = 10{,}007\,m^3 = 10007\,dm^3$
d) $100\,dm^3\,10\,cm^3 = 100{,}010\,dm^3 = 100010\,cm^3$

Lösungen zu Seite 131

4 a) $56\,l = 56\,000\,ml$　　b) $2{,}5\,l = 2500\,ml$
c) $180\,000\,ml = 180\,l$　　d) $100\,ml = 0{,}1\,l$
e) $0{,}8\,l = 800\,cm^3$　　f) $10\,l = 10\,dm^3$
g) $830\,cm^3 = 0{,}83\,l$　　h) $150\,000\,l = 150\,m^3$

5 a) $900\,ml < 1050\,cm^3 < 1{,}1\,l < 1{,}5\,dm^3$
b) $0{,}9\,dm^3 < 950\,cm^3 < 990\,ml < 1\,l$

Lösungen zu Seite 134

11 a) $V = a \cdot b \cdot c = 7\,cm \cdot 4\,cm \cdot 3\,cm = 84\,cm^3$
c) $V = a \cdot b \cdot c = 30\,mm \cdot 0{,}5\,dm \cdot 2\,cm$
$\qquad = 3\,cm \cdot 5\,cm \cdot 2\,cm = 30\,cm^3$

12 a) Wenn man eine Kantenlänge halbiert, dann halbiert sich das Volumen des Quaders.
$\frac{1}{2} \cdot a \cdot b \cdot c = \frac{1}{2} \cdot V$
b) Wenn man eine Kantenlänge halbiert, dann halbiert sich das Volumen des Würfels und man erhält einen Quader mit dem halben Volumen. Wenn man nun eine Kantenlänge des neuen Quaders halbiert, dann halbiert sich das Volumen dieses Quaders auf ein Viertel des Volumens des Würfels. Wenn man nun noch die dritte Kantenlänge halbiert, dann halbiert sich das Volumen nochmals auf ein Achtel des Volumens des Würfels.
$\frac{1}{2} \cdot a \cdot \frac{1}{2} \cdot b \cdot \frac{1}{2} \cdot c = \frac{1}{8} \cdot a \cdot b \cdot c = \frac{1}{8} \cdot V$

13 Da die Lagerhalle nur 4 m hoch ist, können die 3 m hohen Container nicht übereinander gestapelt werden. Insgesamt passen 44 Container ($2{,}5\,m \times 6\,m$) in die Lagerhalle ($22\,m \times 30\,m$).

Lösungen zu Seite 135

18 Volumen: $V = 900\,cm^3$　　　Grundfläche: $A = 60\,cm^2$
$h = 900\,cm^3 : 60\,cm^2 = 15\,cm$

19 $V = 126\,l = 126\,dm^3$　　　Höhe $h = 40\,cm = 4\,dm$
$A = 126\,dm^3 : 4\,dm = 31{,}5\,dm^2$

Lösungen zu Seite 138

3 a) Rechnung in Zentimeter ohne Einheiten
$O = 2 \cdot a \cdot b + 2 \cdot a \cdot c + 2 \cdot b \cdot c$
$\quad = 2 \cdot 8 \cdot 10 + 2 \cdot 8 \cdot 20 + 2 \cdot 10 \cdot 20$
$\quad = 160 + 320 + 400 = 880$
$O = 880\,cm^2$
b) $a = 4\,dm,\ b = 2\,m = 20\,dm,\ c = 5000\,mm = 50\,dm$
$O = 2 \cdot a \cdot b + 2 \cdot a \cdot c + 2 \cdot b \cdot c$
$\quad = 2 \cdot 4 \cdot 20 + 2 \cdot 4 \cdot 50 + 2 \cdot 20 \cdot 50$
$\quad = 160 + 400 + 2000 = 2560$
$O = 2560\,dm^2 = 25{,}6\,m^2$

④ Oberfläche eines Bauklotzes

Rechnung in Zentimeter ohne Einheiten

$O = 2 \cdot a \cdot b + 2 \cdot a \cdot c + 2 \cdot b \cdot c$

$\quad = 2 \cdot 4 \cdot 6 + 2 \cdot 4 \cdot 8 + 2 \cdot 6 \cdot 8$

$\quad = 48 + 64 + 96 = 208$

4 Bauklötze: $4 \cdot 208 = 832$

Die Farbe muss mindestens für 832 cm² reichen.

Wiederholen für die Klassenarbeit

Lösungen zu Seite 140

① **Zum Quader ergänzen**

a) 12 cm³

b) 12 Würfel müssen ergänzt werden.

② **Umrechnen in eine kleinere Einheit**

a) 47 dm³ = 47 000 cm³

b) 17 cm³ = 17 000 mm³

c) 2800 cm³ = 2 800 000 mm³

d) 45 m³ = 45 000 dm³

e) 370 cm³ = 370 000 mm³

f) 15 l = 15 000 ml

g) 108 dm³ = 108 000 cm³

h) 95 l = 95 000 ml

③ **Umrechnen in eine größere Einheit**

a) 25 000 dm³ = 25 m³

b) 180 000 mm³ = 180 cm³

c) 7 300 000 mm³ = 7300 cm³

d) 75 000 dm³ = 75 m³

e) 3 600 000 ml = 3600 l

f) 670 000 cm³ = 670 dm³

g) 56 000 dm³ = 56 m³

h) 45 000 ml = 45 l

④ **Umrechnen in andere Einheiten**

a) 83 m³ = 83 000 000 cm³

b) 650 000 mm³ = 650 cm³

c) 56 000 dm³ = 56 000 000 cm³

d) 90 dm³ = 90 l

e) 38 l = 38 dm³ = 38 000 000 mm³

f) 69 000 000 cm³ = 69 m³

g) 3 m³ = 3000 l

h) 4000 cm³ = 4 000 000 mm³

⑤ **Volumen umrechnen**

a) 5400 dm³ = 5,4 m³

b) 610 mm³ = 0,61 cm³

c) 5,6 dm³ = 5600 cm³

d) 0,09 dm³ = 90 cm³

e) 450 ml = 0,45 l

f) 7,5 l = 7500 ml

g) 7,34 m³ = 7340 dm³

h) 0,468 m³ = 468 000 cm³

⑥ **Runden von Volumina**

a) 6947 dm³ ≈ 7 m³

    23 611 dm³ ≈ 24 m³

    1499 dm³ ≈ 1 m³

    784 498 978 cm³ ≈ 784 m³

    37,47 m³ ≈ 37 m³

b) 5251 ml ≈ 5 l

    509 ml ≈ 1 l

    299 863 ml ≈ 300 l

    94 745 ml ≈ 95 l

    1 001 001 ml ≈ 1001 l

⑦ **Monsterzahlen**

36 401 552 102 mm³ ≈ 36 m³

Bei einer Höhe von 3 m wäre der Klassenraum 12 m² groß. Ein Klassenraum ist in der Regel mindestens 25 m² groß und mindestens 2,5 m hoch mit einem Volumen von 62,5 m³.

⑧ **Rechnen mit Volumina**

a) 39 m³ + 87 m³ = 126 m³

b) 4 dm³ − 680 cm³ = 4000 cm³ − 680 cm³ = 3320 cm³

c) 350 ml · 20 = 7000 ml = 7 l

d) 880 dm³ : 11 = 80 dm³

e) 630 dm³ + 0,5 m³ = 630 dm³ + 500 dm³ = 1130 dm³

f) 20,6 l − 50 ml = 20 600 ml − 50 ml = 20 550 ml

g) 2,7 m³ + 0,08 m³ = 2,78 m³

h) 2 l : 5 = 2000 ml : 5 = 400 ml

i) 2 m³ + 20 dm³ = 2000 dm³ + 20 dm³ = 2020 dm³

j) 9,1 dm³ − 7,455 dm³ = 1,645 dm³

k) 0,04 l · 24 = 40 ml · 24 = 960 ml

l) 200 dm³ : 10 dm³ = 20

⑨ **Holzbalken**

V = 86,4 dm³ = 86 400 cm³; a = 24 cm; c = 12 cm

Gesucht: Kantenlänge b

Grundfläche: A = 24 cm · 12 cm = 288 cm²

b = 86 400 cm³ : 288 cm² = 300 cm

Gewicht des Holzbalkens:

86 400 · 0,5 g = 43 200 g = 43,2 kg

10 **Schachteln**

Schachtel 1: $V = 10\,800\text{ cm}^3$

$A = 30\text{ cm} \cdot 24\text{ cm} = 720\text{ cm}^2$

$h_1 = 10\,800\text{ cm}^3 : 720\text{ cm}^2 = 15\text{ cm}$

Schachtel 2: $V = 11\,200\text{ cm}^3$ und $A = 700\text{ cm}^2$

$h_2 = 11\,200\text{ cm}^3 : 700\text{ cm}^2 = 16\text{ cm}$

Die Schachtel 2 ist höher.

Lösungen zu Seite 141

11 **Aquarium**

a) $a = 1{,}20\text{ m} = 12\text{ dm}$; $b = 50\text{ cm} = 5\text{ dm}$; $c = 8\text{ dm}$

$V = 12\text{ dm} \cdot 5\text{ dm} \cdot 8\text{ dm} = 480\text{ dm}^3 = 480\text{ l}$

b) $480\text{ dm}^3 : 10\text{ dm}^3 = 48$; Familie Rausch sollte höchstens 48 Fische kaufen.

12 **Wasserbehälter**

a) $a = 20\text{ cm}$; $b = 40\text{ cm}$; $c = 15\text{ cm}$

Grundfläche: $A = a \cdot b = 20\text{ cm} \cdot 40\text{ cm} = 800\text{ cm}^2$

Das Wasser breitet sich auf der Grundfläche aus.

$V_{Wasser} = 4\text{ l} = 4000\text{ cm}^3$; $A = 800\text{ cm}^2$

$4000\text{ cm}^3 = 800\text{ cm}^2 \cdot h_{Wasser}$

$h_{Wasser} = 4000\text{ cm}^3 : 800\text{ cm}^2 = 5\text{ cm}$

Das Wasser steht 5 cm hoch.

b) Der Behälter ist zu $\frac{5}{15} = \frac{1}{3}$ gefüllt.

$\frac{2}{3}$ des Behälters muss noch gefüllt werden, das sind 8 Liter.

13 **Umzug**

a) $V_{Karton} = 40\text{ cm} \cdot 72\text{ cm} \cdot 50\text{ cm} = 144\,000\text{ cm}^3 = 144\text{ l}$

b) $a = 2{,}40\text{ m} = 24\text{ dm}$; $b = 8\text{ m} = 80\text{ dm}$;

$c = 3\text{ m} = 30\text{ dm}$

$V_{Lkw} = 24\text{ dm} \cdot 80\text{ dm} \cdot 30\text{ dm} = 57\,600\text{ dm}^3 = 57\,600\text{ l}$

Anzahl Kisten rechnerisch: $57\,600\text{ l} : 144\text{ l} = 400$

Da keine Kantenlänge des Laderaums (240 cm, 800 cm, 300 cm) durch 72 teilbar ist, kann der Laderaum des Lkw nicht vollständig mit Kisten gefüllt werden. Damit passen also keine 400 Kisten in den Laderaum des Lkw.

14 **Quader und Würfel**

a) $V = 4\text{ cm} \cdot 6\text{ cm} \cdot 8\text{ cm} = 192\text{ cm}^3$

$O = 2 \cdot (4 \cdot 6 + 4 \cdot 8 + 6 \cdot 8) = 2 \cdot (24 + 32 + 48) = 208$

$O = 208\text{ cm}^2$

b) $V = (4\text{ cm})^3 = 64\text{ cm}^3$; $O = 6 \cdot (4\text{ cm})^2 = 96\text{ cm}^2$

c) $V = 5\text{ cm} \cdot 5\text{ cm} \cdot 7\text{ cm} = 175\text{ cm}^3$

$O = 2 \cdot (5 \cdot 5 + 5 \cdot 7 + 5 \cdot 7) = 2 \cdot (25 + 35 + 35) = 190$

$O = 190\text{ cm}^2$

d) $V = 4\text{ cm} \cdot 10\text{ cm} \cdot 4\text{ cm} = 160\text{ cm}^3$

$O = 2 \cdot (4 \cdot 10 + 4 \cdot 4 + 10 \cdot 4) = 2 \cdot (40 + 16 + 40) = 192$

$O = 192\text{ cm}^2$

15 **Quadermaße**

a	3 dm	18 cm	**16 mm**	**15 dm**	3 cm
b	5 dm	9 cm	24 mm	40 dm	**3 cm**
c	6 dm	**3 cm**	50 mm	**15 dm**	0,3 dm
a·b	**15 dm²**	162 cm²	384 mm²	6 m²	9 cm²
V	**90 dm³**	486 cm³	**19 200 mm³**	9 m³	**27 cm³**
O	**126 dcm²**	**486 cm²**	**4768 mm²**	**2850 dm²**	54 cm²

16 **Quader gesucht**

$V = 2\text{ cm} \cdot 6\text{ cm} \cdot 8\text{ cm} = 96\text{ cm}^3$

$O = 2 \cdot (2 \cdot 6 + 2 \cdot 8 + 6 \cdot 8) = 2 \cdot (12 + 16 + 48) = 152$

$O = 152\text{ cm}^2$

a) $a = 1\text{ cm}$, $b = 1\text{ cm}$, $c = 96\text{ cm}$

$V = 1\text{ cm} \cdot 1\text{ cm} \cdot 96\text{ cm} = 96\text{ cm}^3$

$O = 2 \cdot (1 \cdot 1 + 1 \cdot 96 + 1 \cdot 96) = 2 \cdot (1 + 96 + 96) = 386$

$O = 386\text{ cm}^2$

b) Damit der Oberflächeninhalt gleich bleibt, muss gelten: $O = 2 \cdot (a \cdot b + a \cdot c + b \cdot c) = 152$

also $a \cdot b + a \cdot c + b \cdot c = 76$

1. Beispiel: $a = 1\text{ cm}$ und $b = 1\text{ cm}$:

also $1 \cdot 1 + 1 \cdot c + 1 \cdot c = 76$

also $1 + 2 \cdot c = 76$

also $c = 37{,}5\text{ cm}$

$O = 2 \cdot (1 \cdot 1 + 1 \cdot 37{,}5 + 1 \cdot 37{,}5) = 2 \cdot 76 = 152$

$O = 152\text{ cm}^2$

$V = 1\text{ cm} \cdot 1\text{ cm} \cdot 37{,}5\text{ cm} = 37{,}5\text{ cm}^3$

2. Beispiel: $a = 2\text{ cm}$; $b = 3\text{ cm}$; $c = 14\text{ cm}$

$O = 2 \cdot (2 \cdot 3 + 2 \cdot 14 + 3 \cdot 14) = 2 \cdot (6 + 28 + 42) = 152$

$O = 152\text{ cm}^2$

$V = 2\text{ cm} \cdot 3\text{ cm} \cdot 14\text{ cm} = 84\text{ cm}^3$

17 **Zusammengesetzter Körper**

a) Zerlegen: $V = 5 \cdot 1 \cdot 1 + 1 \cdot 1 \cdot 2 + 1 \cdot 1 \cdot 2 = 9$

$V = 9\text{ cm}^3$

Ergänzen: $V = 5 \cdot 1 \cdot 3 - 3 \cdot 1 \cdot 2 = 15 - 6 = 9$

$V = 9\text{ cm}^3$

b) $O = 2 \cdot (5 \cdot 1 + 2 \cdot 1 + 2 \cdot 1) + 2 \cdot (1 \cdot 3 + 1 \cdot 2) + 2 \cdot (5 \cdot 1)$

$= 2 \cdot 9 + 2 \cdot 5 + 2 \cdot 5 = 38$

$O = 38\text{ cm}^2$

7 Zusammenhänge

Lösungen zu Seite 145

5

Anzahl	1	2	3	4	5	6
Preis in €	0,9	1,8	2,7	3,6	4	4,9

Anzahl	7	8	9	10	11	12
Preis in €	5,8	6,7	7,6	8	8,9	9,8

Die Punkte im Graphen dürfen nicht verbunden
werden, da der Preis für ganze Brezel angegeben ist.

6 a)

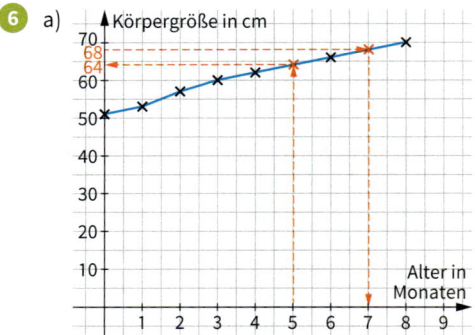

b) Ein 5 Monate altes Baby ist 64 cm groß.
Ein 68 cm großes Baby ist 7 Monate alt.

c) In den ersten 2 Monaten wächst ein Baby 6 cm.
Wenn es weiterhin so schnell wächst, wäre es
nach 12 Monaten 51 cm + 6 · 6 cm = 87 cm groß.

Lösungen zu Seite 149

4 Für den Zeitraum Januar bis Juni handelt es sich
um einen „je mehr – desto mehr"-Zusammenhang.
In den folgenden Monaten nimmt die Tageslänge
aber wieder ab. Wenn man ein ganzes Jahr
betrachtet, liegt kein „je mehr – desto mehr"- oder
„je mehr – desto weniger"-Zusammenhang vor.

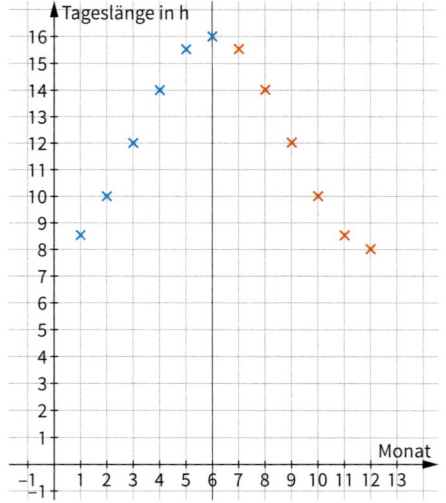

Lösungen zu Seite 149

7 Die Graphen sind Beispiel für einen möglichen
Verlauf.

• *Seitenlänge eines Würfels → Volumen*
„je mehr – desto mehr"

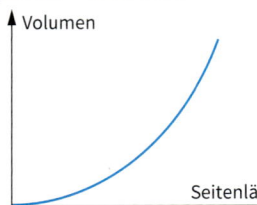

• *Gigabyte pro Monat → Preis pro Monat*
„je mehr – desto mehr"

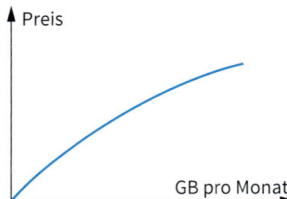

• *Anzahl der Pumpen → Zeit bis der Pool leer ist*
„je mehr – desto weniger"

• *Alter eines Menschen → Gewicht*
Nur für bestimmte Lebensabschnitte richtig:
Kinder: „je mehr – desto mehr"
Alte Menschen: „je mehr – desto weniger"

Lösungen zu Seite 151

7 a)

Erdbeeren in kg	Preis in €
2	6
6	18

·3   ·3

6 kg Erdbeeren kosten 18 €.

Erdbeeren in kg	Preis in €
2	6
0,5	1,5

:4   :4

500 g Erdbeeren kosten 1,50 €.

b)

Erdbeeren in kg	Preis in €
2	6
1	3

:2   :2

Für 3 € bekommt man 1 kg Erdbeeren.

Erdbeeren in kg	Preis in €
2	6
8	24

·4 ·4

Für 24 € bekommt man 8 kg Erdbeeren.

8

Benzin in l	Preis in €	Zutat in g	Torten-stücke	Saft in l	Obst in kg
5	8	**20**	1	10	**15**
20	32	100	5	30	45
40	**64**	200	**10**	**60**	90
50	80	**500**	25	120	**180**

7

Anzahl Gäste	Kuchenstücke pro Gast	Bandlänge je Schleife in cm	Anzahl Schleifen
2	12	**5**	24
8	3	10	12
12	**2**	20	**6**
24	**1**	**40**	3

Anzahl der Schläuche	Dauer der Befüllung in h
1	**1,5**
2	0,75
6	0,25
10	**0,15**

Lösungen zu Seite 153

8 a)

Apfel-saft in l	Preis in €
4	6
1	1,5
3	4,5

Apfel-saft in l	Preis in €
4	6
2	3
10	15

Apfel-saft in l	Preis in €
4	6
1	1,5
15	22,5

3 l [10 l; 15 l] Apfelsaft kosten 4,50 € [15 €; 22,50 €].

b)

Apfel-saft in l	Preis in €
4	6
2	3
6	9

Apfel-saft in l	Preis in €
4	6
2	3
10	15

Apfel-saft in l	Preis in €
4	6
2	3
14	21

Wie viel Liter Für 9 € [15 € oder 21 €] kann man 6 l [10 l; 14 l] Apfelsaft kaufen.

9

Birnen in kg	Birnensaft in l
28	20
7	5
210	150

Familie Brecht wird 150 l Birnen-saft erhalten.

Lösungen zu Seite 155

9 a)

Planier-raupen	Zeit in h
5	20
20	5
4	25

Planier-raupen	Zeit in h
5	20
25	4

Planier-raupen	Zeit in h
5	20
10	10

Planier-raupen	Zeit in h
5	20
1	100
6	$16\frac{2}{3}$

4 [25, 10, 6] Planierraupen brauchen 25 Stunden [4 h; 10 h; 16 h 40 min].

b)

Planier-raupen	Zeit in h
5	20
20	5

Planier-raupen	Zeit in h
5	20
25	4
12,5	8

Planier-raupen	Zeit in h
5	20
2,5	40

Für eine Fertigstellung nach 5 Stunden [8 h, 40 h] braucht man 20 [13; 3] Planierraupen.

Lösungen zu Seite 155

6 a)

Anzahl Arbeiter	Zeit in h
8	12
4	24

:2 ·2

4 Arbeiter benötigen 24 Stunden.

Anzahl Arbeiter	Zeit in h
8	12
16	6

·2 :2

16 Arbeiter benötigen 6 Stunden.

b)

Anzahl Arbeiter	Zeit in h
8	12
24	4

·3 :3

24 Arbeiter erledigen die Arbeit in 4 Stunden.

Lösungen zu Seite 158

5 a) Antiproportionaler Zusammenhang

Anzahl Personen	Kosten pro Person in €
60	22
6	220
48	27,5

:10 :10
·8 :8

Eine Schülerin oder ein Schüler aus der 6 c muss 27,50 € zahlen.

b) Antiproportionaler Zusammenhang

Anzahl Personen	Kosten pro Person in €
60	22
660	2
55	24

· 11, : 12 (links); : 11, · 12 (rechts)

Es müssten insgesamt 55 Personen mitfahren, also 7 Personen mehr, dann müsste jede Personen 24 € bezahlen.

Lösungen zu Seite 161

5 a) Die 1. Figur besteht aus einem Würfel. In jedem Schritt wächst die Figur um einen Würfel zur Seite und einen Würfel nach oben.
5. Figur: 7 + 2 = 9
6. Figur: 9 + 2 = 11

b) Die 1. Figur besteht aus einer Zeile mit zwei Kreisen. Zu jeder Zeile kommt ein Kreis hinzu und die 2. Spalte wächst um einen Kreis nach oben.
4. Figur: 2 + 2 + 3 + 4 = 11
5. Figur: 2 + 2 + 3 + 4 + 5 = 11 + 5 = 16
6. Figur: 2 + 2 + 3 + 4 + 5 + 6 = 16 + 6 = 22

Wiederholen für die Klassenarbeit

Lösungen zu Seite 163

1 **Von der Tabelle zum Graphen**

a)

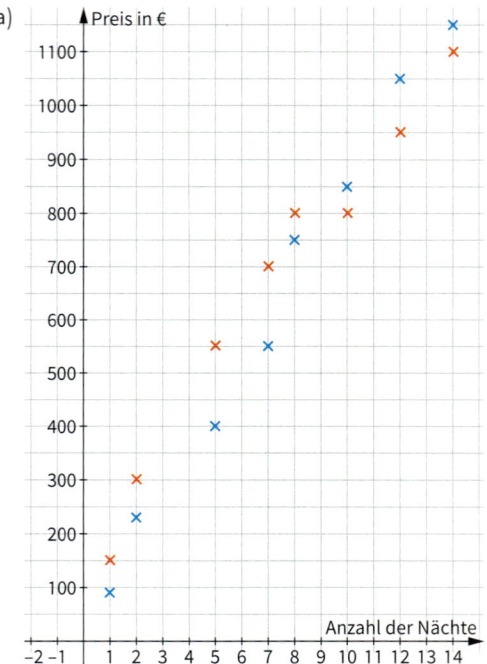

b) Von 1 bis 8 Nächste ist der Urlaub in Cavallino günstiger.

c) Es ist nicht sinnvoll die Punkte des Graphen zu verbinden, da es keine Preise für halbe Nächte gibt.

2 **Vom Graphen zur Information**

a) Temperatur um 10 Uhr: 22 °C
Temperatur um 18 Uhr: 26 °C

b) Wertepaar für die tiefste Temperatur: (6 | 18)
Wertepaar für die höchste Temperatur: (16 | 28)

3 *„Je mehr – desto"-Zusammenhänge*

a) Je länger man parkt, desto mehr muss man bezahlen. Es handelt sich also in beiden Städten um einen *„je mehr – desto mehr"*-Zusammenhang.

b) Karlsruhe   Paris

Stunde	Preis für eine Stunde
1.	3,00 €
2.	2,50 €
3.	2,00 €
4.	2,00 €
5.	1,50 €
6.	1,50 €

Stunde	Preis für eine Stunde
1.	5,00 €
2.	6,00 €
3.	7,00 €
4.	8,00 €
5.	9,00 €
6.	10,00 €

In Karlsruhe nimmt der Preis für die einzelne Stunde ab, je länger man parkt. Es handelt sich also um einen *„je mehr - desto weniger"*-Zusammenhang.
In Paris nimmt der Preis für die einzelne Stunde zu, je länger man parkt. Es handelt sich also um einen *„je mehr - desto mehr"*-Zusammenhang.
Begründungen:
Karlsruhe möchte, dass, wenn man schon mit dem Auto in die Stadt kommt, auch länger bleiben kann - um Beispiel zum Einkaufen.
Paris möchte, dass man das Parkhaus möglichst schnell wieder verlässt oder gleich mit öffentlichen Verkehrsmitteln fährt.

4 **Proportional oder antiproportional**

a) *„je mehr – desto mehr"*; proportional , denn zur doppelten Walnussmenge gehört der doppelte Preis

b) Ein *„je mehr – desto mehr"*-Zusammenhang ist möglich, lässt sich aber nicht sicher begründen.

c) *„je mehr – desto mehr"*; proportional , denn zur doppelten Menge Kuchenstücke gehört (bei gleichmäßiger Verteilung) die doppelte Menge Kirschen

d) „je mehr – desto mehr"; proportional , denn bei doppelter Teilnehmerzahl benötigt man die doppelte Essensmenge

e) „je mehr – desto weniger"; antiproportional , denn um doppelt so viele Personen zuzulassen, darf das Durchschnittsgewicht einer Person nur noch halb so hoch sein

f) Kein Zusammenhang

g) „je mehr – desto weniger"; antiproportional; Wenn man auf der Gesamtfläche doppelt so viele Beete anlegen möchte, kann die Fläche eines einzelnen Beetes nur noch halb so groß sein.

h) „je mehr – desto weniger"; aber nicht antiproportional

Lösungen zu Seite 164

5 **Der Dreisatz geht doch immer – oder**
Kim hat nicht recht. Der Dreisatz kann für alle proportionalen Zusammenhänge genutzt werden.

6 **Rechteck – Umfang**
Ein Rechteck soll den Umfang 36 cm haben.
a) $u = 2 \cdot$ Länge plus $2 \cdot$ Breite
$36 = 2 \cdot 10 + 2 \cdot b$, also $16 = 2 \cdot b$, also $b = 8$ cm
b) Der Zusammenhang zwischen der Länge und der Breite ist nicht antiproportional. Wenn die Länge um 1 cm länger wird, dann muss die Breite um 1 cm kürzer werden. Wenn aber die Länge verdoppelt wird, muss von der Breite die ursprüngliche Länge abgezogen werden. Wenn die Breite halbiert wird, ist der Umfang nicht mehr 36 cm.

a	1	2	3	4	5	6	7	8	9	10	11	12	13	14	15	16	17
b	17	16	15	14	13	12	11	10	9	8	7	6	5	4	3	2	1

7 **Dreisatz – Proportional**

a)
Geld in Euro	US-Dollar
100	112
25	28
175	196

b)
Menge Bonbons	Preis in €
250	3
125	1,50
875	10,50

c)
gepresste Äpfel in kg	Apfelsaft in l
14	10
7	5
63	45

8 **Dreisatz – Antiproportional**

a)
Sparen auf ein Fahrrad	
Spardauer in Monaten	monatlicher Geldbetrag
25	60
5	300
15	100

b)
Ein Haus wird gestrichen	
Anzahl der Maler	Arbeitszeit in Stunden
6	18
12	9
4	27

c)
Wasservorrat für die Tiere	
Anzahl der Tiere	Für so viele Tage reicht es
3	4
6	2
2	6

9 **Grundstückspreis**
Proportionaler Zusammenhang:
Fläche → Preis
Grundstück 1: $30\,m \cdot 20\,m = 600\,m^2$; $81\,000\,€$
Grundstück 2: $24\,m \cdot 18\,m = 432\,m^2$;
432 ist durch 6 teilbar (Quersumme 9 und gerade)
$432 = 420 + 12$, also $432 : 6 = 72$

	Fläche in m²	Preis in €	
: 100	600	81 000	: 100
· 72	6	810	· 72
	432	58 320	

Das Grundstück kostet 58 320 €.

10 **Schülercafé**
Hinweis: Man kann nur ganze Gurken kaufen, deswegen muss bei den Gurken stets aufgerundet werden. Auch bei den anderen Zutaten müsste je nach Verpackungsgröße für den Einkauf aufgerundet werden.

a) Proportionale Zusammenhänge:

	Bröt-chen	Käse in g	Butter in g	Gurken	
: 5	50	1200	250	2	: 5
· 12	10	120	50	0,2	· 12
	120	1440	600	2,4	

Für 120 Brötchen müssen 1440 g Käse, 600 g Butter und 3 Gurken gekauft werden.

Bröt-chen	Käse in g	Butter in g	Gurken
50	**1200**	**250**	**2**
10	120	50	0,2
180	2160	900	3,6

:5 / ·18 :5 / ·18

Für 180 Brötchen müssen 2160 g Käse,
900 g Butter und 4 Gurken gekauft werden.

Bröt-chen	Käse in g	Butter in g	Gurken
50	**1200**	**250**	**2**
250	6000	1250	10

·5 ·5

Für 250 Brötchen müssen 6 kg Käse,
1250 g Butter und 10 Gurken gekauft werden.

b)

Brötchen	Käse in g
50	**1200**
25	600
125	**3000**

:2 / ·5 :2 / ·5

3 kg Käse reicht für 125 Brötchen.

Brötchen	Käse in g
50	**1200**
$\frac{25}{6}$	100
$\frac{625}{6} = 104\frac{1}{6}$	**2500**

:12 / ·25 :12 / ·25

2500 g Käse reicht für 104 Brötchen.

Brötchen	Käse in g
50	**1200**
250	**6000**

·5 ·5

6 kg Käse reicht für 250 Brötchen.

11 Getränkeabfüllmaschine

Antiproportionaler Zusammenhang:

Anzahl Abfüllmaschinen	Zeit in min
4	**24**
2	48
12	8
6	16
1	96
3	32

2 [12, 6, 1, 3] Abfüllmaschinen brauchen zum
Abfüllen 48 [8, 16, 96, 32] Minuten.

12 Vogelfutter

a) Proportionaler Zusammenhang:

Vogelfutter in g	Preis in €
75	**2,10**
150	4,20
50	1,40
350	9,80
70	1,96

150 g [50 g, 350 g, 70 g] Vogelfutter kosten 4,20 €
[1,40 €, 9,80 €, 1,96 €].

b) Antiproportionaler Zusammenhang:

Anzahl Kanarienvögel	Zeit in Tagen
10	**12**
20	6
5	24
15	8
3	40

Wenn 20 [5, 15, 3] Vögel gefüttert werden
müssen, reicht die Tüte 6 [24, 8, 40] Tage lang.

Lösungen zu Seite 165

13 Rechengeschichte schreiben

Mögliche Geschichten mit Fragen:

a) Mia kauft sich im Schulkiosk „Pausensnack"
5 Wundertüten für 9 €. Ihre Freundin Esra ist
neidisch und möchte nun 3 Wundertüten kaufen.
Wie viel Geld muss sie dabeihaben?

b) Der Schulgarten soll in nur 12 Tagen umgestaltet
werden. „Dafür benötigen wir 9 Gärtnerinnen
oder Gärtner", sagt der Chef vom Bauamt. Die
Schulleiterin Frau Nölle stellt fest, dass in den
Ferien sogar 18 Tage für Umgestaltung zur
Verfügung stehen. Wie viele Gärtnerinnen oder
Gärtner benötigt man dann?

14 Auf der Baustelle

a) Antiproportionaler Zusammenhang:

Anzahl Lastwagen	Fahrten pro Lastwagen
3	**36**
12	9
4	27

Jeder Lastwagen muss 27-mal fahren

b) Antiproportionaler Zusammenhang:

Anzahl Lastwagen	Fahrten pro Lastwagen
3	36
1,5	72
13,5	8

Es sind also 14 Lastwagen erforderlich.
Zum Beispiel müssten 13 Lastwagen 8-mal
fahren und ein Lastwagen nur 4-mal.

15 Keller mauern

a) Antiproportionaler Zusammenhang:

Anzahl Maurer	Anzahl Arbeitstage
6	12
36	2
7,2	10

Es müssen 8 Maurer eingesetzt werden.

b) Antiproportionaler Zusammenhang:

Anzahl Maurer	Anzahl Arbeitstage
6	12
3	24
9	8

9 Maurer benötigen 8 Arbeitstage.

c) Behauptung: „*Wenn die Anzahl der Maurer (z. B.
6 Maurer) um die Hälfte ansteigt (6 + 3 = 9 Maurer), muss die benötigte Arbeitszeit (12 Tage) um
die Hälfte absinken (12 – 6 = 6 Tage).*"
Die Behauptung ist falsch, 9 Maurer benötigen
8 Arbeitstage (siehe b))

d) Für die Arbeit benötigt 1 Maurer $6 \cdot 12 = 72$
Arbeitstage. Insgesamt sind also 72 Arbeitstage
zu verteilen.
6 Mauer arbeiten in 3 Tagen zusammen
$6 \cdot 3 = 18$ Arbeitstage.
Es bleibt also noch Arbeit für
$72 – 18 = 54$ Arbeitstage.

Anzahl Maurer	Anzahl Arbeitstage
1	54
8	54 : 8 = 6,75

6 + 2 = 8 Maurer schaffen die Arbeit für die
1 Maurer 54 Tage benötigt in 54 : 8 = 6,75 Tagen.
Insgesamt ist die Arbeit nach 3 + 6,75 = 9,75
Tagen fertig.

16 Doppelter Dreisatz – Hühner

a) Proportionale Zusammenhänge:

Anzahl Hühner	Zeit in Tagen	Anzahl Eier
8	8	32
2	8	8
6	8	24

6 Hühner legen in 8 Tagen 24 Eier.

b) Proportionale Zusammenhänge:

Anzahl Hühner	Zeit in Tagen	Anzahl Eier
8	8	32
1	8	4
3	8	12
3	2	3
3	6	9

3 Hühner legen in 6 Tagen 9 Eier.

17 Doppelter Dreisatz – Pflaster

a) Antiproportionaler Zusammenhang:
Anzahl Arbeiter → Zeit in Stunden

Anzahl Arbeiter	Zeit in Stunden	Fläche in m²
6	10	80
1	60	80
5	12	80

5 Arbeiter pflastern eine Fläche von 80 m² in
12 Stunden.

b) Proportionale Zusammenhänge:
Anzahl Arbeiter → Fläche in m²
Zeit in Stunden → Fläche in m²
Antiproportionaler Zusammenhang:
Anzahl Arbeiter → Zeit in Stunden

Anzahl Arbeiter	Zeit in Stunden	Fläche in m²
6	10	80
3	20	80
3	4	16
3	32	128

3 Arbeiter pflastern eine Fläche von 128 m² in
32 Stunden.

18   Vorschrift für Punktmuster

a)

	A	B	C
4.	○○○ ○○○ ○○○ ○○○	○○ ○○ ○○○ ○○○○	○ ○○○ ○○○○○ ○○○○○○○

b) A: Die erste Figur besteht aus drei Kreisen in einer Zeile. In jedem Schritt wächst die Figur um eine Zeile aus 3 Kreisen nach oben.

    B: Die erste Figur besteht aus vier Kreisen in einer Zeile. In jedem Schritt wächst die Figur um eine Zeile aus 2 Kreisen nach oben. Die zwei Kreise liegen über den beiden mittleren Kreisen der untersten Zeile.

    C: Die erste Figur besteht aus einem Kreis. In jedem Schritt wächst die Figur um eine Zeile nach unten. Jede neue Zeile hat zwei Kreise mehr. Ein Kreis wird rechts ergänzt und einer links.

c)

	A	B	C
1.	3	4	1
2.	3 + 3 = 6	4 + 2 = 6	1 + 3 = 4
3.	3 + 3 + 3 = 9	4 + 2 + 2 = 8	1 + 3 + 5 = 9
...	...	...	...
10.	30	22	100

19   Fünfeckszahlen

a) Die 4. Figur besteht aus 22 Punkten

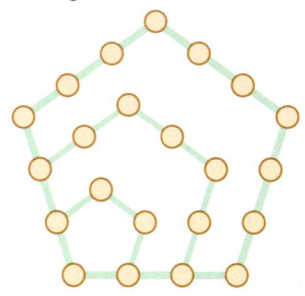

b) Die Figuren sind jeweils regelmäßige Fünfecke. Von einer Figur zur nächsten kommt ein weiterer „Ring" hinzu. Zunächst werden 4 Punkte ergänzt. Dann in den nächsten Figuren 4 + 3 = 7 Punkte, 7 + 3 = 10 Punkte, 10 + 3 = 13 Punkte, 13 + 3 = 16 Punkte ...

c) Die 5. Figur besteht aus
1 + 4 + 7 + 10 + 13 = 22 + 13 = 35 Punkten
Die 6. Figur besteht aus
1 + 4 + 7 + 10 + 13 + 16 = 35 + 16 = 51 Punkten

8   Statistische Daten

Lösungen zu Seite 168

4   Gesamtzahl: 25

Haustier	Hund	Katze	Hamster	Kaninchen	Wellensittich
relative Häufigkeit	$\frac{8}{25}$	$\frac{6}{25}$	$\frac{1}{25}$	$\frac{7}{25}$	$\frac{3}{25}$
	32 %	24 %	4 %	28 %	12 %

$\frac{8}{25} + \frac{6}{25} + \frac{1}{25} + \frac{7}{25} + \frac{3}{25} = \frac{25}{25} = 1$

32 % + 24 % + 4 % + 28 % + 12 % = 100 % = 1

Lösungen zu Seite 169

7   Mühldorf: 120   Neuhausen: 160

	Erdbeeren	Äpfel	Birnen	Bananen	Himbeeren
Mühldorf	$\frac{30}{120}$	$\frac{48}{120}$	$\frac{24}{120}$	$\frac{12}{120}$	$\frac{6}{120}$
	25,0%	40,0%	20,0%	10,0%	5,0%
Neuhausen	$\frac{36}{160}$	$\frac{56}{160}$	$\frac{40}{160}$	$\frac{16}{160}$	$\frac{12}{160}$
	22,5%	35,0%	25,0%	10,0%	7,5%

In Neuhausen mögen 56 Leute Äpfel am liebsten, in Mühldorf nur 48. Es mögen also mehr Menschen Äpfel. Allerdings wurden in Neuhausen auch mehr Menschen befragt. Die relativen Häufigkeiten zeigen, dass in Mühldorf 40 % der Befragten Äpfel mögen und in Neuhausen nur 35 %.

Lösungen zu Seite 171

3

relative Häufig.	$\frac{1}{10}$	$\frac{3}{4}$	$\frac{3}{5}$	$\frac{1}{4}$	$\frac{5}{6}$	$\frac{80}{360} = \frac{2}{9}$
Prozent	10 %	**75 %**	**60 %**	25 %	**≈ 83,3 %**	**≈ 22,2 %**
Winkel	**36°**	270°	**216°**	**90°**	**300°**	80°

4 Gesamtzahl: 60

Schuh-größe	34	35	36	37	38	39
relative Häufig.	$\frac{1}{10}$	$\frac{2}{15}$	$\frac{3}{10}$	$\frac{1}{4}$	$\frac{2}{15}$	$\frac{1}{12}$
Winkel	36°	48°	108°	90°	48°	30°

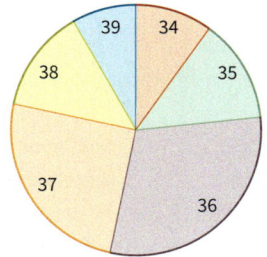

Lösungen zu Seite 172

9

	Stadtmitte	Stadtrand	Dorf	Land
6 a	$\frac{150}{360} \cdot 24 = 10$	$\frac{105}{360} \cdot 24 = 7$	$\frac{45}{360} \cdot 24 = 3$	$\frac{60}{360} \cdot 24 = 4$
6 b	$\frac{144}{360} \cdot 30 = 12$	$\frac{96}{360} \cdot 30 = 8$	$\frac{72}{360} \cdot 30 = 6$	$\frac{48}{360} \cdot 30 = 4$

(1) Falsch: 7 Kinder in der 6 a und 8 in der 6 b.
(2) Richtig: 12 Kinder in der 6 b und 10 in der 6 a.
(3) Richtig
(4) Richtig: 6 Kinder in der 6 b und 3 in der 6 a.

Lösungen zu Seite 177

4 Die SMV stellt im Säulendiagramm das Leistungs-vermögen von 7 Uhr bis 10 Uhr dar. In diesem Diagramm ist der deutliche Anstieg des Leistungs-vermögens erkennbar.
Die SMV will damit aufzeigen, dass das Leistungs-vermögen in den frühen Stunden nicht besonders hoch ist. Die SMV möchte einen späteren Unter-richtsbeginn erreichen.
Die Schulleiterin stellt im Säulendiagramm das Leistungsvermögen von 11 Uhr bis 14 Uhr dar.
In diesem Diagramm ist der deutliche Abfall des Leistungsvermögens erkennbar.
Die Schulleiterin will damit aufzeigen, dass das Leistungsvermögen ab 11 Uhr sinkt. Wenn die Schule später beginnt, dann muss sie auch später enden. Die Schulleiterin zeigt, dass das späte Ende schlecht für die Konzentration ist. Sie möchte also früh anfangen.

Lösungen zu Seite 179

4 a) Maximum: 10   Minimum: 1
Gesamtzahl: $3 + 9 + 4 + 6 + 10 + 1 + 3 + 5 = 41$
Mittelwert: $41 : 8 = 5,125$

b) Maximum: 28   Minimum: 7
Gesamtzahl: $18 + 23 + 20 + 28 + 17 + 13 + 7 = 126$
Mittelwert: $126 : 7 = 18$

c) Maximum: 7,97 €   Minimum: 7,10 €
Gesamtzahl: $7,50 + 7,15 + 7,97 + 7,10 = 29,72$
Mittelwert: $29,72 : 4 = 7,43$; also 7,43 €

5 a) $4 \cdot 6 = 24$ $24 - 3 - 10 - 5 = 6$
b) $5 \cdot 5 = 25$ $25 - 4 - 4 - 1 - 7 = 9$
c) $5 \cdot 9 = 45$ $45 - 1 - 23 - 11 - 4 = 6$

6 Am meisten Wasser wurde in Estland verbraucht.
Am wenigsten Wasser wurde in Kenia verbraucht.
Der Mittelwert beträgt $3\,361\,000 : 5 = 672\,200$

Lösungen zu Seite 180

14 a) arithmetisches Mittel:
$$\overline{x} = \frac{2 \cdot 140 + 5 \cdot 146 + 8 \cdot 152 + 8 \cdot 158 + 7 \cdot 164}{30}$$
$$= \frac{4638}{30} = 154,6$$
Modalwerte: 152 und 158
Das arithmetische Mittel liegt zwischen den beiden Modalwerten.

b) arithmetisches Mittel:
$$\frac{6 \cdot 8 + 6 \cdot 9 + 3 \cdot 10 + 2 \cdot 11 + 8 \cdot 12}{25} = \frac{250}{25} = 10$$
$\overline{x} = 10\,s$
Modalwert: 12 s
Das arithmetische Mittel ist um 2 s kleiner als der Modalwert. Der Modalwert weicht stark vom arithmetischen Mittel ab, da der häufigste Wert das Maxium der Datenliste ist.

c) arithmetisches Mittel:
$$\frac{5 \cdot 10 + 10 \cdot 20 + 6 \cdot 30 + 2 \cdot 50 + 1 \cdot 150}{24} = \frac{680}{24} = 28,\overline{3}$$
$\overline{x} \approx 28,33$ €
Modalwert: 20 €
Das arithmetische Mittel ist um 8,33 € größer als der Modalwert. Dies liegt daran, dass der „Ausreißer" 150 € auf das arithmetische Mittel einen direkten Einfluss hat, aber nicht auf den Modalwert.

Wiederholen für die Klassenarbeit

Lösungen zu Seite 187

1 **Relative Häufigkeiten berechnen**

Berechne die relativen Häufigkeiten.

a) Gesamtzahl: 25

Name	Justin	Max	Kim	Lucie
relative Häufigkeit	$\frac{9}{25}$	$\frac{7}{25}$	$\frac{5}{25}$	$\frac{4}{25}$

b) Gesamtzahl: 120

AG	Schach	Fechten	Nähen	Football
relative Häufigkeit	$\frac{18}{120}$	$\frac{24}{120}$	$\frac{36}{120}$	$\frac{42}{120}$

2 **Absolute Häufigkeiten aus relativen Häufigkeiten berechnen**

ein Geschwisterkind: $\frac{2}{5} \cdot 120 = 48$

zwei Geschwister: $\frac{1}{5} \cdot 120 = 24$

drei oder mehr: $\frac{1}{10} \cdot 120 = 12$

keine Geschwister: $120 - 48 - 24 - 12 = 36$

oder $\left(1 - \frac{2}{5} - \frac{1}{5} - \frac{1}{10}\right) \cdot 120 = \frac{3}{10} \cdot 123 = 36$

3 **Kreisdiagramm und Streifendiagramm**

	relative Häufigkeit	Winkel	Streifen
Shopping	50 %	180°	5,0 cm
Essen und Trinken	25 %	90°	2,5 cm
Freizeitaktivitäten	20 %	72°	2,0 cm
Sonstiges	5 %	18°	0,5 cm

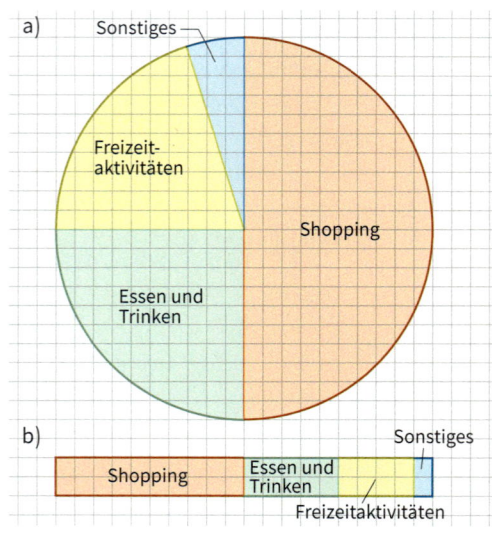

4 **Klicks auf die Schulhomepage**

Die Diagramme (1) und (2) passen zu den Daten, da in den Monaten Mai, Juni und Juli nahezu gleich viel Klicks zu verzeichnen sind.

Am deutlichsten sieht man bei Diagramme (1), dass im Juni weniger Klicks verzeichnet sind, als im Mai, was nicht stimmt.

5 **Daten auswerten**

Bestimme das Maximum, das Minimum und den Mittelwert.

a) Maximum: 12   Minimum: 1

Spannweite: 12 − 1 = 11 Mittelwert: $\frac{48}{8} = 6$

b) Maximum: 2,2 m   Minimum: 93 cm

Spannweite: 220 cm − 93 cm = 127 cm

Mittelwert: 696 cm : 4 = 174 cm

c) Maximum: 1,05 kg   Minimum: 98 g

Spannweite: 1050 g − 98 g = 952 g

Mittelwert: 2488 g : 4 = 622 g

6 **Reichweite eines Elektroautos**

Maximum: 481 km   Minimum: 432 km

Spannweite: 481 km − 432 km = 49 km

Mittelwert: 2745 km : 6 = 457,5 km

7 **Wert ergänzen**

a) $3 \cdot 8 = 24$ $24 - 12 - 5 = 7$

b) $4 \cdot 8,5 = 34$ $34 - 4 - 7 - 21 = 2$

c) $5 \cdot 25 = 125$ $125 - 76 - 1 - 18 - 9 = 21$

8 **Entwicklung am Diagramm darstellen**

(1) "Armut in Baden-Württemberg auf gleich bleibendem Niveau"

(2) "Drastischer Anstieg der Armut in Baden-Württemberg"

Bei (2) soll deutlich gemacht werden, dass sich die Armutssituation in Baden-Württemberg deutlich verschlechtert hat, und viel mehr Leute arm sind. In (1) soll das Gegenteil bewirkt werden. Es soll gezeigt werden, dass die Situation stabil bleibt.

Stichwortverzeichnis